环境影响评价教程

（第二版）

沈洪艳　等 编著

化学工业出版社

·北京·

内容简介

本书分为两部分，共计十二章。第一部分立足于环境影响评价基础知识，包括环境影响评价技术导则、环境影响评价标准、评价等级及评价范围、环境现状调查、环境现状监测与评价、污染源调查与评价六章内容。第二部分以环境影响评价基本技能为重点，包括工程分析、产业政策和规划的符合性分析、环境影响预测模型、环境保护措施、清洁生产与碳排放评价、防护距离计算六章内容。

本书结构紧凑、言简意赅、重点突出，可作为高等院校环境类专业本科生和研究生教科书，也可用作环境影响评价技术人员和管理人员的学习和应试用书，同时对环境保护部门和企事业单位的环境保护管理人员、技术人员及相关人员的工作也有参考价值。

图书在版编目（CIP）数据

环境影响评价教程 / 沈洪艳等编著 . -- 2 版 .
北京：化学工业出版社，2025. 6. --（国家级一流本科专业建设成果教材）. -- ISBN 978-7-122-47847-4

Ⅰ. X820. 3

中国国家版本馆 CIP 数据核字第 20258JA385 号

责任编辑：满悦芝　　　　　文字编辑：贾羽茜
责任校对：宋　夏　　　　　装帧设计：张　辉

出版发行：化学工业出版社
　　　　　（北京市东城区青年湖南街 13 号　邮政编码 100011）
印　　装：北京云浩印刷有限责任公司
787mm×1092mm　1/16　印张 19¼　字数 500 千字
2025 年 8 月北京第 2 版第 1 次印刷

购书咨询：010-64518888　　　　售后服务：010-64518899
网　　址：http://www. cip. com. cn
凡购买本书，如有缺损质量问题，本社销售中心负责调换。

定　　价：69. 80 元　　　　　　版权所有　违者必究

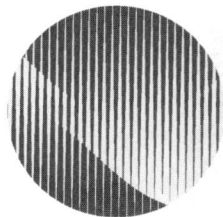

第二版前言

环境影响评价是 20 世纪 60 年代才明确提出和发展起来的一门学科。它不仅包括自然科学知识，也涉及社会科学知识，随后其逐步发展成为环境科学体系中的一门基础性学科，为此我国高等院校环境类专业已把环境影响评价作为主干课程之一。如今环境影响评价已不仅仅是我国环境保护行政主管部门必须实施的一项基本环境管理制度，随着 2003 年 9 月 1 日《中华人民共和国环境影响评价法》的颁布实施，环境影响评价已由一项基本环境管理制度上升到国家法律层面。2004 年，我国推出环境影响评价工程师职业资格考试和认证制度，使环境影响评价具备了高等环境教育主干课、国家环境管理工作实践中的基本管理制度和法律、国家环境影响评价工程师职业资格考试课程三位一体的特征，这无疑对高等院校实施环境影响评价教育教学提出了新的要求。为适应这种新形势，本书作者在自己多年从事环境影响评价教学与科研、环境影响评价技术服务的基础上，立足于环境影响评价是一门为环境影响评价技术服务、环境保护行政主管部门提供技术支撑和高级专业人才的学科，兼顾建设项目环境影响评价和规划环境影响评价的共同性、初学者进入环评工程师行业需要具备的基本素质及其难易程度，安排全书的体系和内容。

作者以环境影响评价基础知识和基本技能为主线展开全书的内容，避免对环境影响评价理论的过多说教，以实际环境影响评价技术服务中的核心内容为重点，并通过实例增强本书的实用性。本书在内容编排上注意层次性和独立性，以便读者从整体上把握全书，并能正确应用。

本书在编写过程中，参考了国内外的有关论著，每章附有参考文献，在此深致谢意。

本书由沈洪艳等编著。在本书的撰写过程中，杨雷、边永欢、孙昊宇老师，韩冬旭、杨明儒、张勇文、高问、尹康年、刘爱真、孙新宇、姚泽宇、马楠等同学参与资料收集和书稿整理工作，在此表示感谢。

本书试图系统地、准确地、具体地论述有关环境影响评价的诸多问题，但由于环境影响评价正处在不断发展和变革过程中，环境影响评价所涉及的内容又十分广泛，加之作者水平有限，书中难免有不当之处，恳请读者指正。

沈洪艳
2025 年 6 月

目　录

第一部分　环境影响评价基础知识

第二部分　环境影响评价基本技能

第一部分

环境影响评价基础知识

第一章

环境影响评价技术导则

一、环境影响评价技术导则的构成

（一）环境影响评价技术导则分类及各自的特点

环境影响评价技术导则体系由总纲、专项环境影响评价技术导则和行业类环境影响评价技术导则构成，总纲对后两类导则有指导作用，后两类导则的制定要遵循总纲总体要求。

专项环境影响评价技术导则包括环境要素和专题两种形式，如《环境影响评价技术导则　大气环境》《环境影响评价技术导则　地表水环境》《环境影响评价技术导则　地下水环境》《环境影响评价技术导则　声环境》《环境影响评价技术导则　土壤环境（试行）》《环境影响评价技术导则　生态影响》等为环境要素的环境影响评价技术导则，《建设项目环境风险评价技术导则》等为专题的环境影响评价技术导则。

行业类环境影响评价技术导则包含《环境影响评价技术导则　公路建设项目》《环境影响评价技术导则　农药建设项目》《环境影响评价技术导则　钢铁建设项目》《环境影响评价技术导则　石油化工建设项目》《环境影响评价技术导则　民用机场建设工程》等。

（二）环境影响评价技术导则的适用范围

环境影响评价技术导则的适用范围见表 1-1。

表 1-1　环境影响评价技术导则的适用范围

类别		名　　　称	适用范围
总纲		建设项目环境影响评价技术导则　总纲（HJ 2.1—2016）	本标准适用于在中华人民共和国领域和中华人民共和国管辖的其他海域内建设的对环境有影响的建设项目
专项环境影响评价技术导则	环境要素	环境影响评价技术导则大气环境（HJ 2.2—2018）	本标准适用于建设项目的大气环境影响评价。规划的大气环境影响评价可参照使用
		环境影响评价技术导则地表水环境（HJ 2.3—2018）	本标准适用于建设项目的地表水环境影响评价。规划环境影响评价中的地表水环境影响评价工作参照本标准执行
		环境影响评价技术导则地下水环境（HJ 610—2016）	本标准适用于对地下水环境可能产生影响的建设项目的环境影响评价。规划环境影响评价中的地下水环境影响评价可参照执行
		环境影响评价技术导则声环境（HJ 2.4—2021）	本标准适用于建设项目的声环境影响评价。规划的声环境影响评价可参照使用

类别		名　称	适用范围
专项环境影响评价技术导则	环境要素	环境影响评价技术导则 生态影响 (HJ 19—2022)	本标准适用于建设项目的生态影响评价。规划的生态影响评价可参照本标准执行
		环境影响评价技术导则 土壤环境（试行） (HJ 964—2018)	本标准适用于化工、冶金、矿山采掘、农林、水利等可能对土壤环境产生影响的建设项目土壤环境影响评价。本标准不适用于核与辐射建设项目的土壤环境影响评价
	专题	建设项目环境风险评价技术导则 (HJ 169—2018)	本标准适用于涉及有毒有害和易燃易爆危险物质生产、使用、储存（包括使用管线输运）的建设项目可能发生的突发性事故（不包括人为破坏及自然灾害引发的事故）的环境风险评价。本标准不适用于生态风险评价及核与辐射类建设项目的环境风险评价
		尾矿库环境风险评估技术导则 （试行）(HJ 740—2015)	本标准适用于运行期间的尾矿库环境风险评估。湿式堆存工业废渣库、电厂灰渣库的环境风险评估可参照本标准执行
		规划环境影响评价技术导则　产业园区 (HJ 131—2021)	本标准适用于国务院及省、自治区、直辖市人民政府批准设立的各类产业园区规划环境影响评价，其他类型园区可参照执行
		中波广播发射台电磁辐射环境监测方法 (HJ 1136—2020)	本标准适用于中波广播发射台的电磁辐射环境监测
		环境影响评价技术导则 卫星地球上行站 (HJ 1135—2020)	本标准适用于卫星地球上行站建设项目环境影响评价工作
		规划环境影响评价技术导则 总纲(HJ 130—2019)	本标准适用于国务院有关部门、设区的市级以上地方人民政府及其有关部门组织编制的土地利用的有关规划，区域、流域、海域的建设、开发利用规划，以及工业、农业、畜牧业、林业、能源、水利、交通、城市建设、旅游、自然资源开发的有关专项规划的环境影响评价。其他规划的环境影响评价可参照执行。各综合性规划、专项规划环境影响评价技术导则和技术规范等应根据本标准制（修）订
行业类环境影响评价技术导则		环境影响评价技术导则 民用机场建设工程 (HJ 87—2023)	本标准适用于民用机场（含军民合用机场的民用部分）的新建、迁建、改扩建工程的环境影响评价
		规划环境影响评价技术导则 煤炭工业矿区总体规划 (HJ 463—2009)	本标准适用于国务院有关部门、设区的市级以上人民政府及其有关部门组织编制的煤炭工业矿区总体规划环境影响评价。煤、电一体化、煤、电、化工一体化等专项规划环境影响评价中的煤炭开发规划环境影响评价可参照本标准执行
		环境影响评价技术导则 城市轨道交通 (HJ 453—2018)	本标准适用于城市轨道交通（含地铁、轻轨、跨座式单轨交通、现代有轨电车交通、中低速磁浮交通）建设项目的环境影响评价。市域快速轨道交通、悬挂式单轨交通等建设项目的环境影响评价可参照执行
		环境影响评价技术导则 钢铁建设项目 (HJ 708—2014)	本标准适用于新建、扩建和技术改造的钢铁建设项目
		环境影响评价技术导则 陆地石油天然气开发建设项目(HJ 349—2023)	本标准适用于我国境内陆地石油天然气开发建设项目（以下简称建设项目）的环境影响评价。石油天然气勘探、滩海陆采油气田、海上油气田陆岸终端、地面钻井开发煤层气建设项目的环境影响评价可参照本标准执行
		环境影响评价技术导则 煤炭采选工程 (HJ 619—2011)	本标准适用于在中华人民共和国境内进行煤炭采选工程的建设项目环境影响评价工作。煤炭采选工程环境影响后评价与煤炭资源勘探活动环境影响评价可参照本标准执行

3

续表

类别	名　　称	适用范围
行业类 环境影响 评价技术 导则	环境影响评价技术导则 农药建设项目 （HJ 582—2010）	本标准适用于我国所有农药新建、改建、扩建项目的环境影响评价；农药类区域规划环境影响评价可参照执行
	环境影响评价技术导则 石油化工建设项目 （HJ/T 89—2003）	本标准适用于石油化工新建、改建、扩建和技术改造项目的环境影响评价
	环境影响评价技术导则 水利水电工程 （HJ/T 88—2003）	本规范适用于水利行业的防洪、水电、灌溉、供水等大中型水利水电工程环境影响评价。其他行业同类工程和小型水利水电工程可参照执行
	环境影响评价技术导则 制药建设项目 （HJ 611—2011）	本标准适用于新建、改建、扩建和企业搬迁的制药建设项目环境影响评价。生产兽药和医药中间体的建设项目环境影响评价可参照本标准执行

二、环境影响评价技术导则的主要内容

环境影响评价技术导则的主要内容见表1-2。

表 1-2　环境影响评价技术导则的主要内容

类别		名　　称	主要内容
总纲		建设项目环境影响 评价技术导则　总纲 （HJ 2.1—2016）	总纲分为10章，具体分为前言、适用范围、术语和定义、总则、建设项目工程分析、环境现状调查与评价、环境影响预测与评价、环境保护措施及其可行性论证、环境影响经济损益分析、环境管理与监测计划、环境影响评价结论
专项 环境 影响 评价 技术 导则	环境 要素	环境影响评价技术导则 大气环境 （HJ 2.2—2018）	导则分为10章，具体分为前言、适用范围、规范性引用文件、术语和定义、总则、评价等级及评价范围确定、环境空气质量现状调查与评价、污染源调查、大气环境影响预测与评价、环境监测计划、大气环境影响评价结论与建议及附录
		环境影响评价技术导则 地表水环境 （HJ 2.3—2018）	导则分为10章，具体分为前言、适用范围、规范性引用文件、术语和定义、总则、评价等级及评价范围确定、环境现状调查与评价、地表水环境影响预测、地表水环境影响评价、环境保护措施与监测计划、地表水环境影响评价结论及附录
		环境影响评价技术导则 地下水环境 （HJ 610—2016）	导则分为12章，具体分为前言、适用范围、规范性引用文件、术语和定义、总则、地下水环境影响识别、地下水环境影响评价工作分级、地下水环境影响评价技术要求、地下水环境现状调查与评价、地下水环境影响预测、地下水环境影响评价、地下水环境保护措施与对策、地下水环境影响评价结论及附录
		环境影响评价技术导则 声环境 （HJ 2.4—2021）	导则分为13章，具体分为前言、适用范围、规范性引用文件、术语和定义、总则、评价等级和评价范围及评价标准、噪声源调查与分析、声环境现状调查和评价、声环境影响预测和评价、噪声防治对策措施、噪声监测计划、声环境影响评价结论与建议、建设项目声环境影响评价表格要求、规划环境影响评价中声环境影响评价要求及附录

续表

类别		名 称	主要内容
专项环境影响评价技术导则	环境要素	环境影响评价技术导则 生态影响 (HJ 19—2022)	导则分为11章,具体分为前言、适用范围、规范性引用文件、术语和定义、总则、生态影响识别、评价等级和评价范围确定、生态现状调查与评价、生态影响预测与评价、生态保护对策措施、生态影响评价结论、生态影响评价自查表及附录
	专题	尾矿库环境风险评估技术导则 (试行) (HJ 740—2015)	导则分为9章,具体分为前言、适用范围、规范性引用文件、术语和定义、总则、尾矿库环境风险评估准备、尾矿库环境风险预判、尾矿库环境风险等级划分、尾矿库环境风险分析与报告编制、标准实施与监督及附录
		规划环境影响评价技术导则 产业园区 (HJ 131—2021)	导则分为15章,具体分为前言、适用范围、规范性引用文件、术语和定义、总则、规划分析、现状调查与评价、环境影响识别与评价指标体系构建、环境影响预测与评价、规划方案综合论证和优化调整建议、不良环境影响减缓对策措施与协同降碳建议、环境影响跟踪评价与规划所含建设项目环境影响评价要求、产业园区环境管理与环境准入、公众参与和会商意见处理、评价结论、环境影响评价文件的编制要求
		中波广播发射台电磁辐射环境监测方法 (HJ 1136—2020)	导则分为6章,具体分为前言、适用范围、规范性引用文件、术语和定义、监测条件、监测方法、质量保证及附录
		规划环境影响评价技术导则 总纲(HJ 130—2019)	本章分为15章,具体分为前言、适用范围、规范性引用文件、术语和定义、总则、规划分析、现状调查与评价、环境影响识别与评价指标体系构建、环境影响预测与评价、规划方案综合论证和优化调整建议、环境影响减缓对策和措施、规划所包含建设项目环评要求、环境影响跟踪评价计划、公众参与和会商意见处理、评价结论、环境影响评价文件的编制要求及附录
行业类环境影响评价技术导则		规划环境影响评价技术导则 煤炭工业矿区总体规划 (HJ 463—2009)	导则分为17章,具体分为前言,适用范围,规范性引用文件,术语与定义,总则,规划分析,环境现状调查、分析与评价,环境影响识别、确定环境目标和评价指标,环境影响预测、分析与评价,资源、环境承载力分析,以及预防和减轻不良环境影响的对策和措施,清洁生产与循环经济分析,矿区规划的环境合理性分析,环境监测与跟踪评价,公众参与,困难和不确定分析,环境影响评价结论,环境影响评价文件的编制要求及附录
		环境影响评价技术导则 城市轨道交通 (HJ 453—2018)	导则分为12章,具体分为前言、适用范围、规范性引用文件、术语和定义、总则、建设项目工程概况与分析、环境现状调查与评价、施工期环境影响分析与评价、运营期环境影响预测与评价、环境保护措施及其可行性论证、环境影响经济损益分析、环境保护管理与监测计划、评价结论及附录
		环境影响评价技术导则 钢铁建设项目 (HJ 708—2014)	导则分为18章,具体分为前言、适用范围、规范性引用文件、术语和定义、总则、工程分析、清洁生产与循环经济分析、环境现状调查与评价、环境影响预测与评价、固体废物环境影响分析、环境风险评价、环境保护措施及其技术经济论证、污染物排放总量控制、环境影响经济损益分析、产业政策符合性及规划相容性分析、厂址选择及总图布置合理性分析、环境管理与环境监测、公众参与、结论及建议和附录
		环境影响评价技术导则 陆地石油天然气开发建设项目(HJ 349—2023)	导则分为13章,具体分为前言、适用范围、规范性引用文件、术语和定义、总则、工程概况、环境影响识别、评价等级和评价范围、环境现状调查与评价、环境影响预测与评价、环境保护措施、环境风险评价、环境管理与监测计划、结论和附录
		环境影响评价技术导则 煤炭采选工程 (HJ 619—2011)	导则分为6章,具体分为前言、适用范围、规范性引用文件、术语和定义、工作分类及程序、规范性技术要求、编制内容及要求和附录

类别	名　　称	主要内容
行业类环境影响评价技术导则	环境影响评价技术导则 民用机场建设工程 （HJ 87—2023）	导则分为 12 章，具体分为前言、适用范围、规范性引用文件、术语和定义、总则、工程概况、环境影响识别、评价等级和评价范围、环境现状调查与评价、环境影响预测与评价、环境保护措施、环境管理与监测计划、结论及附录
	环境影响评价技术导则 农药建设项目 （HJ 582—2010）	导则分为 19 章，具体分为前言、适用范围、规范性引用文件、术语和定义、工作原则和一般规定、自然环境与社会环境概况调查、评价区污染源现状调查与评价、环境质量现状调查与评价、工程分析、现有工程回顾性评价、清洁生产和循环经济分析、环境保护措施技术论证、环境影响预测与评价、环境风险评价、厂址合理性分析与论证、污染物总量控制分析、公众参与、环境管理与环境监测制度、环境影响经济损益分析、评价结论及附录
	环境影响评价技术导则 石油化工建设项目 （HJ/T 89—2003）	导则分为 19 章，具体分为适用范围、引用标准、术语、工作原则和一般规定、自然环境与社会环境现状调查、评价区污染源现状调查与评价、环境质量现状调查与评价、工程分析、环境影响预测与评价、固体废物污染环境影响分析、环境保护措施分析、污染物排放总量控制分析、环境风险分析、环境管理及环境监测制度建议、环境影响经济损益分析、公众参与、环境影响评价大纲的编制、环境影响报告书的编制、其他规定及附录
	环境影响评价技术导则 水利水电工程 （HJ/T 88—2003）	导则分为 10 章，具体分为前言、工程概况与工程分析、环境现状调查与评价、环境影响识别、环境影响预测和评价、对策措施、环境监测与管理、环境保护投资估算与环境影响经济损益分析、公众参与、评价结论及附录
	环境影响评价技术导则 制药建设项目 （HJ 611—2011）	导则分为 19 章，具体分为前言、适用范围、规范性引用文件、术语和定义、总则、区域自然与社会环境现状调查、企业现状调查、工程分析、清洁生产和循环经济分析、环境质量现状调查与评价、环境影响预测与评价、环境风险评价、环境保护措施及技术经济分析、污染物总量控制分析、环境管理与环境监测、环境影响经济损益分析、公众参与、政策及规划符合性和厂址选择合理性分析与论证、结论、其他及附录

三、环境影响评价工作程序

环境影响评价可分为三个阶段：准备阶段，分析论证和预测评价阶段，环境影响评价文件编制阶段。这三个阶段的主要工作内容如下，具体流程见图 1-1。

（一）准备阶段

这一阶段的工作包括前期准备、调研和工作方案确定。

① 研究有关文件。研究国家和地方的法律法规、发展规划和环境功能区划、技术导则和相关标准、建设项目依据、可行性研究资料及其他有关技术资料。

② 进行初步的工程分析。明确建设项目的工程组成，根据工艺流程确定排污环节和主要污染物，同时进行建设项目影响区域的环境现状调查。

③ 识别建设项目的环境影响因素。筛选主要的环境影响因子，明确评价重点。

④ 确定各单项环境要素环境影响评价的范围、评价工作等级和评价标准。

（二）分析论证和预测评价阶段

① 进一步进行工程分析，进行充分的环境现状调查、监测并开展环境质量现状评价。

② 根据污染源强和环境现状资料进行建设项目的环境影响预测，评价建设项目的环境影响，同时开展公众意见调查。

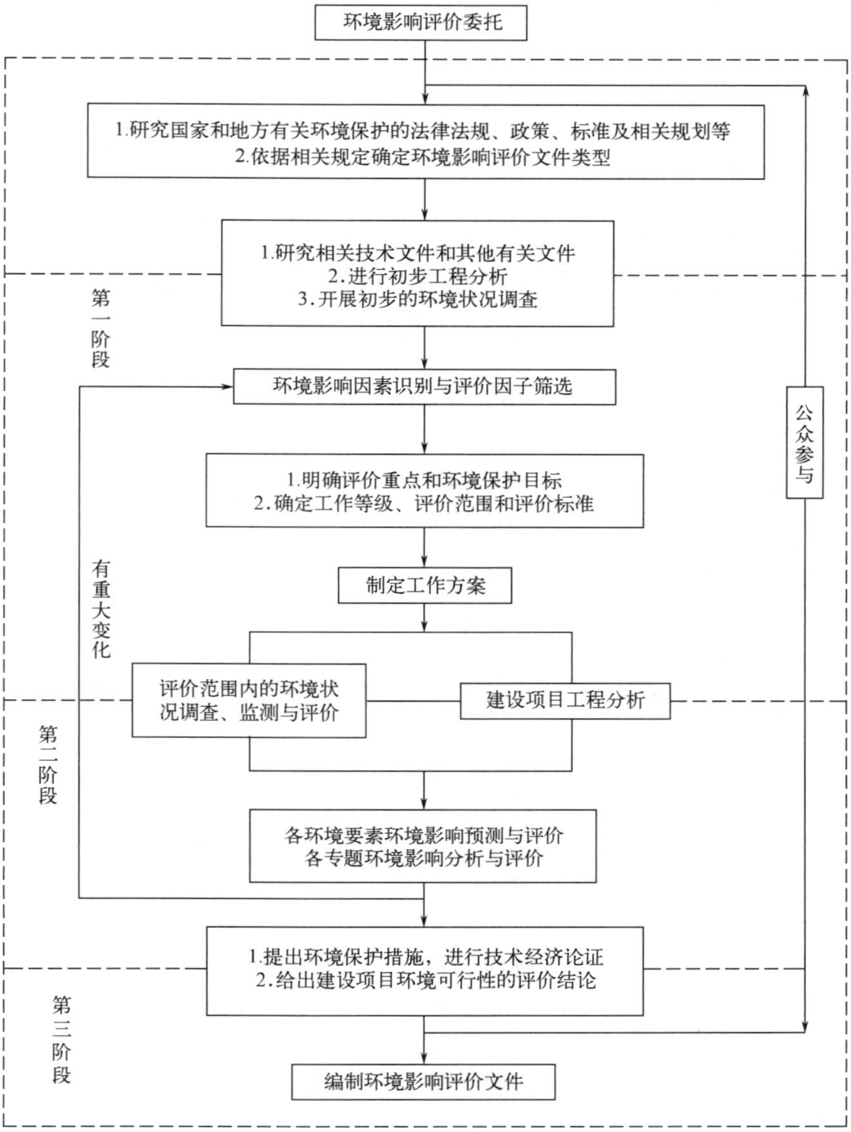

图 1-1　环境影响评价工作程序

③ 提出减少环境污染和生态影响的环境管理措施和工程措施。

（三）环境影响评价文件编制阶段

　　汇总、分析第二阶段得到的各种资料、数据，从环保角度确定项目的可行性，给出评价结论和提出进一步减缓环境影响的建议，最终完成环境影响报告书（表）的编制。

四、环境影响评价的工作等级及其划分依据

　　环境影响评价工作一般按环境要素（大气、水、声、土壤、生态等）分别划分评价等级。单要素（大气、地表水、地下水、生态、声、土壤）环境影响评价划分为三个评价工作等级（一、二、三级），一级评价对环境影响进行全面、详细、深入的评价，二级评价对环境影响进行较为详细、深入的评价，三级评价可只进行环境影响分析。

7

环境风险评价工作等级划分为一级、二级、三级和简单分析。根据建设项目涉及的物质及工艺系统危险性和所在地的环境敏感性确定环境风险潜势，按照 HJ 169—2018 中表 1 确定评价工作等级。风险潜势为Ⅳ及以上，进行一级评价；风险潜势为Ⅲ，进行二级评价；风险潜势为Ⅱ，进行三级评价；风险潜势为Ⅰ，可开展简单分析。

（一）环境影响评价工作等级的划分依据

① 建设项目的工程特点：工程性质、工程规模、能源、水及其他资源的使用量及类型；污染物排放特点，包括污染物种类、性质、排放量、排放方式、排放去向、排放浓度等。

② 建设项目所在地区的环境特征：自然环境条件和特点、环境敏感程度、环境质量现状、生态系统功能与特点、自然资源及社会经济环境状况等，以及建设项目实施后可能引起的现有环境特征发生变化的范围和程度。

③ 相关法律法规、标准及规划（包括环境质量标准和污染物排放标准等）、环境功能区划等因素。

其他专项评价工作等级划分可参照各环境要素评价工作等级划分依据。

（二）不同环境影响评价等级的评价要求

不同的环境影响评价工作等级，要求的环境影响评价深度不同。具体评价要求见表1-3。

表 1-3　评价等级的评价要求

评价等级	评价要求
一级评价	对单项环境要素的环境影响进行全面、细致和深入的评价，对该环境要素的现状调查、影响预测、影响评价和措施提出，一般都要求比较全面和深入，并应当采用定量化计算来完成
二级评价	对单项环境要素的重点环境影响进行详细、深入评价，一般要采用定量化计算和定性的表述来完成
三级评价	对单项环境要素的环境影响进行一般评价，可通过定性的描述来完成

环境影响评价总纲中只对各单项环境要素环境影响评价等级提出原则要求。

对需编制环境影响报告书的建设项目，各单项影响评价的工作等级根据各自的判定依据确定具体的评价等级。对填写环境影响报告表的建设项目，个别需设置评价专题的，评价等级按专项环评导则进行。

环境影响报告表应采用规定格式。可根据工程特点、环境特征，有针对性地突出环境要素或设置专题开展评价。

（三）环境影响评价工作等级的调整

各单要素的评价工作等级可根据建设项目所处区域环境敏感程度、工程污染或生态影响特征及其他特殊要求等情况进行适当调整，但调整幅度上下不应超过一级，并说明具体理由。

五、环境影响评价文件的编制与报批

（一）环境影响报告书的内容

建设项目环境影响报告书应包括下列内容。

① 总论。

② 周围环境概况。

③ 工程及污染源强分析。

④ 环境质量与生态现状评价。

⑤ 环境质量与生态环境影响预测评价。

⑥ 施工期环境影响评价。

⑦ 清洁生产及总量控制分析。

⑧ 污染治理与生态保护修复措施。

⑨ 环境风险评价。

⑩ 社会环境影响分析。

⑪ 产业导向、规划布局及选址合理性分析。

⑫ 公众参与。

⑬ 环境经济损益分析。

⑭ 环境监测计划及管理要求。

⑮ 环评结论。

（二）环境影响报告表的内容

国家环境保护总局于 1999 年 8 月 3 日发布了《关于公布〈建设项目环境影响报告表〉和〈建设项目环境影响登记表〉（试行）内容及格式的通知》，制订了《建设项目环境影响报告表》（试行）和《建设项目环境影响登记表》（试行）的内容及格式。

生态环境部于 2020 年 12 月 24 日发布了《关于印发〈建设项目环境影响报告表〉内容、格式及编制技术指南的通知》，根据建设项目环境影响特点将报告表分为污染影响类和生态影响类，配套制定了《建设项目环境影响报告表编制技术指南（污染影响类）（试行）》和《建设项目环境影响报告表编制技术指南（生态影响类）（试行）》。《建设项目环境影响报告表》内容、格式及编制技术指南，自 2021 年 4 月 1 日起实施。

新版环境影响报告表在内容、格式和编制技术要求上进行了较大调整，主要体现在以下三方面。一是分类管理，将报告表分为污染影响类和生态影响类两种格式，根据两类项目不同环境影响特点设置有针对性的编制内容和格式，并配套相应的编制技术指南，突出不同类型评价关注重点。二是优化简化，明确了专项设置原则和数量限制，简化了一般项目环境质量现状监测要求，取消了评价等级判定等程序，聚焦生态环境影响和保护措施。三是注重衔接，与规划环评联动，充分利用规划环评成果、结论和现状评价数据；污染影响类建设项目内容与排污许可衔接，便于企业后续申请排污许可证；增加"生态环境保护措施监督检查清单"，为后续监管提供明晰依据。

《建设项目环境影响报告表（污染影响类）》包括下列内容。

① 建设项目基本情况。

② 建设项目工程分析。

③ 区域环境质量现状、环境保护目标及评价标准。

④ 主要环境影响和保护措施。

⑤ 环境保护措施监督检查清单。

⑥ 结论。

⑦ 附表：建设项目污染物排放量汇总表，编制单位和编制人员情况表。

《建设项目环境影响报告表（生态影响类）》包括下列内容。

① 建设项目基本情况。

② 建设内容。

③ 生态环境现状、保护目标及评价标准。

④ 生态环境影响分析。

⑤ 主要生态环境保护措施。

⑥ 生态环境保护措施监督检查清单。

⑦ 结论。

⑧ 附表：编制单位和编制人员情况表。

（三）环境影响登记表的内容

《建设项目环境影响登记表》（试行）应包括以下内容。

① 项目基本情况：项目名称、建设单位、法人及联系人、通信地址及邮政编码、联系电话、建设地点、建设性质、行业类别及代码、占地面积、使用面积、总投资、环保投资及投资比例、预期投产日期、预计年工作日。

② 项目内容及规模。

③ 原辅材料（包括名称、用量）及主要设施规格、数量（包括锅炉、发电机等）。

④ 水及能源消耗量。

⑤ 废水（工业废水、生活废水）排水量及排放去向。

⑥ 周围环境简况（可附图说明）。

⑦ 生产工艺流程简述（如有废水、废气、废渣、噪声产生，须明确标出产生环节，并用文字说明）。

⑧ 拟采取的防治污染措施（包括建设期、运营期）。

建设项目环境影响登记表可由建设单位自行填写。填报环境影响登记表的建设项目，建设单位应当依照《建设项目环境影响登记表备案管理办法》规定，办理环境影响登记表备案手续。县级环境保护主管部门负责本行政区域内的建设项目环境影响登记表备案管理。建设项目的建设地点涉及多个县级行政区域的，建设单位应当分别向各建设地点所在地的县级环境保护主管部门备案。建设单位应当在建设项目建成并投入生产运营前，登录网上备案系统，在网上备案系统注册真实信息，在线填报并提交建设项目环境影响登记表。建设单位在线提交环境影响登记表后，网上备案系统自动生成备案编号和回执，该建设项目环境影响登记表备案即为完成。建设项目环境影响登记表备案回执是环境保护主管部门确认收到建设单位环境影响登记表的证明。

（四）规划环境影响报告书内容

规划环境影响报告书应当包括下列内容。

① 总则。概述任务由来，明确评价依据、评价目的与原则、评价范围（附图）、评价重点、评价区域内的主要环境保护目标和环境敏感区的分布情况及保护要求等。

② 规划分析。概述规划编制的背景，明确规划的层级和属性，解析并说明规划的发展目标、定位、规模、布局、结构、时序，以及规划包含的具体建设项目的建设计划等内容；进行规划与政策法规、上层位规划在资源保护与利用、环境保护、生态建设要求等方面的符合性分析，与同层位规划在环境目标、资源利用、环境容量与承载力等方面的协调性分析，给出分析结论，重点明确规划之间的冲突与矛盾；进行规划的不确定性分析，给出规划环境影响预测的不同情景。

③ 环境现状调查与评价。概述环境现状调查情况。阐明评价区自然地理状况、社会经济概况、资源赋存与利用状况、环境质量和生态状况等，评价区域资源利用和保护中存在的问题，分析规划布局与主体功能区划、生态功能区划、环境功能区划和环境敏感区、重点生态功能区之间的关系，评价区域环境质量状况，分析区域生态系统的组成、结构与功能状况、变化趋势和存在的主要问题，评价区域环境风险防范和人群健康状况，分析评价区主要行业经济和污染贡献率。对已开发区域进行环境影响回顾性评价，明确现有开发状况与区域主要环境问题间的关系。明确提出规划实施的资源与环境制约因素。

④ 环境影响识别与评价指标体系构建。识别规划实施可能影响的资源与环境要素及范围和程度，建立规划要素与资源、环境要素之间的动态响应关系。论述评价区域环境质量、生态保护和其他环境保护相关的目标和要求，确定不同规划时段的环境目标，建立评价指标体系，给出具体的评价指标值。

⑤ 环境影响预测与评价。说明资源、环境影响预测的方法，包括预测模式和参数选取等。估算不同发展情景对关键性资源的需求量和污染物的排放量，给出生态影响范围和持续时间和主要生态因子的变化量。预测与评价不同发展情景下区域环境质量能否满足相应功能区的要求，对区域生态系统完整性所造成的影响，对主要环境敏感区和重点生态功能区等环境保护目标的影响性质，以及进行生态风险分析、清洁生产水平和循环经济分析。预测和分析规划实施与其他相关规划在时间和空间上的累积环境影响。评价区域资源与环境承载力对规划实施的支撑状况。

⑥ 规划方案综合论证和优化调整建议。综合各种资源与环境要素的影响预测和分析、评价结果，分别论述规划的目标、规模、布局、结构等规划要素的环境合理性，以及环境目标的可达性和规划对区域可持续发展的影响。明确规划方案的优化调整建议，并给出评价推荐的规划方案。

⑦ 环境影响减缓措施。详细给出针对不良环境影响的预防、最小化及对造成的影响进行全面修复补救的对策和措施，论述对策和措施的实施效果。如规划方案中包含具体的建设项目，还应给出重大建设项目环境影响评价的重点内容和基本要求（包括简化建议）、环境准入条件和管理要求等。

⑧ 环境影响跟踪评价。详细说明拟定的跟踪评价方案，论述跟踪评价的具体内容和要求。

⑨ 公众参与。说明公众参与的方式、内容及公众参与意见和建议的处理情况，重点说明不采纳的理由。

⑩ 评价结论。归纳总结评价工作成果，明确规划方案的合理性和可行性。

⑪ 附必要的表征规划发展目标、规模、布局、结构、建设时序以及表征规划设计的资源与环境的图、表和文件，给出环境现状调查范围、监测点位分布等图件。

六、建设项目环境影响评价分级审批权限

① 国务院环境保护行政主管部门负责审批的环境影响评价文件的范围。建设项目的环境影响评价文件，由建设单位按照国务院规定报有审批权的环境保护行政主管部门审批。按《中华人民共和国环境影响评价法》和《建设项目环境保护管理条例》规定，国务院环境保护行政主管部门负责审批下列项目的环境影响评价文件。

a. 核设施、绝密工程等特殊性质的建设项目。

b. 跨省、自治区、直辖市行政区域的建设项目。

c. 由国务院审批的或者由国务院授权有关部门审批的建设项目。

上述规定以外的建设项目环境影响评价文件的审批权限，由省、自治区、直辖市人民政府规定。可能造成跨行政区域的不良环境影响，或对该项目的环境影响评价结论有争议的，其环境影响评价文件由共同的上一级环境保护行政主管部门审批。

生态环境部可以将法定由其负责审批的部分建设项目环境影响评价文件的审批权限，委托给该项目所在地的省级环境保护部门，并应当向社会公告。

受委托的省级环境保护部门，应当在委托范围内，以生态环境部的名义审批环境影响评价文件。受委托的省级环境保护部门不得再委托其他组织或者个人。

生态环境部应当对省级环境保护部门根据委托审批环境影响评价文件的行为负责监督，并对该审批行为的后果承担法律责任。

生态环境部负责审批以外的建设项目环境影响评价文件的审批权限，由省级环境保护部门按照建设项目的审批、核准和备案权限，建设项目对环境的影响性质和程度以及相关原则提出分级审批建议，报省级人民政府批准后实施，并抄报生态环境部。

【例 1-1】　生态环境部审批环境影响评价文件的建设项目目录（2019 年本）。

生态环境部审批环境影响评价文件的建设项目目录

（2019 年本）

一、水利

水库：在跨界河流、跨省（区、市）河流上建设的项目。

其他水事工程：涉及跨界河流、跨省（区、市）水资源配置调整的项目。

二、能源

水电站：在跨界河流、跨省（区、市）河流上建设的单站总装机容量 50 万千瓦及以上项目。

核电厂：全部（包括核电厂范围内的有关配套设施，但不包括核电厂控制区范围内新增的不带放射性的实验室、试验装置、维修车间、仓库、办公设施等项目）。

电网工程：跨境、跨省（区、市）（±）500 千伏及以上交直流输变电项目。

煤矿：国务院有关部门核准的煤炭开发项目。

输油管网（不含油田集输管网）：跨境、跨省（区、市）干线管网项目。

输气管网（不含油气田集输管网）：跨境、跨省（区、市）干线管网项目。

三、交通运输

新建（含增建）铁路：跨省（区、市）项目。

煤炭、矿石、油气专用泊位：在沿海（含长江南京及以下）新建年吞吐能力 1000 万吨及以上项目。

内河航运：跨省（区、市）高等级航道的千吨级及以上航电枢纽项目。

四、原材料

石化：新建炼油及扩建一次炼油项目（不包括列入国务院批准的国家能源发展规划、石化产业规划布局方案的扩建项目）。

化工：年产超过 20 亿立方米的煤制天然气项目；年产超过 100 万吨的煤制油项目；年产超过 100 万吨的煤制甲醇项目；年产超过 50 万吨的煤经甲醇制烯烃项目。

五、核与辐射

除核电厂外的核设施：全部（不包括核设施控制区范围内新增的不带放射性的实验室、试验装置、维修车间、仓库、办公设施等项目）。

放射性：铀（钍）矿。

电磁辐射设施：由国务院或国务院有关部门审批的电磁辐射设施及工程。

六、海洋

涉及国家海洋权益、国防安全等特殊性质的海洋工程：全部。

海洋矿产资源勘探开发及其附属工程：全部（不包括海砂开采项目）。

围填海：50 公顷以上的填海工程，100 公顷以上的围海工程。

海洋能源开发利用：潮汐电站、波浪电站、温差电站等（不包括海上风电项目）。

七、绝密工程

全部项目。

八、其他由国务院或国务院授权有关部门审批的应编制环境影响报告书的项目（不包括不含水库的防洪治涝工程，不含水库的灌区工程，研究和试验发展项目，卫生项目）。

【例 1-2】　环境保护部下放环境影响评价文件审批权限的建设项目目录。

环境保护部下放环境影响评价文件审批权限的建设项目目录

1. 分布式燃气发电项目。
2. 燃煤背压热电站项目。
3. 抽水蓄能电站项目。
4. 总装机容量 5 万千瓦及以上风电站项目。
5. 国家规划矿区内新增年生产能力 120 万吨以下的煤炭开发项目。
6. 非跨境、跨省（区、市）天然气输气管网项目。
7. 国家原油存储设施项目；进口液化天然气接收、储运设施项目。
8. 国道主干线公路项目；西部开发公路干线项目；跨大江大河（通航段）的独立公路桥梁、隧道项目及城市道路桥梁、隧道项目。
9. 扩建民用机场项目；扩建军民合用机场项目。
10. 规划环境影响评价已通过审查的城市轨道交通项目。
11. 轧钢项目。
12. 稀土深加工项目。
13. 年产 50 万吨及以上钾矿肥项目。
14. 对二甲苯、精对苯二甲酸改扩建项目。
15. 除新建整车以外的汽车项目。
16. 民用船舶中、低速柴油机生产项目。
17. 城市轨道交通车辆、信号系统和牵引传动控制系统制造项目。
18. 日产 300 吨及以上聚酯项目。
19. 烟用二醋酸纤维素及丝束项目。
20. 制盐项目。
21. 大学城、医学城及其他园区性社会事业项目。
22. 涉及三级、四级生物安全实验室项目。
23. F1 赛车场项目。
24. 印钞、造币、钞票纸项目。
25. 《外商投资产业指导目录》中总投资（含增资）1 亿美元及以上鼓励类、允许类项目。

② 除属国务院环境保护行政主管部门负责审批的项目外，其余项目环境影响评价文件审批的决定权属省、自治区、直辖市人民政府。

a. 有色金属冶炼及矿山开发、钢铁加工、电石、铁合金、焦炭、垃圾焚烧及发电、制浆等对环境可能造成重大影响的建设项目环境影响评价文件由省级环境保护部门负责审批。

b. 化工、造纸、电镀、印染、酿造、味精、柠檬酸、酶制剂、酵母等污染较重的建设项目环境影响评价文件由省级或地级市环境保护部门负责审批。

c. 法律和法规关于建设项目环境影响评价文件分级审批管理另有规定的，按照有关规定执行。

③ 建设项目环境影响报告书或者环境影响报告表的预审。建设项目环境影响报告书

（报告表）的预审是一项特殊程序，只适用于需要进行环境影响评价、编制环境影响报告书（报告表）并有行业主管部门的建设项目。

涉及水土保持的建设项目，还必须有经水行政主管部门审查同意的水土保持方案。海洋工程建设项目的海洋环境影响报告书的审批，依照《中华人民共和国海洋环境保护法》的规定办理。海岸工程建设项目环境影响报告书或者环境影响报告表，经海洋行政主管部门审核并签署意见后，报环境保护行政主管部门审批。

④ 化工、染料、制药、印染、酿造、制浆造纸、电石、铁合金、焦炭、电镀、垃圾焚烧等污染较重或涉及环境敏感区的项目环境影响评价文件，应由地市级以上环境保护行政主管部门审批。

⑤ 建设项目环境影响评价文件审批时限。有审批权的环保行政主管部门应当自收到环境影响报告书之日起六十日内，收到环境影响报告表之日起三十日内，分别作出审批决定并书面通知建设单位。国家对环境影响登记表实行备案管理。

思　考　题

1. 简述环境影响评价技术导则的构成及特点。
2. 简述环境影响评价的工作程序。
3. 哪些环境要素需要划分评价等级？
4. 简述环境影响评价工作等级的划分依据。
5. 环境影响评价工作等级的评价要求是什么？
6. 建设项目环境影响评价的基本内容包括什么？
7. 环境影响报告表的内容有哪些？
8. 简述环境影响登记表包括的内容。
9. 简述规划环境影响报告书的内容。
10. 简述建设项目环境影响评价文件的审批时限。

参考文献

［1］生态环境部. 环境影响评价技术导则　大气环境：HJ 2.2—2018［S］. 北京：中国环境科学出版社，2018.

［2］生态环境部. 环境影响评价技术导则　地表水环境：HJ 2.3—2018［S］. 北京：中国环境科学出版社，2018.

［3］环境保护部. 环境影响评价技术导则　地下水环境：HJ 610—2016［S］. 北京：中国环境科学出版社，2016.

［4］生态环境部. 环境影响评价技术导则　土壤环境（试行）：HJ 964—2018［S］. 北京：中国环境出版社，2018.

［5］环境保护部. 建设项目环境影响评价技术导则　总纲：HJ 2.1—2016［S］. 北京：中国环境科学出版社，2016.

［6］生态环境部. 建设项目环境风险评价技术导则：HJ 169—2018［S］. 北京：中国环境科学出版社，2018.

［7］生态环境部. 规划环境影响评价技术导则　总纲：HJ 130—2019［S］. 北京：中国环境出版集团，2019.

第二章
环境影响评价标准

第一节　环境标准的分类

一、环境标准的概念

环境标准是为保护人群健康、社会财物和促进生态良性循环，对环境中的污染物（或有害因素）水平及排放源规定的限量阈值或技术规范。环境标准是政策、法规的具体体现，是强化环境管理的基本保证，它一般说明两个方面的问题。第一，人群健康、生态系统和社会财物不受损害的环境适宜条件是什么？第二，人类的生产、生活活动对环境的影响和干扰应控制的限度和数量是什么？前者是环境质量标准的任务，后者是排放标准的任务。

二、环境标准的作用

环境标准在控制污染、保护环境方面具有重要作用，主要包括以下三个方面。

① 环境标准是环境政策目标的具体体现，是制定环境规划时提出环境目标的依据，它给出一系列环境保护指标，便于把环境保护工作纳入国民经济计划管理的轨道。

② 环境标准是制定国家和地方各级环保法规的技术依据，是环保立法和执法时的具体尺度，它用条文和数量规定了环境质量及污染物的最高容许限度，且具有法律效力。

③ 环境标准是现代环境管理的技术基础。现代环境管理包括环境政策与立法、规划与目标、监测与调研以及环境工程技术等许多环节，甚至环境法规的执法尺度、环境方案的比较和选择、环境质量评价，无不以环境标准为基础，它是人类对环境实行科学管理的技术基础。

三、环境标准的构成及分类

（一）构成

中国环境标准体系构成见图 2-1。中国环境标准体系分为三级和五类。

三级：国家环境标准、环境影响评价标准、地方环境标准。

五类：环境质量标准、污染物排放标准、环境基础标准、环境监测方法标准、环境标准样品标准。

1. 国家环境标准

① 含义：国家环境标准是指由国务院有关部门依法制定和颁布的在全国范围内或者在特定区域、特定行业内适用的环境标准。

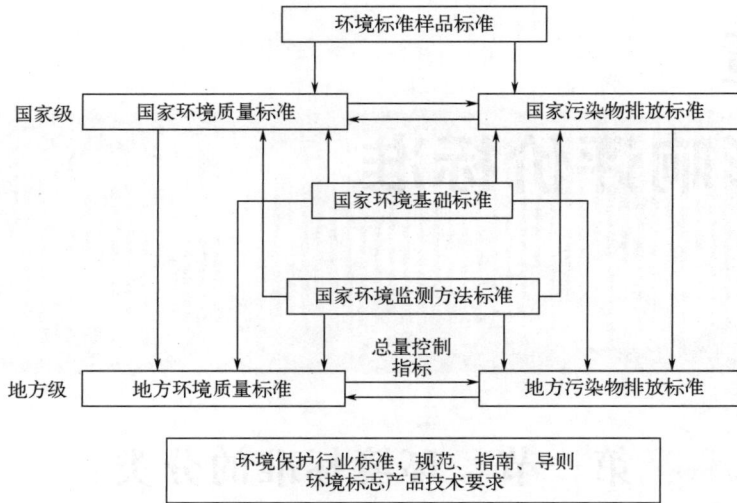

图 2-1　中国环境标准体系构成

② 类型：具体有如下三种。

a. 全国通用环境标准：在全国范围内普遍适用的标准叫全国通用环境标准，如《环境空气质量标准》（GB 3095—2012）。

b. 区域环境标准：在全国某一类特定区域内适用的环境标准叫区域环境标准，如《海水水质标准》（GB 3097—1997）。

c. 行业环境标准：在国家特定行业适用的标准叫行业环境标准，如《火电厂大气污染物排放标准》（GB 13223—2011）。

2. 地方环境标准

① 含义：指由省、自治区、直辖市人民政府制定颁布的在其行政区域内适用的环境标准。

地方环境标准只有省、自治区、直辖市人民政府有权制定，其他地方人民政府均无权制定环境标准。

② 地方环境保护标准的制定权限见表 2-1。

表 2-1　地方环境保护标准的制定权限

类别	制定和使用
地方环境质量标准	省、自治区、直辖市人民政府可以对国家环境质量标准中未作规定的项目制定地方环境质量标准，并报国务院环境保护行政主管部门备案。地方环境质量标准在本辖区内适用
地方污染物排放标准（或控制标准）	省、自治区、直辖市人民政府可以对国家污染物排放标准中未作规定的项目，制定地方污染物排放标准；也可以对国家污染物排放标准中已作规定的项目，制定严于国家污染物排放标准的地方污染物排放标准。地方污染物排放标准须报国务院环境保护行政主管部门备案，但是省、自治区、直辖市人民政府制定机动车船大气污染物排放标准严于国家排放标准的须报国务院批准

地方标准编号由四部分组成，DB（地方标准代号）省、自治区、直辖市行政区代码前两位/顺序号—年号，如福建省《制浆造纸工业水污染物排放标准》（DB 35/1310—2013）、辽宁省《污水综合排放标准》（DB 21/1627—2008）、江苏省《化学工业水污染物排放标准》（DB 32/939—2020）。

3. 环境影响评价标准

环境影响评价标准是根据有关法律的规定，国务院环境保护行政主管部门对没有国家环境标准而又需要在全国整个环境保护行业范围内统一环保技术要求，而制定的环境保护行业标准，是对环保工作范围内所涉及的部分以及设备、仪器等所作的统一技术规定。

国家环保局从1993年开始制定环境影响评价标准，以使环境管理工作进一步规范化、标准化。环境影响评价标准主要包括：环境管理工作中执行环保法律和管理制度的技术规定、规范；环境污染治理设施、工程设施的技术性规定；环保监测仪器、设备的质量管理以及环境信息分类与编码等。如环境影响评价技术导则、建设项目竣工环境保护验收技术规范等。

环境影响评价标准在全国范围内实施。相应的国家环境标准发布实施后，环境影响评价标准自行废止。

4. 国家标准和地方标准的关系

① 适用范围：国家环境标准适用于全国，地方环境标准只适用于制定该标准的机构所辖的或其下级行政机构所辖的地区。

② 类型：国家环境标准可以有各类环境标准，地方环境标准只有环境质量标准和污染物排放标准，而没有环境基础标准、环境方法标准和环境标准样品标准。

③ 执行顺序：当地方污染物排放标准与国家污染物排放标准并存且地方标准严于国家标准时，地方污染物排放标准优于国家污染物排放标准实施。

总之，国家环境标准对全局性、普遍性的事物作出统一的规定，是制定地方环境标准的依据和指南；地方环境标准对局部性、特殊性的事物作出规定，是国家环境标准的补充和完善。

（二）分类

1. 环境质量标准

环境质量标准是以保护人群健康、促进生态良性循环为目标，规定环境中各类有害物质在一定时间和空间范围内的容许浓度或其他污染因素的容许水平。环境质量标准是国家环境政策目标的具体体现，是制定污染物排放标准的依据，同时也是环境保护行政主管部门和有关部门对环境进行科学管理的重要手段。

（1）环境基准　环境质量标准是法律条文，属于上层建筑的范畴，以保护人体健康、保障正常生活条件及保护自然环境为目标。因而在制定环境标准时，必须首先对环境中各种污染物对人体、对生物及对建筑设施等的危害影响进行综合研究，分析污染物剂量与接触时间和环境效应之间的相关性，以及环境状况的破坏程度与环境质量之间的相关性，据此制定的环境保护准则和各种环境质量标准的背景值基础资料，即为环境基准。

环境基准指的是世界各国研究者通过研究和调查，提出的污染物种类、浓度、作用时间和环境效应的相关性资料。需通过毒理实验、流行病学的方法，获得环境基准的基础资料，经过分析、对比和综合制定环境基准，它是由与人体健康有关的卫生基准、与各种动植物保护有关的生物基准，以及与保护各种物质财富有关的物理基准综合而成的。

环境基准资料是依据大量的科学实验和现场调查研究的结果综合分析得出来的。对于各种环境要素，有各种不同的基准。如大气和水的基准，与人体健康有关的则是卫生基准，与各种动植物有关的则是生物基准，与建筑物受损害有关的则是建筑基准等。它们各自的研究方法不同。环境基础资料来源于许多国家、许多学科、许多部门的广泛研究成果。上述各项基准，一般是通过实验室或小区现场实验和现场调查，以及收集国内外有关资料，经过分析和综合后确定。环境基准是一个复杂的系统，其分类和内涵如图2-2所示。

（2）环境基准与环境质量标准的关系　环境基准和环境质量标准的关系具体见表2-2。

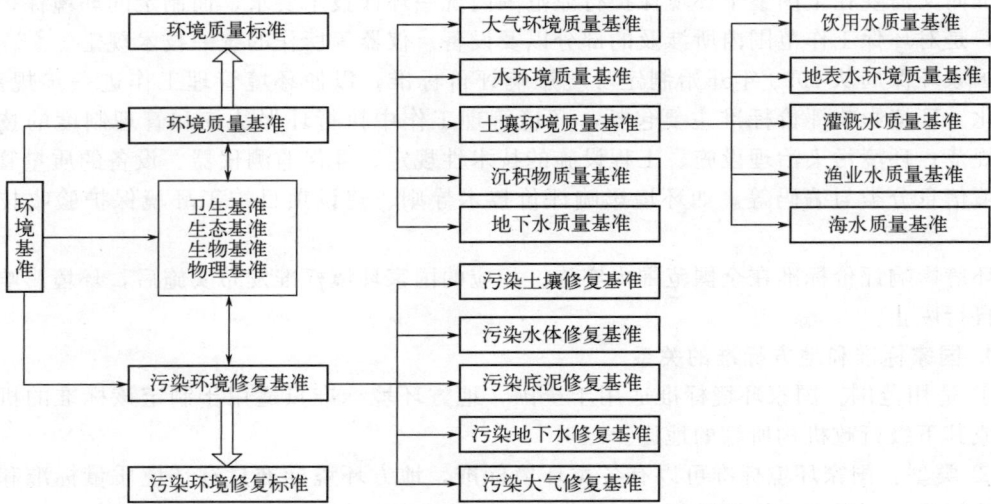

图 2-2 环境基准的分类及内涵

表 2-2 环境基准和环境质量标准的关系

序号	关系
1	基准是单一学科的研究结果,它所表述的是某种污染物质在某一环境要素中的存量与单一效应之间的关系,标准则是在多个学科研究得到的基准的基础上所表达的环境污染与人类社会生存发展中的政治、经济、技术等多种效应之间的综合关系
2	基准是纯粹的科学研究结论,不以人们的意志为转移,不能作为环境质量评价的依据,标准则是将基准与人群健康、社会经济发展和生态保护等对环境的需要综合起来进行分析和平衡的结果,并由国家以法律形式颁布,因此它是环境质量评价的依据
3	基准没有时间性,或者说它的时间性与地球演化的周期在同一数量级上,标准则有明显的时间性,也就是说它将随着人类社会条件和生存发展需要的改变而改变

总之,基准是属于纯自然科学范畴的,是标准的基础和核心,标准则属于上层建筑范畴;基准值决定了标准的基本水平,也决定了环境质量应控制的基本水平。

一般说来,环境质量标准值与基准值之间的关系可能出现三种情况,见表 2-3。

表 2-3 环境质量标准值与基准值关系的三种情况

两者之间的关系	说明
标准值＝基准值	即把标准值制定在基准值的水平上(特定对象要求的最低水平)。在这种情况下,如污染物超越这一界限,就会对特定对象带来危害,所以其安全系数是比较小的
标准值＜基准值	即标准值位于基准值要求的水平之上。在这种情况下,即使污染物超标但是不超过基准值,也不会给特定对象带来危害,所以其安全系数比较大。这时可以根据政治、经济和技术条件,把标准值放宽到满足基准要求的基础上,也可以根据政治、经济等方面的需要,把标准值提高得更严些
标准值＞基准值	即标准值位于基准值要求的水平以下。显然这是不允许的,因为基准值已是特定对象所要求的最低水平,任何标准都不应制定在基准已表明对特定对象能够产生危害的范围内

2. 污染物排放标准

污染物排放标准是为了实现环境质量标准目标,结合技术经济条件和环境特点,对排入环境的污染物或有害因素规定的允许排放水平。

制定污染物排放标准，对保护和改善环境质量、防治环境污染和破坏具有重要意义。

首先，污染物排放标准是实现环境质量标准的主要保证。要使环境质量标准的要求得以实现，就必须对污染物的排放进行控制，规定污染物排放标准。

其次，严格执行污染物排放标准是控制污染源的重要手段。制定并执行污染物排放标准，对污染源排污进行强制性的控制，可以促使排污单位积极采取各种措施，使污染物的排放符合规定的排放标准。

3. 环境基础标准

环境基础标准是指在环境保护工作范围内，对有指导意义的符号、代号、指南、程序、规范、导则等所作的规定。它在环境标准体系中处于指导地位，是制定其他环境标准的基础。环境基础标准只有国家标准。表 2-4 列出了我国部分环境基础标准。

表 2-4　环境基础标准

标准名称	编号	发布时间	实施时间
制订地方水污染物排放标准的技术原则与方法	GB 3839—83	1983-9-14	1984-4-1
制订地方大气污染物排放标准的技术方法	GB/T 3840—91	1991-8-31	1992-6-1
近岸海域环境功能区划分技术规范	HJ/T 82—2001	2001-12-25	2002-4-1
汽车加速行驶车外噪声限值及测量方法	GB 1495—2002	2002-1-4	2002-10-1
声屏障声学设计和测量规范	HJ/T 90—2004	2004-7-12	2004-10-1
环境噪声与振动控制工程技术导则	HJ 2034—2013	2013-9-26	2013-12-1
染料工业废水治理工程技术规范	HJ 2036—2013	2013-9-26	2013-12-1
环境空气　半挥发性有机物采样技术导则	HJ 691—2014	2014-2-7	2014-4-15
声环境功能区划分技术规范	GB/T 15190—2014	2014-12-2	2015-1-1
人体健康水质基准制定技术指南	HJ 837—2017	2017-6-9	2017-9-1
湖泊营养物基准制定技术指南	HJ 838—2017	2017-6-9	2017-9-1
环境标准样品研复制技术规范	HJ 173—2017	2017-12-29	2018-4-1
污染防治可行技术指南编制导则	HJ 2300—2018	2018-1-11	2018-3-1
饮用水水源保护区划分技术规范	HJ/T 338—2018	2018-3-9	2018-7-1
国家大气污染物排放标准制订技术导则	HJ 945.1—2018	2018-12-19	2019-1-1
国家水污染物排放标准制订技术导则	HJ 945.2—2018	2018-12-19	2019-1-1
流域水污染物排放标准制订技术导则	HJ 945.3—2020	2020-5-21	2020-7-1
环境监测分析方法标准制订技术导则	HJ 168—2020	2020-12-29	2021-4-1
国家移动源大气污染物排放标准制订技术导则	HJ 1228—2021	2021-12-30	2022-3-1
淡水生物水质基准推导技术指南	HJ 831—2022	2022-3-10	2022-3-10

4. 环境监测方法标准

环境监测方法标准指在环境保护工作范围内，以抽样、分析、试验等方法为对象而制定的标准。环境监测方法标准具有规范性、强制性、严格的制定程序和显著的技术性及时限性，是制定环境保护规则的重要依据，是实施环境保护法律、法规的基本保证，是强化环境监督管理的要点，也是提高环境质量、推动环境科学技术进步的动力。

表 2-5 列出了我国部分环境监测方法标准。

表 2-5　环境监测方法标准

标准名称	编号	发布时间	实施时间
COD 光度法快速测定仪技术要求及检测方法	HJ 924—2017	2017-12-28	2018-4-1
环境空气挥发性有机物气相色谱连续监测系统技术要求及检测方法	HJ 1010—2018	2018-12-29	2019-7-1
中波广播发射台电磁辐射环境监测方法	HJ 1136—2020	2020-10-27	2020-12-30
环境空气中氡的测量方法	HJ 1212—2021	2021-11-26	2022-1-15
环境空气和废气　臭气的测定　三点比较式臭袋法	HJ 1262—2022	2022-7-14	2023-1-15
环境空气　总悬浮颗粒物的测定　重量法	HJ 1263—2022	2022-7-14	2023-1-15
环境空气　颗粒物中甲酸、乙酸和乙二酸的测定　离子色谱法	HJ 1271—2022	2022-12-12	2023-6-15
土壤和沉积物　毒杀芬的测定　气相色谱-三重四极杆质谱法	HJ 1290—2023	2023-2-9	2023-8-1
水质　硫化物的测定　气相分子吸收光谱法	HJ 200—2023	2023-11-27	2024-6-1
固定污染源废气　丙烯酸和甲基丙烯酸的测定　高效液相色谱法	HJ 1316—2023	2023-11-27	2024-6-1
环境空气和废气　6 种丙烯酸酯类化合物的测定　气相色谱法	HJ 1317—2023	2023-11-27	2024-6-1
土壤和沉积物　19 种金属元素总量的测定　电感耦合等离子体质谱法	HJ 1315—2023	2023-11-27	2024-6-1
水质　全氟辛基磺酸和全氟辛酸及其盐类的测定　同位素稀释/液相色谱-三重四极杆质谱法	HJ 1333—2023	2023-12-5	2024-7-1
固定污染源废气　总烃、甲烷和非甲烷总烃的测定　便携式气相色谱-氢火焰离子化检测器法	HJ 1332—2023	2023-12-5	2024-7-1

5. 环境标准样品标准

为了在环境保护工作和环境标准实施过程中标定仪器、检验测试方法、进行量值传递而由国家法定机关制作的能够确定一个或多个特性值的物质和材料。

表 2-6 列出了部分环境标准样品标准。

表 2-6　环境标准样品标准

分类		标准名称	标号
气体标样		氮气中丙烷标准样品	GSB 07-1410-2019
		氮气中丙烷与一氧化碳混合标准样品	GSB 07-1413-2019
		氮气中二氧化硫标准样品	GSB 07-1405-2019
		氮气中二氧化碳标准样品	GSB 07-1408-2019
		氮气中氡标准样品	GSB 07-1987-2019
		氮气中一氧化氮标准样品	GSB 07-1406-2019
		氮气中一氧化碳标准样品	GSB 07-1407-2019
液体标样	水质监测	水质　硫化物(0.2~200mg/L)	GSB 07-1373-2001
		水质　2,4,6-三硝基甲苯	GSB 07-1506-2002
		水质　三氯乙醛	GSB 07-1501-2002
		水质　色度环境标准样品	GSB 07-1966-2019
		水质　pH 和电导率混合标准样品	GSB 07-2559-2019
	有机物监测	甲醇中氯代苯类混合标准样品	GSB 07-1044-2019

分类		标准名称	标号
固体标样	土壤中无机成分监测	红土镍矿成分分析标准样品	GSB 04-3226-2014
		土壤（紫色土）中重金属可提取态（氯化钙法）标准样品	GSB 07-4131-2023
	生物组织中无机成分监测	刺苞果种子标准样品	GSB 11-3399-2017

6. 其他主要标准

（1）清洁生产标准　我国清洁生产标准涉及的行业有钢铁行业、造纸行业、水泥行业、电镀行业、制革行业、采矿业、纺织业、电镀行业、电解行业、炼焦行业、烟草加工业等。

目前我国主要的清洁生产标准见表 2-7。

表 2-7　清洁生产标准

分类	标准名称	编号	发布时间	实施时间
制造业	清洁生产标准　石油炼制业	HJ/T 125—2003	2003-4-18	2003-6-1
	清洁生产标准　炼焦行业	HJ/T 126—2003	2003-4-18	2003-6-1
	清洁生产标准　制革行业（猪轻革）	HJ/T 127—2003	2003-4-18	2003-6-1
	清洁生产标准　纺织业（棉印染）	HJ/T 185—2006	2006-7-3	2006-10-1
	清洁生产标准　甘蔗制糖业	HJ/T 186—2006	2006-7-3	2006-10-1
	清洁生产标准　啤酒制造业	HJ/T 183—2006	2006-7-3	2006-10-1
	清洁生产标准　基本化学原料制造业（环氧乙烷/乙二醇）	HJ/T 190—2006	2006-7-3	2006-10-1
	清洁生产标准　氮肥制造业	HJ/T 188—2006	2006-7-3	2006-10-1
	清洁生产标准　电解铝	HJ/T 187—2006	2006-7-3	2006-10-1
	清洁生产标准　食用植物油工业（豆油和豆粕）	HJ/T 184—2006	2006-7-3	2006-10-1
	清洁生产标准　钢铁行业（中厚板轧钢）	HJ/T 318—2006	2006-11-22	2007-2-1
	清洁生产标准　乳制品制造业（纯牛乳及全脂乳粉）	HJ/T 316—2006	2006-11-22	2007-2-1
	清洁生产标准　人造板行业（中密度纤维板）	HJ/T 315—2006	2006-11-22	2007-2-1
	清洁生产标准　彩色显像（示）管生产	HJ/T 360—2007	2007-8-1	2007-10-1
	清洁生产标准　白酒制造业	HJ/T 402—2007	2007-12-20	2008-3-1
	清洁生产标准　烟草加工业	HJ/T 401—2007	2007-12-20	2008-3-1
	清洁生产标准　电石行业	HJ/T 430—2008	2008-4-8	2008-8-1
	清洁生产标准　化纤行业（涤纶）	HJ/T 429—2008	2008-4-8	2008-8-1
	清洁生产标准　制订技术导则	HJ/T 425—2008	2008-4-8	2008-8-1
	清洁生产标准　淀粉工业	HJ 445—2008	2008-9-27	2008-11-1
	清洁生产标准　味精工业	HJ 444—2008	2008-9-27	2008-11-1
	清洁生产标准　石油炼制业（沥青）	HJ 443—2008	2008-9-27	2008-11-1
	清洁生产标准　印制电路板制造业	HJ 450—2008	2008-11-21	2009-2-1
	清洁生产标准　葡萄酒制造业	HJ 452—2008	2008-12-24	2009-3-1
	清洁生产审核指南　制订技术导则	HJ 469—2009	2009-3-25	2009-7-1
	清洁生产标准　纯碱行业	HJ 474—2009	2009-8-10	2009-10-1

续表

分类	标准名称	编号	发布时间	实施时间
制造业	清洁生产标准　氧化铝业	HJ 473—2009	2009-8-10	2009-10-1
	清洁生产标准　氯碱工业（聚氯乙烯）	HJ 476—2009	2009-8-10	2009-10-1
	清洁生产标准　氯碱工业（烧碱）	HJ 475—2009	2009-8-10	2009-10-1
	清洁生产标准　铅电解业	HJ 513—2009	2009-11-13	2010-2-1
	清洁生产标准　粗铅冶炼业	HJ 512—2009	2009-11-13	2010-2-1
	清洁生产标准　废铅酸蓄电池铅回收业	HJ 510—2009	2009-11-16	2010-1-1
	清洁生产标准　铜电解业	HJ 559—2010	2010-2-1	2010-5-1
	清洁生产标准　铜冶炼业	HJ 558—2010	2010-2-1	2010-5-1
	清洁生产标准　酒精制造业	HJ 581—2010	2010-6-8	2010-9-1
采矿业	清洁生产标准　铁矿采选业	HJ/T 294—2006	2006-8-15	2006-12-1
	清洁生产标准　镍选矿行业	HJ/T 358—2007	2007-8-1	2007-10-1
	清洁生产标准　煤炭采选业	HJ 446—2008	2008-11-21	2009-2-1
住宿和餐饮业	清洁生产标准　宾馆饭店业	HJ 514—2009	2009-11-30	2010-3-1

（2）固体废物污染控制标准　固体废物污染控制标准见表2-8。

表 2-8　固体废物污染控制标准

标准名称	编号	发布时间	实施时间
医疗废物转运车技术要求（试行）	GB 19217—2003	2003-6-30	2003-6-30
生活垃圾填埋场污染控制标准	GB 16889—2024	2024-7-23	2024-9-1
水泥窑协同处置固体废物污染控制标准	GB 30485—2013	2013-12-27	2014-3-1
生活垃圾焚烧污染控制标准	GB 18485—2014	2014-5-16	2014-7-1
含多氯联苯废物污染控制标准	GB 13015—2017	2017-8-31	2017-10-10
低、中水平放射性固体废物近地表处置安全规定	GB 9132—2018	2018-7-10	2019-1-1
危险废物填埋污染控制标准	GB 18598—2019	2019-9-30	2020-6-1
医疗废物处理处置污染控制标准	GB 39707—2020	2020-11-26	2021-7-1
一般工业固体废物贮存和填埋污染控制标准	GB 18599—2020	2020-11-26	2021-7-1
危险废物焚烧污染控制标准	GB 18484—2020	2020-11-26	2021-7-1
锰渣污染控制技术规范	HJ 1241—2022	2022-3-27	2022-10-1
失活脱硝催化剂再生污染控制技术规范	HJ 1275—2022	2022-12-24	2023-4-1
含铬皮革废料污染控制技术规范	HJ 1274—2022	2022-12-24	2023-4-1
危险废物贮存污染控制标准	GB 18597—2023	2023-1-20	2023-7-1
废硫酸利用处置污染控制技术规范	HJ 1335—2023	2023-12-5	2024-7-1

（3）电磁辐射标准　电磁辐射标准见表 2-9。

表 2-9　电磁辐射标准

标准名称	编号	发布时间	实施时间
电磁环境控制限值	GB 8702—2014	2014-9-23	2015-1-1
核动力厂运行前辐射环境本底调查技术规范	HJ 969—2018	2018-9-20	2019-1-1
核动力厂取排水环境影响评价指南（试行）	HJ 1037—2019	2019-8-21	2019-10-1
电离辐射监测质量保证通用要求	GB 8999—2021	2021-5-7	2021-8-1
区域电磁环境调查与评估方法（试行）	HJ 1349—2024	2024-1-7	2024-3-1

（4）放射性环境标准　放射性环境标准见表 2-10。

表 2-10　放射性环境标准

分类	标准名称	编号	发布时间	实施时间
核电厂	压水堆核电厂应急相关参数	HJ 842—2017	2017-7-7	2017-8-1
	研究堆应急相关参数	HJ 843—2017	2017-8-1	2017-8-1
矿产开发	铀矿冶设施退役环境管理技术规定	GB 14586—93	1993-8-30	1994-4-1
低、中水平放射性废物	放射性固体废物岩洞处置安全规定	GB 13600—2024	2024-12-1	2025-1-1
	低、中水平放射性废物近地表处置设施的选址	HJ/T 23—1998	1998-1-8	1998-7-1
	低、中水平放射性废物固化体性能要求　水泥固化体	GB 14569.1—2011	2011-2-18	2011-9-1
	低、中水平放射性废物高完整性容器——混凝土容器	GB 36900.2—2018	2018-10-29	2019-3-1
	低、中水平放射性废物高完整性容器——交联高密度聚乙烯容器	GB 36900.3—2018	2018-10-29	2019-3-1
	低、中水平放射性废物高完整性容器——球墨铸铁容器	GB 36900.1—2018	2018-10-29	2019-3-1
	低、中水平放射性固体废物包安全标准	GB 12711—2018	2018-10-29	2019-3-1
	低水平放射性废物包特性鉴定——水泥固化体	GB 41930—2022	2022-9-9	2023-1-1
其他	核辐射环境质量评价一般规定	GB 11215—89	1989-3-16	1990-1-1
	核燃料循环放射性流出物归一化排放量管理限值	GB 13695—92	1992-9-29	1993-8-1
	放射性废物管理规定	GB 14500—2002	2002-8-3	2003-4-1
	反应堆退役环境管理技术规定	GB/T 14588—2009	2009-3-13	2009-11-1
	拟开放场址土壤中剩余放射性可接受水平规定（暂行）	HJ 53—2000	2000-5-22	2000-12-1
	核动力厂环境辐射防护规定	GB 6249—2011	2011-2-18	2011-9-1
	核燃料循环设施应急相关参数	HJ 844—2017	2017-7-7	2017-8-1
	放射性物品安全运输规程	GB 11806—2019	2019-2-5	2019-4-1
	伴生放射性物料贮存及固体废物填埋辐射环境保护技术规范（试行）	HJ 1114—2020	2020-3-3	2020-4-1
	伴生放射性矿开发利用项目竣工辐射环境保护验收监测报告的格式与内容	HJ 1148—2020	2020-12-3	2021-1-1

续表

分类	标准名称	编号	发布时间	实施时间
其他	放射性物品运输核与辐射安全分析报告书格式和内容	HJ 1187—2021	2021-8-27	2021-11-1
	乏燃料运输容器结构分析的载荷组合和设计准则	GB/T 41024—2021	2021-11-1	2021-12-1
	放射性物品运输容器防脆性断裂的安全设计指南	HJ 1201—2021	2021-11-13	2021-12-1
	钢制乏燃料运输容器制造通用技术要求	HJ 1202—2021	2021-11-13	2021-12-1
	核技术利用放射性废物库选址、设计与建造技术规范	HJ 1258—2022	2022-6-9	2022-7-1
	六氟化铀运输容器	GB/T 42343—2023	2023-2-2	2023-6-1
	放射性测井辐射安全与防护	HJ 1325—2023	2023-12-5	2024-2-1
	建设项目竣工环境保护设施验收技术规范　核技术利用	HJ 1326—2023	2023-12-5	2024-2-1
	生物中氚和碳-14 的分析方法　管式燃烧法	HJ 1324—2023	2023-12-5	2024-1-1
	水中铅-210 的分析方法　冠醚树脂分离-β 计数器法	HJ 1323—2023	2023-12-5	2024-1-1
	废放射源近地表处置安全要求	HJ 1336—2023	2023-12-26	2024-3-1
	乏燃料运输容器设计要求	HJ 1355—2024	2024-2-20	2024-5-1

（三）不同类型环境标准之间的关系

环境质量标准规定环境质量目标，是制定污染物排放标准的主要依据；污染物排放标准是实现环境质量标准的主要手段；环境基础标准为制定环境质量标准、污染物排放标准、环境监测方法标准确定基本的原则、程序和方法；环境监测方法标准是制定、执行环境质量标准、污染物排放标准的主要技术依据。

在环境影响评价中，污染源评价标准为污染物排放标准，现状评价和影响评价的评价标准为环境质量标准。

（四）环境标准的执行顺序

根据《中华人民共和国环境保护法》《生态环境标准管理办法》等相关规定，环境标准的分类为"三级五类"制。不同的环境标准类别，其执行的顺序不同：对于环境质量标准和污染物排放标准，执行顺序为"地方环境标准最优先"；其他三类执行顺序则是"国家标准最优先"，其次是环境影响评价标准，最后是地方标准。

对于污染物排放标准，"国家、生态环境部和地方三级"都可以分为"综合排放标准"与"行业排放标准"两种，不论哪一级，执行顺序都是"行业排放标准优先于综合排放标准"。

【例 2-1】《大气污染物综合排放标准》（GB 16297—1996）和《煤炭工业污染物排放标准》（GB 20426—2006）均属于国家污染物排放标准，但前者为综合排放标准，后者为行业排放标准，对于煤炭行业，优先执行 GB 20426—2006。

【例 2-2】《污水综合排放标准》（GB 8978—1996）和《钢铁工业水污染物排放标准》（GB 13456—2012）均为国家污染物排放标准，前者为综合排放标准，后者为行业排放标准。上海市《污水综合排放标准》（DB 31/199—2018）为地方排放标准。对于钢铁行业，在上海地区优先执行 DB 31/199—2018。在无地方排放标准的地区优先执行 GB 13456—2012。若无国家行业排放标准又无地方标准，则执行 GB 8978—1996。

第二节 我国环境标准的特点

我国环境标准具有如下特点：功能区分类，标准分级，以及标准执行级别与污染源位置、废物排入区域有关，同一污染物在不同行业有不同的排放标准，污染物排放标准体现了排放总量控制的要求，提出了具体的环境监测要求。

一、功能区分类

下面以《环境空气质量标准》《地表水环境质量标准》《声环境质量标准》为例，说明我国环境标准具有功能区分类的特点。

1.《环境空气质量标准》（GB 3095—2012）

该标准从 2016 年 1 月 1 日起实施，标准对环境空气功能区分类、标准分级、污染物项目、浓度限值、监测方法及数据统计作了规定。标准适用于全国范围的环境空气质量评价。

该标准根据土地利用类型将环境空气质量功能区分为两类，具体见表 2-11。

表 2-11　环境空气质量标准功能区分类

分类	定义范围
一类区	指自然保护区、风景名胜区和其他需要特殊保护的区域
二类区	指居住区、商业交通居民混合区、文化区、工业区和农村地区

2.《地表水环境质量标准》（GB 3838—2002）

本标准自 2002 年 6 月 1 日起实施，标准规定了水域功能分类、水质要求等。它适用于中华人民共和国领域内江河、湖泊、水库等具有使用功能的地表水水域。

该标准依据地表水水域使用目的和保护目标将其分为五类，具体见表 2-12。

表 2-12　地表水环境质量标准分类

分类	适用范围
Ⅰ类	主要适用于源头水、国家自然保护区
Ⅱ类	主要适用于集中式生活饮用水地表水源地一级保护区、珍稀水生生物栖息地、鱼虾类产卵场、仔稚幼鱼的索饵场等
Ⅲ类	主要适用于集中式生活饮用水地表水源地二级保护区、鱼虾类越冬场及洄游通道、水产养殖区等渔业水域及游泳区
Ⅳ类	主要适用于一般工业用水区及人体非直接接触的娱乐用水区
Ⅴ类	主要适用于农业用水区及一般景观要求水域

3.《声环境质量标准》（GB 3096—2008）

本标准自 2008 年 10 月 1 日起实施，规定了城市区域噪声的最高限值。

按区域的使用功能特征和环境质量要求，声环境功能区分为五种类型，具体见表 2-13。

表 2-13　声环境功能区类型

分类	定义
0类	指康复疗养区等特别需要安静的区域
1类	指以居民住宅、医疗卫生、文化教育、科研设计、行政办公为主要功能，需要保持安静的区域

分类	定义
2 类	指以商业金融、集市贸易为主要功能，或者居住、商业、工业混杂，需要维护住宅安静的区域
3 类	指以工业生产、仓储物流为主要功能，需要防止工业噪声对周围环境产生严重影响的区域
4 类	指交通干线两侧一定距离之内，需要防止交通噪声对周围环境产生严重影响的区域，包括 4a 类和 4b 类两种类型。 4a 类为高速公路、一级公路、二级公路、城市快速路、城市主干路、城市次干路、城市轨道交通（地面段）、内河航道两侧区域； 4b 类为铁路干线两侧区域

二、标准分级

下面以《环境空气质量标准》为例，说明我国环境质量标准具有分级的特点。

1. 环境空气质量分级

《环境空气质量标准》（GB 3095—2012）分为两级，一级标准在一类区执行，二级标准在二类区执行。

2. 浓度限值

本标准规定了各项污染物不允许超过的浓度限值，见表 2-14 和表 2-15。

表 2-14　环境空气污染物基本项目浓度限值

污染物名称	平均时间	浓度限值		浓度单位
		一级	二级	
二氧化硫 （SO_2）	年平均	20	60	$\mu g/m^3$
	日平均	50	150	
	1 小时平均	150	500	
二氧化氮 （NO_2）	年平均	40	40	
	日平均	80	80	
	1 小时平均	200	200	
一氧化碳 （CO）	24 小时平均	4	4	mg/m^3
	1 小时平均	10	10	
臭氧 （O_3）	日最大 8 小时平均	100	160	$\mu g/m^3$
	1 小时平均	160	200	
颗粒物（粒径小于 等于 10μm）	年平均	40	70	
	24 小时平均	50	150	
颗粒物（粒径小于 等于 2.5μm）	年平均	15	35	
	24 小时平均	35	75	

表 2-15　环境空气污染物其他项目浓度限值

污染物名称	平均时间	浓度限值		浓度单位
		一级	二级	
总悬浮颗粒物 （TSP）	年平均	80	200	$\mu g/m^3$
	24 小时平均	120	300	

续表

污染物名称	平均时间	浓度限值		浓度单位
		一级	二级	
氮氧化物 (NO$_x$)	年平均	50	50	μg/m³
	24 小时平均	100	100	
	1 小时平均	250	250	
铅 (Pb)	年平均	0.5	0.5	
	季平均	1	1	
苯并[a]芘 (BaP)	年平均	0.001	0.001	
	24 小时平均	0.0025	0.0025	

三、标准执行级别和污染源位置、废物排入区域有关

污染物排放标准体现排放区域的特性，下面以大气污染物排放标准、水污染物排放标准和工业企业厂界环境噪声排放标准为例加以说明。

污染物排放标准执行级别和排入区域有关，具体见表 2-16。

表 2-16　污染物排放标准执行级别和排入区域的关系

标准	分级				
	0	1	2	3	4
大气污染物综合排放标准 (GB 16297—1996)	—	按污染源所在的环境空气质量功能区类别，位于一类区的污染源	按污染源所在的环境空气质量功能区类别，位于二类区的污染源	按污染源所在的环境空气质量功能区类别，位于三类区的污染源	—
污水综合排放标准 (GB 8978—1996)	—	排入 GB 3838 Ⅲ类水域和 GB 3097 二类海域的污水	排入 GB 3838 Ⅳ类、Ⅴ类水域和排入 GB 3097 中三类海域的污水	排入设置二级污水处理厂的城镇排水系统的污水	—
工业企业厂界环境噪声排放标准 (GB 12348—2008)	根据厂界外声环境功能区类别，适用于区域环境噪声 0 类区	根据厂界外声环境功能区类别，适用于区域环境噪声 1 类区	适用于 2 类区域	适用于 3 类工业集中区	适用于交通干线两侧一定距离之内

四、同一污染物在不同行业有不同的排放标准

同一污染物在不同行业有不同的排放标准，如 SO$_2$ 来自燃煤锅炉、炉窑、电厂等不同污染源，执行不同的排放标准。以 SO$_2$、NO$_x$ 为例，其排放源不同，则执行不同的排放标准。

【例 2-3】 新建 HB 特种石墨有限公司 6000t/a 高性能特种石墨项目大气污染物 SO$_2$、NO$_x$ 执行不同的排放标准。

新建 HB 特种石墨有限公司 6000t/a 高性能特种石墨项目，位于某经济开发区工业园内，年产 6000t 高性能特种石墨。占地面积 166666m²（合计 250 亩），建筑面积 78622m²。

本项目运营后废气执行排放标准为：《大气污染物综合排放标准》（GB 16297—1996）

27

二级标准，《工业炉窑大气污染物排放标准》（GB 9078—1996）二级标准，具体见表 2-17。

表 2-17　大气污染物执行标准限值

污染物	来源	污染源	排放浓度限值	执行标准
SO₂	生产工艺	一次焙烧	排放速率 39kg/h、最高允许排放浓度 550mg/m³	《大气污染物综合排放标准》（GB 16297—1996）二级标准
		二次焙烧		
		石墨化	排放速率 15kg/h、最高允许排放浓度 550mg/m³	
		焚烧炉	排放速率 39kg/h、最高允许排放浓度 550mg/m³	
	天然气燃烧	热油锅炉	最高允许排放浓度 50mg/m³	《锅炉大气污染物排放标准》（GB 13271—2014）中表 3 标准
		热水锅炉		
NOₓ	生产工艺	一次焙烧	排放速率 12kg/h、最高允许排放浓度 240mg/m³	《大气污染物综合排放标准》（GB 16297—1996）二级标准
		二次焙烧		
		焚烧炉		
	天然气燃烧	热油锅炉	最高允许排放浓度 150mg/m³	《锅炉大气污染物排放标准》（GB 13271—2014）中表 3 标准
		热水锅炉		

五、体现了排放总量控制的要求

排放标准体现总量控制的特点，如大气污染物排放标准规定了不同高度烟囱的允许排放速率（kg/h），水污染物排放标准规定了吨产品排水量。

大气污染物排放标准中以 SO₂ 为例，见表 2-18；水污染物排放标准中以 1998 年 1 月 1 日以后建设项目部分行业（矿山、焦化、有色金属冶炼及金属加工、石油炼制工业）执行的标准为例，见表 2-19。

表 2-18　大气污染物排放标准中 SO₂ 最高允许排放限值

污染物	最高允许排放浓度 /(mg/m³)	排气筒高度 /m	最高允许排放速率/(kg/h)			无组织排放监控浓度限值	
			一级	二级	三级	监控点	浓度/(mg/m³)
二氧化硫	1200（硫、二氧化硫、硫酸和其他含硫化合物生产）	15	1.6	3.0	4.1	无组织排放源上风向设参照点，下风向设监控点	0.50（监控点与参照点浓度差值）
		20	2.6	5.1	7.7		
		30	8.8	17	26		
		40	15	30	45		
		50	23	45	69		
	700（硫、二氧化硫、硫酸和其他含硫化合物使用）	60	33	64	98		
		70	47	91	140		
		80	63	120	190		
		90	82	160	240		
		100	100	200	310		

表 2-19 污水综合排放标准中矿山、焦化、有色金属冶炼及金属加工、石油炼制工业最高允许排水量

序号	行业类别			最高允许排水量或最低允许排水重复利用率
1	矿山工业	有色金属系统选矿		水重复利用率 75%
		其他矿山工业采矿、选矿、选煤等		水重复利用率 90%(选煤)
		脉金选矿 (以每吨矿石计)	重选	16.0m³/t
			浮选	9.0m³/t
			氰化	8.0m³/t
			炭浆	8.0m³/t
2	焦化企业(煤气厂)(以每吨焦炭计)			1.2m³/t
3	有色金属冶炼及金属加工			水重复利用率 80%
4	石油炼制工业(不包括直排水炼油厂) 加工深度分类: A. 燃料型炼油厂 B. 燃料+润滑油型炼油厂 C. 燃料+润滑油+炼油化工型炼油厂 (包括加工高含硫原油页岩油和石油添加剂生产基地的炼油厂)	A(以每吨原油计)		>5.00×10⁶t,1.0m³/t (2.50～5.00)×10⁶t,1.2m³/t <2.50×10⁶t,1.5m³/t
		B(以每吨原油计)		>5.00×10⁶t,1.5m³/t (2.50～5.00)×10⁶t,2.0m³/t <2.50×10⁶t,2.0m³/t
		C(以每吨原油计)		>5.00×10⁶t,2.0m³/t (2.50～5.00)×10⁶t,2.5m³/t <2.50×10⁶t,2.5m³/t

六、提出了具体的环境监测要求

我国的环境质量标准和污染物排放标准都提出了具体的环境监测要求,主要包括监测布点要求、监测分析方法。

下面以《环境空气质量标准》(GB 3095—2012)、《污水综合排放标准》(GB 8978—1996)、《大气污染物综合排放标准》(GB 16297—1996)为例,加以说明。

(一)《环境空气质量标准》(GB 3095—2012)中关于环境监测的具体要求

1. 监测点位布设

环境空气污染物监测点位的布设应按照《环境空气质量监测规范(试行)》中的要求执行。

2. 采样环境、采样高度和采样频率

环境空气质量监测中的采样环境、采样高度和采样频率,按照《环境空气气态污染物(SO_2、NO_2、O_3、CO)连续自动监测系统安装验收技术规范》(HJ 193—2013)和《环境空气质量手工监测技术规范》(HJ 194—2017)的要求执行。

3. 分析方法

针对环境空气质量标准中的 10 种污染物,规定了手工和自动分析方法。

(二)《污水综合排放标准》(GB 8978—1996)中关于环境监测的具体要求

1. 采样点

采样点按照第一和二类污染物分别设置,第一类污染物在车间排污口取样,第二类污染物在厂排放口取样。

2. 采样频率

工业污水按生产周期确定监测频率。生产周期在 8h 以内的，每 2h 采样一次；生产周期大于 8h 的，每 4h 采样一次。其他污水采样，24h 不少于两次。最高允许排放浓度按均值计算。

(三)《大气污染物综合排放标准》(GB 16297—1996)中关于环境监测的具体要求

1. 布点

排气筒中颗粒物或气态污染物监测的采样点数目及采样点位置的设置，按 GB/T 16157—1996 执行。

无组织排放监测的采样点（即监控点）数目和采样点位置的设置方法，按如下要求。

① 监控点一般应设置于周界外 10m 范围内，但若现场条件不允许（例如周界沿河岸分布），可将监控点移至周界内侧。

② 监控点应设于周界浓度最高点。

③ 若经估算，预测无组织排放的最大浓度区域超出 10m 范围之外，将监控点设置在该区域之内。

④ 为了确定浓度的最高点，实际监控点最多可设置 4 个。

⑤ 设点高度范围为 1.5～15m。

⑥ 于无组织排放源的上风向设参照点，下风向设监控点。

⑦ 监控点应设置于排放源下风向的浓度最高点，不受单位周界的限制。

⑧ 参照点应以不受被测无组织排放源影响，可以代表监控点的背景浓度为原则。参照点只设 1 个。

⑨ 监控点和参照点距无组织排放源最近不应小于 2m。

2. 采样时间和频次

本标准规定的三项指标，均指任何 1h 平均值不得超过的限值，故在采样时应做到以下几点。

① 排气筒中废气的采样以连续 1h 的采样获取平均值；或在 1h 内，以等时间间隔采集 4 个样品，并计平均值。

② 无组织排放监控点和参照点监测的采样，一般采用连续 1h 采样计平均值；若浓度偏低，需要时可适当延长采样时间；若分析方法灵敏度高，仅需用短时间采集样品时，应实行等时间间隔采样，采集四个样品计平均值。

③ 若某排气筒的排放为间断性排放，排放时间小于 1h，应在排放时段内实行连续采样，或在排放时段内以等时间间隔采集 2～4 个样品，并计平均值；若某排气筒的排放为间断性排放，排放时间大于 1h，则应在排放时段内按上述的要求采样。

④ 当进行污染事故排放监测时，应按需要设置采样时间和采样频次，不受上述要求的限制；建设项目环境保护设施竣工验收监测的采样时间和频次，按国家环境保护局（现生态环境部）制定的建设项目环境保护设施竣工验收监测办法执行。

3. 采样方法和分析方法

污染物的采样方法按 GB/T 16157—1996 和国家环境保护局（现生态环境部）规定的分析方法有关部分执行。

4. 排气量的测定

排气量的测定应与排放浓度的采样监测同步进行，排气量的测定方法按 GB/T 16157—1996 执行。

第三节　主要环境标准及其应用

一、主要环境质量标准与应用实例

（一）主要环境质量标准

我国主要环境质量标准见表2-20。

表 2-20　我国主要环境质量标准

分类	标准名称	编号	发布时间	实施时间	指标
水环境质量标准	渔业水质标准	GB 11607—89	1989-8-12	1990-3-1	色、嗅、味;漂浮物质;悬浮物质;pH 值;溶解氧;生化需氧量(五天,20℃);总大肠菌群;汞;镉;铅;铬;铜;锌;镍;砷;氰化物;硫化物;氟化物(以 F⁻计);非离子氨;凯氏氮;挥发性酚;黄磷;石油类;丙烯腈;丙烯醛;六六六(丙体);滴滴涕;马拉硫磷;五氯酚钠;乐果;甲胺磷;甲基对硫磷;呋喃丹
	海水水质标准	GB 3097—1997	1997-12-3	1998-7-1	漂浮物质;色、嗅、味;悬浮物质;大肠菌群;粪大肠菌群;病原体;水温;pH;溶解氧;化学需氧量;生化需氧量;无机氮;非离子氨;活性磷酸盐;汞;镉;铅;六价铬;总铬;砷;铜;锌;硒;镍;氰化物;硫化物;挥发性酚;石油类;六六六;滴滴涕;马拉硫磷;甲基对硫磷;苯并[a]芘;阴离子表面活性剂;放射性核素
	地表水环境质量标准	GB 3838—2002	2002-4-28	2002-6-1	水温;pH 值;溶解氧;高锰酸盐指数;化学需氧量;五日生化需氧量;氨氮;总磷(以 P 计);总氮(湖、库,以 N 计);铜;锌;氟化物(以 F⁻计);硒;砷;汞;镉;铬(六价);铅;氰化物;挥发酚;石油类;阴离子表面活性剂;硫化物;粪大肠菌群
	农田灌溉水质标准	GB 5084—2021	2021-1-20	2021-7-1	基本控制项目:pH 值;水温;悬浮物;五日生化需氧量;化学需氧量;阴离子表面活性剂;氯化物;硫化物;全盐量;总铅;总镉;铬(六价);总汞;总砷;粪大肠菌群数;蛔虫卵数 选择控制项目:氰化物;氟化物;石油类;挥发酚;总铜;总锌;总镍;硒;硼;苯;甲苯;二甲苯;异丙苯;苯胺;三氯乙醛;丙烯醛;氯苯;1,2-二氯苯;1,4-二氯苯;硝基苯
	地下水质量标准	GB/T 14848—2017	2017-10-14	2018-5-1	常规的监测项目:色、嗅和味、浑浊度、肉眼可见物、pH、氨氮、硝酸盐、亚硝酸盐、挥发性酚类、氰化物、砷、汞、硒、铬(六价)、总硬度、铅、氟、镉、铁、锰、铜、锌、铝、阴离子表面活性剂、耗氧量、硫化物、钠、溶解性总固体、高锰酸盐指数、硫酸盐、氯化物、大肠菌群、菌落总数、氟化物、碘化物、三氯甲烷、四氯化碳、苯、甲苯、总 α 放射性、总 β 放射性

分类	标准名称	编号	发布时间	实施时间	指标
大气环境质量标准	乘用车内空气质量评价指南	GB/T 27630—2011	2011-10-27	2012-3-1	苯;甲苯;二甲苯;乙苯;苯乙烯;甲醛;乙醛;丙烯醛
	环境空气质量标准	GB 3095—2012	2012-2-29	2016-1-1	基本项目:二氧化硫;二氧化氮;一氧化碳;臭氧;颗粒物(粒径小于等于 $10\mu m$);颗粒物(粒径小于等于 $2.5\mu m$) 其他项目:总悬浮颗粒物;氮氧化物;铅;苯并[a]芘
声环境质量标准	机场周围飞机噪声环境标准	GB 9660—88	1988-8-11	1988-11-1	一昼夜的计权等效连续感觉噪声(L_{WECPN})
	城市区域环境振动标准	GB 10070—88	1988-12-10	1989-7-1	—
	声环境质量标准	GB 3096—2008	2008-8-19	2008-10-1	声环境功能区监测每次至少进行一昼夜 24h 的连续监测,得出每小时及昼间、夜间的等效声级 L_{eq}、L_d、L_n 和最大声级 L_{max}。用于噪声分析,可适当增加监测项目,如累积百分声级 L_{10}、L_{50}、L_{90} 等。监测应避开节假日和非正常工作日
	声环境功能区划分技术规范	GB/T 15190—2014	2014-12-2	2015-1-1	—
土壤环境质量标准	土壤环境质量建设用地土壤污染风险管控标准(试行)	GB 36600—2018	2018-7-13	2018-8-1	基本项目:砷;镉;铬(六价);铜;铅;汞;镍;四氯化碳;氯仿;氯甲烷;1,1-二氯乙烷;1,2-二氯乙烷;1,1-二氯乙烯;顺 1,2-二氯乙烯;反 1,2-二氯乙烯;二氯甲烷;1,2-二氯丙烷;1,1,1,2-四氯乙烷;1,1,2,2-四氯乙烷;四氯乙烯;1,1,1-三氯乙烷;1,1,2-三氯乙烷;三氯乙烯;1,2,3-三氯丙烯;氯乙烯;苯;氯苯;1,2-二氯苯;1,4-二氯苯;乙苯;苯乙烯;甲苯;间二甲苯＋对二甲苯;邻二甲苯;硝基苯;苯胺;2-氯酚;苯并[a]蒽;苯并[a]芘;苯并[b]荧蒽;苯并[k]荧蒽;䓛;二苯并[a,h]蒽;茚并[1,2,3-cd]芘;萘 其他项目:锑;铍;钴;甲基汞;钒;氰化物;一溴二氯甲烷;溴仿;二溴氯甲烷;1,2-二溴乙烷;六氯环戊二烯;2,4-二硝基甲苯;2,4-二氯酚;2,4,6-三氯酚;2,4-二硝基酚;五氯酚;邻苯二甲酸二(2-乙基己基)酯;邻苯二甲酸丁基苄酯;邻苯二甲酸二正辛酯;3,3′-二氯联苯胺;阿特拉津;氯丹;p,p'-滴滴滴;p,p'-滴滴伊;滴滴涕;敌敌畏;乐果;硫丹;七氯;α-六六六;β-六六六;γ-六六六;六氯苯;灭蚁灵;多氯联苯(总量);3,3′,4,4′,5-五氯联苯(PCB126);3,3′,4,4′,5,5′-六氯联苯(PCB169);二噁英类(总毒量相当);多氯联苯(总量);石油烃($C_{10}\sim C_{40}$)
	土壤环境质量农用地土壤污染风险管控标准(试行)	GB 15618—2018	2018-7-13	2018-8-1	基本项目:镉;汞;砷;铅;铬;铜;镍;锌 其他项目:六六六总量;滴滴涕总量;苯并[a]芘

（二）应用实例

【例 2-4】 以 A 公司技术改造（扩大产能）项目为例［来源：A 公司技术改造（扩大产能）项目环境影响报告书（报审版）］。

距离本项目最近的敏感点为厂区南侧 330m 的大官村。改扩建工程在现有厂区内进行，使用现有厂房，不新增占地。

该项目主要生产水性涂料，其产品符合《低挥发性有机化合物含量涂料产品技术要求》（GB/T 38597—2020）中水性涂料 VOCs 含量要求，属于低 VOCs 环保涂料，主要为建筑及木器所需的环保型新材料。本项目生活污水经厂区隔油池、化粪池处理达标后与经厂内污水处理站处理后的生产废水排入市政管网，最终进入本市经济技术开发区污水处理厂，不会对附近水体产生明显不利影响。该项目应执行哪些环境质量标准，以及哪些污染物排放标准？

【答】 该项目应执行的环境质量标准如下。

（1）环境空气　执行《环境空气质量标准》（GB 3095—2012）二级标准及 2018 年修改单；非甲烷总烃执行《环境空气质量　非甲烷总烃限值》（DB 13/1577—2012）二级标准。氨、硫化氢执行《环境影响评价技术导则　大气环境》（HJ 2.2—2018）附录表 D.1 其他污染物空气质量浓度参考限值。

（2）地下水　执行《地下水质量标准》（GB/T 14848—2017）Ⅲ类标准。

（3）声环境　执行《声环境质量标准》（GB 3096—2008）3 类、4a 类标准。

（4）土壤　执行《土壤环境质量　建设用地土壤污染风险管控标准（试行）》（GB 36600—2018）表 1、表 2 第二类用地土壤污染风险筛选值标准。

该项目应执行的污染物排放标准如下。

（1）废气　粉尘排放执行《涂料、油墨及胶粘剂工业大气污染物排放标准》（GB 37824—2019）表 2 大气污染物特别排放限值及《大气污染物综合排放标准》（GB 16297—1996）表 2 无组织排放监控浓度限值；有机废气排放执行《涂料、油墨及胶粘剂工业大气污染物排放标准》（GB 37824—2019）表 2 大气污染物特别排放限值、表 B.1 规定的限值及《工业企业挥发性有机物排放控制标准》（DB 13/2322—2016）表 1 有机化工业标准、表 2 其他企业标准中较严值，同时满足《挥发性有机物无组织排放控制标准》（GB 37822—2019）相关要求。氨、硫化氢、臭气浓度排放执行《恶臭污染物排放标准》（GB 14554—93）表 2 恶臭污染物排放标准值及表 1 恶臭污染物厂界标准值。

（2）废水　本项目工程废水经厂区污水处理站处理后进入开发区污水处理厂，废水中主要污染物浓度满足《污水综合排放标准》（GB 8978—1996）表 4 三级标准及开发区污水处理厂进水水质要求。

（3）厂界噪声　施工期：建筑施工噪声执行《建筑施工场界环境噪声排放标准》（GB 12523—2011），即昼间 70dB（A），夜间 55dB（A）。运营期：厂界噪声执行《工业企业厂界环境噪声排放标准》（GB 12348—2008）3 类标准（西侧、东侧厂界）及 4 类标准（北侧、南侧厂界）。

（4）固体废物　本项目运营期一般废物执行《中华人民共和国固体废物污染环境防治法》（2020 年修订版）第三章、《一般工业固体废物贮存和填埋污染控制标准》（GB 18599—2020）中相关规定。危险废物贮存执行《危险废物贮存污染控制标准》（GB 18597—2023）中的相关规定及《中华人民共和国固体废物污染环境防治法》（2020 年修订版）第六章的相关要求，危险废物的转移须严格按照《危险废物转移管理办法》（部令第 23 号）执行。生活垃圾处置执行《中华人民共和国固体废物污染环境防治法》（2020 修订版）第四章的规定。

【例 2-5】 以 S 县年产 3000t 有机肥项目为例。

　　S县绿源生态有机肥厂位于N县西安庄A村东侧，项目总投资40万元，占地面积3200m²，建筑面积1807m²。该项目场址为租用的闲置厂房及空地，年产3000t有机肥。项目厂址东侧为纺织厂，南侧紧邻村间公路，北侧为空地，厂界西侧65m为西安庄A村（村庄距离车间110m）。

　　该项目用水使用厂区原有自备水井，能够满足项目用水需求。项目总用水量为0.8m³/d，其中，职工生活用水量为0.5m³/d，绿化用水量为0.2m³/d，造粒工序加入新鲜水量为0.1m³/d。

　　该项目生产工序不需要用水，无生产废水排放。项目排水主要为职工盥洗废水，产生量为0.4m³/d。职工盥洗废水用于厂区道路喷洒，职工粪便等排入防渗旱厕，定期清掏，由附近村民拉走用作农肥，项目给排水平衡图见图2-3。项目厂区

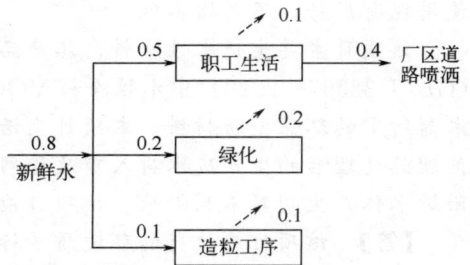

图2-3　项目给排水平衡图（单位：m³/d）

供电来自S县供电电网，其电力供应充裕，供电有保证。该项目生产不需要供热，冬季职工、办公人员采暖使用电暖气。

　　【答】　该项目应执行的环境质量标准如下。

　　环境空气质量执行《环境空气质量标准》（GB 3095—2012）二级标准。

　　地下水质量执行《地下水质量标准》（GB/T 14848—2017）中Ⅲ类标准。

　　声环境质量执行《声环境质量标准》（GB 3096—2008）2类标准。

二、主要污染物排放标准与应用实例

（一）主要污染物排放标准

我国主要水污染物排放标准见表2-21。

表2-21　我国主要水污染物排放标准

分类	标准名称	编号	发布时间	实施时间
制造业	肉类加工工业水污染物排放标准	GB 13457—92	1992-5-18	1992-7-1
	航天推进剂水污染物排放与分析方法标准	GB 14374—93	1993-5-22	1993-12-1
	兵器工业水污染物排放标准　火炸药	GB 14470.1—2002	2002-11-18	2003-7-1
	兵器工业水污染物排放标准　火工药剂	GB 14470.2—2002	2002-11-18	2003-7-1
	味精工业污染物排放标准	GB 19431—2004	2004-1-18	2004-4-1
	啤酒工业污染物排放标准	GB 19821—2005	2005-7-18	2006-1-1
	皂素工业水污染物排放标准	GB 20425—2006	2006-9-1	2007-1-1
	杂环类农药工业水污染物排放标准	GB 21523—2008	2008-4-2	2008-7-1
	制糖工业水污染物排放标准	GB 21909—2008	2008-6-25	2008-8-1
	混装制剂类制药工业水污染物排放标准	GB 21908—2008	2008-6-25	2008-8-1
	生物工程类制药工业水污染物排放标准	GB 21907—2008	2008-6-25	2008-8-1
	中药类制药工业水污染物排放标准	GB 21906—2008	2008-6-25	2008-8-1
	提取类制药工业水污染物排放标准	GB 21905—2008	2008-6-25	2008-8-1
	化学合成类制药工业水污染物排放标准	GB 21904—2008	2008-6-25	2008-8-1

续表

分类	标准名称	编号	发布时间	实施时间
制造业	发酵类制药工业水污染物排放标准	GB 21903—2008	2008-6-25	2008-8-1
	合成革与人造革工业污染物排放标准	GB 21902—2008	2008-6-25	2008-8-1
	电镀污染物排放标准	GB 21900—2008	2008-6-25	2008-8-1
	羽绒工业水污染物排放标准	GB 21901—2008	2008-6-25	2008-8-1
	制浆造纸工业水污染物排放标准	GB 3544—2008	2008-6-25	2008-8-1
	镁、钛工业污染物排放标准	GB 25468—2010	2010-9-27	2010-10-1
	铜、镍、钴工业污染物排放标准	GB 25467—2010	2010-9-27	2010-10-1
	铅、锌工业污染物排放标准	GB 25466—2010	2010-9-27	2010-10-1
	铝工业污染物排放标准	GB 25465—2010	2010-9-27	2010-10-1
	陶瓷工业污染物排放标准	GB 25464—2010	2010-9-27	2010-10-1
	油墨工业水污染物排放标准	GB 25463—2010	2010-9-27	2010-10-1
	酵母工业水污染物排放标准	GB 25462—2010	2010-9-27	2010-10-1
	淀粉工业水污染物排放标准	GB 25461—2010	2010-9-27	2010-10-1
	水质　显影剂及其氧化物总量的测定 碘-淀粉分光光度法（暂行）	HJ 594—2010	2010-10-21	2011-1-1
	硫酸工业污染物排放标准	GB 26132—2010	2010-12-30	2011-3-1
	硝酸工业污染物排放标准	GB 26131—2010	2010-12-30	2011-3-1
	稀土工业污染物排放标准	GB 26451—2011	2011-1-24	2011-10-1
	钒工业污染物排放标准	GB 26452—2011	2011-4-2	2011-10-1
	磷肥工业水污染物排放标准	GB 15580—2011	2011-4-2	2011-10-1
	弹药装药行业水污染物排放标准	GB 14470.3—2011	2011-4-29	2012-1-1
	橡胶制品工业污染物排放标准	GB 27632—2011	2011-10-27	2012-1-1
	发酵酒精和白酒工业水污染物排放标准	GB 27631—2011	2011-10-27	2012-1-1
	炼焦化学工业污染物排放标准	GB 16171—2012	2012-6-27	2012-10-1
	铁合金工业污染物排放标准	GB 28666—2012	2012-6-27	2012-10-1
	钢铁工业水污染物排放标准	GB 13456—2012	2012-6-27	2012-10-1
	麻纺工业水污染物排放标准	GB 28938—2012	2012-10-19	2013-1-1
	毛纺工业水污染物排放标准	GB 28937—2012	2012-10-19	2013-1-1
	缫丝工业水污染物排放标准	GB 28936—2012	2012-10-19	2013-1-1
	纺织染整工业水污染物排放标准	GB 4287—2012	2012-10-19	2013-1-1
	合成氨工业水污染物排放标准	GB 13458—2013	2013-3-14	2013-7-1
	柠檬酸工业水污染物排放标准	GB 19430—2013	2013-3-14	2013-7-1
	电池工业污染物排放标准	GB 30484—2013	2013-12-27	2014-3-1
	制革及毛皮加工工业水污染物排放标准	GB 30486—2013	2013-12-27	2014-3-1
	石油炼制工业污染物排放标准	GB 31570—2015	2015-4-16	2015-7-1
	再生铜、铝、铅、锌工业污染物排放标准	GB 31574—2015	2015-4-16	2015-7-1
	合成树脂工业污染物排放标准	GB 31572—2015	2015-4-16	2015-7-1
	无机化学工业污染物排放标准	GB 31573—2015	2015-4-16	2015-7-1
	电子工业水污染物排放标准	GB 39731—2020	2020-12-8	2021-7-1

续表

分类	标准名称	编号	发布时间	实施时间
采矿业	煤炭工业污染物排放标准	GB 20426—2006	2006-9-1	2006-10-1
	铁矿采选工业污染物排放标准	GB 28661—2012	2012-6-27	2012-10-1
农林牧渔业	畜禽养殖业污染物排放标准	GB 18596—2001	2001-12-28	2003-1-1
	地方水产养殖业水污染物排放控制标准制订技术导则	HJ 1217—2023	2023-2-1	2023-3-1
交通运输、仓储和邮政业	船舶水污染物排放控制标准	GB 3552—2018	2018-1-16	2018-7-1
居民服务、修理和其他服务业	汽车维修业水污染物排放标准	GB 26877—2011	2011-7-29	2012-1-1
综合类	污水综合排放标准	GB 8978—1996	1996-10-4	1998-1-1
	污水海洋处置工程污染控制标准	GB 18486—2001	2001-11-12	2002-1-1
	城镇污水处理厂污染物排放标准	GB 18918—2002	2002-12-24	2003-7-1
	医疗机构水污染物排放标准	GB 18466—2005	2005-7-27	2006-1-1

我国主要大气固定源污染物排放标准见表 2-22。

表 2-22　我国主要大气固定源污染物排放标准

分类	标准名称	编号	发布时间	实施时间
制造业	煤炭工业污染物排放标准	GB 20426—2006	2006-9-1	2006-10-1
	轧钢工业大气污染物排放标准	GB 28665—2012	2012-6-27	2012-10-1
	炼铁工业大气污染物排放标准	GB 28663—2012	2012-6-27	2012-10-1
	钢铁烧结、球团工业大气污染物排放标准	GB 28662—2012	2012-6-27	2012-10-1
	砖瓦工业大气污染物排放标准	GB 29620—2013	2013-9-17	2014-1-1
	水泥工业大气污染物排放标准	GB 4915—2013	2013-12-27	2014-3-1
	电池工业污染物排放标准	GB 30484—2013	2013-12-27	2014-3-1
	锡、锑、汞工业污染物排放标准	GB 30770—2014	2014-5-16	2014-7-1
	再生铜、铝、铅、锌工业污染物排放标准	GB 31574—2015	2015-4-16	2015-7-1
	无机化学工业污染物排放标准	GB 31573—2015	2015-4-16	2015-7-1
	石油炼制工业污染物排放标准	GB 31570—2015	2015-4-16	2015-7-1
	石油化学工业污染物排放标准	GB 31571—2015	2015-4-16	2015-7-1
	合成树脂工业污染物排放标准	GB 31572—2015	2015-4-16	2015-7-1
	烧碱、聚氯乙烯工业污染物排放标准	GB 15581—2016	2016-8-22	2016-9-1
	制药工业大气污染物排放标准	GB 37823—2019	2019-5-24	2019-7-1
	涂料、油墨及胶粘剂工业大气污染物排放标准	GB 37824—2019	2019-5-24	2019-7-1
	铸造工业大气污染物排放标准	GB 39726—2020	2020-12-8	2021-1-1
	农药制造工业大气污染物排放标准	GB 39727—2020	2020-12-8	2021-1-1
	印刷工业大气污染物排放标准	GB 41616—2022	2022-10-22	2023-1-1
	石灰、电石工业大气污染物排放标准	GB 41618—2022	2022-10-22	2023-1-1
	矿物棉工业大气污染物排放标准	GB 41617—2022	2022-10-22	2023-1-1
	玻璃工业大气污染物排放标准	GB 26453—2022	2022-10-22	2023-1-1

续表

分类	标准名称	编号	发布时间	实施时间
采矿业	煤层气(煤矿瓦斯)排放标准(暂行)	GB 21522—2008	2008-4-2	2008-7-1
	陆上石油天然气开采工业大气污染物排放标准	GB 39728—2020	2020-12-8	2021-1-1
电力、热力、燃气及水生产和供应业	火电厂大气污染物排放标准	GB 13223—2011	2011-7-29	2012-1-1
住宿和餐饮业	饮食业油烟排放标准(试行)	GB 18483—2001	2001-11-12	2002-1-1
综合类	恶臭污染物排放标准	GB 14554—93	1993-8-6	1994-1-15
	工业炉窑大气污染物排放标准	GB 9078—1996	1996-3-7	1997-1-1
	大气污染物综合排放标准	GB 16297—1996	1996-4-12	1997-1-1
	锅炉大气污染物排放标准	GB 13271—2014	2014-5-16	2014-7-1
	火葬场大气污染物排放标准	GB 13801—2015	2015-4-16	2015-7-1
	挥发性有机物无组织排放控制标准	GB 37822—2019	2019-5-24	2019-7-1
	加油站大气污染物排放标准	GB 20952—2020	2020-12-28	2021-4-1
	储油库大气污染物排放标准	GB 20950—2020	2020-12-28	2021-4-1

我国主要环境噪声排放标准见表 2-23。

表 2-23 我国主要环境噪声排放标准

分类	标准名称	编号	发布时间	实施时间
环境噪声排放标准	铁路边界噪声限值及其测量方法	GB 12525—90	1990-11-9	1991-3-1
	汽车定置噪声限值	GB 16170—1996	1996-3-7	1997-1-1
	汽车加速行驶车外噪声限值及测量方法	GB 1495—2002	2002-1-4	2002-10-1
	摩托车和轻便摩托车定置噪声排放限值及测量方法	GB 4569—2005	2005-4-15	2005-7-1
	摩托车和轻便摩托车加速行驶噪声限值及测量方法	GB 16169—2005	2005-4-15	2005-7-1
	三轮汽车和低速货车加速行驶车外噪声限值及测量方法(中国Ⅰ、Ⅱ阶段)	GB 19757—2005	2005-5-30	2005-7-1
	社会生活环境噪声排放标准	GB 22337—2008	2008-8-19	2008-10-1
	工业企业厂界环境噪声排放标准	GB 12348—2008	2008-8-19	2008-10-1
	建筑施工场界环境噪声排放标准	GB 12523—2011	2011-12-5	2012-7-1

(二)应用实例

【例 2-6】 以 J 电力公司同热三期 2×100 万千瓦项目为例 [来源：J 电力公司同热三期 2×100 万千瓦项目环境影响报告书（报批稿）]。

J 电力公司同热三期工程位于 D 经济技术开发区，在一期、二期工程南侧规划建设，由鸦房线公路相隔。厂址西侧约 630m 为西房子村，南侧紧邻运煤铁路线，东侧为星火洗煤公司，北侧为鸦房线公路。

三期工程装机容量为 $2 \times 1000 MW$，工程建设内容主要包括锅炉、汽轮机和发电机等主体工程，供排水工程、冷却系统和除（灰）渣系统等辅助工程，除尘系统、脱硫系统和脱硝系统等环保工程，燃料储运和灰渣储存等储运工程以及生产行政办公楼、生产服务楼等公用工程。项目暂按 $5 \times 10^4 t/a$ 的碳回收规模预留场地，条件适宜时可进行脱碳。

该工程建设期主要工程内容为厂区建设、施工场地建设及灰场建设，主要为地基开挖、压实，平整土地，硬化道路等。项目施工期可能产生的环境问题是在土建和设备安装过程中的施工机械噪声污染，施工期废水、施工期间的物料粉尘污染等。

运营期主要包括废气污染、水污染、噪声污染以及固体废物污染。废气包含锅炉烟气（烟尘、SO_2、NO_x）和扬尘；该项目正常工况下的工业废水全部利用不外排，本工程厂区排水系统采用分流制，分为生活污水、工业废水、含煤废水、脱硫废水、雨水排水系统；工程排放的固体废物主要是灰渣、脱硫石膏、选择性催化还原（SCR）脱硝系统的废催化剂（HW50）、废矿物油（HW08）、废弃除尘布袋和脱硫系统污泥。该项目应执行哪些环境质量标准，以及哪些污染物排放标准？

【答】 该项目应执行的环境质量标准如下。

（1）环境空气质量标准 PM_{10}、$PM_{2.5}$、SO_2、NO_2、CO、O_3、TSP、Hg 分别执行《环境空气质量标准》（GB 3095—2012）表1、表2及附表 A.1 二级标准；NH_3 参照执行《环境影响评价技术导则 大气环境》（HJ 2.2—2018）中附录 D.1。

（2）地表水环境质量标准 本项目距离最近的地表水体为口泉河源头到桑干河入口段，根据《山西省地表水环境功能区划》（DB 14/67—2019）中有关规定，该河段区域水环境功能属工业与景观娱乐用水，地表水执行《地表水环境质量标准》（GB 3838—2002）Ⅳ类标准。

（3）地下水环境质量标准 根据《地下水质量标准》（GB/T 14848—2017），项目所在地区地下水质量分类为Ⅲ类，地下水水质执行《地下水质量标准》（GB/T 14848—2017）Ⅲ类标准，石油类执行《生活饮用水卫生标准》（GB 5749—2022）。

（4）声环境质量标准 根据《大同市城市区域声环境功能区划分方案》和《大同市云冈区城市区域声环境功能区划分方案》，本期工程电厂厂址和灰场区域均未在声环境功能区划范围内。本期工程电厂厂区位于现有一期工程、二期工程南侧，项目南侧为辛庄铁路专运线。根据二期环评批复，二期厂界噪声执行3类标准，故本次电厂厂界执行《声环境质量标准》（GB 3096—2008）3类标准。周边村庄敏感点执行《声环境质量标准》（GB 3096—2008）2类标准。灰场场址执行《声环境质量标准》（GB 3096—2008）2类标准。

（5）土壤环境质量标准 项目电厂厂区及灰场占地范围内的建设用地土壤执行《土壤环境质量 建设用地土壤污染风险管控标准（试行）》（GB 36600—2018）表1、表2第二类用地的筛选值标准；占地范围外的农用地土壤执行《土壤环境质量 农用地土壤污染风险管控标准（试行）》（GB 15618—2018）中表1的筛选值标准。

该项目应执行的污染物排放标准如下。

（1）废气 ①燃煤发电锅炉。本项目燃煤发电锅炉烟气污染物排放执行山西省地方标准《燃煤电厂大气污染物排放标准》（DB 14/1703—2019）表1大气污染物排放浓度限值。氨排放执行《火电厂烟气脱硝工程技术规范 选择性催化还原法》（HJ 562—2010），氨逃逸浓度 $< 2.5 mg/m^3$。②其他粉尘。其他粉尘污染源排放执行《大气污染物综合排放标准》（GB 16297—1996）中表2的二级排放限值。③厂界氨排放。厂界氨排放执行《恶臭污染物排放标准》（GB 14554—93）新扩改建厂界二级标准。

（2）噪声 ①施工期噪声执行《建筑施工场界环境噪声排放标准》（GB 12523—2011）中噪声限值。②运行期厂界噪声执行《工业企业厂界环境噪声排放标准》（GB 12348—

2008）中 3 类标准。

（3）工业固体废物排放标准　一般固体废物执行《一般工业固体废物贮存和填埋污染控制标准》（GB 18599—2020），危险废物执行《危险废物贮存污染控制标准》（GB 18597—2001）（现行版本为 GB 18597—2023）及其公告 2013 年第 36 号修改单相关要求。

思 考 题

1. 什么是环境标准？环境标准的作用表现在哪些方面？
2. 简述环境标准的构成。
3. 什么是环境基准？环境基准分为哪几类？
4. 简述环境基准和环境质量标准之间的关系。
5. 简述环境质量标准值和基准值之间的关系。
6. 环境标准可分为哪几类？
7. 不同类型的环境标准之间有何关系？
8. 简述环境标准的执行顺序。
9. 我国环境标准有何特点？
10. 何为功能区？简述功能区的分类。
11. 请以《环境空气质量标准》为例，说明我国环境质量标准具有分级的特点。
12. 简述标准执行级别和污染源位置、废物排入区之间的关系。
13. 请举例说明同一污染物在不同行业的排放标准。
14. 请以《大气污染物综合排放标准》为例，简述环境监测的具体要求。
15. 我国主要环境质量标准主要分为哪几类？
16. 请举例说明排放总量控制的要求。

参考文献

［1］唐晓兰. 基于环境标准的环境影响评价课程教学改革与实践 ［J］. 中国现代教育装备，2023，（05）：135-138.

［2］刘晓东，王鹏. 环境影响评价基础 ［M］. 2 版. 北京：科学出版社，2024.

［3］李淑芹，孟宪林. 环境影响评价 ［M］. 3 版. 北京：化学工业出版社，2021.

［4］章丽萍，王建兵，张春晖. 环境影响评价 ［M］. 北京：化学工业出版社，2023.

［5］朱世云，林春绵. 环境影响评价 ［M］. 北京：化学工业出版社，2013.

［6］王宁，孙世军. 环境影响评价 ［M］. 北京：北京大学出版社，2013.

第三章
评价等级及评价范围

一、大气评价工作等级及评价范围

（一）评价工作等级判据

选择推荐模式中的估算模式对项目的大气环境评价工作进行分级。结合项目的初步工程分析结果，选择正常排放的主要污染物及排放参数，采用估算模式计算各污染物在简单平坦地形、全气象组合情况条件下的最大影响程度和最远影响范围，然后按评价工作分级判据进行分级。根据项目的初步工程分析结果，选择项目污染源正常排放的主要污染物及排放参数，分别计算每一种污染物的最大地面质量浓度占标率 P_i（第 i 个污染物），以及第 i 个污染物的地面质量浓度达标准限值 10% 时所对应的最远距离 $D_{10\%}$。其中 P_i 定义为：

$$P_i = \frac{C_i}{C_{0i}} \times 100\% \tag{3-1}$$

式中 P_i——第 i 个污染物的最大地面质量浓度占标率，%；

C_i——采用估算模式计算出的第 i 个污染物的最大 1h 地面空气质量浓度，$\mu g/m^3$；

C_{0i}——第 i 个污染物的环境空气质量浓度标准，$\mu g/m^3$。

C_{0i} 一般选用 GB 3095 中 1h 平均质量浓度的二级标准限值，对该标准中未包含的污染物，使用各评价因子 1h 平均质量浓度限值。对仅有 8h 平均质量浓度限值、日平均质量浓度限值或年平均质量浓度限值的，可分别按 2 倍、3 倍、6 倍折算为 1h 平均质量浓度限值。

评价工作等级按表 3-1 的分级判据进行划分。最大地面质量浓度占标率（P_i）按式（3-1）计算，如污染物数 i 大于 1，取 P 值中最大者 P_{max}。

表 3-1 评价等级判别表

评价工作等级	评价工作分级判据
一级评价	$P_{max} \geq 10\%$
二级评价	$1\% \leq P_{max} < 10\%$
三级评价	$P_{max} < 1\%$

此外，评价工作等级的确定还应符合表 3-2 的规定。

表 3-2 评价等级判定的其他规定

序号	内容
1	同一项目有多个污染源（两个及以上，下同）时，则根据各污染源分别确定评价等级，并取评价等级最高者作为项目的评价等级

序号	内容
2	对电力、钢铁、水泥、石化、化工、平板玻璃、有色等高耗能行业的多源项目或以使用高污染燃料为主的多源项目,并且编制环境影响报告书的项目评价等级提高一级
3	对等级公路、铁路项目,分别按项目沿线主要集中式排放源(如服务区、车站大气污染源)排放的污染物计算其评价等级
4	对新建包含 1km 及以上隧道工程的城市快速路、主干路等城市道路项目,按项目隧道主要通风竖井及隧道出口排放的污染物计算其评价等级
5	对新建、迁建及飞行区扩建的枢纽及干线机场项目,应考虑机场飞机起降及相关辅助设施排放源对周边城市的环境影响,评价等级取一级
6	确定评价等级同时应说明估算模型计算参数和判定依据,相关内容与格式要求见《环境影响评价技术导则 大气环境》附录 C 中 C.1

(二) 评价范围的确定

① 一级评价项目根据建设项目排放污染物的最远影响距离 ($D_{10\%}$) 确定大气环境影响评价范围,即以项目厂址为中心区域,自厂界外延 $D_{10\%}$ 的矩形区域作为大气环境影响评价范围。当 $D_{10\%}$ 超过 25km 时,确定评价范围为边长 50km 的矩形区域;当 $D_{10\%}$ 小于 2.5km 时,评价范围边长取 5km。

② 二级评价项目大气环境影响评价范围边长取 5km。

③ 三级评价项目不需设置大气环境影响评价范围。

④ 对于新建、迁建及飞行区扩建的枢纽及干线机场项目,评价范围还应考虑受影响的周边城市,最大取边长 50km。

⑤ 规划的大气环境影响评价范围以规划区边界为起点,外延规划项目排放污染物的最远影响距离 ($D_{10\%}$) 的区域。

(三) 实例

【例 3-1】 某化工项目生产硫酸钠和氯化钠,根据判断确定主要污染源及污染物,利用 HJ 2.2—2018 推荐的估算模型 AERSCREEN 计算 P_{max} 和 $D_{10\%}$,预测模型参数见表 3-3,污染源强参数见表 3-4、表 3-5,预测及计算结果见表 3-6。

表 3-3 估算模型参数表

参数		取值
城市/农村选项	城市/农村	城市
	人口数(城市人口数)/人	3 万
最高环境温度/℃		43.3
最低环境温度/℃		−27.0
土地利用类型		城市
区域湿度条件		中等湿度气候
最小风速/(m/s)		0.5
测风高度/m		10
是否考虑地形	考虑地形	是
	地形数据分辨率/m	90

续表

参数		取值
是否考虑岸线熏烟	考虑岸线熏烟	否
	岸线距离/km	
	岸线方向/(°)	

注：本项目污染源距离海岸线较远，因此不考虑岸边熏烟。

表 3-4　主要废气污染源参数一览表（点源）

序号	污染源名称	排气筒底部中心坐标/m		排气筒底部海拔/m	排气筒		烟气量（标况）/(m³/h)	烟气温度/℃	年排放时间/h	排放工况	污染因子	排放速率/(kg/h)
		X	Y		高度/m	内径/m						
1	硫酸钠干燥、包装	117.702712	40.959128	396	25	1.0	35000	100	8040	正常	PM_{10}	0.08
											$PM_{2.5}$	0.04
2	氯化钠干燥、包装	117.702618	40.959193	396	25	0.5	10000	100	8040	正常	PM_{10}	0.01
											$PM_{2.5}$	0.005

表 3-5　拟建工程新增正常排放面源一览表

序号	污染源名称	面源中心坐标/m		面源海拔/m	面源/m			年排放时间/h	排放工况	污染因子	排放速率/(kg/h)
		X	Y		长度	宽度	有效排放高度				
1	无组织废气	117.702736	40.959355	396	143.65	23.53	15	8040	正常	TSP	0.095
										PM_{10}	0.048
										$PM_{2.5}$	0.024

表 3-6　废气污染物 P_{max} 及 $D_{10\%}$ 估算结果一览表

污染源	污染因子	评价标准/(μg/m³)	最大浓度/(μg/m³)	P_{max}/%	$D_{10\%}$/m
有组织排放源					
硫酸钠干燥、包装	PM_{10}	450	0.454	0.101	—
	$PM_{2.5}$	225	0.227	0.101	—
氯化钠干燥、包装	PM_{10}	450	0.112	0.025	—
	$PM_{2.5}$	225	0.056	0.025	—
无组织排放源					
无组织废气	TSP	900	53.663	6.025	—
	PM_{10}	450	27.114	6.025	—
	$PM_{2.5}$	225	13.557	5.963	—

根据计算结果可知，本项目 PM_{10} 的 P_{max} 最大，为 6.025%，未出现 $D_{10\%}$，C_{max} 为 27.114μg/m³，评价等级为二级。本项目属于"新建、扩建工业废水集中处理的"，应编制

环境影响报告书，以及本项目排放污染物仅为颗粒物且包含两个排气筒，故评价等级仍确定为二级。

根据 HJ 2.2—2018，二级评价项目根据建设项目排放污染物的最远影响距离（$D_{10\%}$）确定大气环境影响评价范围，当 $D_{10\%}$＜2.5km 时，评价范围边长取 5km。根据估算，本项目未出现 $D_{10\%}$，故确定项目评价范围为以厂址为中心区域，边长 5km 的矩形。

【例 3-2】 某垃圾发电站，排放 PM_{10}、$PM_{2.5}$、SO_2、NO_x、TSP、NH_3 等大气污染物。问：该项目大气环境评价工作等级为几级？

【答】 依据《环境影响评价技术导则 大气环境》（HJ 2.2—2018）中评价工作分级方法，结合工程分析结果，选择正常排放的主要污染物及排放参数，采用估算模型计算各污染物在全气象组合情况条件下的最大影响程度和最远影响范围，然后按评价工作评级判据进行分级。

1. 评价等级

依据《环境影响评价技术导则 大气环境》（HJ 2.2—2018）中最大地面浓度占标率计算公式：

$$P_i = \frac{C_i}{C_{0i}} \times 100\%$$

若污染物数 i 大于 1，取 P_i 值中最大者为 P_{max}；若污染物数 i 等于 1，则为 P_i。

$D_{10\%}$ 为占标率 10％对应的最远距离。

评价等级按表 3-7 进行划分。评价因子及评价标准见表 3-8。

表 3-7 评价工作等级判据表

评价工作等级	评价工作分级判据
一级评价	$P_{max} \geq 10\%$
二级评价	$1\% \leq P_{max} < 10\%$
三级评价	$P_{max} < 1\%$

表 3-8 评价因子及评价标准一览表

污染物名称	功能区	取值时间	标准值 /($\mu g/m^3$)	标准来源
SO_2	二类区	1 小时	500	《环境空气质量标准》(GB 3095—2012)
NO_2	二类区	1 小时	200	《环境空气质量标准》(GB 3095—2012)
PM_{10}	二类区	日均	150	《环境空气质量标准》(GB 3095—2012)
$PM_{2.5}$	二类区	日均	75	《环境空气质量标准》(GB 3095—2012)
Hg	二类区	年均	0.05	《环境空气质量标准》(GB 3095—2012)
Cd	二类区	年均	0.005	《环境空气质量标准》(GB 3095—2012)
Pb	二类区	年均	0.5	《环境空气质量标准》(GB 3095—2012)
As	二类区	年均	0.006	《环境空气质量标准》(GB 3095—2012)

污染物名称	功能区	取值时间	标准值 /(µg/m³)	标准来源
NH₃	二类区	1 小时	200	《环境影响评价技术导则　大气环境》(HJ 2.2—2018)附录 D
H₂S	二类区	1 小时	10	《环境影响评价技术导则　大气环境》(HJ 2.2—2018)附录 D
氯化氢	二类区	1 小时	50	《环境影响评价技术导则　大气环境》(HJ 2.2—2018)附录 D
Mn	二类区	日均	10	《环境影响评价技术导则　大气环境》(HJ 2.2—2018)附录 D
二噁英类	二类区	年均	0.6	参照日本环境标准

注：二噁英类以毒性当量(TEQ)计，单位为 pg/m³。

本评价选择主要污染源及污染物，利用导则推荐的估算模型 AERSCREEN 计算 P_{max} 和 $D_{10\%}$，预测模型参数见表 3-9，污染源参数见表 3-10，预测及计算结果见表 3-11。根据《环境影响评价技术导则　大气环境》(HJ 2.2—2018)模型计算设置说明，当污染源 3km 半径范围内一半以上面积属于城市建成区或者规划区时，选择城市，否则选择农村。拟建项目污染源 3km 半径范围主要为农田、建设用地、林地以及灌木林地。其中人造地表（建设用地）总面积约为 1.96km²，农田总面积约为 9.12km²，林地以及灌木林地面积为 17.18km²。且根据 AERSCREEN 计算模型自动获取土地利用类型为阔叶林。其城市建成区或规划区小于 50%，因此拟建项目估算模型农村或城市的计算选项为"农村"。本项目选址不位于邻海区域，不考虑岸边熏烟。

表 3-9　估算模型参数表

参数		取值
城市/农村选项	城市/农村	农村
	人口数（城市人口数）	
最高环境温度/℃		39.6
最低环境温度/℃		−29.2
土地利用类型		阔叶林
区域湿度条件		中等湿度
最小风速/(m/s)		0.5
测风高度/m		10
是否考虑地形	考虑地形	是
	地形数据分辨率/m	90
是否考虑岸线熏烟	考虑岸线熏烟	
	岸线距离/km	
	岸线方向/(°)	

表 3-10　主要废气污染源参数一览表

有组织排放源

污染源名称	排气筒底部中心坐标		排气筒海拔	污染因子	排气筒参数				排放速率
	X	Y			高度	内径	流速	温度	
焚烧炉烟气	0	0	211m	PM$_{10}$	80m	2.0m	14.07 m/s	150℃	0.774kg/h
				PM$_{2.5}$					0.387kg/h
				SO$_2$					1.645kg/h
				NO$_x$					7.190kg/h
				TSP					0.774kg/h
				NH$_3$					0.3008kg/h
				汞及其化合物					0.00002kg/h
				CO					5.136kg/h
				氯化氢					0.704kg/h
				Cd					0.0001kg/h
				Tl					0.0001kg/h
				Sb					0.0002kg/h
				As					0.0001kg/h
				Pb					0.0019kg/h
				Cr					0.0036kg/h
				Co					0.0001kg/h
				Cu					0.0073kg/h
				Mn					0.0120kg/h
				Ni					0.0016kg/h
				二噁英					0.008mg/h（TEQ）

无组织排放源

污染源名称	坐标		海拔	污染因子	矩形面源			排放速率
	X	Y			长度	宽度	有效高度	
垃圾池及卸料大厅	130	120	210m	NH$_3$	50m	48m	30m	0.064kg/h
				H$_2$S				0.002kg/h
				甲硫醇				0.00005kg/h
渗滤液处理站	200	80	210m	NH$_3$	45m	30m	8m	0.012kg/h
				H$_2$S				0.0004kg/h
				甲硫醇				0.00001kg/h
渗滤液调节池臭气	150	75	210m	NH$_3$	10m	20m	5m	0.018kg/h
				H$_2$S				0.0006kg/h
				甲硫醇				0.00001kg/h

污染源名称	坐标		海拔	污染因子	矩形面源			排放速率
	X	Y			长度	宽度	有效高度	
烟气净化系统无组织废气	110	132	210m	PM$_{10}$	30m	40m	30m	0.06kg/h
				PM$_{2.5}$				0.03kg/h
除灰渣系统无组织废气	87	110	210m	PM$_{10}$	20m	30m	20m	0.100kg/h
				PM$_{2.5}$				0.05kg/h

表 3-11 废气污染物 P_{max} 及 $D_{10\%}$ 估算结果一览表

污染源	污染因子	评价标准 /($\mu g/m^3$)	最大浓度 /($\mu g/m^3$)	P_{max} /%	$D_{10\%}$/m
有组织排放源					
垃圾焚烧炉	SO$_2$	500	10.23	2.05	—
	NO$_2$	200	39.56	19.78	4729
	CO	10000	31.93	0.32	—
	TSP	900	4.81	0.53	—
	PM$_{10}$	450	4.81	1.07	—
	PM$_{2.5}$	225	2.41	1.07	—
	Pb	3.0	0.012	0.39	—
	汞	0.3	1.24×10^{-4}	0.04	—
	氨	200	1.87	0.94	—
	HCl	50	4.38	8.75	—
	Cd	0.03	6.22×10^{-4}	2.07	—
	As	0.036	6.22×10^{-4}	1.73	—
	二噁英（pg/m^3）	3.60×10^{-6}	4.97×10^{-8}	1.38	—
无组织排放源					
垃圾池、垃圾卸料大厅无组织臭气	NH$_3$	200	51.24	25.62	125
	H$_2$S	10	1.60	16.01	75
渗滤液处理站无组织臭气	NH$_3$	200	18.25	9.13	—
	H$_2$S	10	0.61	6.08	—
渗滤液调节池臭气	NH$_3$	200	15.21	7.61	—
	H$_2$S	10	0.51	5.07	—
烟气净化系统无组织废气	TSP	900	70.32	7.81	—
	PM$_{10}$	450	70.32	15.63	50
	PM$_{2.5}$	225	35.16	15.63	50

污染源	污染因子	评价标准 /$(\mu g/m^3)$	最大浓度 /$(\mu g/m^3)$	P_{max} /%	$D_{10\%}$/m
无组织排放源					
除灰渣系统 无组织废气	TSP	900	100.50	11.17	—
	PM$_{10}$	450	100.50	22.34	100
	PM$_{2.5}$	225	50.30	22.34	100

注:二噁英评价标准和最大浓度单位为 pg/m³。

根据计算结果可知,本项目 P_{max} 最大值为氨,P_{max} 值为 25.62%,$D_{10\%}$ 最远为 NO$_2$,距离为 4729m(取整为 4800m),根据《环境影响评价技术导则 大气环境》(HJ 2.2—2018)分级判据,确定本项目大气环境影响评价工作等级为一级。

2. 评价范围

按照 HJ 2.2—2018 规定,以项目厂址为中心区域,自厂界外延 $D_{10\%}=4.8$km 的矩形区域作为大气环境影响评价范围。

二、地表水评价工作等级及评价范围

(一)评价工作等级确定依据

建设项目地表水环境影响评价等级根据《环境影响评价技术导则 地表水环境》(HJ 2.3—2018)进行划分,具体考虑以下因素:影响类型、排放方式、排放量或影响情况、受纳水体环境质量现状、水环境保护目标等。水污染影响型建设项目主要根据废水排放方式和排放量划分评价等级,见表 3-12。直接排放建设项目评价等级分为一级、二级和三级 A,根据废水排放量、水污染物污染当量数确定。间接排放建设项目评价等级为三级 B。

表 3-12　水污染影响型建设项目评价等级判定表

评价等级	判定依据	
	排放方式	废水排放量 $Q/(m^3/d)$;水污染物当量数 W(无量纲)
一级	直接排放	$Q\geqslant20000$ 或 $W\geqslant600000$
二级	直接排放	其他
三级 A	直接排放	$Q<200$ 且 $W<6000$
三级 B	间接排放	—

表 3-12 中水污染物当量数等于该污染物的年排放量除以该污染物的污染当量值,计算排放污染物的污染物当量数,应区分第一类水污染物和其他类水污染物,统计第一类污染物当量数总和,然后与其他类污染物按照污染物当量数从大到小排序,取最大当量数作为建设项目评价等级确定的依据。

废水排放量按行业排放标准中规定的废水种类统计,没有相关行业排放标准要求的通过工程分析合理确定,应统计含热量大的冷却水的排放量,可不统计间接冷却水、循环水及其他含污染物极少的清净下水的排放量。

厂区存在堆积物(露天堆放的原料、燃料、废渣等以及垃圾堆放场)、降尘污染的,应将初期雨污水纳入废水排放量,相应的主要污染物纳入水污染当量计算。

建设项目直接排放第一类污染物的，其评价等级为一级；建设项目直接排放的污染物为受纳水体超标因子的，评价等级不低于二级。

直接排放受纳水体影响范围涉及饮用水水源保护区、饮用水取水口、重点保护与珍稀水生生物栖息地、重要水生生物自然产卵场等保护目标时，评价等级不低于二级。

建设项目向河流、湖库排放温排水引起受纳水体水温变化超过水环境质量标准要求，且评价范围有水温敏感目标时，评价等级为一级。

建设项目利用海水作为调节温度介质，排水量$\geqslant 500 \times 10^4 \, \mathrm{m}^3/\mathrm{d}$，评价等级为一级；排水量$< 500 \times 10^4 \, \mathrm{m}^3/\mathrm{d}$，评价等级为二级。

仅涉及清净下水排放的，如其排放水质满足受纳水体水环境质量标准要求，评价等级为三级 A。

依托现有排放口，且对外环境未新增排放污染物的直接排放建设项目，评价等级参照间接排放，定为三级 B。

建设项目生产工艺中有废水产生，但作为回水利用，不排放到外环境的，按三级 B评价。

水文要素影响型建设项目评价等级主要根据水温、径流与受影响地表水域等三类水文要素的影响程度进行判定，见表 3-13。

表 3-13　水文要素影响型建设项目评价等级判定表

评价等级	水温	径流		受影响地表水域		
	年径流量与总库容之比 a	兴利库容占年径流量百分比 $b/\%$	取水量占多年平均径流量百分比 $\gamma/\%$	工程垂直投影面积及外扩范围 A_1/km^2；工程扰动水底面积 A_2/km^2；过水断面宽度占用比例或占用水面积比例 $R/\%$		工程垂直投影面积及外扩范围 A_1/km^2；工程扰动水底面积 A_2/km^2
				河流	湖库	入海河口、近岸海域
一级	$a \leqslant 10$；或稳定分层	$b \geqslant 20$；或完全年调节与多年调节	$\gamma \geqslant 30$	$A_1 \geqslant 0.3$；或 $A_2 \geqslant 1.5$；或 $R \geqslant 10$	$A_1 \geqslant 0.3$；或 $A_2 \geqslant 1.5$；或 $R \geqslant 20$	$A_1 \geqslant 0.5$；或 $A_2 \geqslant 3$
二级	$20 > a > 10$；或不稳定分层	$20 > b > 2$；或季调节与不完全年调节	$30 > \gamma > 10$	$0.3 > A_1 > 0.05$；或 $1.5 > A_2 > 0.2$；或 $10 > R > 5$	$0.3 > A_1 > 0.05$；或 $1.5 > A_2 > 0.2$；或 $20 > R > 5$	$0.5 > A_1 > 0.15$；或 $3 > A_2 > 0.5$
三级	$a \geqslant 20$；或混合型	$b \leqslant 2$；或无调节	$\gamma \leqslant 10$	$A_1 \leqslant 0.05$；或 $A_2 \leqslant 0.2$；或 $R \leqslant 5$	$A_1 \leqslant 0.05$；或 $A_2 \leqslant 0.2$；或 $R \leqslant 5$	$A_1 \leqslant 0.15$；或 $A_2 \leqslant 0.5$

影响范围涉及饮用水水源保护区、重点保护与珍稀水生生物栖息地、重要水生生物自然产卵、自然保护区等保护目标，评价等级应不低于二级。

跨流域调水、引水式电站及可能受到大型河流感潮河段咸潮影响的建设项目，评价等级不低于二级。

造成入海河口（湾口）宽度束窄（束窄尺度达到原宽度的 5% 以上），评价等级应不低于二级。

对不透水的单方向建筑尺度较长的水工建筑物（如防波堤、导流堤等），其与潮流或水流主流向切线垂直方向投影长度大于 2km 时，评价等级应不低于二级。

允许在一类海域建设的项目，评价等级为一级。

同时存在多个水文要素影响的建设项目，分别判定各水文要素影响评价等级，并取其中最高等级作为水文要素影响型建设项目评价等级。

（二）评价范围的确定

建设项目地表水环境影响评价范围指建设项目整体实施后可能对地表水环境造成影响的范围。

水污染影响型建设项目评价等级为一级、二级及三级 A 时，评价范围应符合以下要求：

① 应根据主要污染物迁移转化状况，至少需要覆盖建设项目污染影响所及水域。

② 受纳水体为河流时，应满足覆盖对照断面、控制断面与削减断面等关心断面的要求。

③ 受纳水体为湖泊、水库时，一级评价的评价范围不小于以入湖（库）排放口为中心、半径为 5km 的扇形区域，二级评价的评价范围不小于以入湖（库）排放口为中心、半径为 3km 的扇形区域，三级 A 的评价范围为不小于以入湖（库）排放口为中心、半径为 1km 的扇形区域。

④ 受纳水体为入海河口和近岸海域时，评价范围按照 GB/T 19485 执行。

⑤ 影响范围涉及水环境保护目标的，评价范围至少应扩大到水环境保护目标内受到影响的水域。

⑥ 同一建设项目有两个及两个以上废水排放口，或排入不同地表水体时，按各排放口及所排入地表水体分别确定评价范围，有叠加影响的，叠加影响水域应作为重点评价范围。

三级 B 评价的评价范围应符合以下要求：

① 应满足其依托污水处理设施环境可行性分析的要求。

② 涉及地表水环境风险的，应覆盖环境风险影响范围所及的水环境保护目标水域。

水文要素影响型建设项目评价范围，根据评价等级、水文要素影响类别和影响及恢复程度确定，评价范围应符合以下要求：

① 水温要素影响评价范围为建设项目形成水温分层水域，以及下游未恢复到天然（或建设项目建设前）水温的水域。

② 径流要素影响评价范围为水体天然性状发生变化的水域，以及下游增减水影响水域。

③ 地表水域影响评价范围为相对建设项目建设前日均或潮流流速及水深，或高（累积频率 5%）低（累积频率 90%）水位（潮位）变化幅度超过±5%的水域。

④ 建设项目影响范围涉及水环境保护目标的，评价范围至少应扩大到水环境保护目标内受影响的水域。

⑤ 存在多类水文要素影响的建设项目，应分别确定各水文要素影响评价范围，取各水文要素评价范围的外包线作为水文要素的评价范围。

评价范围应以平面图的方式表示，并明确起止位置等控制点坐标。

（三）实例

【例 3-3】 某县集中供热锅炉改造项目建于该县循环经济示范区内，建设规模为 $4 \times 220t/h$ 高温高压循环流化床锅炉（3 用 1 备），燃料为 D 煤化有限责任公司所产混煤并掺烧某污水厂污水处理过程中产生的污泥。配套建设烟气净化装置及污水处理设施。该项目为锅炉替代改造项目，工程投产后年供热量 $6.74 \times 10^6 GJ$。项目建成后保证入驻该县循环经济示范区的各企业和部分城区居民采暖用户的热负荷需求。

问：请对该项目的地表水环境评价等级进行分析。

【答】 根据项目工程分析，该项目废水主要为锅炉排污水、化学水处理排污水、脱硫系统排污水、地坪冲洗废水及生活污水。该项目生产过程中产生的废水除水温和浑浊度升高外，污染物主要为悬浮物（SS），基本无其他污染物。从节约水资源和保护环境角度，要求该项目废水尽可能处理后回用。

锅炉排污水与化学水处理排污水混合后，部分用于锅炉除灰渣系统、厂区绿化、煤廊清洗、脱硫系统补水、地坪冲洗，剩余部分与地坪冲洗废水、生活污水全部排入该县污水处理厂。煤廊清洗废水与脱硫系统排污水一并经絮凝沉淀池处理后用于煤场洒水。

厂区雨水为独立的排水系统，厂区设有完整的雨水口和雨水管道。雨水排水系统通过管道收集后，排入厂区内雨污水泵房，经提升外排至水沟。

本项目废水不直接排入地表水环境，因此，地表水评价等级为三级B。

三、地下水评价工作等级及评价范围

（一）地下水环境影响评价工作等级

1. 划分原则

评价工作等级依据建设项目行业分类和地下水环境敏感程度分级进行判定，可划分为一、二、三级。

2. 评价工作等级划分

根据《环境影响评价技术导则 地下水环境》（HJ 610—2016）附录A确定建设项目所属的地下水环境影响评价项目类别，见表3-14。

表3-14 地下水环境影响评价行业分类表

序号	行业类别
	A 水利
1	水库
2	灌区工程
3	引水工程
4	防洪治涝工程
5	河湖整治工程
6	地下水开采工程
	B 农、林、牧、渔、海洋
7	农业垦殖
8	农田改造项目
9	农产品基地项目
10	农业转基因项目、物种引进项目
11	经济林基地项目
12	森林采伐工程
13	防沙治沙工程
14	畜禽养殖场、养殖小区
15	淡水养殖工程

续表

序号	行业类别
B 农、林、牧、渔、海洋	
16	海水养殖工程
17	海洋人工鱼礁工程
18	围填海工程及海上堤坝工程
19	海上和海底物资储藏设施工程
20	跨海桥梁工程
21	海底隧道、管道、电(光)缆工程
C 地质勘查	
22	基础地质勘查
23	水利、水电工程地质勘查
24	矿产资源地质勘查(包括勘探活动)
D 煤炭	
25	煤层气开采
26	煤炭开采
27	洗选、配煤
28	煤炭储存、集运
29	型煤、水煤浆生产
E 电力	
30	火力发电(包括热电)
31	水力发电
32	生物质发电
33	综合利用发电
34	其他能源发电
35	送(输)变电工程
36	脱硫、脱硝、除尘等环保工程
F 石油、天然气	
37	石油开采
38	天然气、页岩气开采(含净化)
39	油库(不含加油站的油库)
40	气库(不含加气站的气库)
41	石油、天然气、成品油管线(不含城市天然气管线)
G 黑色金属	
42	采选(含单独尾矿库)
43	炼铁、球团、烧结
44	炼钢

续表

序号	行业类别
G 黑色金属	
45	铁合金制造；锰、铬冶炼
46	压延加工
H 有色金属	
47	采选(含单独尾矿库)
48	冶炼(含再生有色金属冶炼)
49	合金制造
50	压延加工
I 金属制品	
51	表面处理及热处理加工
52	金属铸件
53	金属制品加工制造
J 非金属矿采选及制品制造	
54	土砂石开采
55	化学矿采选
56	采盐
57	石棉及其他非金属矿采选
58	水泥制造
59	水泥粉磨站
60	混凝土结构构件制造、商品混凝土加工
61	石灰和石膏制造
62	石材加工
63	人造石制造
64	砖瓦制造
65	玻璃及玻璃制品
66	玻璃纤维及玻璃纤维增强塑料制品
67	陶瓷制品
68	耐火材料及其制品
69	石墨及其他非金属矿物制品
70	防水建筑材料制造、沥青搅拌站
K 机械、电子	
71	通用、专用设备制造及维修
72	铁路运输设备制造及修理
73	汽车、摩托车制造
74	自行车制造
75	船舶及相关装置制造
76	航空航天器制造

序号	行业类别
K 机械、电子	
77	交通器材及其他交通运输设备制造
78	电气机械及器材制造
79	仪器仪表及文化、办公用机械制造
80	电子真空器件、集成电路、半导体分立器件制造、光电子器件及其他电子器件制造
81	印刷电路板、电子元件及组件制造
82	半导体材料、电子陶瓷、有机薄膜、荧光粉、贵金属粉等电子专用材料
83	电子配件组装
L 石化、化工	
84	原油加工、天然气加工、油母页岩提炼原油、煤制油、生物制油及其他石油制品
85	基本化学原料制造;化学肥料制造;农药制造;涂料、染料、颜料、油墨及其类似产品制造;合成材料制造;专用化学品制造;炸药、火工及焰火产品制造;饲料添加剂、食品添加剂及水处理剂等制造
86	日用化学品制造
87	焦化、电石
88	煤炭液化、气化
89	化学品输送管线
M 医药	
90	化学药品制造;生物、生化制品制造
91	单纯药品分装、复配
92	中成药制造、中药饮片加工
93	卫生材料及医药用品制造
N 轻工	
94	粮食及饲料加工
95	植物油加工
96	生物质纤维素乙醇生产
97	制糖、糖制品加工
98	屠宰
99	肉禽类加工
100	蛋品加工
101	水产品加工
102	食盐加工
103	乳制品加工
104	调味品、发酵制品制造
105	酒精饮料及酒类制造

续表

序号	行业类别
N 轻工	
106	果菜汁类及其他软饮料制造
107	其他食品制造
108	卷烟
109	锯材、木片加工、家具制造
110	人造板制造
111	竹、藤、棕、草制品制造
112	纸浆、溶解浆、纤维浆等制造;造纸(含废纸造纸)
113	纸制品
114	印刷;文教、体育、娱乐用品制造;磁材料制品制造
115	轮胎制造、再生橡胶制造、橡胶加工、橡胶制品翻新
116	塑料制品制造
117	工艺品制造
118	皮革、毛皮、羽毛(绒)制品
O 纺织品化纤	
119	化学纤维制造
120	纺织品制造
121	服装制造
122	鞋业制造
P 公路	
123	公路
Q 铁路	
124	新建铁路
125	改建铁路
126	枢纽
R 民航机场	
127	机场
128	导航台站、供油工程、维修保障等配套工程
S 水运	
129	油气、液体化工码头
130	干散货(含煤炭、矿石)、件杂、多用途、通用码头
131	集装箱专用码头
132	滚装、客运、工作船、游艇码头
133	铁路轮渡码头
134	航道工程、水运辅助工程

续表

序号	行业类别
	S 水运
135	航电枢纽工程
136	中心渔港码头
	T 城市交通设施
137	轨道交通
138	城市道路
139	城市桥梁、隧道
	U 城市基础设施及房地产
140	煤气生产和供应工程
141	城市天然气供应工程
142	热力生产和供应工程
143	自来水生产和供应工程
144	生活污水集中处理
145	工业废水集中处理
146	海水淡化、其他水处理和利用
147	管网建设
148	生活垃圾转运站
149	生活垃圾(含餐厨废弃物)集中处理
150	粪便处置工程
151	危险废物(含医疗废物)集中处置及综合利用
152	工业固体废物(含污泥)集中处置
153	污染场地治理修复工程
154	仓储(不含油库、气库、煤炭储存)
155	废旧资源(含生物质)加工、再生利用
156	房地产开发、宾馆、酒店、办公用房等
	V 社会事业与服务业
157	学校、幼儿园、托儿所
158	医院
159	专科防治院(所、站)
160	疾病预防控制中心
161	社区医疗、卫生院(所、站)、血站、急救中心等其他卫生机构
162	疗养院、福利院、养老院
163	专业实验室
164	研发基地
165	动物医院

续表

序号	行业类别
	V 社会事业与服务业
166	体育场、体育馆
167	高尔夫球场、滑雪场、狩猎场、赛车场、跑马场、射击场、水上运动中心
168	展览馆、博物馆、美术馆、影剧院、音乐厅、文化馆、图书馆、档案馆、纪念馆
169	公园(含动物园、植物园、主题公园)
170	旅游开发
171	影视基地建设
172	影视拍摄、大型实景演出
173	胶片洗印厂
174	批发、零售市场
175	餐饮场所
176	娱乐场所
177	洗浴场所
178	Ⅱ类社区服务项目
179	驾驶员训练基地
180	公交枢纽、大型停车场
181	长途客运站
182	加油、加气站
183	洗车场
184	汽车、摩托车维修场所
185	殡仪馆
186	陵园、公墓

建设项目地下水环境敏感程度可分为敏感、较敏感、不敏感三级,分级原则见表3-15。

表 3-15　地下水环境敏感程度分级表

敏感程度	地下水环境敏感特征
敏感	集中式饮用水水源(包括已建成的在用、备用、应急水源,在建和规划的饮用水水源)准保护区;除集中式饮用水水源地以外的国家或地方政府设定的与地下水环境相关的其他保护区,如热水、矿泉水、温泉等特殊地下水资源保护区
较敏感	集中式饮用水水源(包括已建成的在用、备用、应急水源,在建和规划的饮用水水源)准保护区以外的补给径流区;未划定准保护区的集中式饮用水水源,其保护区以外的补给径流区;分散式饮用水水源地;特殊地下水资源(如矿泉水、温泉等)保护区以外的分布区等其他未列入上述敏感分级的环境敏感区
不敏感	上述地区之外的其他地区

建设项目地下水环境影响评价工作等级划分见表3-16。

表 3-16　评价工作等级分级表

环境敏感程度	Ⅰ类项目	Ⅱ类项目	Ⅲ类项目
敏感	一级	一级	二级
较敏感	一级	二级	三级
不敏感	二级	三级	三级

对于利用废弃盐岩矿井洞穴或人工专制盐岩洞穴、废气矿井巷道加水幕系统、人工硬岩洞库加水幕系统、地质条件较好的含水层、枯竭的油气层等形式的地下储油库，危险废物填埋场应进行一级评价，不按表 3-16 划分评价工作等级。

当同一建设项目涉及两个或两个以上场地时，各场地应分别判定评价工作等级，并按相应等级开展评价工作。

线性工程根据所涉地下水环境敏感程度和主要站场位置（如输油站、泵站、加油站、机务段、服务站等）进行分段判定评价等级，并按相应等级分别开展评价工作。

（二）地下水环境调查与评价范围

1. 基本原则

① 地下水环境现状调查与评价工作应遵循资料收集与现场调查相结合、项目所在场地调查（勘察）与类比考察相结合、现状监测与长期动态资料分析相结合的原则。

② 对于一、二级评价的改、扩建类建设项目，应开展现有工业场地的包气带污染现状调查。

③ 对于长输油品、化学品管线等线性工程，调查评价工作应重点针对场站、服务站等可能对地下水产生污染的地区开展。

2. 基本要求

地下水环境现状调查评价范围应包括与建设项目相关的地下水环境保护目标，以能说明地下水环境的现状，反映调查评价区地下水基本流场特征，满足地下水环境影响预测和评价为基本原则。

污染场地修复工程项目的地下水环境影响现状调查参照《建设用地土壤污染状况调查技术导则》（HJ 25.1—2019）执行。

3. 调查评价范围确定

建设项目（除线性工程外）地下水环境影响现状调查评价范围可采用公式计算法、查表法和自定义法确定。

当建设项目所在地水文地质条件相对简单，且所掌握的资料能够满足公式计算法的要求时，应采用公式计算法确定［参照《饮用水水源保护区划分技术规范》（HJ 338—2018）］；当不满足公式计算法的要求时，可采用查表法确定。当计算或查表范围超出所处水文地质单元边界时，应以所处水文地质单元边界为宜。

（1）公式计算法

$$L = \alpha \times K \times I \times T / n_e \tag{3-2}$$

式中　L——下游迁移距离，m；

α——变化系数，$\alpha \geqslant 1$，一般取 2；

K——渗透系数，m/d，常见渗透系数见表 3-17；

I——水力坡度，量纲为 1；

T——质点迁移天数，取值不小于 5000d；

n_e——有效孔隙度，无量纲。

表 3-17　渗透系数经验值表

岩性名称	主要颗粒粒径/mm	渗透系数/(m/d)	渗透系数/(cm/s)
轻亚黏土		0.05～0.1	$5.79 \times 10^{-5} \sim 1.16 \times 10^{-4}$
亚黏土		0.1～0.25	$1.16 \times 10^{-4} \sim 2.89 \times 10^{-4}$
黄土		0.25～0.5	$2.89 \times 10^{-4} \sim 5.79 \times 10^{-4}$
粉土质砂		0.5～1.0	$5.79 \times 10^{-4} \sim 1.16 \times 10^{-3}$
粉砂	0.05～0.1	1.0～1.5	$1.16 \times 10^{-3} \sim 1.74 \times 10^{-3}$
细砂	0.1～0.25	5～10	$5.79 \times 10^{-3} \sim 1.16 \times 10^{-2}$
中砂	0.25～0.5	10～25	$1.16 \times 10^{-2} \sim 2.89 \times 10^{-2}$
粗砂	0.5～1.0	25～50	$2.89 \times 10^{-2} \sim 5.78 \times 10^{-2}$
砾砂	1.0～2.0	50～100	$5.78 \times 10^{-2} \sim 1.16 \times 10^{-1}$
圆砾		75～150	$8.68 \times 10^{-2} \sim 1.74 \times 10^{-1}$
卵石		100～200	$1.16 \times 10^{-1} \sim 2.31 \times 10^{-1}$
块石		200～500	$2.31 \times 10^{-1} \sim 5.79 \times 10^{-1}$
漂石		500～1000	$5.79 \times 10^{-1} \sim 1.16 \times 10^{0}$

采用该方法时应包含重要的地下水环境保护目标，所得的调查评价范围如图 3-1 所示。

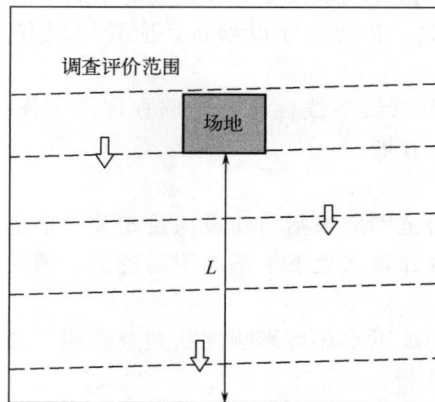

图 3-1　调查评价范围示意图

（虚线表示等水位线；空心箭头表示地下水流向；场地上的距离根据评价需求确定，场地两侧不小于 $L/2$）

（2）查表法　查表法参照表 3-18。

表 3-18　地下水环境现状调查评价范围参照表

评价等级	调查评价面积/km²	备　注
一级	≥20	应包括重要的地下水环境保护目标,必要时适当扩大范围
二级	6～20	
三级	≤6	

（3）自定义法　可根据建设项目所在地水文地质条件自行确定，需说明理由。

线性工程应以工程边界两侧向外延伸 200m 作为调查评价范围；穿越饮用水源准保护区时，调查评价范围应至少包含水源保护区。线性工程站场的调查评价范围参照上述方法确定。

四、声评价工作等级及评价范围

（一）评价工作等级确定依据

声环境影响评价工作等级划分依据如下所示。

① 建设项目所在区域的声环境功能区类别。

② 建设项目建设前后所在区域的声环境质量变化程度。

③ 受建设项目影响人口的数量。

（二）评价工作等级判据

声环境影响评价工作等级一般分为三级，一级为详细评价，二级为一般性评价，三级为简要评价。声环境影响评价等级判据见表 3-19。

表 3-19 声环境影响评价等级判据

评价等级	项目区域声环境功能区类别	敏感目标噪声级变化程度	受项目影响人口数量
一级评价	0 类	增高量达 5dB（A）以上	显著增加
二级评价	1 类、2 类	增高量达 3～5dB（A）	增加较多
三级评价	3 类、4 类	增高量在 3dB（A）以下	变化不大

注：在确定评价工作等级时，若建设项目符合两个以上级别的划分原则，按较高级别评价等级进行评价。机场建设项目航空器噪声影响评价等级为一级。

（三）评价范围

声环境影响评价范围依据评价工作等级确定，具体见表 3-20。

表 3-20 声环境影响评价范围

评价等级	以固定声源为主的建设项目	以移动声源为主的建设项目	机场噪声评价（范围应根据飞行量计算到 L_{wECPN} 为 70dB 的区域）
一级评价	项目边界向外200m	线路中心线外两侧200m	机场项目按照每条跑道承担的飞行量进行评价范围划分；对于单跑道项目，以机场整体的吞吐量及起降架次判定机场噪声评价范围；对于多跑道机场，根据各条跑道分别承担的飞行量情况各自划定机场噪声评价范围并取合集。 ① 单跑道机场，机场噪声评价范围应是以机场跑道两端、两侧外扩一定距离形成的矩形范围。 ② 对于全部跑道均为平行构型的多跑道机场，机场噪声评价范围应是各条跑道外扩一定距离后的最远范围形成的矩形范围。 ③ 对于存在交叉构型的多跑道机场，机场噪声评价范围应为平行跑道（组）与交叉跑道的合集范围。对于增加跑道项目或变更跑道位置项目（例如现有跑道变为滑行道或新建一条跑道），在现状机场噪声影响评价和扩建机场噪声影响评价工作中，可分别划定机场噪声评价范围，机场噪声评价范围应不小于计权等效连续感觉噪声级 70dB 等声级线范围
二级、三级评价	根据建设项目所在区域和相邻区域的声环境功能区类别及声环境保护目标等实际情况适当缩小；如依据建设项目声源计算得到的贡献值在 200m 处，仍不能满足相应功能区标准值时，应将评价范围扩大到满足标准值的距离	可根据建设项目所在区域和相邻区域的声环境功能区类别及声环境保护目标等实际情况适当缩小；如依据建设项目声源计算得到的贡献值到 200m 处，仍不能满足相应功能区标准值时，应将评价范围扩大到满足标准值的距离	

（四）实例

【例 3-4】 某市南部新开发的凌南新区规划为该市的高新技术产业园区和行政办公区，总面积 7.58km²。拟在该新区内规划建设一条主干路，呈东西走向，起点位于凌西大街，终点位于云飞南街，与已有的 4 条主次干路相交，其交叉口形式均为平面交叉。拟建道路全长 3.212km，红线宽度 44m，其中机动车道 28m，两侧非机动车道各 4m，绿化带各 2m，人行道各 2m。绿化带种植银杏和国槐，树间距 5~6m，绿化面积为 12848m²。路段断面最大纵坡度≤3%，最小纵坡度≥0.3%。用土量 65391.81m³，弃土量 149226.82m³。

拟建道路所在区域地表形态为平原，地质构造为第四季冲积层亚黏土、中砂、砾石组成的稳定区。道路施工期 1 年，道路设计使用年限≥15 年。

问：该项目的环境保护目标与执行的环境保护标准、评价工作等级和评价范围是什么？

【答】 **1. 环境保护目标与执行的环境保护标准**

拟建道路所经区域大部分为空地，无居民区，附近有一所大学和一所中学，是该项目的声环境保护目标。两处环境保护目标的具体情况见表 3-21。

表 3-21 声环境保护目标一览表

保护目标	距红线距离/m	楼数/栋（临街）	层数	户（人）数（临街）	临街窗户数/扇	详细信息
某大学	50	1	5	办公人员 60 人	5	1 栋与道路垂直的办公楼
某中学	90	1	5	16 个班级,1100 名学生	50	与道路平行,临街为操场,其后有 1 栋教学楼

根据"该市城市区域环境噪声标准适用区域划分"通知的要求，新建道路属于交通干线 4 类功能区。

对于交通干线两侧的第一排环境保护目标，按照《声环境功能区划分技术规范》（GB/T 15190—2014）的规定，应执行《声环境质量标准》（GB 3096—2008）中的交通干线道路两侧区域，即 4 类区标准。同时参照《关于公路、铁路（含轻轨）等建设项目环境影响评价中环境噪声有关问题的通知》（环发〔2003〕94 号）的规定，评价范围内的学校属于特殊敏感建筑，须执行 2 类区标准，第一排居民区执行 4 类区标准。2 类区在昼间和夜间的环境噪声限值分别为 60dB、50dB；4 类区在昼间和夜间的环境噪声限值分别为 70dB、55dB。

2. 评价工作等级和评价范围

根据《环境影响评价技术导则 声环境》（HJ 2.4—2021）的相关规定，确定该项目的声环境影响评价等级为二级。

结合本项目工程的建设性质、所在地区周围环境状况及本项目的污染影响特点，噪声评价范围为道路中心线两侧各 150m 范围内，在该范围内的某大学和某中学两处噪声敏感点作为重点评价对象。

五、风险评价工作等级及评价范围

（一）评价工作等级确定依据

根据建设项目涉及的物质及工艺系统危险性和所在地的环境敏感性确定环境风险潜势，将环境风险评价工作划分为一级、二级、三级。风险潜势为Ⅳ及以上，进行一级评价；风险潜势为Ⅲ，进行二级评价；风险潜势为Ⅱ，进行三级评价；风险潜势为Ⅰ，可开展简单分析。评价工作等级划分见表 3-22。

表 3-22　评价工作等级划分

环境风险潜势	Ⅳ、Ⅳ$^+$	Ⅲ	Ⅱ	Ⅰ
评价工作等级	一级	二级	三级	简单分析

简单分析是相对于详细评价工作内容而言的，在描述危险物质、环境影响途径、环境危害后果、风险防范措施等方面给出定性的说明。

1. 环境风险潜势

结合事故情形下环境影响途径，对建设项目潜在环境危害程度进行概化分析，按照表 3-23 确定环境风险潜势。

表 3-23　建设项目环境风险潜势划分

环境敏感程度（E）	危险物质及工艺系统危险性（P）			
	极高危害（P1）	高度危害（P2）	中度危害（P3）	轻度危害（P4）
环境高度敏感区（E1）	Ⅳ$^+$	Ⅳ	Ⅲ	Ⅲ
环境中度敏感区（E2）	Ⅳ	Ⅲ	Ⅲ	Ⅱ
环境低度敏感区（E3）	Ⅲ	Ⅲ	Ⅱ	Ⅰ

注：Ⅳ$^+$为极高环境风险。

2. P 的分级确定

分析建设项目生产、使用、储存过程中涉及的有毒有害、易燃易爆物质，参见《建设项目环境风险评价技术导则》（HJ 169—2018）（以下简称导则）附录 B 确定危险物质的临界量。定量分析危险物质数量与临界量的比值（Q）和所属行业及生产工艺特点（M），按导则附录 C 对危险物质及工艺系统危险性（P）等级进行判断。

3. E 的分级确定

分析危险物质在事故情形下的环境影响途径，如大气、地表水、地下水等，按照导则附录 D 对建设项目各要素环境敏感程度（E）等级进行判断。

4. 建设项目环境风险潜势判断

建设项目环境风险潜势综合等级取各要素等级的相对高值。

（二）评价范围

① 大气环境风险评价范围。一级、二级评价距建设项目边界一般不低于5km；三级评价距建设项目边界一般不低于3km。油气、化学品输送管线项目一级、二级评价距管道中心线两侧一般均不低于200m；三级评价距管道中心线两侧一般均不低于100m。当大气毒性终点浓度预测到达距离超出评价范围时，应根据预测到达距离进一步调整评价范围。

② 地表水环境风险评价范围参照 HJ 2.3 确定。

③ 地下水环境风险评价范围参照 HJ 610 确定。

④ 环境风险评价范围应根据环境敏感目标分布情况、事故后果预测可能对环境产生危害的范围等综合确定。项目周边所在区域，评价范围外存在需要特别关注的环境敏感目标，评价范围需延伸至所关心的目标。

（三）实例

【例 3-5】　年处理 3 万吨废矿物油再生利用技改项目环境风险等级如何确定？

【答】　**1. 物质危险性识别**

项目涉及的危险性物质为废矿物油、N-甲基吡咯烷酮（NMP）、基础油、轻质油、渣油及天然气等，在生产、贮存及运输过程中均存在一定危险、有害性。

本项目依托厂区现有罐区，不新增贮罐数量、贮存种类及贮存量，贮罐区危险单元不变。仅对涉及贮罐及装置区进行分析，根据项目厂区生产装置及平面布置功能区划，项目危险单元划分、单元内危险物质最大存在量、潜在的风险源分析结果见表3-24。

表 3-24　项目危险单元划分

序号	危险单元	危险物质	单元内最大存在量/t
1	生产装置区	废矿物油	6.14
2		N-甲基吡咯烷酮	3
3		基础油	4.6
4		轻质油	0.37
5		渣油	0.82
6		天然气	—
7	罐区	废矿物油	634
8		基础油	280
9		轻质油	66.4
10		渣油	40
11	原料房	N-甲基吡咯烷酮	3
12	锅炉房	天然气	

注：天然气为管道输送，厂内不贮存。

由表3-24可知，项目生产装置区、罐区、原料库等，均为主要潜在风险源。

2. 生产系统危险性识别

（1）生产系统危险性识别范围　生产系统危险性识别范围主要包括生产装置、贮运设施、公用工程和辅助生产设施，以及环境保护设施等。

（2）生产设施及生产过程主要危险部位分析　根据工艺流程和生产特点，项目生产设施及生产过程主要危险部位为生产装置区、罐区等。

（3）伴生、次生事故分析　工程应严格按照《工业企业总平面设计规范》（GB 50187）、《建筑设计防火规范（2018 年版）》（GB 50016）进行总图布置和消防设计，易燃易爆及有毒有害物质贮罐与装置区均满足安全距离要求，贮罐周围设置防火堤，一旦某一危险源发生爆炸、火灾和泄漏，均能在本区域得到控制，避免发生事故连锁反应。

项目设置事故废水三级防控系统，当生产装置区及罐区发生泄漏、火灾、爆炸事故，用水进行消防时，会产生大量的消防废水，全部进入厂区总容积 120m³ 的初期雨水收集池（兼消防废水池）贮存，分批排入厂区污水站处理，不会引发伴生、次生事故。

（4）运输事故　本项目的危险物料在运输时，存在由于发生交通事故而引发的物料泄漏、火灾和爆炸等事故。本项目危险物料的运输全部委托有资质的单位运输。

在危险化学品运输过程中，可能引发危险化学品货物泄漏的原因有：车辆相撞、与固定物相撞、车辆急转弯、非事故引发的泄漏。可能引发运输车辆事故的原因可大致分为以下几类：人员失误、车辆故障、管理失效、外部事件。

3. 危险物质向环境转移的途径识别

本项目有毒有害物质扩散途径主要有如下几个方面：

大气扩散：有毒有害物质泄漏后直接进入大气环境或挥发进入大气环境，或者易燃易爆物质泄漏发生火灾爆炸事故时伴生污染物进入大气环境，通过大气扩散对项目周围环境造成危害。

地表水环境扩散：拟建项目易燃易爆物质发生火灾事故时产生的消防废水或者泄漏的液态烃未能得到有效收集而进入清净下水系统或雨排系统，通过排水系统排入地表水体，对地表水环境造成影响。

地下水环境扩散：本项目液态危险物质泄漏或事故废水通过厂区地面下渗至地下含水层并向下游运移，对下游地下水环境敏感目标造成风险事故。

4. 危险物质及工艺系统危险性（P）分级

（1）危险物质数量与临界量比值（Q）　项目危险物质数量与临界量比值（Q）计算结果，见表3-25。

表3-25　项目危险物质数量与临界量比值（Q）计算结果一览表

序号	危险物质名称	最大存在总量 q_n/t	临界量 Q_n/t	Q 值	Q 值划分
1	废矿物油、基础油、轻质油、渣油	1032	2500	0.41	$Q<1$
2	N-甲基吡咯烷酮	6	—		
	项目 Q 值总和			0.41	

根据表3-25可知，本项目 Q 值划分为 $Q<1$。

（2）行业及生产工艺（M）　本项目行业及生产工艺 M 值计算结果，见表3-26。

表3-26　项目行业及生产工艺 M 值计算结果表

序号	工艺单元名称	生产工艺	量/套	M 值	M 值划分
1	生产工序	物理分离工艺	1	5	$M=5$，为 M4
	项目 M 值总和			5	

根据表3-26可知，本项目 $M=5$，为 M4。

（3）危险物质及工艺系统危险性（P）分级　本项目危险物质及工艺系统危险性等级判断见表3-27。

表3-27　危险物质及工艺系统危险性等级判断（P）表

危险物质数量与临界量比值（Q）	行业及生产工艺（M）			
	$M1$	$M2$	$M3$	$M4$
$Q \geq 100$	P1	P1	P2	P3
$10 \leq Q < 100$	P1	P2	P3	P4
$1 \leq Q < 10$	P2	P3	P4	P4

（4）风险评价等级　根据《建设项目环境风险评价技术导则》（HJ 169—2018），环境风险评价工作等级划分为一级、二级、三级。环境风险评价工作等级划分依据见表3-28。

表 3-28　环境风险评价工作等级划分依据表

环境风险潜势	Ⅳ、Ⅳ+	Ⅲ	Ⅱ	Ⅰ
评价工作等级	一级	二级	三级	简单分析①

① 是相对于详细评价工作内容而言的,在描述危险物质、环境影响途径、环境危害后果、风险防范措施等方面给出定性的说明。见导则附录 A。

按照《建设项目环境风险评价技术导则》要求,$Q<1$ 时,风险潜势为Ⅰ,进行简单分析。故该项目环境风险评价等级为简单分析。

六、生态评价工作等级及评价范围

(一) 评价等级判定

依据建设项目影响区域的生态敏感性和影响程度,评价等级划分为一级、二级和三级。

按以下原则确定评价等级:

① 涉及国家公园、自然保护区、世界自然遗产、重要生境时,评价等级为一级;

② 涉及自然公园时,评价等级为二级;

③ 涉及生态保护红线时,评价等级不低于二级;

④ 根据 HJ 2.3 判断属于水文要素影响型且地表水评价等级不低于二级的建设项目,生态影响评价等级不低于二级;

⑤ 根据 HJ 610、HJ 964 判断地下水水位或土壤影响范围内分布有天然林、公益林、湿地等生态保护目标的建设项目,生态影响评价等级不低于二级;

⑥ 当工程占地规模大于 20km² 时 (包括永久和临时占用陆域和水域),评价等级不低于二级,改扩建项目的占地范围以新增占地 (包括陆域和水域) 确定;

⑦ 除①～⑥以外的情况,评价等级为三级;

⑧ 当评价等级判定同时符合上述多种情况时,应采用其中最高的评价等级。

建设项目涉及经论证对保护生物多样性具有重要意义的区域时,可适当上调评价等级。

建设项目同时涉及陆生、水生生态影响时,可针对陆生生态、水生生态分别判定评价等级。在矿山开采可能导致矿区土地利用类型明显改变,或拦河闸坝建设可能明显改变水文情势等情况下,评价等级应上调一级。

线性工程可分段确定评价等级。线性工程地下穿越或地表跨越生态敏感区,在生态敏感区范围内无永久、临时占地时,评价等级可下调一级。

涉海工程评价等级判定参照 GB/T 19485。

符合生态环境分区管控要求且位于原厂界 (或永久用地) 范围内的污染影响类改扩建项目,位于已批准规划环评的产业园区内且符合规划环评要求、不涉及生态敏感区的污染影响类建设项目,可不确定评价等级,直接进行生态影响简单分析。

(二) 评价范围

① 生态影响评价应能够充分体现生态完整性和生物多样性保护要求,涵盖评价项目全部活动的直接影响区域和间接影响区域。评价范围应依据评价项目对生态因子的影响方式、影响程度和生态因子之间的相互影响和相互依存关系确定。可综合考虑评价项目与项目区的气候过程、水文过程、生物过程等生物地球化学循环过程的相互作用关系,以评价项目影响区域所涉及的完整气候单元、水文单元、生态单元、地理单元界限为参照边界。

② 涉及占用或穿 (跨) 越生态敏感区时,应考虑生态敏感区的结构、功能及主要保护对象合理确定评价范围。

③ 矿山开采项目评价范围应涵盖开采区及其影响范围、各类场地及运输系统占地以及施工临时占地范围等。

④ 水利水电项目评价范围应涵盖枢纽工程建筑物、水库淹没、移民安置等永久占地、施工临时占地以及库区坝上与坝下地表地下、水文水质影响河段及区域、受水区、退水影响区、输水沿线影响区等。

⑤ 线性工程穿越生态敏感区时，以线路穿越段向两端外延 1km、线路中心线向两侧外延 1km 为参考评价范围，实际确定时应结合生态敏感区主要保护对象的分布、生态学特征、项目的穿越方式、周边地形地貌等适当调整。主要保护对象为野生动物及其栖息地时，应进一步扩大评价范围；涉及迁徙、洄游物种的，其评价范围应涵盖工程影响的迁徙洄游通道。穿越非生态敏感区时，以线路中心线向两侧外延 300m 为参考评价范围。

⑥ 陆上机场项目以占地边界外延 3~5km 为参考评价范围，实际确定时应结合机场类型、规模、占地类型、周边地形地貌等适当调整。涉及净空处理的，应涵盖净空处理区域。航空器爬升或进近航线下方区域内有以鸟类为重点保护对象的自然保护地和鸟类重要生境的，评价范围应涵盖受影响的自然保护地和重要生境。

⑦ 涉海工程的生态影响评价范围参照 GB/T 19485。

⑧ 污染影响类建设项目评价范围应涵盖直接占用区域以及污染物排放产生的间接生态影响区域。

（三）实例

【例 3-6】 某县环路（高速公路和城市道路连接线）工程新建道路长 14.774km，与已建 17.956km 公路和城市道路相连接，形成环状方格，本次环城线新建路段包括东线（F9~F15）、南线（C3~B9）、西线（C3~K5、E5~G7）。

请判断该项目的生态环境保护目标、生态环境评价等级和评价范围。

【答】 （1）生态环境保护目标 本工程沿线的水土流失问题涉及大桥、隧道施工段、弃土场、土地利用格局的变化和基本农田保护。具体的生态环境敏感点见表 3-29。

表 3-29 生态环境敏感点

桩号	占地面积/hm²	土地利用	备注
GK1+000 右侧	0.17	水田	南线
GK1+650 右侧	0.14	水田	西线

（2）评价工作等级和评价范围 本工程路线经过区域大部分为丘陵，不涉及国家公园、自然保护区、世界自然遗产、重要生境、自然公园、生态保护红线、天然林、公益林、湿地等生态保护目标，工程建设对沿线生态环境有一定的影响，但工程占地范围小于 20km²，且不会造成生物量的锐减和物种多样性的降低，因此确定生态环境评价等级为三级。

生态环境评价范围为道路中心线两侧各 300m 范围。

【例 3-7】 某油田拟新开发一个 35km² 区块，年产原油 6.0×10⁵t，采用注水开采，管道输送。该区块新建油井 800 口，大多数采用丛式井；钻井废弃泥浆、钻井岩屑、钻井废水在井场泥浆池中自然干化，就地处理；集输管线长约 110km，均采用埋地敷设方式。开发区块土地类型主要为林地、草地和耕地。区内有小水塘分布，小河甲流经区内，并在区块外 9km 处汇入中型河乙，在交汇口下游 8km 处进入县城集中式饮用水源地二级保护区，区块内有一省级天然林自然保护区，面积约 600hm²，在自然保护区内不进行任何生产活动，井场和管线与自然保护区边缘的最近距离为 500m。集输管线穿越河流甲一次。开发区块内主要土地类型和工程永久占地类型见表 3-30。

表 3-30 开发区块主要土地类型和工程永久占地 单位：hm²

类型	基本农田	草地	林地	河流水塘	合计
区块现状	1210	900	1300	90	3500
工程占用	7.9	11.9	0.8	0.4	21.0

请判断该项目的生态环境保护目标、生态环境评价等级和评价范围。

【答】（1）生态环境保护目标 省级天然林保护区、饮用水源保护区、基本农田、草地、林地、河流水塘。

（2）评价工作等级和评价范围 本项目占地面积为 35km²，大于 20km²；占地涉及自然保护区、生态保护红线。另外，项目不开采地下水，不会对地下水水位造成影响。根据土壤环境影响预测结果，项目土壤影响范围为井场周围 50m 范围内以及新建道路、输油管线、注水管线两侧 300m 形成的包络线范围叠加所形成的区域，此范围内无天然林、公益林、湿地分布。根据《环境影响评价技术导则 生态影响》（HJ 19—2022），确定评价等级为二级。

根据《环境影响评价技术导则 生态影响》（HJ 19—2022）、《环境影响评价技术导则 陆地石油天然气开发建设项目》（HJ 349—2023），生态环境影响评价范围为：各井场场界周围 50m 范围内以及新建道路、输油管线、注水管线两侧 300m 形成的包络线范围叠加所形成的区域。井场及集输管线评价范围为工程占地区外围 500m，但由于 500m 外涉及敏感保护目标——省级自然保护区，虽然在保护区内没有任何生产活动，但井场、集输管理生态影响评价范围应将该保护区包括在内。

七、土壤评价工作等级及评价范围

（一）等级划分

土壤环境影响评价工作等级划分为一级、二级、三级。

（二）划分依据

1. 生态影响型建设项目土壤环境评价类型判定

建设项目所在地土壤环境敏感程度分为敏感、较敏感、不敏感，判别依据见表 3-31。同一建设项目涉及两个或两个以上场地或地区，应分别判定其敏感程度；产生两种或两种以上生态影响后果的，敏感程度按相对最高级别判定。

表 3-31 生态影响型敏感程度分级表

敏感程度	判别依据		
	盐化	酸化	碱化
敏感	建设项目所在地干燥度[①]>2.5 且常年地下水位平均埋深<1.5m 的地势平坦区域；或土壤含盐量>4g/kg 的区域	pH≤4.5	pH≥9.0
较敏感	建设项目所在地干燥度>2.5 且常年地下水位平均埋深≥1.5m 的，或 1.8<干燥度≤2.5 常年地下水位平均埋深<1.8m 的地势平坦区域；建设项目所在地干燥度>2.5 或常年地下水位平均埋深<1.5m 的平原区；或 2g/kg<土壤含盐量≤4g/kg 的区域	4.5<pH≤5.5	8.5≤pH<9.0
不敏感	其他	5.5<pH<8.5	

① 是指采用 E601 观测的多年平均水面蒸发量与降水量的比值，即蒸降比值。

根据表 3-32 识别建设项目所属行业的土壤环境影响评价项目类别。

表 3-32 土壤环境影响评价项目类别

行业类别		项目类别			
		Ⅰ类	Ⅱ类	Ⅲ类	Ⅳ类
农林牧渔业		灌溉面积大于 50 万亩(1 亩＝666.67m²)的灌区工程	新建 5 万亩至 50 万亩的、改造 30 万亩及以上的灌区工程;年出栏生猪 10 万头(其他畜禽种类折合成猪的养殖规模)及以上的畜禽养殖场或养殖小区	年出栏生猪 5000 头(其他畜禽种类折合成猪的养殖规模)及以上的畜禽养殖场或养殖小区	其他
水利		库容 1×10⁸m³ 及以上水库;长度大于 1000 km 的引水工程	库容 1000×10⁴m³ 至 1×10⁸m³ 的水库;跨流域调水的引水工程	其他	
采矿业		金属矿、石油、页岩油开采	化学矿采选;石棉矿采选;煤矿采选、天然气开采、页岩气开采、砂岩气开采、煤层气开采(含净化、液化)	其他	
制造业	纺织、化纤、皮革等及服装、鞋制造	制革、毛皮鞣制	化学纤维制造;有洗毛、染整、脱胶工段及产生缫丝废水、精炼废水的纺织品;有湿法印花、染色、水洗工艺的服装制造;使用有机溶剂的制鞋业	其他	
	造纸和纸制品		纸浆、溶解浆、纤维浆等制造;造纸(含制浆工艺)	其他	
	设备制造、金属制品、汽车制造及其他用品制造①	有电镀工艺的;金属制品表面处理及热处理加工的;使用有机涂层的(喷粉、喷塑和电泳除外);有钝化工艺的热镀锌	有化学处理工艺的	其他	
	石油、化工	石油加工、炼焦;化学原料和化学制品制造;农药制造;涂料、染料、颜料、油墨及其类似产品制造;合成材料制造;炸药、火工及焰火产品制造;水处理剂等制造;化学药品制造;生物、生化制品制造	半导体材料、日用化学品制造;化学肥料制造	其他	
	金属冶炼和压延加工及非金属矿物制品	有色金属冶炼(含再生有色金属冶炼)	有色金属铸造及合金制造;炼铁;球团;烧结炼钢;冷轧压延加工;铬铁合金制造;水泥制造;平板玻璃制造;石棉制品;含焙烧的石墨、碳素制品	其他	

续表

行业类别	项目类别			
	Ⅰ类	Ⅱ类	Ⅲ类	Ⅳ类
电力热力燃气及水生产和供应业	生活垃圾及污泥发电	水力发电;火力发电(燃气发电除外);矸石、油页岩、石油焦等综合利用发电;工业废水处理;燃气生产	生活污水处理;燃煤锅炉总容量65t/h(不含)以上的热力生产工程;燃油锅炉总容量65 t/h(不含)以上的热力生产工程	其他
交通运输仓储邮政业		油库(不含加油站的油库);机场的供油工程及油库;涉及危险品、化学品、石油、成品油储罐区的码头及仓储;石油及成品油的输送管线	公路的加油站;铁路的维修场所	其他
环境和公共设施管理业	危险废物利用及处置	采取填埋和焚烧方式的一般工业固体废物处置及综合利用;城镇生活垃圾(不含餐厨废弃物)集中处置	一般工业固体废物处置及综合利用(除采取填埋和焚烧方式以外);废旧资源加工、再生利用	其他
社会事业与服务业			高尔夫球场;加油站;赛车场	其他
其他行业				全部

注:1. 仅切割组装的、单纯混合和分装的、编织物及其制品制造的,列入Ⅳ类。

2. 建设项目土壤环境影响评价项目类别不在本表的,可根据土壤环境影响源、影响途径、影响因子的识别结果,参照相近或相似项目类别确定。

① 其他用品制造包括木材加工和木、竹、藤、棕、草制品业;家具制造业;文教、工美、体育和娱乐用品制造业;仪器仪表制造业等。

生态影响型项目土壤环境评价工作等级划分详见表 3-33。

表 3-33　生态影响型评价工作等级划分表

敏感程度	Ⅰ类	Ⅱ类	Ⅲ类
敏感	一级	二级	三级
较敏感	二级	二级	三级
不敏感	二级	三级	—

注:"—"表示可不开展土壤环境影响评价工作。

2. 污染影响型建设项目土壤环境评价类型判定

将建设项目占地规模分为大型（≥50hm²）、中型（5～50hm²）、小型（≤5hm²）,建设项目占地主要为永久占地。

建设项目所在地周边的土壤环境敏感程度分为敏感、较敏感、不敏感,判别依据见表 3-34。

表 3-34　污染影响型敏感程度分级表

敏感程度	判别依据
敏感	建设项目周边存在耕地、园地、牧草地、饮用水水源地或居民区、学校、医院、疗养院、养老院等土壤环境敏感目标的
较敏感	建设项目周边存在其他土壤环境敏感目标的
不敏感	其他情况

根据土壤环境影响评价项目类别、占地规模与敏感程度划分评价工作等级，详见表 3-35。

表 3-35　污染影响型评价工作等级划分表

敏感程度	Ⅰ类			Ⅱ类			Ⅲ类		
	大	中	小	大	中	小	大	中	小
敏感	一级	一级	一级	二级	二级	二级	三级	三级	三级
较敏感	一级	一级	二级	二级	二级	三级	三级	三级	—
不敏感	一级	二级	二级	二级	三级	三级	三级	—	—

注："—"表示可不开展土壤环境影响评价工作。

建设项目同时涉及土壤环境生态影响与污染影响时，应分别判定评价工作等级，并按相应等级分别开展评价工作。

当同一建设项目涉及两个或两个以上场地时，各场地应分别判定评价工作等级，并按相应等级分别开展评价工作。

线性工程重点针对主要站场位置（如输油站、泵站、阀室、加油站、维修场所等）参照污染影响型分段判定评价等级，并按相应等级分别开展评价工作。

（三）调查评价范围

① 调查评价范围应包括建设项目可能影响的范围，能满足土壤环境影响预测和评价要求；改、扩建类建设项目的现状调查评价范围还应兼顾现有工程可能影响的范围。

② 建设项目（除线性工程外）土壤环境影响现状调查评价范围可根据建设项目影响类型、污染途径、气象条件、地形地貌、水文地质条件等确定并说明，或参考表 3-36 确定。

表 3-36　现状调查范围

评价工作等级	影响类型	调查范围	
		占地范围内	占地范围外
一级	生态影响型	全部	5km 范围内
	污染影响型		1km 范围内
二级	生态影响型		2km 范围内
	污染影响型		0.2km 范围内
三级	生态影响型		1km 范围内
	污染影响型		0.05km 范围内

涉及大气沉降途径影响的，可根据主导风向下风向的最大落地浓度点适当调整。矿山类

项目的占地指开采区与各场地，改、扩建类项目的占地指现有工程与拟建工程。

　　③ 建设项目同时涉及土壤环境生态影响与污染影响时，应各自确定调查评价范围。

　　④ 危险品、化学品或石油等输送管线应以工程边界两侧向外延伸 0.2km 作为调查评价范围。

思 考 题

　　1. 简述大气环境影响评价分级方法。

　　2. 大气环境影响评价工作分级判据是什么？

　　3. 大气环境影响评价范围如何确定？

　　4. 地表水环境影响评价工作分级判据是什么？

　　5. 影响地表水环境影响评价的因素有哪些？

　　6. 地下水环境影响评价工作分级的判据是什么？

　　7. 地下水评价范围的确定方法有哪些？

　　8. 声环境影响评价工作分级判据是什么？

　　9. 声环境影响评价范围如何确定？

　　10. 环境风险评价工作等级确定依据有哪些？

　　11. 生态评价工作等级确定依据有哪些？

　　12. 如何判定建设项目的土壤环境评价等级？

参考文献

　　[1] 生态环境部. 环境影响评价技术导则　大气环境：HJ 2.2—2018 [S]. 北京：中国环境科学出版社，2018.

　　[2] 生态环境部. 环境影响评价技术导则　地表水环境：HJ 2.3—2018 [S]. 北京：中国环境科学出版社，2018.

　　[3] 环境保护部. 环境影响评价技术导则　地下水环境：HJ 610—2016 [S]. 北京：中国环境科学出版社，2016.

　　[4] 生态环境部. 环境影响评价技术导则　土壤环境（试行）：HJ 964—2018 [S]. 北京：中国环境出版社，2018.

第四章
环境现状调查

环境现状调查是建设项目环境影响评价工作不可缺少的重要环节。通过这一环节，不仅可以了解建设项目的社会经济背景和相关产业政策等信息，还可以掌握项目建设地的自然环境概况和环境功能区划，获得建设项目实施前该地区的大气环境、水环境和声环境质量现状数据，为建设项目的环境影响预测提供科学的依据。

一、环境现状调查的基本要求和方法

（一）环境现状调查的基本要求

① 根据建设项目污染源及所在地区的环境特点，结合各专项评价的工作等级和调查范围，筛选出应调查的有关参数。

② 充分收集和利用现有的有效资料，当现有资料不能满足要求时，需进行现场调查和测试，并分析现状监测数据的可靠性和代表性。

③ 对与建设项目有密切关系的环境状况应进行全面、详细调查，给出定量的数据并作出分析或评价；对一般自然环境与社会环境的调查，应根据地区的实际情况，适当增减。

（二）环境现状调查的方法

环境现状调查的方法主要有收集资料法、现场调查法、遥感和地理信息系统分析法等。这三种调查方法互相补充，在实际调查工作中，应根据具体情况加以选择和应用。

三种方法的特点见表 4-1。

表 4-1　环境现状调查方法的特点

方法	优点	缺点
收集资料法	应用范围广、收效大，比较节省人力、物力和时间	此方法只能获得第二手资料，往往不全面，需要其他方法补充
现场调查法	直接获得第一手的数据和资料，以弥补收集资料法的不足	此方法工作量大，需占用较多的人力、物力和时间，往往受季节、仪器设备条件的限制
遥感和地理信息系统分析法	可从整体上了解环境特点，可以弄清人类难以到达地区的地表环境情况，如一些大面积的森林、草原、荒漠、海洋等	此方法精度不高，不宜用于微观环境状况调查

二、环境现状调查的内容

环境现状调查的内容包括自然环境调查、社会环境调查、环境质量现状调查和风险源调查。环境质量现状调查内容包括：大气、地表水、地下水、噪声、土壤和生态环境现状调查。

（一）自然环境调查

自然环境调查包括地理地质概况、地形地貌、气候与气象、水文、土壤、水土流失、生态、水环境、大气环境、声环境等内容。自然环境调查内容见表4-2。

表 4-2　自然环境现状调查内容

调查项目	调查内容
地理位置	了解建设项目所处的经度、纬度、行政区位置、交通条件和周围情况，并附区域平面图。对于原辅材料和产品运输量较大的建设项目应较详细地了解交通运输条件；对于污染型建设项目，要重点关注周围敏感保护对象的规模、方位和距离，一般应在区域平面图中标注位置；对于易受到污染影响的建设项目（如学校、医院等），应重点关注周围的污染源规模、方位和距离，一般应在区域平面图中标注位置
地质环境	一般情况下只需根据现有资料，概要说明当地的地质概况；若建设项目较小或与地质条件无关时，地质环境情况可不了解。 生态影响类建设项目如矿山等，与地质条件密切相关，应进行较为详细的调查，一些特别有危害的地质现象需加以说明
地形地貌	一般只需收集现有资料，包括建设项目所在地区海拔、地形特征、地貌类型等，以及滑坡、泥石流等有危害的地貌现象及分布情况。 与地形地貌密切相关的建设项目，应对上述资料进行详细收集，包括地形图，必要时还应进行一定的现场调查
气候与气象	一般情况下，应根据现有资料概要说明大气环境状况，如建设项目所在地区的主要气候特征，年平均风速和主导风向，风玫瑰图，年平均气温，极端气温与最冷月和最热月的月平均气温，年平均相对湿度，平均降雨量，降水天数，降水量极值，日照，主要的灾害性天气特征（如梅雨、寒潮、雹和台风、飓风等）。如需进行建设项目的大气环境影响评价，除应详细叙述上面全部或部分内容外，还应根据评价需要，对大气环境影响评价区的大气边界层和大气湍流等污染气象特征进行调查与必要的实际观测
地表水环境	应根据现有资料，概要说明地表水状况，如水系分布、水文特征、极端水情、地表水资源的分布及利用情况，主要取水口分布，地表水各部分（如河、湖、库）之间及其与河口、海湾、地下水的联系，地表水的水文特征及水质现状，以及地表水的污染来源等。如果建设项目建在海边，应根据现有资料概要说明海湾环境状况，如海洋资源及利用情况，海湾的地理概况，海湾与当地地表水及地下水之间的联系，海湾的水文特征及水质现状，污染来源等
地下水环境	应根据资料简要说明项目建设地地下水的类型、埋藏深度、水质类型以及开采利用情况等。若需进行地下水环境影响评价，应进一步调查地下水的物理、化学特性和污染情况等，资料不全时，应进行现场采样分析
声环境	现有噪声源种类、数量及相应的噪声级；现有噪声敏感目标、噪声功能区划分情况；各噪声功能区的环境噪声现状，各功能区环境噪声超标情况、边界噪声超标情况以及受噪声影响人口分布
土壤与水土流失	建设项目周围地区的主要土壤类型及其分布，成土母质，土壤层厚度、肥力与使用情况，土壤污染的主要来源及质量现状，建设项目周围地区的水土流失现状及原因等。对于有"水土保持方案"的建设项目，可充分利用其相关资料和结论
动植物与生态	项目建设区周围植被情况（如生态类型、主要组成、植被覆盖率），有无国家保护的野生动物、野生植物等情况。如项目较小，也可不叙述，当项目较大时应进行详细叙述

（二）社会环境调查

社会环境调查包括人口、工业、农业、能源、土地利用、交通运输等现状及相关发展规模、环境保护规划等内容。当建设项目拟排放的污染物毒性较大时，应进行人群健康调查，并根据环境中现有污染物及建设项目将排放污染物的特性选定调查目标。

（三）大气环境现状调查

大气环境现状调查内容应由项目大气环境影响评价等级确定，具体见表4-3。

表 4-3　大气环境现状调查内容

评价类别	调查内容
一级	调查项目所在区域环境质量达标情况,作为项目所在区域是否为达标区的判断依据。 调查评价范围内有环境质量标准的评价因子的环境质量监测数据或进行补充监测,用于评价项目所在区域环境空气质量现状,以及计算环境空气保护目标和网格点的环境质量现状浓度
二级	调查项目所在区域环境质量达标情况。 调查评价范围内有环境质量标准的评价因子的环境质量监测数据或进行补充监测,用于评价项目所在区域环境空气质量现状
三级	只调查项目所在区域环境空气质量达标情况

1. 环境空气质量现状调查资料来源

现状调查资料分为两类,应按照不同评价等级对数据的要求进行收集,具体见表4-4。

表 4-4　环境空气质量现状调查资料来源

污染物类别	资料来源
基本污染物	项目所在区域达标判定,优先采用国家或地方生态环境主管部门公开发布的评价基准年环境质量公告或环境质量报告中的数据或结论。 采用评价范围内国家或地方环境空气质量监测网中评价基准年连续1年的监测数据,或采用生态环境主管部门公开发布的环境空气质量现状数据。 评价范围内没有环境空气质量监测网数据或公开发布的环境空气质量现状数据的,可选择符合《环境空气质量监测点位布设技术规范(试行)》(HJ 664)规定,并且与评价范围地理位置邻近,地形、气候条件相近的环境空气质量城市点或区域点监测数据。 对于位于环境空气质量一类区的环境空气保护目标或网格点,各污染物环境质量现状浓度可取符合 HJ 664 规定,并且与评价范围地理位置邻近,地形、气候条件相近的环境空气质量区域点或背景点监测数据
其他污染物	优先采用评价范围内国家或地方环境空气质量监测网中评价基准年连续1年的监测数据。 评价范围内没有环境空气质量监测网数据或公开发布的环境空气质量现状数据的,可收集评价范围内近3年与项目排放的其他污染物有关的历史监测资料

若没有以上相关监测数据或监测数据不能满足《环境影响评价技术导则　大气环境》（HJ 2.2—2018）中6.4规定的评价要求时,应进行补充监测。

2. 现有监测资料的分析

（1）区域达标判断　城市环境空气质量达标情况评价指标为 SO_2、NO_2、PM_{10}、$PM_{2.5}$、CO 和 O_3,六项污染物全部达标即为城市环境空气质量达标。

根据国家或地方生态环境主管部门公开发布的城市环境空气质量达标情况,判断项目所在区域是否属于达标区。如项目评价范围涉及多个行政区（县级或以上,下同）,需分别评价各行政区的达标情况,若存在不达标行政区,则判定项目所在评价区域为不达标区。

国家或地方生态环境主管部门未发布城市环境空气质量达标情况的,可按照《环境空气质量评价技术规范（试行）》（HJ 663）中各评价项目的年评价指标进行判定。年评价指标中的年均浓度和相应百分位数24h平均或8h平均质量浓度满足《环境空气质量标准》（GB 3095—2012）中浓度限值要求的即为达标。

（2）污染物环境质量现状评价　对照各污染物有关的环境质量标准,分析其长期监测数据（年平均质量浓度、季平均质量浓度、月平均质量浓度）、补充监测数据（日平均质量浓度、小时平均质量浓度）的达标情况，计算其超标倍数和超标率。

（3）环境空气保护目标及网格点环境质量现状浓度

① 采用多个长期监测点位数据进行现状评价的，取各污染物相同时刻各监测点位的浓度平均值，作为评价范围内环境空气保护目标及网格点环境质量现状浓度，公式为：

$$C_{现状(x,y,t)} = \frac{1}{n}\sum_{j=1}^{n} C_{现状(j,t)} \tag{4-1}$$

式中　$C_{现状(x,y,t)}$——环境空气保护目标及网格点（x，y）在 t 时刻环境质量现状浓度，$\mu g/m^3$；

　　　$C_{现状(j,t)}$——第 j 个监测点位在 t 时刻环境质量现状浓度（包括短期浓度和长期浓度），$\mu g/m^3$；

　　　n——长期监测点位数。

② 采用补充监测数据进行现状评价的，取各污染物不同评价时段监测浓度的最大值，作为评价范围内环境空气保护目标及网格点环境质量现状浓度。对于有多个监测点位数据的，先计算相同时刻各监测点位平均值，再取各监测时段平均值中的最大值。计算方法见公式：

$$C_{现状(x,y)} = \mathrm{MAX}\left[\frac{1}{n}\sum_{j=1}^{n} C_{监测(j,t)}\right] \tag{4-2}$$

式中　$C_{现状(x,y)}$——环境空气保护目标及网格点（x，y）环境质量现状浓度，$\mu g/m^3$；

　　　$C_{监测(j,t)}$——第 j 个监测点位在 t 时刻环境质量现状浓度（包括 1h 平均、8h 平均或日平均质量浓度），$\mu g/m^3$；

　　　n——现状补充监测点位数。

3. 污染气象观测资料调查内容

（1）地面气象观测资料调查内容　地面观测资料的时次：根据所调查地面气象观测站的类别，并遵循先基准站、次基本站、后一般站的原则，收集每日实际逐次观测资料。观测资料的常规调查项目为：时间（年、月、日、时）、风向（以角度或 16 个方位表示）、风速、干球温度、低云量、总云量。根据不同评价等级预测精度要求及预测因子特征，可选择调查的观测资料内容有：湿球温度、露点温度、相对湿度、降水量、降水类型、海平面气压、观测站地面气压、云底高度、水平能见度等。

地面气象观测资料内容汇总见表 4-5。

表 4-5　地面气象观测资料内容

名称	单位	名称	单位
年	a	湿球温度	℃
月		露点温度	℃
日	d	相对湿度	%
时	h	降水量	mm/h
风向	(°)（方位）	降水类型	
风速	m/s	海平面气压	hPa
总云量	十分量①	观测站地面气压	hPa
低云量	十分量	云底高度	km
干球温度	℃	水平能见度	km

① 十分量：指天空被云（总云量中的云指所有云，低云量中的云指低云族）遮蔽的总成数，用符号 N 表示。它将视野可见的天空分为十等份，云所掩盖的分数即为云量。无云则为 0，云掩盖蓝天一份叫一个云量，以此类推。

（2）常规高空气象探测资料 常规高空气象探测资料的时次：根据所调查常规高空气象探测站的实际探测时次确定，一般应至少调查每日1次（北京时间上午8点）距地面1500m高度以下的高空气象探测资料。观测资料的常规调查项目为：时间（年、月、日、时）、探空数据层数、每层的气压、高度、气温、风速、风向（以角度或16个方位表示）。

常规高空气象探测资料内容汇总见表4-6。

表4-6 常规高空气象探测资料内容

名称	单位	名称	单位
年	a	高度	m
月		干球温度	℃
日	d	露点温度	℃
时	h	风速	m/s
探空数据层数		风向	（°）（方位）
气压	hPa		

（3）常规气象资料分析内容 常规气象资料分析内容主要包括温度、风速、风向、风频等。常规气象资料分析内容见表4-7。

表4-7 常规气象资料分析内容

名称	分析内容
温度	统计长期地面气象资料中每月平均温度的变化情况，并绘制年平均温度月变化曲线图。对于一级评价项目，需酌情对污染较严重时的高空气象探测资料作温廓线的分析，分析逆温层出现的频率、平均高度范围和强度
风速	统计月平均风速随月份的变化和季小时平均风速的日变化，即根据长期气象资料统计每月平均风速、各季每小时的平均风速变化情况，并绘制平均风速的月变化曲线图和季小时平均风速的日变化曲线图。对于一级评价项目，需酌情对污染较严重时的高空气象探测资料作风廓线的分析，分析不同时间段大气边界层内的风速变化规律
风向、风频	统计所收集的长期地面气象资料中，每月、各季及长期平均各风向风频变化情况；统计所收集的长期地面气象资料中，各风向出现的频率，静风频率单独统计。在极坐标中按各风向标出其频率的大小，绘制各季及年平均风向玫瑰图。风向玫瑰图应同时附当地气象台站多年（20年以上）气候统计资料的统计结果
主导风向	主导风向指风频最大的风向角的范围。风向角范围一般在连续45°左右，对于以16方位角表示的风向，主导风向一般是指连续2~3个风向角的范围。某区域的主导风向应有明显的优势，其主导风向角风频之和应≥30%，否则可称该区域没有主导风向或主导风向不明显。在没有主导风向的地区，应考虑项目对全方位的环境空气敏感区的影响

（四）地表水环境现状调查

1. 环境现状调查范围及分类

地表水环境现状的调查范围，包括建设项目对周围地表水环境影响较显著的区域。在此区域内进行的调查，能全面说明与地表水环境相联系的环境基本状况，并能满足建立污染源与受纳水体水质响应关系的需求，符合地表水环境影响预测的要求。

地表水环境的现状调查范围应覆盖评价范围，应以平面图方式表示，并明确起、止断面的位置及涉及范围。

地表水环境现状调查内容包括建设项目及区域水污染源、受纳或受影响水体水环境质量现状、区域水资源与开发利用状况、水文情势与相关水文特征值，以及水环境保护目标、水环境功能区或水功能区、近岸海域环境功能区及其相关的水环境质量管理要求等。涉及涉水工程的，还应调查涉水工程运行规则和调度情况。

《环境影响评价技术导则　地表水环境》（HJ 2.3—2018）中给出的地表水环境现状调查范围见表 4-8。

表 4-8　地表水环境现状调查范围

建设项目类别	调查范围
水污染影响型	除覆盖评价范围外，受纳水体为河流时，在不受回水影响的河段，排放口上游调查范围宜不小于 500 m，受回水影响河段的上游调查范围原则上与下游调查的河段长度相等；受纳水体为湖库时，以排放口为圆心，调查半径在评价范围基础上外延 20%～50% 建设项目排放污染物中包括氮、磷或有毒污染物受纳水体为湖泊、水库时，一级评价的调查范围应包括整个湖泊、水库，二级、三级 A 评价时，调查范围应包括排放口所在水环境功能区、水功能区或湖（库）湾区
水文要素影响型	受影响水体为河流、湖库时，除覆盖评价范围外，一级、二级评价时，还应包括库区及支流回水影响区、坝下至下一个梯级或河口、受水区、退水影响区
涉及海洋	受纳或受影响水体为入海河口及近岸海域时，调查范围依据《海洋工程环境影响评价技术导则》（GB/T 19485）要求执行

2. 地表水环境现状的调查要求

（1）调查要求　地表水环境现状调查要求见表 4-9。

表 4-9　地表水环境现状调查要求

调查类别	调查要求	
	级别	具体要求
区域水污染源调查	应详细调查与建设项目排放污染物同类的，或有关联关系的已建项目、在建项目、拟建项目（已批复环境影响评价文件，下同）等污染源	
	一级评价	以收集利用排污许可证登记数据、环评及环保验收数据及既有实测数据为主，并辅以现场调查及现场监测
	二级评价	二级评价，主要收集利用排污许可证登记数据、环评及环保验收数据及既有实测数据，必要时补充现场监测
	水污染影响型三级 A 评价 水文要素影响型三级评价	主要收集利用与建设项目排放口空间位置和所排污染物性质关系密切的污染源资料，可不进行现场调查及现场监测
	水污染影响型三级 B 评价	可不开展区域污染源调查，主要调查依托污水处理设施的日处理能力、处理工艺、设计进水水质、处理后的废水稳定达标排放情况，同时应调查依托污水处理设施执行的排放标准是否涵盖建设项目排放的有毒有害特征水污染物
	一级、二级评价建设项目直接导致受纳水体内源污染变化，或存在与建设项目排放污染物同类且内源污染影响受纳水体水环境质量的，应开展内源污染调查，必要时应开展底泥污染补充监测。 具有已审批入河排放口的主要污染物种类及其排放浓度和总量数据，以及国家或地方发布的入河排放口数据的，可不对入河排放口汇水区域的污染源开展调查。 面污染源调查主要采用收集利用既有数据资料的调查方法，可不进行实测。 建设项目的污染物排放指标需要等量替代或减量替代时，还应对替代项目开展污染源调查	

调查类别	调查要求	
	级别	具体要求
水环境质量现状调查		应根据不同评价等级对应的评价时期要求开展水环境质量现状调查。 应优先采用国务院生态环境主管部门统一发布的水环境状况信息。 当现有资料不能满足要求时,应按照不同等级对应的评价时期要求开展现状监测。 水污染影响型建设项目一级、二级评价时,应调查受纳水体近 3 年的水环境质量数据,分析其变化趋势
水环境保护目标调查		应主要采用国家及地方人民政府颁布的各相关名录中的统计资料
水资源与开发利用状况调查		水文要素影响型建设项目一级、二级评价时,应开展建设项目所在流域、区域的水资源与开发利用状况调查
水文情势调查		应尽量收集邻近水文站既有水文年鉴资料和其他相关的有效水文观测资料。当上述资料不足时,应进行现场水文调查与水文测量,水文调查与水文测量宜与水质调查同步进行。 水文调查与水文测量宜在枯水期进行。必要时,可根据水环境影响预测需要、生态环境保护要求,在其他时期(丰水期、平水期、冰封期等)进行。 水文测量的内容应满足拟采用的水环境影响预测模型对水文参数的要求。在采用水环境数学模型时,应根据所选用预测模型需输入的水文特征值及环境水力学参数决定水文测量内容;在采用物理模型法模拟水环境影响时,水文测量应提供模型制作及模型试验所需的水文特征值及环境水力学参数。 水污染影响型建设项目开展与水质调查同步进行的水文测量,原则上只在一个时期(水期)内进行。在水文测量的时间、频次和断面与水质调查不完全相同时,应保证满足水环境影响预测所需的水文特征值及环境水力学参数的要求

（2）调查时期　调查时期与评价时期一致。评价时期根据受影响地表水体类型、评价等级确定。三级 B 评价可不考虑评价时期。

不同评价等级时各类水域的水质评价时期见表 4-10。

表 4-10　不同评价等级时各类水域的水质评价时期

水域	一级	二级	水污染影响型三级 A 评价/水文要素影响型三级评价
河流、湖库	丰水期、平水期、枯水期;至少丰水期和枯水期	丰水期和枯水期;至少枯水期	至少枯水期
入海河口(感潮河段)	河流:丰水期、平水期和枯水期。河口:春季、夏季和秋季。至少丰水期和枯水期或春季和秋季	河流:丰水期和枯水期。河口:春季、秋季 2 个季节。至少枯水期或 1 个季节	至少枯水期或 1 个季节
近岸海域	春季、夏季和秋季;至少春季、秋季 2 个季节	春季或秋季;至少 1 个季节	至少 1 次调查

感潮河段、入海河口、近岸海域在丰、枯水期（或春夏秋冬四季）均应选择大潮期或小潮期中一个潮期开展评价（无特殊要求时,可不考虑一个潮期内高潮期、低潮期的差别）。选择原则为：依据调查监测海域的环境特征,以影响范围较大或影响程度较重为目标,定性判别和选择大潮期或小潮期作为调查潮期。

冰封期较长且作为生活饮用水与食品加工用水的水源或有渔业用水需求的水域,应将冰封期纳入评价时期。

具有季节性排水特点的建设项目,根据建设项目排水期对应的水期或季节确定评价时期。

水文要素影响型建设项目对评价范围内的水生生物生长、繁殖与洄游有明显影响的时期，需将对应的时期作为评价时期。

复合影响型建设项目分别确定评价时期，按照覆盖所有评价时期的原则综合确定。

（3）调查因子　地表水环境现状调查因子根据评价范围水环境质量管理要求、建设项目水污染物排放特点与水环境影响预测评价等综合分析确定。调查因子应不少于评价因子。

（4）调查方法　环境现状调查主要采用资料收集、现场监测、无人机或卫星遥感遥测等方法。

3. 建设项目污染源

根据建设项目工程分析、污染源源强核算技术指南，结合排污许可技术规范等相关要求，分析确定建设项目所有排放口（包括涉及一类污染物的车间或车间处理设施排放口、企业总排口、雨水排放口、清净下水排放口、温排水排放口等）的污染物源强，明确排放口的相对位置并附图件、地理位置（经纬度）、排放规律等。改建、扩建项目还应调查现有企业所有废水排放口。

4. 区域水污染源调查

区域水污染源调查的内容根据污染源的种类确定。不同污染源的调查内容见表 4-11。

表 4-11　不同污染源的调查内容

污染源种类	调查内容
点污染源	基本信息。主要包括污染源名称、排污许可证编号等。 排放特点。主要包括排放形式，分散排放或集中排放，连续排放或间歇排放；排放口的平面位置（附污染源平面位置图）及排放方向；排放口在断面上的位置。 排污数据。主要包括污水排放量、排放浓度、主要污染物等数据。 用排水状况。主要调查取水量、用水量、循环水量、重复利用率、排水总量等。 污水处理状况。主要调查各排污单位生产工艺流程中的产污环节、污水处理工艺、处理效率、处理水量、中水回用量、再生水量、污水处理设施的运转情况等。 根据评价等级及评价工作需要，选择上述全部或部分内容进行调查
面污染源	农村生活污染源：调查人口数量、人均用水量指标、供水方式、污水排放方式及去向和排污负荷量等。 农田污染源：调查农药和化肥的施用种类、施用量、流失量及入河系数、去向及受纳水体等情况（包括水土流失、农药和化肥流失强度、流失面积、土壤养分含量等调查分析）。 畜禽养殖污染源：调查畜禽养殖的种类、数量、养殖方式、粪便污水收集与处置情况、主要污染物浓度、污水排放方式和排污负荷量、去向及受纳水体等。畜禽粪便污水作为肥水进行农田利用的，需考虑畜禽粪便污水土地承载力。 城镇地面径流污染源：调查城镇土地利用类型及面积、地面径流收集方式与处理情况、主要污染物浓度、排放方式和排污负荷量、去向及受纳水体等。 堆积物污染源：调查矿山、冶金、火电、建材、化工等单位的原料、燃料、废料、固体废物（包括生活垃圾）的堆放位置、堆放面积、堆放形式及防护情况、污水收集与处置情况、主要污染物和特征污染物浓度、污水排放方式和排污负荷量、去向及受纳水体等。 大气沉降源：调查区域大气沉降（湿沉降、干沉降）的类型、污染物种类、污染物沉降负荷量等
内源污染	底泥物理指标包括力学性质、质地、含水率、粒径等；化学指标包括水域超标因子、与本建设项目排放污染物相关的因子

5. 水文情势调查

水文情势调查内容见表 4-12。

表 4-12　水文情势调查内容

水体类型	水污染影响型	水文要素影响型
河流	水文年及水期的划分、不利水文条件及特征水文参数、水动力学参数等	水文系列及其特征参数;水文年及水期的划分;河流物理形态参数;河流水沙参数、丰(枯)水期水流及水位变化特征等
湖库	湖库物理形态参数;水库调节性能与运行调度方式;水文年及水期的划分;不利水文条件特征及水文参数;出入湖(库)水量过程;湖流动力学参数;水温分层结构等	
入海河口(感潮河段)	潮汐特征、感潮河段的范围、潮区界与潮流界的划分;潮位及潮流;不利水文条件组合及特征水文参数;水流分层特征等	
近岸海域	水温、盐度、泥沙、潮位、流向、流速、水深等,潮汐性质及类型,潮流、余流性质及类型,海岸线、海床、滩涂、海岸蚀淤变化趋势等	

6. 水资源开发利用状况调查

（1）水资源现状　调查水资源总量、水资源可利用量、水资源时空分布特征、人类活动对水资源量的影响等。涉水工程概况调查,主要包括数量、等级、位置、规模,主要开发任务、开发方式、运行调度及其对水文情势、水环境的影响。应涵盖大型、中型、小型等各类涉水工程,绘制涉水工程分布示意图。

（2）水资源利用状况　调查城市、工业、农业、渔业、水产养殖业、水域景观等各类用水现状与规划（包括用水时间、取水地点、取用水量等）,各类用水的供需关系（包括水权等）、水质要求和渔业、水产养殖业等所需的水面面积。

7. 补充监测中监测布点及采样频次

（1）河流监测断面布设　河流监测断面布设原则见表 4-13。

表 4-13　河流监测断面布设原则

分类	原则
断面布设	应布设对照断面、控制断面。水污染影响型建设项目在拟建排放口上游应布置对照断面(宜在 500m 以内),根据受纳水体水环境质量控制管理要求设定控制断面。 控制断面可结合水环境功能区或水功能区、水环境控制单元区划情况,直接采用国家及地方确定的水质控制断面。评价范围内不同水质类别区、水环境功能区或水功能区、水环境敏感区及需要进行水质预测的水域,应布设水质监测断面。 评价范围以外的调查或预测范围,可以根据预测工作需要增设相应的水质监测断面
采样频次	每个水期可监测一次,每次同步连续调查取样 3~4d,每个水质取样点每天至少取一组水样,在水质变化较大时,每间隔一定时间取样一次。水温观测频次:应每间隔 6h 观测一次水温,统计计算日平均水温

（2）湖库监测断面布设　湖库监测断面布设原则见表 4-14。

表 4-14　湖库监测断面布设原则

分类	原则
断面布设	对于水污染影响型建设项目,水质取样垂线的设置可采用以排放口为中心、沿放射线布设或网格布设的方法,按照下列原则及方法设置:一级评价在评价范围内布设的水质取样垂线数宜不少于 20 条;二级评价在评价范围内布设的水质取样垂线数不少于 16 条。评价范围内不同水质类别区、水环境功能区或水功能区、水环境敏感区、排放口和需要进行水质预测的水域,应布设取样垂线。 对于水文要素影响型建设项目,在取水口、主要入湖(库)断面、坝前、湖(库)中心水域、不同水质类别区、水环境敏感区和需要进行水质预测的水域,应布设取样垂线。 对于复合影响型建设项目,应兼顾进行取样垂线的布设
采样频次	每个水期可监测一次,每次同步连续取样 2~4d,每个水质取样点每天至少取一组水样,但在水质变化较大时,每间隔一定时间取样一次。溶解氧和水温监测频次:每间隔 6h 取样监测一次,在调查取样期内适当监测藻类

（3）入海河口、近岸海域监测断面布设　入海河口、近岸海域监测断面布设原则见表4-15。

表4-15　入海河口、近岸海域监测断面布设原则

分类	原则
水质取样断面和取样垂线的设置	一级评价可布设5~7个取样断面;二级评价可布设3~5个取样断面
水质取样点的布设	根据垂向水质分布特点,参照GB/T 12763.1~GB/T 12763.11和HJ 442.1~HJ 442.10执行。排放口位于感潮河段内的,其上游设置的水质取样断面,应根据实际情况参照河流决定,其下游断面的布设与近岸海域相同
采样频次	原则上一个水期在一个潮周期内采集水样,明确所采样品所处潮时,必要时对潮周日内的高潮和低潮采样。当上、下层水质变幅较大时,应分层取样。入海河口上游水质取样频次参照感潮河段相关要求执行,下游水质取样频次参照近岸海域相关要求执行。对于近岸海域,一个水期宜在半个太阴月内的大潮期或小潮期分别采样,明确所采样品所处潮时;对选取的所有水质监测因子,在同一潮次取样

（五）地下水环境现状调查

1. 现状调查原则

① 地下水环境现状调查与评价工作应遵循资料收集与现场调查相结合、项目所在场地调查（勘察）与类比考察相结合、现状监测与长期动态资料分析相结合的原则。

② 地下水环境现状调查与评价工作的深度应满足相应的工作级别要求。当现有资料不能满足要求时，应通过组织现场监测或环境水文地质勘察与试验等方法获取。

③ 对于一级、二级评价的改扩建类建设项目，应开展现有工业场地的包气带污染现状调查。

④ 对于长输油品、化学品管线等线性工程，调查评价工作应重点针对场站、服务站等可能对地下水产生污染的地区开展。

2. 现状调查内容

地下水环境现状调查包括水文地质条件调查、地下水污染源调查、地下水环境现状监测、环境水文地质勘察与试验，具体调查内容见表4-16。

表4-16　地下水环境现状调查内容

调查项目	调查内容
水文地质条件调查	① 气象、水文、土壤和植被状况; ② 地层岩性、地质构造、地貌特征与矿产资源; ③ 包气带岩性、结构、厚度、分布及垂向渗透系数等; ④ 含水层岩性、分布、结构、厚度、埋藏条件、渗透性、富水程度等,隔水层(弱透水层)岩性、厚度、渗透性等; ⑤ 地下水类型、地下水补径排条件; ⑥ 地下水水位、水质、水温及地下水化学类型; ⑦ 泉的成因类型、出露位置、形成条件及泉水流量、水质、水温,以及开发利用情况; ⑧ 集中供水水源地和水源井的分布情况(包括开采层的成井密度、水井结构、深度以及开采历史); ⑨ 地下水现状监测井的深度、结构以及成井历史、使用功能; ⑩ 地下水环境现状值(或地下水污染对照值)
地下水污染源调查	① 调查评价区内具有与建设项目产生或排放同种特征因子的地下水污染源; ② 对于一级、二级的改扩建项目,应在可能造成地下水污染的主要装置或设施附近开展包气带污染现状调查,对包气带进行分层取样,一般在0~20cm埋深范围内取一个样品,其他取样深度应根据污染源特征和包气带岩性、结构特征等确定,并说明理由。样品进行浸溶试验,测试分析浸溶液成分

调查项目	调查内容
地下水环境现状监测	① 检测分析地下水中 K^+、Na^+、Ca^{2+}、Mg^{2+}、CO_3^{2-}、HCO_3^-、Cl^-、SO_4^{2-} 的浓度。 ② 地下水水质现状监测因子原则上应包括两类： a. 基本水质因子以 pH、氨氮、硝酸盐、亚硝酸盐、挥发性酚类、氰化物、砷、汞、铬（六价）、总硬度、铅、氟、镉、铁、锰、溶解性总固体、高锰酸盐指数、硫酸盐、氯化物、总大肠菌群、细菌总数等以及背景值超标的水质因子为基础，可根据区域地下水水质状况、污染源状况适当调整； b. 特征因子根据对建设项目可能导致地下水污染的特征因子识别结果确定，可根据区域地下水水质状况、污染源状况适当调整
环境水文地质勘察与试验	① 除一级评价应进行必要的环境水文地质勘察与试验外，对环境水文地质条件复杂且资料缺少的地区，二级、三级评价也应在区域水文地质调查的基础上对场地进行必要的水文地质勘察； ② 环境水文地质勘察可采用钻探、物探和水土化学分析以及室内外测试、试验等手段开展，具体参见相关标准与规范； ③ 环境水文地质试验项目通常有抽水试验、注水试验、渗水试验、浸溶试验及土柱淋滤试验等，有关试验原则与方法参见 HJ 610—2016 附录 C，在评价工作过程中可根据评价工作等级和资料掌握情况选用； ④ 进行环境水文地质勘察时，除采用常规方法外，还可采用其他辅助方法配合勘察

（六）环境噪声现状调查

1. 现状调查方法

现状调查方法包括：现场监测法、现场监测结合模型计算法、收集资料法。调查时，应根据评价等级的要求和现状噪声源情况，确定需采用的具体方法。

2. 现状调查内容

声环境现状调查内容见表 4-17。

表 4-17　声环境调查内容

项目	调查内容
一、二级评价	调查评价范围内声环境保护目标的名称、地理位置、行政区划、所在声环境功能区、不同声环境功能区内人口分布情况、与建设项目的空间位置关系、建筑情况等。 评价范围内具有代表性的声环境保护目标的声环境质量现状需要现场监测，其余声环境保护目标的声环境质量现状可通过类比或现场监测结合模型计算给出。 调查范围内有明显影响的现状声源的名称、类型、数量、位置、源强等。评价范围内现状声源源强调查应采用现场监测法或收集资料法确定。分析现状声源的构成及其影响，对现状调查结果进行评价
三级评价	调查评价范围内声环境保护目标的名称、地理位置、行政区划、所在声环境功能区、不同声环境功能区内人口分布情况、与建设项目的空间位置关系、建筑情况等。 对评价范围内具有代表性的声环境保护目标的声环境质量现状进行调查，可利用已有的监测资料，无监测资料时可选择有代表性的声环境保护目标进行现场监测，并分析现状声源的构成

（七）土壤环境现状调查

1. 现状调查要求

① 土壤环境现状调查与评价工作应遵循资料收集与现场调查相结合、资料分析与现状监测相结合的原则。

② 土壤环境现状调查与评价工作的深度应满足相应的工作级别要求，当现有资料不能满足要求时，应通过组织现场调查、监测等方法获取。

③ 建设项目同时涉及土壤环境生态影响型与污染影响型时，应分别按相应评价工作等级要求开展土壤环境现状调查，可根据建设项目特征适当调整、优化调查内容。

④ 工业园区内的建设项目，应重点在建设项目占地范围内开展现状调查工作，并兼顾

其可能影响的园区外围土壤环境敏感目标。

2. 现状调查内容

土壤环境现状调查内容见表 4-18。

表 4-18 土壤环境现状调查内容

调查项目	调查内容
资料收集	① 土地利用现状图、土地利用规划图、土壤类型分布图; ② 气象资料、地形地貌特征资料、水文及水文地质资料等; ③ 土地利用历史情况; ④ 与建设项目土壤环境影响评价相关的其他资料
理化特性调查	① 土体构型、土壤结构、土壤质地、阳离子交换量、氧化还原电位、饱和导水率、土壤容重、孔隙度等; ② 土壤环境生态影响型建设项目还应调查植被、地下水位埋深、地下水溶解性总固体等,可参照《环境影响评价技术导则 土壤环境(试行)》(HJ 964—2018)表 C.1 填写; ③ 评价工作等级为一级的建设项目应参照《环境影响评价技术导则 土壤环境(试行)》(HJ 964—2018)表 C.2 填写土壤剖面调查表
影响源调查	① 应调查与建设项目产生同种特征因子或造成相同土壤环境影响后果的影响源; ② 改扩建的污染影响型建设项目,其评价工作等级为一级、二级的,应对现有工程的土壤环境保护措施情况进行调查,并重点调查主要装置或设施附近的土壤污染现状

(八) 生态环境现状调查

1. 现状调查方法及要求

(1) 现状调查方法 生态现状调查是生态现状评价、影响预测的基础和依据,调查的内容和指标应能反映评价工作范围内的生态背景特征和现存的主要生态问题。

① 生态现状调查应在充分收集资料的基础上开展现场工作,生态现状调查范围应不小于评价范围。调查方法详情应参见《环境影响评价技术导则 生态影响》(HJ 19—2022)附录 B,方法介绍见表 4-19。

② 生态现状评价应坚持定性和定量相结合、尽量采用定量方法的原则。评价方法参见《环境影响评价技术导则 生态影响》(HJ 19—2022)附录 C。

③ 生态现状调查及评价工作成果应采用文字、表格和图件相结合的表现形式,参见《环境影响评价技术导则 生态影响》(HJ 19—2022)附录 B 列出调查结果统计表,并按照表 4-21 制作必要的图件。

表 4-19 生态现状调查方法

调查方法	调查内容
资料收集法	收集现有的可以反映生态现状或生态背景的资料,分为现状资料和历史资料,包括相关文字、图件和影像等。引用资料应进行必要的现场校核
现场调查法	现场调查应遵循整体与重点相结合的原则,整体上兼顾项目所涉及的各个生态保护目标,突出重点区域和关键时段的调查,并通过实地踏勘,核实收集资料的准确性,以获取实际资料和数据
专家和公众咨询法	通过咨询有关专家,收集公众、社会团体和相关管理部门对项目的意见,发现现场踏勘中遗漏的相关信息。专家和公众咨询应与资料收集和现场调查同步开展
生态监测法	当资料收集、现场调查、专家和公众咨询获取的数据无法满足评价工作需要,或项目可能产生潜在的或长期累积影响时,可选用生态监测法。生态监测应根据监测因子的生态学特点和干扰活动的特点确定监测位置和频次,有代表性地布点。生态监测方法与技术要求须符合国家现行的有关生态监测规范和监测标准分析方法;对于生态系统生产力的调查,必要时需现场采样、实验室测定

续表

调查方法	调查内容
遥感调查法	包括卫星遥感、航空遥感等方法。遥感调查应辅以必要的实地调查工作
陆生、水生动植物调查方法	陆生、水生动植物野外调查所需要的仪器、工具和常用的技术方法见 HJ 710.1～HJ 170.13
海洋生态调查方法	海洋生态调查方法见《海洋工程环境影响评价技术导则》(GB/T 19485—2014)
淡水渔业资源调查方法	淡水渔业资源调查方法见《淡水渔业资源调查规范 河流》(SC/T 9429—2019)
淡水浮游生物调查方法	淡水浮游生物调查方法见《淡水浮游生物调查技术规范》(SC/T 9402—2010)

（2）现状调查要求

① 引用的生态现状资料其调查时间宜在 5 年以内，用于回顾性评价或变化趋势分析的资料可不受调查时间限制。

② 当已有调查资料不能满足评价要求时，应通过现场调查获取现状资料，现场调查遵循全面性、代表性和典型性原则。项目涉及生态敏感区时，应开展专题调查。

③ 工程永久占用或施工临时占用区域应在收集资料基础上开展详细调查，查明占用区域是否分布有重要物种及重要生境。

④ 陆生生态一级、二级评价应结合调查范围、调查对象、地形地貌和实际情况选择合适的调查方法。开展样线、样方调查的，应合理确定样线、样方的数量、长度或面积，涵盖评价范围内不同的植被类型及生境类型，山地区域还应结合海拔段、坡位、坡向进行布设。

根据植物群落类型（宜以群系及以下分类单位为调查单元）设置调查样地，一级评价每种群落类型设置的样方数量不少于 5 个，二级评价不少于 3 个，调查时间宜选择植物生长旺盛季节。一级评价每种生境类型设置的野生动物调查样线数量不少于 5 条，二级评价不少于 3 条，除了收集历史资料外，一级评价还应获得近 1～2 个完整年度不同季节的现状资料，二级评价尽量获得野生动物繁殖期、越冬期、迁徙期等关键活动期的现状资料。

⑤ 水生生态一级、二级评价的调查点位、断面等应涵盖评价范围内的干流、支流、河口、湖库等不同水域类型。

一级评价应至少开展丰水期、枯水期（河流、湖库）或春季、秋季（入海河口、海域）两期（季）调查，二级评价至少获得一期（季）调查资料，涉及显著改变水文情势的项目应增加调查强度。鱼类调查时间应包括主要繁殖期，水生生境调查内容应包括水域形态结构、水文情势、水体理化性状和底质等。

⑥ 三级评价现状调查以收集有效资料为主，可开展必要的遥感调查或现场校核。

⑦ 生态现状调查中还应充分考虑生物多样性保护的要求。

⑧ 涉海工程生态现状调查要求参照 GB/T 19485。

2. 现状调查内容

① 陆生生态现状调查内容主要包括：评价范围内的植物区系、植被类型，植物群落结构及演替规律，群落中的关键种、建群种、优势种；动物区系、物种组成及分布特征；生态系统的类型、面积及空间分布；重要物种的分布、生态学特征、种群现状，迁徙物种的主要迁徙路线、迁徙时间，重要生境的分布及现状。

② 水生生态现状调查内容主要包括：评价范围内的水生生物、水生生境和渔业现状；重要物种的分布、生态学特征、种群现状以及生境状况；鱼类等重要水生动物种类组成、种群结构、资源时空分布，产卵场、索饵场、越冬场等重要生境的分布、环境条件，以及洄游路线、洄游时间等行为习性。

③ 收集生态敏感区的相关规划资料、图件、数据，调查评价范围内生态敏感区主要保护对象、功能区划、保护要求等。

④ 调查区域存在的主要生态问题，如水土流失、沙漠化、石漠化、盐渍化、生物入侵和污染危害等。调查已经存在的对生态保护目标产生不利影响的干扰因素。

⑤ 对于改扩建、分期实施的建设项目，调查既有工程、前期已实施工程的实际生态影响以及采取的生态保护措施。

3. 实例

【例 4-1】 水利建设项目生态环境现状调查内容。

某水利建设项目为水库修建工程，总库容 $882 \times 10^4 m^3$，坝高为 37m，建成后灌溉面积为 3000 亩（1 亩＝666.67m²)，拟移民安置当地居民 524 人，就地后退安置，并且耕地被淹 606.30 亩，水坝的回水距离为 22.41km，河水下游是土著鱼的索饵场和产卵场。项目区域面积 63.6km²，部分回水淹没区导致自然保护区实验区的国土空间类型陆域转变为水域。

问：水库水域生态环境现状调查应包括哪些内容？

【答】 水库水域生态环境现状调查应包括以下内容。

① 水域调查：调查评价范围内的水生生物、水生生境和渔业现状等；评价物种影响、有无重点保护物种，有无重要功能要求。

② 水生生态：浮游植物、浮游动物、底栖动物、水生高等植物的种群、时空分布、数量及物种影响、评价生物损失；鱼类等重要水生动物种类组成、种群结构、食性、繁殖特性、生长特性、资源时空分布，产卵场、索饵场、越冬场等重要生境的分布、环境条件，以及洄游路线、洄游时间等行为习性。

③ 影响范围：项目影响水域范围、面积、流量、生物量等。

④ 生态问题：项目影响水域范围内的已有生态问题，如生物入侵和污染危害等。

⑤ 景观资源：项目涉及自然保护区、风景名胜区等敏感区域，需阐明敏感区与工程的区位关系，各敏感区内保护动植物数量、名录、分布及生活习性。

（九）风险源调查

1. 风险调查

风险调查包括建设项目风险源调查和环境敏感目标调查，在风险调查后进行风险识别。

① 建设项目风险源调查。调查建设项目危险物质数量和分布情况、生产工艺特点，收集危险物质安全技术说明书（MSDS）等基础资料。

② 环境敏感目标调查。根据危险物质可能的影响途径，明确环境敏感目标，给出环境敏感目标区位分布图，列表明确调查对象、属性、相对方位及距离等信息。

2. 风险识别的范围和类型

（1）风险识别范围 风险识别包括物质危险性识别、生产系统危险性识别及危险物质向环境转移的途径识别。

① 物质危险性识别范围：包括主要原辅材料、燃料、中间产品、副产品、最终产品、污染物、火灾和爆炸伴生/次生物等。

② 生产系统危险性识别范围：包括主要生产装置、储运设施、公用工程和辅助生产设施，以及环境保护设施等。

③ 危险物质向环境转移的途径识别：包括分析危险物质特性及可能的环境风险类型，识别危险物质影响环境的途径，分析可能影响的环境敏感目标。

（2）风险类型 风险类型包括危险物质泄漏，以及火灾、爆炸等引发的伴生/次生污染物排放。

3. 风险识别内容

（1）资料收集和准备　风险识别需要收集的资料和准备的内容见表 4-20。

表 4-20　风险识别需要收集的资料和准备的内容

资料类型	资料内容
建设项目工程资料	可行性研究资料、工程设计资料、建设项目安全评价资料、安全管理体制及事故应急预案资料
环境资料	利用环境影响报告书中有关厂址周边环境和区域环境资料，重点收集人口分布资料
事故资料	国内外同行业事故统计分析及典型事故案例资料。 对已建工程应收集环境管理制度，操作和维护手册，突发环境事件应急预案，应急培训、演练记录，历史突发环境事件及生产安全事故调查资料，设备失效统计数据等

（2）物质危险性识别　按《建设项目环境风险评价技术导则》（HJ 169—2018）附录 B 识别出的危险物质，以图表的方式给出其易燃易爆、有毒有害危险特性，明确危险物质的分布。

（3）生产系统危险性识别

① 按工艺流程和平面布置功能区划，结合物质危险性识别，以图表的方式给出危险单元划分结果及单元内危险物质的最大存在量。按生产工艺流程分析危险单元内潜在的风险源。

② 按危险单元分析风险源的危险性、存在条件和转化为事故的触发因素。

③ 采用定性或定量分析方法筛选确定重点风险源。

（4）危险物质向环境转移的途径识别　根据物质及生产系统危险性识别结果，分析环境风险类型、危险物质向环境转移的可能途径和影响方式。

（5）风险识别结果　在风险识别的基础上，图示危险单元分布，给出建设项目环境风险识别汇总，包括危险单元、风险源、主要危险物质、环境风险类型、环境影响途径、可能受影响的环境敏感目标等，说明风险源的主要参数。

三、厂址周边环境敏感区调查

（一）环境敏感区

环境敏感区是指依法设立的各级各类保护区域和对建设项目产生的环境影响特别敏感的区域。

根据《建设项目环境影响评价分类管理名录（2021 年版）》，环境敏感区主要包括下列区域：

① 国家公园、自然保护区、风景名胜区、世界文化和自然遗产地、海洋特别保护区、饮用水水源保护区；

② 除①外的生态保护红线管控范围，永久基本农田、基本草原、自然公园（森林公园、地质公园、海洋公园等）、重要湿地、天然林，重点保护野生动物栖息地，重点保护野生植物生长繁殖地，重要水生生物的自然产卵场、索饵场、越冬场和洄游通道，天然渔场，水土流失重点预防区和重点治理区、沙化土地封禁保护区、封闭及半封闭海域；

③ 以居住、医疗卫生、文化教育、科研、行政办公为主要功能的区域，以及文物保护单位。

（二）生态敏感区

生态敏感区包括法定生态保护区域、重要生境以及其他具有重要生态功能、对保护生物多样性具有重要意义的区域。其中，法定生态保护区域包括依据法律法规、政策等规范性文件划定或确认的国家公园、自然保护区、自然公园等自然保护地、世界自然遗产、生态保护红线等；重要生境包括重要物种的天然集中分布区、栖息地，重要水生生物的产卵场、索饵场、越冬场和洄游通道，迁徙鸟类的重要繁殖地、停歇地、越冬地以及野生动物迁徙通道等。

四、现状调查产生的图件

环境现状调查过程中产生的图件见表 4-21。

表 4-21 现状调查产生的图件

调查内容	产生的图件
地理位置	地理位置图
地质环境	地层图
地形地貌	地形图
土壤与水土流失	土壤和水土流失现状图、植被类型图、土壤分布图、土壤侵蚀分布图
气象要素	风向、风速、风玫瑰图
地表水	地表水系图
水文地质（地下水）	地质剖面图、地下水等深线图
生态环境	① 物种适宜生境分布图、特殊生态敏感区和重要生态敏感区空间分布图； ② 物种迁徙、洄游路线图； ③ 生态红线分布图； ④ 当涉及地下水时，可提供水文地质图件等； ⑤ 当评价工作范围涉及海洋和海岸带时，可提供海域岸线图、海洋功能区划图； ⑥ 根据评价需要选作海洋渔业资源分布图、主要经济鱼类产卵场分布图、滩涂分布现状图； ⑦ 当评价工作范围内已有土地、河流利用规划时，可提供已有土地利用规划图、土地利用现状图、生态系统类型图、水环境功能区划图； ⑧ 当评价工作范围内涉及地表塌陷时，可提供塌陷等值线图； ⑨ 此外，可根据评价工作范围内涉及的不同生态系统类型，选作动植物资源分布图、植被覆盖度空间分布图、珍稀濒危物种分布图、基本农田分布图、绿化布置图、荒漠化土地分布图等； ⑩ 调查样方、样线、点位、断面等布设图及生态保护目标空间分布图

思 考 题

1. 简述环境现状调查的概念以及环境现状调查的好处。

2. 简述环境现状调查的基本要求。

3. 环境现状调查的方法有哪些，以及这些方法的优缺点是什么？

4. 环境现状调查包括哪些内容？

5. 大气环境现状调查数据优先顺序是什么？

6. 地表水环境现状调查评价时期如何确定？

7. 地下水环境现状调查的调查内容有哪些？

8. 当声环境评价等级分别为一级、二级和三级时，环境噪声现状调查内容有何差异？

9. 土壤环境现状调查内容有哪些？

10. 风险源调查中风险识别共分为几类？

11. 何为环境敏感区？环境敏感区可分为几类？

12. 简述现状调查产生的图件。

参考文献

［1］生态环境部. 环境影响评价技术导则 大气环境：HJ 2.2—2018［S］. 北京：中国环境科学出版社，2018.

［2］生态环境部. 环境影响评价技术导则 地表水环境：HJ 2.3—2018［S］. 北京：中国环境科学出版社，2018.

［3］环境保护部. 环境影响评价技术导则 地下水环境：HJ 610—2016［S］. 北京：中国环境科学出版社，2016.

［4］生态环境部. 环境影响评价技术导则 土壤环境（试行）：HJ 964—2018［S］. 北京：中国环境出版社，2018.

第五章
环境现状监测与评价

第一节 环境监测方案

一、环境监测方案的构成

环境质量监测的第一步是制订监测方案，因为能否从监测结果中正确和准确地得到环境质量的信息，除了仪器设备的先进程度和所处的工作状态外，更重要的是取决于监测方案是否得当。一个完整的监测方案应包括以下内容。

① 监测因子；
② 监测点位/断面；
③ 监测时间；
④ 监测因子执行标准。

二、环境监测方案的制订

（一）确定监测因子

能表明环境质量的因子有很多，在实际工作中没有必要也没有可能对所有的因子进行监测，只能从中选择一些能起指示作用的项目进行监测。

1. 地表水环境质量现状监测因子

（1）监测因子确定原则　地表水环境现状监测因子的确定原则见表 5-1。

表 5-1　地表水环境现状监测因子的确定原则

序号	确定原则
1	选择国家和地方的地表水环境质量标准中要求控制的监测因子
2	选择对人和生物危害大、对地表水环境影响范围广的污染物
3	选择国家水污染物排放标准中要求控制的监测因子
4	所选监测因子有"标准分析方法""全国统一监测分析方法"
5	各地区可根据本地区污染源的特征和水环境保护功能区的划分,酌情增加某些选测项目

（2）监测因子　地表水的监测因子分为常规因子和特征因子。常规因子从《地表水环境质量标准》（GB 3838—2002）表 1 中的 24 项基本项目中筛选，如果监测的地表水体为集中式生活饮用水水源地，除表 1 中的基本项目外，还要从表 2 中的补充项目以及表 3 中的特定项目中筛选，见表 5-2～表 5-4。

表 5-2　地表水环境质量标准基本项目

序号	项 目	序号	项 目	序号	项 目
1	水温（℃）	9	总氮（湖、库，以 N 计）	17	铬（六价）
2	pH 值（无量纲）	10	铜	18	铅
3	溶解氧	11	锌	19	氰化物
4	高锰酸盐指数	12	氟化物（以 F^- 计）	20	挥发酚
5	化学需氧量（COD）	13	硒	21	石油类
6	五日生化需氧量（BOD_5）	14	砷	22	阴离子表面活性剂
7	氨氮（NH_3-N）	15	汞	23	硫化物
8	总磷（以 P 计）	16	镉	24	粪大肠菌群（个/L）

表 5-3　集中式生活饮用水地表水源地补充项目

序号	项 目	序号	项 目
1	硫酸盐（以 SO_4^{2-} 计）	4	铁
2	氯化物（以 Cl^- 计）	5	锰
3	硝酸盐（以 N 计）		

表 5-4　集中式生活饮用水地表水源地特定项目

序号	项目	序号	项目	序号	项目	序号	项目
1	三氯甲烷	21	乙苯	41	丙烯酰胺	61	内吸磷
2	四氯化碳	22	二甲苯①	42	丙烯腈	62	百菌清
3	三溴甲烷	23	异丙苯	43	邻苯二甲酸二丁酯	63	甲萘威
4	二氯甲烷	24	氯苯	44	邻苯二甲酸二（2-乙基己基）酯	64	溴氰菊酯
5	1,2-二氯乙烷	25	1,2-二氯苯	45	水合肼	65	阿特拉津
6	环氧氯丙烷	26	1,4-二氯苯	46	四乙基铅	66	苯并[a]芘
7	氯乙烯	27	三氯苯②	47	吡啶	67	甲基汞
8	1,1-二氯乙烯	28	四氯苯③	48	松节油	68	多氯联苯⑥
9	1,2-二氯乙烯	29	六氯苯	49	苦味酸	69	微囊藻毒素-LR
10	三氯乙烯	30	硝基苯	50	丁基黄原酸	70	黄磷
11	四氯乙烯	31	二硝基苯④	51	活性氯	71	钼
12	氯丁二烯	32	2,4-二硝基甲苯	52	滴滴涕	72	钴
13	六氯丁二烯	33	2,3,6-三硝基甲苯	53	林丹	73	铍
14	苯乙烯	34	硝基氯苯⑤	54	环氧七氯	74	硼
15	甲醛	35	2,4-二硝基氯苯	55	对硫磷	75	锑
16	乙醛	36	2,4-二氯苯酚	56	甲基对硫磷	76	镍
17	丙烯醛	37	2,4,6-三氯苯酚	57	马拉硫磷	77	钡
18	三氯乙醛	38	五氯酚	58	乐果	78	钒
19	苯	39	苯胺	59	敌敌畏	79	钛
20	甲苯	40	联苯胺	60	敌百虫	80	铊

① 二甲苯：指对二甲苯、间二甲苯、邻二甲苯。
② 三氯苯：指 1,2,3-三氯苯、1,2,4-三氯苯、1,3,5-三氯苯。
③ 四氯苯：指 1,2,3,4-四氯苯、1,2,3,5-四氯苯、1,2,4,5-四氯苯。
④ 二硝基苯：指对二硝基苯、间二硝基苯、邻二硝基苯。
⑤ 硝基氯苯：指对硝基氯苯、间硝基氯苯、邻硝基氯苯。
⑥ 多氯联苯：指 PCB-1016、PCB-1221、PCB-1232、PCB-1242、PCB-1248、PCB-1254、PCB-1260。

特征因子一般根据项目排放污染物的类型决定，各行业废水中的污染因子参见排污许可证申请与核发技术规范，见表 5-5。

表 5-5　各行业废水中的污染因子

序号	建设项目类别	污染因子
1	平板玻璃	pH、悬浮物、COD、BOD₅、石油类、氨氮、总磷、动植物油、挥发酚、总氰化物、硫化物、氟化物、总汞、总镉、总铬、总砷、总铅、总镍、总锌
2	储油库、加油站	pH、COD、悬浮物、氨氮、石油类、总有机碳、挥发酚、总氰化物
3	畜禽养殖	COD、BOD₅、悬浮物、总磷、氨氮、粪大肠菌群数、蛔虫卵
4	电池工业	pH、悬浮物、COD、氨氮、总氮、总磷、总铅、总汞、总锌、总钴、总镉、总镍、总银、总锰、总铜
5	电镀工业	pH、COD、悬浮物、氨氮、总氮、总磷、石油类、氟化物、总氰化物、六价铬、总铬、总镉、总镍、总铅、总银、总铜、总锌、总铁、总铝
6	电子工业	COD、氨氮、总铜、总锌、氟化物、总氰化物、总磷、六价铬、总铬、总镉、总镍、总铅、总银、总砷
7	纺织印染工业	pH、COD、BOD₅、悬浮物、氨氮、总氮、总磷、六价铬、色度、可吸附有机卤化物、苯胺类、硫化物、二氧化氯、总锑、动植物油
8	废弃资源加工工业	pH、COD、BOD₅、石油类、氨氮、悬浮物、总磷
9	钢铁工业	pH、COD、BOD₅、SS、氨氮、总氮、总磷、动植物油、石油类、挥发酚、总氰化物、氟化物、总铁、总锌、总铜、总砷、六价铬、总铬、总铅、总镍、总镉、总汞
10	工业固体废物和危险废物治理	pH、COD、BOD₅、悬浮物、氨氮、总磷
11	工业炉窑	pH、COD、BOD₅、悬浮物、氨氮、总磷、总氮、动植物油、总砷、总铅、总汞、总镉、氟化物、石油类、硫化物、挥发酚
12	锅炉	pH、COD、BOD₅、悬浮物、氨氮、总磷、动植物油、石油类、氟化物、硫化物、挥发酚、溶解性总固体（全盐量）、总砷、总铅、总汞、总镉
13	化肥工业（氮肥）	pH、COD、氨氮、悬浮物、总氮、总磷、石油类、硫化物、氰化物、挥发酚
14	化学纤维制造业	pH、COD、BOD₅、氨氮、硫化物、悬浮物、总磷、总氮、可吸附有机卤化物、总锌、总有机碳、石油类、丙烯腈、乙醛、1,4-二氯苯、甲醛
15	环境卫生管理业	pH、COD、BOD₅、色度、悬浮物、总氮、氨氮、总磷、动植物油、粪大肠菌群数、总汞、总镉、总铬、六价铬、总砷、总铅
16	火电行业	pH、COD、氨氮、悬浮物、石油类、硫化物、溶解性总固体、总磷、氟化物、挥发酚、动植物油
17	家具制造工业	pH、COD、BOD₅、氨氮、悬浮物、磷酸盐、总镍
18	金属铸造工业	pH、COD、BOD₅、色度、悬浮物、氨氮、总磷、总氮
19	酒、饮料制造工业	pH、COD、BOD₅、悬浮物、氨氮、总氮、总磷、色度
20	聚氯乙烯工业	pH、COD、BOD₅、悬浮物、石油类、氨氮、总氮、总磷、动植物油、硫化物、氯乙烯、总汞
21	炼焦化学工业	pH、COD、BOD₅、悬浮物、氨氮、总氮、总磷、石油类、挥发酚、硫化物、苯、氰化物、多环芳烃、苯并[a]芘
22	磷肥、钾肥、复混肥料、有机肥料及微生物肥料工业	pH、COD、氨氮、悬浮物、氟化物、总磷、总氮、总砷
23	码头	pH、COD、悬浮物、氨氮、磷酸盐、石油类
24	煤炭加工——合成气和液体燃料生产	pH、COD、BOD₅、悬浮物、石油类、挥发酚、总氰化物、硫化物、氨氮、氟化物、磷酸盐、总有机碳、全盐量、总汞、烷基汞、苯并[a]芘、总砷、总铅

续表

序号	建设项目类别		污染因子
25	农药制造工业	杂环类农药原药	pH、COD、BOD$_5$、色度、悬浮物、氨氮、石油类、总氰化物、氟化物、甲醛、甲苯、氯苯、可吸附有机卤化物、苯胺类、2-氯-5-氯甲基吡啶、咪唑烷、吡虫啉、三唑酮、对氯苯酚、多菌灵、邻苯二胺、吡啶、百草枯离子、2,2′:6′,2″-三联吡啶、莠去津、氟虫腈
		其他类农药制造工业	pH、COD、BOD$_5$、色度、悬浮物、总有机碳、氨氮、石油类、动植物油、氟化物、磷酸盐、硫化物、总锰、总锌、挥发酚、总氰化物、可吸附有机卤化物、甲醛、氯苯类、硝基苯类、苯胺类、苯、甲苯、二甲苯、乙苯、有机磷农药（以P计）、乐果、马拉硫磷、五氯酚及五氯酚钠（以五氯酚计）、总汞、烷基汞、总镉、总铬、六价铬、总砷、总铅、总镍、苯并[a]芘、总铍、总银
26	农副食品加工工业	水产品加工工业	pH、COD、BOD$_5$、悬浮物、氨氮、磷酸盐、动植物油、色度
		饲料加工、植物油加工工业	pH、COD、BOD$_5$、悬浮物、氨氮、磷酸盐、动植物油、色度
		淀粉工业	pH、COD、BOD$_5$、悬浮物、氨氮、总氮、总磷、总氰化物
		屠宰及肉类加工工业	pH、COD、BOD$_5$、悬浮物、氨氮、总氮、总磷、动植物油、大肠菌群数、阴离子表面活性剂、磷酸盐
		制糖工业	pH、COD、BOD$_5$、悬浮物、氨氮、总氮、总磷
27	石墨及其他非金属矿物制品制造	石墨、碳素制品	pH、COD、BOD$_5$、石油类、氟化物、氨氮、总磷、悬浮物
		碳纤维	pH、COD、BOD$_5$、悬浮物、氨氮、总磷、石油类、总氰化合物
		多晶硅棒	pH、COD、BOD$_5$、悬浮物、氨氮、总磷、氟化物
28	汽车制造业		pH、COD、BOD$_5$、石油类、悬浮物、氟化物、阴离子表面活性剂、磷酸盐、总镍、六价铬、总铬、总铅、总镉、总银、总铜、总锌、石油类、酸、碱
29	人造板工业		pH、COD、BOD$_5$、色度、悬浮物、氨氮、总氮、总磷、甲醛
30	日用化学产品制造工业		pH、COD、BOD$_5$、悬浮物、氨氮、阴离子表面活性剂、总磷、动植物油
31	生活垃圾焚烧		色度、悬浮物、总氮、氨氮、总磷、粪大肠菌群、总汞、总镉、总铬、六价铬、总砷、总铅、硫化物、氟化物
32	石化工业		pH、COD、BOD$_5$、悬浮物、氨氮、总氮、总磷、总有机碳、石油类、硫化物、挥发酚、总钒、苯、甲苯、邻二甲苯、间二甲苯、对二甲苯、乙苯、总氰化物、苯并[a]芘、总汞、烷基汞、总砷、总镍、总铅、总镉、总铬、六价铬、氟化物、总铜、总锌、可吸附有机卤化物、废水有机特征污染物
33	食品制造工业	调味品、发酵制品制造工业	pH、COD、BOD$_5$、氨氮、悬浮物、磷酸盐（总磷）、色度、动植物油
		方便食品、食品及饲料添加剂制造工业	pH、COD、BOD$_5$、氨氮、悬浮物、磷酸盐（总磷）、挥发酚、苯胺类、硝基苯、石油类、总铜、甲苯、动植物油
		乳制品制造工业	pH、COD、BOD$_5$、氨氮、悬浮物、磷酸盐（总磷）、动植物油
34	水处理		pH、COD、BOD$_5$、悬浮物、色度、氨氮、总磷、总氮、动植物油、石油类、阴离子表面活性剂、粪大肠菌群数、总镉、总铬、总汞、总铅、总砷、烷基汞、六价铬
35	水泥工业		pH、COD、BOD$_5$、悬浮物、石油类、氟化物、氨氮、总磷、总汞、总镉、总铬、六价铬、总砷、总铅
36	陶瓷砖瓦工业	隔热和隔声材料工业	pH、COD、BOD$_5$、悬浮物、石油类、氨氮、总磷
		陶瓷工业	pH、COD、BOD$_5$、悬浮物、石油类、氨氮、总磷
		砖瓦工业	pH、COD、BOD$_5$、悬浮物、石油类、氨氮、总磷

续表

序号	建设项目类别		污染因子
37	铁合金、电解锰工业		pH、COD、BOD5、悬浮物、氨氮、总氮、总磷、动植物油、石油类、挥发酚、总氰化物、总锌、氟化物、总铁、总铜、六价铬、总铬、总砷、总铅、总镍、总镉、总汞
38	铁路、船舶、航空航天和其他运输设备制造业	铁路运输设备、城市轨道交通设备和其他运输设备制造	pH、COD、BOD5、石油类、氨氮、悬浮物、磷酸盐、氟化物、氰化物、阴离子表面活性剂、总镍、六价铬、总铬
		船舶及相关装置制造	pH、COD、BOD5、石油类、氨氮、悬浮物、磷酸盐、氰化物、阴离子表面活性剂
		航空和航天设备制造	pH、COD、BOD5、石油类、悬浮物、磷酸盐、氰化物、甲醛、苯胺类、阴离子表面活性剂
39	涂料、油墨、颜料及类似产品制造业	涂料制造	pH、COD、BOD5、悬浮物、氨氮、总氮、总磷、动植物油、总有机碳
		油墨及类似产品制造	pH、COD、BOD5、悬浮物、氨氮、总氮、总磷、动植物油、总有机碳、总汞、烷基汞、总镉、总铬、六价铬、总铅
		工业颜料制造	pH、COD、BOD5、氨氮、总氮、悬浮物、总磷、动植物油、色度、总铅、总铬、总镉、总汞、六价铬(铅铬系颜料)、总砷(立德粉)、
		工艺美术颜料制造	pH、COD、BOD5、氨氮、总氮、悬浮物、总磷、动植物油、色度
		密封用填料及类似品制造	pH、COD、BOD5、氨氮、总氮、悬浮物、总磷、动植物油、色度
		染料制造	pH、COD、BOD5、氨氮、总氮、悬浮物、总磷、动植物油、色度、苯胺类、硝基苯类、氯苯类、苯系物、挥发酚、可吸附有机卤化物、总氰化物、硫化物、氟化物、总铬、六价铬
40	危废焚烧		pH、COD、BOD5、悬浮物、石油类、氨氮、氟化物、磷酸盐、粪大肠菌群数、总余氯、总汞、总镉、总铬、六价铬、总砷、总铅
41	无机化学工业	无机酸	pH、COD、BOD5、氨氮、悬浮物、总磷、总氮、动植物油、石油类、单质磷、硫化物、氟化物
		无机碱	pH、COD、BOD5、氨氮、悬浮物、总磷、总氮、动植物油、石油类、总钡、活性氯、总镍
		无机盐	pH、COD、BOD5、氨氮、悬浮物、总磷、总氮、动植物油、单质磷、硫化物、氟化物、总砷、总钡、氰化物、石油类、总镍
		其他基础化学原料	pH、COD、BOD5、氨氮、悬浮物、总磷、总氮、动植物油、总砷、单质磷、硫化物、氟化物
		其他无机化学行业	pH、COD、BOD5、氨氮、悬浮物、总磷、总氮、动植物油、硫化物、总氰化物、石油类、氟化物、总砷、总汞、总镉、总铅、总铬、六价铬、总锰、总钡、总锶、总钴、总钼、总锡、总锑、总银、总镍、总铊
		涉重金属无机化合物(除含铬重金属外)	pH、COD、BOD5、氨氮、悬浮物、总磷、总氮、动植物油、硫化物、石油类、氟化物、总铜、总锌
42	稀有稀土金属冶炼	钨钼冶炼	pH、COD、BOD5、氨氮、磷酸盐(总磷)、动植物油、悬浮物、氟化物、石油类、总锌、总铅、总砷、总镉、总汞
		稀土金属冶炼	pH、COD、BOD5、氨氮、总氮、总磷、动植物油、悬浮物、氟化物、石油类、总锌、总铬、总镉、总砷、总铅、六价铬、钍、铀总量
		钽铌冶炼	pH、COD、BOD5、氨氮、磷酸盐(总磷)、悬浮物、氟化物、石油类、总锌
43	橡胶和塑料制品工业	橡胶制品工业	pH、COD、BOD5、悬浮物、氨氮、总氮、总磷、石油类、总锌
		塑料制品工业	pH、COD、BOD5、悬浮物、氨氮、总氮、总磷、总有机碳、可吸附有机卤化物、色度(稀释倍数)、甲苯、二甲基甲酰胺(DMF)

序号	建设项目类别		污染因子
44	医疗机构	传染病、结核病专科医疗机构	结核杆菌、粪大肠菌群数、肠道致病菌、肠道病毒、pH、COD、BOD$_5$、氨氮、悬浮物、动植物油、石油类、阴离子表面活性剂、挥发酚、色度、总氰化物、总余氯、总 α 放射性、总 β 放射性、总银、总镉、总铬、六价铬、总砷、总铅、总汞
		非传染病、结核病专科医疗机构	粪大肠菌群数、肠道致病菌、肠道病毒、pH、COD、BOD$_5$、氨氮、悬浮物、动植物油、石油类、阴离子表面活性剂、挥发酚、色度、总氰化物、总余氯、结核杆菌、总 α 放射性、总 β 放射性、总银、六价铬、总汞、总镉、总铬、六价铬、总砷、总铅
45	造纸行业		pH、COD、BOD$_5$、悬浮物、氨氮、总氮、总磷、色度、可吸附有机卤化物、二噁英
46	制革及毛皮加工工业	毛皮加工工业	pH、COD、BOD$_5$、色度、悬浮物、动植物油、硫化物、氨氮、总氮、总磷、氯离子、总铬、六价铬
		制革工业	pH、COD、BOD$_5$、色度、悬浮物、氨氮、总磷、总氮、硫化物、动植物油、氯离子、总铬、六价铬
47	制鞋工业		pH、COD、BOD$_5$、悬浮物、氨氮、总氮、总磷、石油类、总锌
48	制药工业	化学药品制剂制造	pH、COD、BOD$_5$、氨氮、总磷、总氮、悬浮物、总有机碳、急性毒性（HgCl$_2$ 毒性当量）
		生物药品制品制造	pH、COD、BOD$_5$、色度（稀释倍数）、悬浮物、动植物油、挥发酚、氨氮、总氮、总磷、甲醛、乙腈、总余氯（以 Cl 计）、粪大肠菌群数（MPN/L）、总有机碳（TOC）、急性毒性（HgCl$_2$ 毒性当量）
		原料药制造（化学合成类）	pH、COD、BOD$_5$、色度、悬浮物、氨氮、总氮、总磷、总有机碳、急性毒性（HgCl$_2$ 毒性当量）、总铜、总锌、总氰化物、挥发酚、硫化物、硝基苯类、苯胺类、二氯甲烷、总汞、烷基汞、总镉、六价铬、总铅、总砷、总镍
		原料药制造（发酵类）	pH、COD、BOD$_5$、色度、悬浮物、氨氮、总氮、总磷、总有机碳、急性毒性（HgCl$_2$ 毒性当量）、总锌、总氰化物、总汞、烷基汞、总镉、六价铬、总铅、总砷、总镍
		原料药制造（提取类）	pH、COD、BOD$_5$、色度、悬浮物、动植物油、氨氮、总氮、总磷、总有机碳、急性毒性（HgCl$_2$ 毒性当量）、总汞、烷基汞、总镉、六价铬、总铅、总砷、总镍
		中成药生产	pH、COD、BOD$_5$、色度、悬浮物、动植物油、氨氮、总氮、总磷、总有机碳、急性毒性（HgCl$_2$ 毒性当量）、总氰化物、总汞、总砷

2. 地下水环境质量现状监测因子

（1）监测因子确定原则　地下水环境质量现状监测因子主要根据《地下水质量标准》（GB/T 14848—2017）和《环境影响评价技术导则　地下水环境》（HJ 610—2016）确定。

（2）监测因子　根据《地下水质量标准》（GB/T 14848—2017）的规定，地下水常规监测项目为 39 项，地下水非常规监测项目为 54 项。常规监测项目为色（铂钴色度单位）、嗅和味、浑浊度、肉眼可见物、pH、总硬度（以 CaCO$_3$ 计）、氨氮、溶解性总固体、硫酸盐、氯化物、铁、锰、铜、锌、铝、挥发性酚类（以苯酚计）、阴离子表面活性剂、耗氧量（COD$_{Mn}$ 法，以 O$_2$ 计）、氨氮、硫化物、钠、总大肠菌群、菌落总数、亚硝酸盐（以 N 计）、硝酸盐（以 N 计）、氰化物、氟化物、碘化物、汞、砷、硒、镉、铬（六价）、铅、三氯甲烷、四氯化碳、苯、甲苯、总 α 放射性、总 β 放射性。

根据《环境影响评价技术导则　地下水环境》（HJ 610—2016）规定，对项目或规划实施所在地区的地下水水质和水位均要进行监测，地下水水质现状监测因子见表 5-6。

表 5-6　地下水水质现状监测因子

监测因子类型	监测因子
八大离子	K^+、Na^+、Ca^{2+}、Mg^{2+}、CO_3^{2-}、HCO_3^-、Cl^-、SO_4^{2-}
基本水质因子	色(铂钴色度单位)、嗅和味、浑浊度、肉眼可见物、pH、总硬度(以 $CaCO_3$ 计)、溶解性总固体、硫酸盐、氯化物、铁、锰、铜、锌、铝、挥发性酚类(以苯酚计)、阴离子表面活性剂、耗氧量(COD_{Mn}法,以 O_2 计)、氨氮、硫化物、钠、总大肠菌群、菌落总数、亚硝酸盐(以 N 计)、硝酸盐(以 N 计)、氰化物、氟化物、碘化物、汞、砷、硒、镉、铬(六价)、铅、三氯甲烷、四氯化碳、苯、甲苯、总 α 放射性、总 β 放射性
特征因子	根据《环境影响评价技术导则　地下水环境》(HJ 610—2016)中地下水环境影响的识别结果确定。根据建设项目废水成分(可参照 HJ/T 2.3)、液体物料成分、固体废物浸出液成分等确定

3. 大气环境质量现状监测因子

(1) 监测因子确定原则　大气环境质量现状监测因子主要根据《环境空气质量标准》(GB 3095—2012)和《环境影响评价技术导则　大气环境》(HJ 2.2—2018)附录 D 确定。

(2) 监测因子

① 凡项目或规划实施后排放的大气污染物属于《环境空气质量标准》(GB 3095—2012)中表 1 环境空气污染物基本项目和表 2 环境空气污染物其他项目中的污染物(见表 5-7、表 5-8),应作为常规污染物进行监测,如 SO_2、NO_2、PM_{10} 等。

表 5-7　环境空气污染物基本项目

序号	污染物项目	序号	污染物项目
1	二氧化硫	4	臭氧
2	二氧化氮	5	颗粒物(粒径小于等于 $10\mu m$)
3	一氧化碳	6	颗粒物(粒径小于等于 $2.5\mu m$)

表 5-8　环境空气污染物其他项目

序号	污染物项目	序号	污染物项目
1	总悬浮颗粒物	3	铅
2	氮氧化物	4	苯并[a]芘(BaP)

② 凡项目或规划实施后排放的特征污染物有国家或地方环境质量标准的,或者有《环境影响评价技术导则　大气环境》(HJ 2.2—2018)附录 D 中规定的其他污染物空气质量浓度参考限值的,应筛选为监测因子,如 NH_3、H_2S 等,见表 5-9。

表 5-9　HJ 2.2—2018 附录 D 中规定的其他污染物

序号	物质名称	序号	物质名称
1	氨	13	甲醇
2	苯	14	甲醛
3	苯胺	15	硫化氢
4	苯乙烯	16	硫酸
5	吡啶	17	氯
6	丙酮	18	氯丁二烯
7	丙烯腈	19	氯化氢
8	丙烯醛	20	锰及其化合物(以 MnO_2 计)
9	二甲苯	21	五氧化二磷
10	二硫化碳	22	硝基苯
11	环氧氯丙烷	23	乙醛
12	甲苯	24	总挥发性有机物(TVOC)

③ 对没有相应环境质量标准的污染物，且毒性较大的，应按照实际情况选取有代表性的污染物作为监测因子，同时应给出参考标准值和出处，如二噁英。

4. 声环境质量现状监测因子

（1）监测因子确定原则　声环境质量现状监测因子主要根据《声环境质量标准》（GB 3096—2008）确定。

（2）监测因子　环境噪声监测因子为等效连续 A 声级；突发性噪声监测因子为最大 A 声级及噪声持续时间；机场飞机噪声的监测因子为计权等效连续感觉噪声级。

5. 土壤环境质量现状监测因子

（1）监测因子确定原则　土壤环境质量现状监测因子主要根据《土壤环境质量　农用地土壤污染风险管控标准（试行）》（GB 15618—2018）和《土壤环境质量　建设用地土壤污染风险管控标准（试行）》（GB 36600—2018）确定。

（2）监测因子　基本因子为 GB 15618、GB 36600 中规定的基本项目，根据调查评价范围内的土地利用类型选取，见表 5-10 和表 5-11。

表 5-10　GB 15618 中规定的基本项目

序号	项目	序号	项目
1	镉	5	铬
2	汞	6	铜
3	砷	7	镍
4	铅	8	锌

表 5-11　GB 36600 中规定的基本项目

序号	项目	序号	项目	序号	项目
1	砷	16	二氯甲烷	31	苯乙烯
2	镉	17	1,2-二氯丙烷	32	甲苯
3	铬（六价）	18	1,1,1,2-四氯乙烷	33	间二甲苯＋对二甲苯
4	铜	19	1,1,2,2-四氯乙烷	34	邻二甲苯
5	铅	20	四氯乙烯	35	硝基苯
6	汞	21	1,1,1-三氯乙烷	36	苯胺
7	镍	22	1,1,2-三氯乙烷	37	2-氯酚
8	四氯化碳	23	三氯乙烯	38	苯并[a]蒽
9	氯仿	24	1,2,3-三氯丙烷	39	苯并[a]芘
10	氯甲烷	25	氯乙烯	40	苯并[b]荧蒽
11	1,1-二氯乙烷	26	苯	41	苯并[k]荧蒽
12	1,2-二氯乙烷	27	氯苯	42	䓛
13	1,1-二氯乙烯	28	1,2-二氯苯	43	二苯并[a,h]蒽
14	顺 1,2-二氯乙烯	29	1,4-二氯苯	44	茚并[$1,2,3-cd$]芘
15	反 1,2-二氯乙烯	30	乙苯	45	萘

特征因子为建设项目产生的特有因子，既是特征因子又是基本因子的，按特征因子对待。

（二）确定监测点位/断面

确定监测点位/断面是为了掌握环境质量及其变化在空间上的分布特征。在不同的环境要素中和对不同的监测项目，监测点位/断面的布置也不同。

1. 地表水环境质量现状监测点位

（1）河流监测断面设置与采样频次

① 水质监测断面布设。具体内容参照第四章表4-13。

② 水质取样断面上取样垂线的布设。按照《污水监测技术规范》（HJ 91.1—2019）规定执行。

③ 采样频次。具体内容见第四章表4-13。

（2）湖库监测点位设置与采样频次

① 水质取样垂线的布设。具体内容见第四章表4-14。

② 水质取样垂线上取样点的布设。按照《污水监测技术规范》（HJ 91.1—2019）的规定执行。

③ 采样频次。具体内容见第四章表4-14。

（3）入海河口、近岸海域监测点位设置与采样频次　具体内容见第四章表4-15。

2. 地下水环境质量现状监测点位

根据《环境影响评价技术导则　地下水环境》（HJ 610—2016），地下水环境质量现状监测点位遵循的布设原则见表5-12。

表5-12　地下水环境现状监测点位布设原则

序号	布设原则
1	地下水环境现状监测点采用控制性布点与功能性布点相结合的布设原则。监测点应主要布设在建设项目场地、周围环境敏感点、地下水污染源以及对于确定边界条件有控制意义的地点。当现有监测点不能满足监测位置和监测深度要求时，应布设新的地下水现状监测井，现状监测井的布设应兼顾地下水环境影响跟踪监测计划
2	监测层位应包括潜水含水层、可能受建设项目影响且具有饮用水开发利用价值的含水层
3	一般情况下，地下水水位监测点数以不小于相应评价级别地下水水质监测点数的2倍为宜
4	管道型岩溶区等水文地质条件复杂的地区，地下水现状监测点应视情况确定，并说明布设理由
5	在包气带厚度超过100m的地区或监测井较难布置的基岩山区，当地下水监测点数无法满足要求时，可视情况调整数量，并说明调整理由。一般情况下，该类地区一级、二级评价项目应至少设置3个监测点，三级评价项目可根据需要设置一定数量的监测点

地下水水质监测点布设应尽可能靠近建设项目场地或主体工程，监测点数应根据评价等级和水文地质条件确定，监测点布设具体要求见表5-13。

表5-13　地下水水质监测点布设具体要求

序号	评价等级	监测点布设要求
1	一级	一级评价项目潜水含水层的水质监测点应不少于7个，可能受建设项目影响且具有饮用水开发利用价值的含水层3～5个。 原则上建设项目场地上游和两侧的地下水水质监测点均不得少于1个，建设项目场地及其下游影响区的地下水水质监测点不得少于3个
2	二级	二级评价项目潜水含水层的水质监测点应不少于5个，可能受建设项目影响且具有饮用水开发利用价值的含水层2～4个。 原则上建设项目场地上游和两侧的地下水水质监测点均不得少于1个，建设项目场地及其下游影响区的地下水水质监测点不得少于2个

96

序号	评价等级	监测点布设要求
3	三级	三级评价项目潜水含水层水质监测点应不少于3个，可能受建设项目影响且具有饮用水开发利用价值的含水层1～2个。 原则上建设项目场地上游及下游影响区的地下水水质监测点各不得少于1个

3. 大气环境质量现状监测点位

（1）基本污染物环境质量现状数据　参照第四章表4-4。

（2）其他污染物环境质量现状数据　参照第四章表4-4。

在没有以上相关监测数据或监测数据不能满足评价要求时，应进行补充监测。以近20年统计的当地主导风向为轴向，在厂址及主导风向下风向5km范围内设置1～2个监测点。如需在一类区进行补充监测，监测点应设置在不受人为活动影响的区域。

4. 声环境质量现状监测点位

声环境质量现状监测布点应覆盖整个评价范围，包括厂界（场界、边界）和声环境保护目标。当声环境保护目标高于（含）三层建筑时，还应按照噪声垂直分布规律、建设项目与声环境保护目标高差等因素选取有代表性的声环境保护目标的代表性楼层设置监测点。

评价范围内没有明显的声源时（如工业噪声、交通运输噪声、建设施工噪声、社会生活噪声等），可选择有代表性的区域布设监测点。

评价范围内有明显声源，并对声环境保护目标的声环境质量有影响时，或建设项目为改、扩建工程，应根据声源种类采取不同的监测布点原则，具体见表5-14。

表5-14　根据声源种类不同，采取不同的监测布点原则

序号	布设原则
1	当声源为固定声源时，现状测点应重点布设在可能同时受到既有声源和建设项目声源影响的声环境保护目标处，以及其他有代表性的声环境保护目标处；为满足预测需要，也可在距离既有声源不同距离处布设减测点
2	当声源为移动声源，且呈现线声源特点时，现状测点位置选取应兼顾声环境保护目标的分布状况、工程特点及线声源噪声影响随距离衰减的特点，布设在具有代表性的声环境保护目标处。为满足预测需要，可在垂直于线声源不同水平距离处布设衰减测点
3	对于改、扩建机场工程，测点一般布设在主要声环境保护目标处，重点关注航迹下方的声环境保护目标及跑道侧向较近处的声环境保护目标，测点数量可根据机场飞行量及周围声环境保护目标情况确定，现有单条跑道、两条跑道或三条跑道的机场可分别布设3～9、9～14或12～18个噪声测点，跑道增加或保护目标较多时可进一步增加测点。对于评价范围内少于3个声环境保护目标的情况，原则上布点数量不少于3个。结合声环境保护目标位置布点的，应优先选取跑道两端航迹3km以内范围的保护目标位置布点；无法结合保护目标位置布点的，可适当结合航迹下方的导航台站位置进行布点

5. 土壤环境质量现状监测点位

根据《环境影响评价技术导则　土壤环境（试行）》（HJ 964—2018），土壤环境质量现状监测点位遵循的布设原则见表5-15。

表5-15　土壤环境现状监测点位布设原则

序号	布设原则
1	土壤环境现状监测点布设应根据建设项目土壤环境影响类型、评价工作等级、土地利用类型确定，采用均布性与代表性相结合的原则，充分反映建设项目调查评价范围内的土壤环境现状，可根据实际情况优化调整
2	调查评价范围内的每种土壤类型至少设置1个表层样监测点，应尽量设置在未受人为污染或相对未受污染的区域

序号	布设原则
3	生态影响型建设项目应根据建设项目所在地的地形特征、地面径流方向设置表层样监测点
4	涉及入渗途径影响的,主要产污装置区应设置柱状样监测点,采样深度需至装置底部与土壤接触面以下,根据可能影响的深度适当调整
5	涉及大气沉降影响的,应在占地范围外主导风向的上、下风向各设置 1 个表层样监测点,可在最大落地浓度点增设表层样监测点
6	涉及地面漫流途径影响的,应结合地形地貌,在占地范围外的上、下游各设置 1 个表层样监测点
7	线性工程应重点在站场位置(如输油站、泵站、阀室、加油站及维修场所等)设置监测点,涉及危险品、化学品或石油等输送管线的应根据评价范围内土壤环境敏感目标或厂区内的平面布局情况确定监测点布设位置
8	评价工作等级为一级、二级的改、扩建项目,应在现有工程厂界外可能产生影响的土壤环境敏感目标处设置监测点
9	涉及大气沉降影响的改、扩建项目,可在主导风向下风向适当增加监测点位,以反映降尘对土壤环境的影响
10	建设项目占地范围及其可能影响区域的土壤环境已存在污染风险,应结合用地历史资料和现状调查情况,在可能受影响最重的区域布设监测点,取样深度根据其可能影响的情况确定
11	建设项目现状监测点设置应兼顾土壤环境影响跟踪监测计划

建设项目各评价工作等级的监测点数不少于表 5-16 要求。生态影响型建设项目可优化调整占地范围内、外监测点数量,保持总数不变,占地范围超过 5000hm² 的,每增加 1000hm² 增加 1 个监测点。污染影响型建设项目占地范围超过 100hm² 的,每增加 20hm² 增加 1 个监测点。

表 5-16 土壤环境现状监测布点类型与数量

评价工作等级		占地范围内	占地范围外
一级	生态影响型	5 个表层样点①	6 个表层样点
	污染影响型	5 个柱状样点②,2 个表层样点	4 个表层样点
二级	生态影响型	3 个表层样点	4 个表层样点
	污染影响型	3 个柱状样点,1 个表层样点	2 个表层样点
三级	生态影响型	1 个表层样点	2 个表层样点
	污染影响型	3 个表层样点	—

注:"—"表示无现状监测布点类型与数量的要求。
① 表层样应在 0~0.2m 取样;② 柱状样通常在 0~0.5m、0.5~1.5m、1.5~3m 分别取样,3m 以下每 3m 取 1 个样,可根据基础埋深、土体构型适当调整。

(三) 确定监测时间

选择监测时间的目的是掌握环境质量在时间域上的变化规律。该规律既取决于污染物的排放规律,又受到相应的环境要素特性的影响,因此,监测时间必须根据污染物排放的实际情况和环境要素的实际情况决定。

1. 地表水环境质量现状监测时间

根据不同评价等级对应的评价时期要求开展地表水环境质量现状调查,具体见第四章表 4-10。

2. 地下水环境质量现状监测时间

① 地下水水位监测频率的要求见表 5-17。

表 5-17 地下水水位监测频率要求

序号	评价等级	水位监测频率
1	一级	若掌握近 3 年内至少一个连续水文年的枯、平、丰水期地下水水位动态监测资料,评价期内应至少开展一期地下水水位监测;若无上述资料,应依据表 5-18 开展水位监测
2	二级	若掌握近 3 年内至少一个连续水文年的枯、丰水期地下水水位动态监测资料,评价期可不再开展地下水水位现状监测;若无上述资料,应依据表 5-18 开展水位监测
3	三级	若掌握近 3 年内至少一期的监测资料,评价期内可不再进行地下水水位现状监测;若无上述资料,应依据表 5-18 开展水位监测

② 基本水质因子的水质监测频率应参照表 5-18,若掌握近 3 年至少一期水质监测数据,基本水质因子可在评价期补充开展一期现状监测,特征因子在评价期内应至少开展一期现状监测。

表 5-18 地下水环境现状监测频率推荐表

分布区	水位监测频率			水质监测频率		
	一级	二级	三级	一级	二级	三级
山前冲(洪)积	枯平丰	枯丰	一期	枯丰	枯	一期
滨海(含填海区)	二期①	一期	一期	一期	一期	一期
其他平原区	枯丰	一期	一期	枯	一期	一期
黄土地区	枯平丰	一期	一期	二期	一期	一期
沙漠地区	枯丰	一期	一期	一期	一期	一期
丘陵山区	枯丰	一期	一期	一期	一期	一期
岩溶裂隙	枯丰	一期	一期	枯丰	一期	一期
岩溶管道	二期	一期	一期	二期	一期	一期

① "二期"的间隔有明显水位变化,其变化幅度接近年内变幅。

③ 在包气带厚度超过 100m 的评价区或监测井较难布置的基岩山区,若掌握近 3 年内至少一期的监测资料,评价期内可不进行地下水水位、水质现状监测。若无上述资料,至少开展一期现状水位、水质监测。

3. 大气环境质量现状监测时间

根据监测因子的污染特征,选择污染较重的季节进行现状监测。补充监测应至少取得 7d 有效数据。

对于部分无法进行连续监测的其他污染物,可监测其一次空气质量浓度,监测时次应满足所用评价标准的取值时间要求。

三、实例

【例 5-1】 H 建材公司混凝土外加剂技术改造项目监测方案。

H 建材公司拟对位于子牙河流域的 A 市某工业园内的现有厂区进行技术改造,公司占地面积 $54631m^2$。技改后,生产规模为合成萘系减水剂 15 万吨每年。项目组成包括:主体工程(萘系合成车间、干燥车间、羧酸车间、粉剂复配车间)、辅助工程(办公室、原料库、罐区、液体输送系统、气体输送系统)、公用工程(化粪池)。H 公司年工作时间为 300 天，三班制。其主要生产工艺流程如图 5-1 所示。

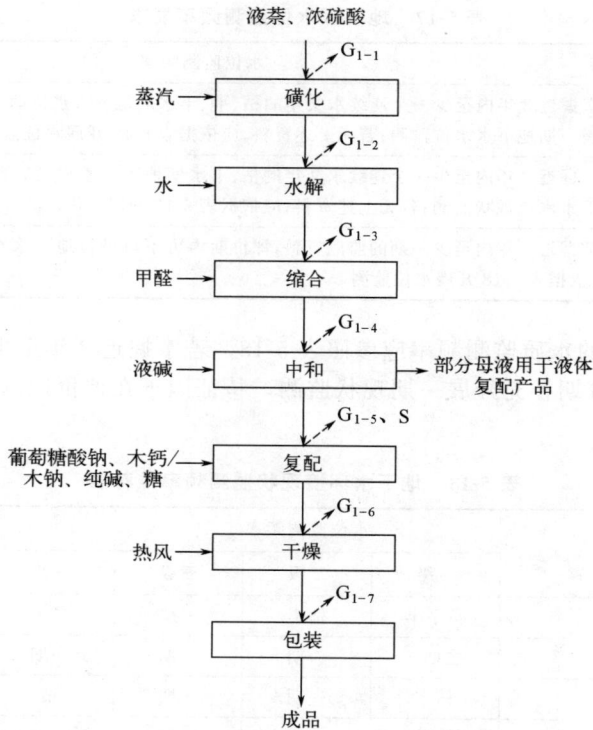

图 5-1　H 公司萘系减水剂主要生产工艺流程图

G—废气；S—固废

依据《环境影响评价技术导则　大气环境》(HJ 2.2—2018)，本项目结合工程分析，选择正常排放的主要污染物及排放参数，采用 HJ 2.2—2018 附录 A 推荐模型中的 AER-SCREEN 模型计算项目污染源的最大环境影响，本项目 P_{max} 最大值为羧酸车间 PM_{10} 18.89%。本项目工艺用水、辅助设施排水全部回用，无生产废水外排；不新增劳动定员，生活污水不新增。项目周边没有集中式饮用水水源(包括已建成的在用、备用、应急水源，在建和规划的饮用水水源)准保护区及其以外的补给径流区、除集中式饮用水水源以外的国家或地方政府设定的与地下水环境相关的其他保护区等敏感点。但厂区附近分布有村庄和耕地，居民饮用水来自各村集中供水井，取水层位为承压含水层。本项目所处的区域声环境功能为《声环境质量标准》(GB 3096—2008)规定的 3 类地区，项目建设前后评价范围内敏感目标噪声级增高量在 3dB (A)以下，且受影响人口数量变化不大。

【答】　根据题目给定的已知条件，本项目大气环境影响评价工作等级为一级、地表水环境影响评价工作等级为三级 B、地下水环境影响评价工作等级为一级、声环境影响评价工作等级为三级、土壤环境影响评价工作等级为一级。

① 制定环境空气质量现状监测方案如下。

监测因子：非甲烷总烃 1 小时平均浓度、甲醛 1 小时平均浓度、硫酸雾 1 小时平均浓度和 24 小时平均浓度、TSP 24 小时平均浓度。

监测点位：在厂址及主导风向下风向 5km 范围内设置 1 个监测点。

监测时间：连续监测 7 天。

② 制定地下水环境质量现状监测方案如下。

监测项目：色（铂钴色度单位）、嗅和味、浑浊度、肉眼可见物、pH、总硬度（以 $CaCO_3$ 计）、溶解性总固体、铁、锰、铜、锌、铝、挥发性酚类（以苯酚计）、阴离子表面活性剂、耗氧量（COD_{Mn} 法，以 O_2 计）、氨氮（以 N 计）、硫化物、钠、总大肠菌群、菌落总数、亚硝酸盐（以 N 计）、硝酸盐（以 N 计）、氰化物、氟化物、碘化物、汞、砷、硒、镉、铬（六价）、铅、三氯甲烷、四氯化碳、苯、甲苯、石油类；K^+、Na^+、Ca^{2+}、Mg^{2+}、CO_3^{2-}、HCO^{3-}、Cl^-、SO_4^{2-}，同步监测地下水井深和水位。

监测断面：根据地下水走向，共布设 10 个地下水质监测点，其中浅层水监测点 7 个，深层水监测点 3 个。

监测时间：1 天。

③ 制定土壤环境质量现状监测方案如下。

监测因子：

建设用地：砷、镉、铬（六价）、铜、铅、汞、镍；四氯化碳、氯仿、氯甲烷、1,1-二氯乙烷、1,2-二氯乙烷、1,1-二氯乙烯、顺 1,2-二氯乙烯、反 1,2-二氯乙烯、二氯甲烷、1,2-二氯丙烷、1,1,1,2-四氯乙烷、1,1,2,2-四氯乙烷、四氯乙烯、1,1,1-三氯乙烷、1,1,2-三氯乙烷、三氯乙烯、1,2,3-三氯丙烷、氯乙烯、苯、氯苯、1,2-二氯苯、1,4-二氯苯、乙苯、苯乙烯、甲苯、间二甲苯＋对二甲苯、邻二甲苯、硝基苯、苯胺、2-氯酚、苯并 [a] 蒽、苯并 [a] 芘、苯并 [b] 荧蒽、苯并 [k] 荧蒽、䓛、二苯并 [a,h] 蒽、茚并 [1,2,3-cd] 芘、萘、石油烃（C_{10}～C_{40}）、甲醛、氨氮。农用地：pH、镉、汞、砷、铅、铬、铜、镍、锌。

监测点位：干燥车间南侧、聚羧酸减水剂车间南侧、西萘系合成车间北侧、东萘系合成车间北侧、成品库南侧（柱状样点），科研楼北绿化区、办公楼南绿化区（表层样点），厂区西侧建设用地、厂区西南侧营里村、厂区东北侧农田、厂区东南侧农田（表层样点）。

监测时间：监测 1 天，取样 1 次。

第二节 环境监测报告

一、监测报告内容

（一）概况
简单介绍项目的名称、监测报告的监测单位、采样时间、监测时间等。

（二）内容
一份完整的环境监测报告应包括以下内容。
① 样品信息；
② 检测项目及检测方法；
③ 监测结果。

二、实例

【例 5-2】 某包装项目环境监测报告。

现以某包装项目为例，具体介绍声环境质量监测报告。该项目环境质量监测报告内容如下。

1. 概述

本次监测概述见表5-19。

表5-19　概述

项目单位	某包装有限公司	联系人及电话	曹经理 12345678910
项目单位地址	A市B县C村	检测类别	委托检测
采样/检测日期	2024年6月5日	采样/检测人员	张某某、刘某某
备注	—		

2. 检测项目样品信息

本次检测项目样品信息见表5-20。

表5-20　检测项目样品信息

项目类别	检测点位名称	检测项目	检测频次	样品描述
噪声	D托养院布设1个检测点	环境噪声	检测1天,昼间、夜间各检测1次	—

3. 监测分析方法及主要仪器

本次监测中所用分析方法及主要仪器见表5-21。

表5-21　监测分析方法及主要仪器

项目类别	检测项目	分析方法及国标代号	检出限	仪器名称及型号
噪声	环境噪声	《声环境质量标准》 GB 3096—2008		多功能声级计 AWA5688/QX-018,声校准器 AWA6022A/QX-019

4. 监测结果

声环境质量监测结果见表5-22。

表5-22　声环境质量监测结果　　　　单位：dB(A)

日期		D托养院
2024年6月5日	昼间	48.0
	夜间	38.6

【例5-3】 某工业园区环境质量补充监测报告。

现以某工业园区为例，介绍环境空气、地表水、土壤、沉积物、地下水环境监测报告。该项目环境质量监测报告如下。

1. 概述

本次监测概述见表5-23。

表5-23　概述

委托单位	某环境公司
项目名称	某工业园区环境质量现状补充监测
委托单位地址	
检测目的	现状监测

采样日期	2024 年 05 月 28 日～2024 年 06 月 03 日	检测日期	2024 年 05 月 28 日～2024 年 06 月 07 日
采样人员	荣某某、赵某某、郭某某、高某某、李某某		
分析人员	代某某、岳某某、董某某、孙某某、梁某某、李某某		

2. 检测项目样品信息

本次检测项目样品信息见表 5-24。

表 5-24　检测项目样品信息

检测类别	样品编号	检测项目	样品状态
环境空气	HCHO-(01～02)-(01～28)	甲醛	吸收瓶,保存完好,无破损
	FenS-(01～02)-(01～28)	酚类化合物	吸收瓶,保存完好,无破损
地下水	DX-(01～20)-01	苯胺	无色,透明液体,保存完好
地表水	DB-(01、04)-(01～03)	粪大肠菌群、甲苯	浅黄色,透明,无嗅液体,保存完好
	DB-(02、03)-(01～03)		浅黄色,透明,稍有气味液体,保存完好
沉积物	CJW-(01、02)-(01～03)	锑、六价铬、石油烃(C_{10}～C_{40})、甲苯	暗灰色,稍有气味,弱黏性固体,保存完好
土壤	TR-(01、07、08)-01	苯酚、锑、甲醛	棕色,微团粒,潮,少量根系固体,保存完好
	TR-(02、03、05、06)-01		棕色,微团粒,潮,无根系固体,保存完好
	TR-04-01		黄棕色,微团粒,潮,无根系固体,保存完好

3. 监测分析方法及主要仪器

本次监测中所用分析方法及主要仪器见表 5-25。

表 5-25　监测分析方法及主要仪器

序号	类别	检测项目	检测方法	仪器型号名称(编号)	检出限/最低检出浓度
1	环境空气	甲醛	《空气和废气监测分析方法》(第四版增补版)6.4.2.1 酚试剂分光光度法	JCH-6120 大气/TSP 综合采样器(C-057、C-058)	0.01mg/m³
				SP-722 可见分光光度计(S-030)	
2		酚类化合物	《固定污染源排气中酚类化合物的测定　4-氨基安替比林分光光度法》HJ/T 32—1999	JCH-6120 大气/TSP 综合采样器(C-057、C-058)	0.003mg/m³
				SP-722 可见分光光度计(S-030)	
3	地下水	苯胺	《水质　苯胺类化合物的测定　气相色谱-质谱法》HJ 822—2017	8860-5977B 气相色谱-质谱联用仪(S-105)	0.057μg/L

序号	类别	检测项目	检测方法	仪器型号名称(编号)	检出限/ 最低检出浓度
4	地表水	粪大肠菌群	《水质　粪大肠菌群的测定　多管发酵法》HJ 347.2—2018	HSX-250A 恒温恒湿培养箱(S-010)	20MPN/L
5		甲苯	《水质　挥发性有机物的测定　吹扫捕集/气相色谱-质谱法》HJ 639—2012	8860-5977B 气相色谱-质谱联用仪(S-106)	0.3μg/L
6	沉积物	锑	《土壤和沉积物　汞、砷、硒、铋、锑的测定　微波消解/原子荧光法》HJ 680—2013	SK-2003A 原子荧光光谱仪(S-026)	0.01mg/kg
7		六价铬	《土壤和沉积物　六价铬的测定　碱溶液提取-火焰原子吸收分光光度法》HJ 1082—2019	990AFG 原子吸收分光光度计(S-033)	0.5mg/kg
8		石油烃($C_{10}\sim C_{40}$)	《土壤和沉积物　石油烃(C_{10}-C_{40})的测定　气相色谱法》HJ 1021—2019	GC-2010 Pro AF 气相色谱仪(S-130)	6mg/kg
9		甲苯	《土壤和沉积物　挥发性有机物的测定　吹扫捕集/气相色谱-质谱法》HJ 605—2011	8860-5977B 气相色谱-质谱联用仪(S-106)	1.3μg/kg
10		苯酚	《土壤和沉积物　酚类化合物的测定　气相色谱法》HJ 703—2014	GC-2010 Pro AF 气相色谱仪(S-130)	0.04mg/kg
11	土壤	锑	《土壤和沉积物　汞、砷、硒、铋、锑的测定　微波消解/原子荧光法》HJ 680—2013	SK2003A 原子荧光光谱仪(S-026)	0.01mg/kg
12		甲醛	《土壤和沉积物　醛、酮类化合物的测定　高效液相色谱法》HJ 997—2018	U3000 液相色谱仪(YQ003)	0.02mg/kg

4. 监测结果

环境质量监测结果见表 5-26～表 5-30。

表 5-26　环境空气质量监测结果

采样日期	采样时间	甲醛		酚类化合物	
		K1	K2	K1	K2
2024 年 05 月 28 日	02:00	ND	ND	ND	ND
	08:00	ND	ND	ND	ND
	14:00	ND	ND	ND	ND
	20:00	ND	ND	ND	ND
2024 年 05 月 29 日	02:00	ND	ND	ND	ND
	08:00	ND	ND	ND	ND
	14:00	ND	ND	ND	ND
	20:00	ND	ND	ND	ND

续表

采样日期	采样时间	甲醛		酚类化合物	
		K1	K2	K1	K2
2024 年 05 月 30 日	02:00	ND	ND	ND	ND
	08:00	ND	ND	ND	ND
	14:00	ND	ND	ND	ND
	20:00	ND	ND	ND	ND
2024 年 05 月 31 日	02:00	ND	ND	ND	ND
	08:00	ND	ND	ND	ND
	14:00	ND	ND	ND	ND
	20:00	ND	ND	ND	ND
2024 年 06 月 01 日	02:00	ND	ND	ND	ND
	08:00	ND	ND	ND	ND
	14:00	ND	ND	ND	ND
	20:00	ND	ND	ND	ND
2024 年 06 月 02 日	02:00	ND	ND	ND	ND
	08:00	ND	ND	ND	ND
	14:00	ND	ND	ND	ND
	20:00	ND	ND	ND	ND
2024 年 06 月 03 日	02:00	ND	ND	ND	ND
	08:00	ND	ND	ND	ND
	14:00	ND	ND	ND	ND
	20:00	ND	ND	ND	ND

注："ND"代表未检出。

表 5-27　地下水质量监测结果

序号	检测项目	采样日期	2024 年 05 月 30 日			
		点位	Q1(潜水)	S1(承压水)	Q2(潜水)	Q3(潜水)
		单位	检测结果	检测结果	检测结果	检测结果
1	苯胺	μg/L	0.057L	0.057L	0.057L	0.057L
序号	检测项目	采样日期	2024 年 05 月 30 日			
		点位	S2(承压水)	Q4(潜水)	Q5(潜水)	Q7(潜水)
		单位	检测结果	检测结果	检测结果	检测结果
1	苯胺	μg/L	0.057L	0.057L	0.057L	0.057L
序号	检测项目	采样日期	2024 年 05 月 30 日			
		点位	S4(承压水)	Q6(潜水)	S3(承压水)	Q11(潜水)
		单位	检测结果	检测结果	检测结果	检测结果
1	苯胺	μg/L	0.057L	0.057L	0.057L	0.057L
序号	检测项目	采样日期	2024 年 05 月 30 日			
		点位	S6(承压水)	Q13(潜水)	Q14(潜水)	Q12(潜水)
		单位	检测结果	检测结果	检测结果	检测结果
1	苯胺	μg/L	0.057L	0.057L	0.057L	0.057L

续表

序号	检测项目	采样日期	2024 年 05 月 30 日			
		点位	Q9（潜水）	Q10（潜水）	Q8（潜水）	S5（承压水）
		单位	检测结果	检测结果	检测结果	检测结果
1	苯胺	μg/L	0.057L	0.057L	0.057L	0.057L

注："检出限＋L"均代表未检出。

表 5-28 地表水质量监测结果

序号	检测项目	采样日期	2024 年 05 月 29 日			
		点位	第二污水处理厂排污口下游 1000 米处	污水处理厂排污口下游 1500 米处	污水处理厂排污口	污水处理厂排污口上游 500 米处
		单位	检测结果	检测结果	检测结果	检测结果
1	粪大肠菌群	MPN/L	2.5×10^3	3.5×10^3	4.3×10^3	1.3×10^3
2	甲苯	μg/L	0.3L	0.3L	0.3L	0.3L
序号	检测项目	采样日期	2024 年 05 月 30 日			
		点位	第二污水处理厂排污口下游 1000 米处	污水处理厂排污口下游 1500 米处	污水处理厂排污口	污水处理厂排污口上游 500 米处
		单位	检测结果	检测结果	检测结果	检测结果
1	粪大肠菌群	MPN/L	3.5×10^3	4.3×10^3	5.4×10^3	2.8×10^3
2	甲苯	μg/L	0.3L	0.3L	0.3L	0.3L
序号	检测项目	采样日期	2024 年 05 月 31 日			
		点位	第二污水处理厂排污口下游 1000 米处	污水处理厂排污口下游 1500 米处	污水处理厂排污口	污水处理厂排污口上游 500 米处
		单位	检测结果	检测结果	检测结果	检测结果
1	粪大肠菌群	MPN/L	2.2×10^3	2.8×10^3	3.5×10^3	1.8×10^3
2	甲苯	μg/L	0.3L	0.3L	0.3L	0.3L

表 5-29 沉积物质量监测结果

序号	检测项目	采样日期	2024 年 05 月 29 日	
		点位	1#污水处理厂排污口下游 1500 米处	2#污水处理厂排污口
		单位	检测结果	检测结果
1	锑	mg/kg	0.82	0.77
2	六价铬	mg/kg	ND	ND
3	石油烃（$C_{10}\sim C_{40}$）	mg/kg	58	53
4	甲苯	μg/kg	ND	ND
序号	检测项目	采样日期	2024 年 05 月 30 日	
		点位	1#污水处理厂排污口下游 1500 米处	2#污水处理厂排污口
		单位	检测结果	检测结果
1	锑	mg/kg	0.81	0.78

续表

序号	检测项目	采样日期	2024 年 05 月 30 日	
		点位	1♯污水处理厂排污口下游 1500 米处	2♯污水处理厂排污口
		单位	检测结果	检测结果
2	六价铬	mg/kg	ND	ND
3	石油烃（C_{10}～C_{40}）	mg/kg	62	55
4	甲苯	μg/kg	ND	ND
序号	检测项目	采样日期	2024 年 05 月 31 日	
		点位	1♯污水处理厂排污口下游 1500 米处	2♯污水处理厂排污口
		单位	检测结果	检测结果
1	锑	mg/kg	0.81	0.78
2	六价铬	mg/kg	ND	ND
3	石油烃（C_{10}～C_{40}）	mg/kg	64	52
4	甲苯	μg/kg	ND	ND

注："ND"代表未检出。

表 5-30　土壤质量监测结果

序号	检测项目	采样日期	2024 年 05 月 29 日		
		点位	Z1（深度：0.3m）	Z1（深度：1.1m）	Z1（深度：2.0m）
		单位	检测结果	检测结果	检测结果
1	苯酚	mg/kg	ND	ND	ND
2	锑	mg/kg	0.88	0.81	0.74
3	甲醛	mg/kg	ND	ND	ND
序号	检测项目	采样日期	2024 年 05 月 29 日		
		点位	Z2（深度：0.2m）	Z2（深度：1.2m）	Z2（深度：2.1m）
		单位	检测结果	检测结果	检测结果
1	苯酚	mg/kg	ND	ND	ND
2	锑	mg/kg	0.83	0.79	0.73
3	甲醛	mg/kg	ND	ND	ND
序号	检测项目	采样日期	2024 年 05 月 29 日		
		点位	B1（深度：0.1m）	B2（深度：0.1m）	—
		单位	检测结果	检测结果	
1	苯酚	mg/kg	ND	ND	
2	锑	mg/kg	0.84	0.79	
3	甲醛	mg/kg	ND	ND	

注："ND"代表未检出。

第三节　环境质量现状评价

一、单因子指数法

（一）通用公式

单因子指数法是对每个污染因子单独进行评价，利用概率统计得出各自的达标率或超标率、超标倍数、平均值等结果。单因子评价能客观地反映污染程度，可清晰地判断出主要污染因子、主要污染时段和主要污染区域，能较完整地提供监测区域的时空污染变化，反映污染历时。其计算公式如下：

$$I_i = \frac{C_i}{C_{oi}} \quad (5-1)$$

式中，I_i 为某种污染物的污染指数；C_i 为某种污染物的实测浓度；C_{oi} 为某种污染物的评价标准。

（二）特殊水质因子

1. 溶解氧（DO）的标准指数

$$S_{DO,j} = \frac{DO_s}{DO_f} \quad DO_j \leq DO_f \quad (5-2)$$

$$S_{DO,j} = |DO_f - DO_j| / (DO_f - DO_s) \quad DO_j > DO_f \quad (5-3)$$

式中，$S_{DO,j}$ 为溶解氧的标准指数，大于 1 表明该水质因子超标；DO_j 为溶解氧在 j 点的实测统计代表值，mg/L；DO_s 为溶解氧的水质评价标准限值，mg/L；DO_f 为饱和溶解氧浓度，mg/L，对于河流，$DO_f = 468/(31.6+T)$，对于盐度比较高的湖泊、水库及入海河口、近岸海域，$DO_f = (491-2.695S)/(33.5+T)$；$S$ 为实用盐度符号，量纲为 1；T 为水温，℃。

2. pH 的标准指数

$$S_{pH,j} = \frac{7.0 - pH_j}{7.0 - pH_{sd}} \quad pH_j \leq 7.0 \quad (5-4)$$

$$S_{pH,j} = \frac{pH_j - 7.0}{pH_{su} - 7.0} \quad pH_j > 7.0 \quad (5-5)$$

式中，$S_{pH,j}$ 为 pH 的标准指数，大于 1 表明该水质因子超标；pH_j 为 pH 实测值；pH_{su} 为地表水质标准中规定的 pH 下限；pH_{sd} 为地表水质标准中规定的 pH 上限。

二、现状评价

（一）地表水、地下水、大气环境质量现状评价

地表水、地下水、大气环境质量现状评价采用单因子标准指数法。

标准指数＞1，表明该水质、大气因子已超标，标准指数越大，超标越严重。

（二）声环境质量现状评价

列表给出厂界（场界、边界）、各声环境保护目标现状值及超标和达标情况分析，给出不同声环境功能区或声级范围（机场航空器噪声）内的超标户数。

（三）生态现状评价

在区域生态基本特征现状监测的基础上，对评价区的生态现状进行定量或定性的分析评价，评价应采用文字和图件相结合的表现形式，评价方法参照《环境影响评价技术导则　生态影响》（HJ 19—2022）附录 C，见表 5-31。

（四）土壤现状评价

土壤环境质量现状评价采用标准指数法，并进行统计分析，给出样本数量、最大值、最小值、均值、标准差、检出率和超标率、最大超标倍数等。

对照表 5-32、表 5-33 给出各监测点位土壤盐化、酸化、碱化的级别，统计样本数量、最大值、最小值和均值，并评价均值对应的级别。

表 5-31　生态现状评价方法

评价方法名称	需要的信息	特点	参数	计算公式
列表清单法	① 拟实施的开发建设活动的影响因素； ② 可能受影响的环境因子	简单明了，针对性强	—	—
图形叠置法	指标法：① 确定评价区域范围； ② 开展生态调查； ③ 识别并筛选拟评价因子； ④ 区域划分； ⑤ 绘制生态图。 3S 叠图法：① 选底图； ② 在底图上描绘主要生态因子信息； ③ 识别并筛选拟评价因子； ④ 运用 3S 技术，分析影响性质、方式和程度； ⑤ 叠加影响因子和底图，得到生态影响评价图	直观、形象、简单明了	—	—
生态机理分析法	① 调查环境背景现状，收集工程组成、建设、运行等有关资料； ② 调查植物和动物分布、动物栖息地和迁徙、洄游路线； ③ 分析植物群落、群落和生态系统； ④ 识别珍稀濒危物种、特有种等需要特别保护的物种； ⑤ 预测项目建成后该地区动物、植物的变化； ⑥ 对照无开发项目条件下动物、植物或生态系统演变或变化趋势，进行生态预测	需与生物学、地理学、水文学、数学及其他多学科合作评价，才能得出较为客观的结果	—	—
指数法与综合指数法	单因子指数法；评价标准：① 各生态因子的性质及变化规律； ② 建立表征各生态因子特性的指标体系； ③ 确定评价标准； ④ 建立评价函数曲线，计算开发建设活动前后各因子质量的变化值； ⑤ 根据各因子的相对重要性赋予权重； ⑥ 将各因子的变化值综合，提出综合影响评价值	计算简单、直观、简明	开发建设活动前后生态质量变化值 ΔE； 开发建设活动后 i 因子的质量指标 E_{hi}； 开发建设活动前 i 因子的质量指标 E_{qi}； i 因子的权值 W_i	$\Delta E = \sum (E_{hi} - E_{qi}) \times W_i$
类比分析法	① 已有的建设项目； ② 类比对象	常用定性和半定量评价方法	—	—

续表

评价方法名称	需要的信息	特点	参数	计算公式
系统分析法	①限定问题；②确定目标；③调查研究；④收集数据；⑤提出备选方案和评价标准；⑥备选方案评估和提出最可行方案	能妥善地解决一些多目标动态性问题	—	—
				物种丰富度：调查区域内物种种数之和
生物多样性评价法	常用的评价指标包括物种丰富度、香农-威纳多样性指数、Pielou 均匀度指数、Simpson 优势度指数等	需要实地调查	香农-威纳多样性指数 H；调查区域内物种种类总数 S；调查区域内属于第 i 种的个体比例 P_i	香农-威纳多样性指数 $$H = -\sum_{i=1}^{s} P_i \ln P_i$$
			Pielou 均匀度指数 J；调查区域内物种种类总数 S；调查区域内属于第 i 种的个体比例 P_i	Pielou 均匀度指数 $$J = \left(-\sum_{i=1}^{s} P_i \ln P_i\right)/\ln S$$
			Simpson 优势度指数 D；调查区域内物种种类总数 S；调查区域内属于第 i 种的个体比例 P_i	Simpson 优势度指数 $$D = 1 - \sum_{i=1}^{s} P_i^2$$
生态系统评价方法 植被覆盖度	植被指数估算法：①分析各像元中植被类型及分布特征；②建立植被指数与植被覆盖度的转换关系；回归模型；机器学习法	定量分析评价范围内的植被现状	所计算像元的植被覆盖度 FVC；所计算像元的 NDVI 值 NDVI；纯植物像元的 NDVI 值 $NDVI_v$；完全无植被覆盖像元的 NDVI 值 $NDVI_s$	$$FVC = (NDVI - NDVI_s)/(NDVI_v - NDVI_s)$$

续表

评价方法名称		需要的信息	特点	参数	计算公式
生态系统评价方法	生物量	植被指数法：①实地测量的生物量数据和遥感植被指数；②建立统计模型；③反演评价区域的生物量。异速生长方程法	不同生态系统的生物量测定方法不同，可采用实测与估算相结合的方法	—	—
	生产力	统计模型(如 Miami 模型) 过程模型(如 BIOME-BGC 模型，BEPS 模型) 光能利用率模型(如 CASA 模型)	反映生产有机质或积累能量的速率	净初级生产力 NPP；植被所吸收的光合有效辐射 APAR；光能转化率 ε；时间 t；空间位置 x	$NPP(x,t) = APAR(x,t) \times \varepsilon(x,t)$
	生物完整性指数	①选择指示物种；②确定指示物种状况参数指标；③选择参考点和干扰点，采集参数指标数值；④计算参考点和干扰点的指标数值；⑤建立生物完整性指数的评分标准；⑥预测分析项目建设后水生态系统变化情况	已被广泛应用于河流、湖泊、沼泽、海岸滩涂、水库等生态系统健康状况评价，指示生物类群也由最初的鱼类扩展到底栖动物、着生藻类、维管植物、两栖动物和鸟类等	—	—
	生态系统服务功能评价	根据生态系统类型选择适用指标	陆域生态系统服务功能评价方法可参考 HJ 1173	—	—
景观生态学评价法		定性描述法 景观生态图叠法 景观动态的定量化分析法：①收集景观数据进行解译或数字化处理；②建立景观类型图；③揭示景观的空间配置以及格局动态变化趋势	研究宏观尺度上景观类型的空间格局和生态过程的相互作用及其动态变化特征	—	—
生境评价方法		①通过近年文献记录、现场调查收集物种分布数据；②选取环境变量数据以表现栖息生境的生物气候特征、地形特征，植被特征和人为影响程度；③根据模型标准化图层删格出现概率分级分类，确定生境适宜性分级指数；④分析对物种分布的影响	可以在分布点相对较少的情况下获得较好的预测结果	—	—

注："3S" 为遥感技术（RS）、地理信息系统（GIS）、全球定位系统（GPS）。

表 5-32 土壤盐化分级标准

分级	土壤含盐量（SSC）/（g/kg）	
	滨海、半湿润和半干旱地区	干旱、半荒漠和荒漠地区
未盐化	SSC＜1	SSC＜2
轻度盐化	1≤SSC＜2	2≤SSC＜3
中度盐化	2≤SSC＜4	3≤SSC＜5
重度盐化	4≤SSC＜6	5≤SSC＜10
极重度盐化	SSC≥6	SSC≥10

注：根据区域自然背景状况适当调整。

表 5-33 土壤酸化、碱化分级标准

土壤 pH 值	土壤酸化、碱化强度	土壤 pH 值	土壤酸化、碱化强度
pH＜3.5	极重度酸化	8.5≤pH＜9.0	轻度碱化
3.5≤pH＜4.0	重度酸化	9.0≤pH＜9.5	中度碱化
4.0≤pH＜4.5	中度酸化	9.5≤pH＜10.0	重度碱化
4.5≤pH＜5.5	轻度酸化	pH≥10.0	极重度碱化
5.5≤pH＜8.5	无酸化或碱化		

注：土壤酸化、碱化强度指受人为影响后呈现的土壤 pH 值，可根据区域自然背景状况适当调整。

三、实例

【例 5-4】 新建丙烯酸项目环境空气敏感点监测点位。

某公司拟在化工园区新建丙烯酸生产项目，建设内容涉及丙烯酸生产线、灌装生产线等主体工程，丙烯罐（压力罐）、丙烯酸成品罐、原料和灌装产品仓库等储运工程，水、电、汽、循环水等公用工程，以及废气催化氧化装置、废液焚烧炉、污水处理站（敞开式）、事故火炬、固废暂存点、消防废水收集池等环保设施。

丙烯酸生产工艺见图 5-2，重要原料为丙烯和空气，产品为丙烯酸，反应副产物主要为醋酸、甲醛和丙烷。丙烯酸生产装置密闭，物料管道输送。

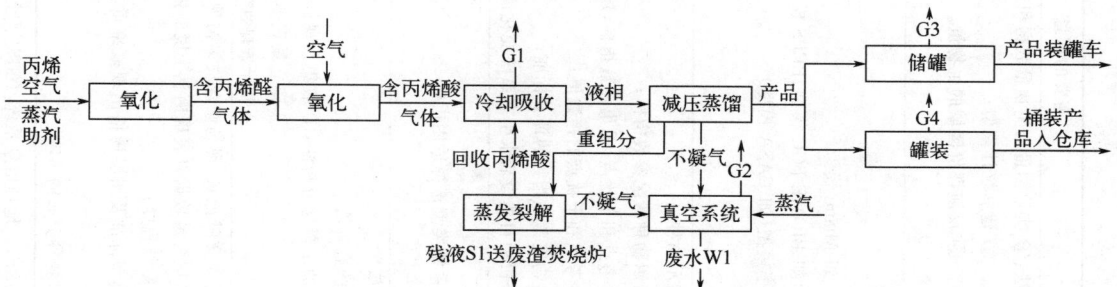

图 5-2 丙烯酸生产工艺流程图

G1、G2 和 G3 废气以及物料中间储罐废气均送废气催化氧化装置处理后经 35m 高排气筒排放；灌装生产线设有集气罩，收集 G4 废气经 15m 高排气筒排放。

W1 废水（COD＜500mg/L）、地坪冲洗水、公用工程排水、生活污水以及间断产生设备冲洗水（COD 约 300mg/L，含丙烯酸、醋酸等，BOD/COD＞0.4，暂存至废水池内，按一定比例掺入）送污水处理站，经生化处理后送化工园区污水处理厂。

项目涉及丙烯酸和丙烯醇等，有刺激性气味，废气中丙烯酸、甲醛和丙烯醛为《石油化学工业污染物排放标准》中有机特征污染物。

拟建厂址位于化工园区西北部，本地冬季 NW、WNW、NNW 风频共计大于 30%。经调查，化工园区外评价范畴内有 7 个环境空气敏感点（见表 5-34）。

表 5-34　化工园区外评价范畴内环境空气敏感点分布

敏感点编号	1#	2#	3#	4#	5#	6#	7#
相对厂址方位	NW	W	SW	W	W	N	NE
距厂址最近距离/km	2.0	1.3	2.5	2.2	2.5	2.5	2.3

环评机构确定项目环境空气评价工作级别为二级，已在厂址下风向布设了 2 个环境空气监测点，拟从表 5-34 中再选取 4 个敏感点进行冬季环境空气质量现状监测。

问：从表 5-34 中再选取哪 4 个敏感点进行冬季环境空气质量现状监测。

【答】　从表 5-34 中选取的 4 个冬季环境空气质量监测点分别为：1#、2#、3#、7#。理由：当地 NW、WNW、NNW 冬季风频之和大于 30%，可知主导风向为 NW。以主导风向 NW 为轴向，取上风向 NW 为 0°，至少在约 0°（NW）、90°（NE）、180°（SE）、270°（SW）方向上各设置 1 个监测点，所以在 1#、3#、7# 设点监测。6# 在 N 方向，距厂址最近间隔为 2.5km，2#、4#、5# 都在 W 方向，距厂址最近间隔分别为 1.3km、2.2km、2.5km，选择间隔最近的 2# 布点监测。

思 考 题

1. 一个完整的监测方案应包括哪些内容？
2. 何为监测因子？监测因子确定的原则有哪些？
3. 简述监测点位/断面的概念以及监测断面布设的原则。
4. 监测断面的设置方法有哪些？
5. 监测报告包括哪些内容？
6. 简述生态现状评价的方法。

参考文献

［1］环境保护部 . 建设项目环境影响评价技术导则　总纲：HJ 2.1—2016 [S]. 北京：中国环境科学出版社，2016.

［2］生态环境部 . 环境影响评价技术导则　大气环境：HJ 2.2—2018 [S]. 北京：中国环境科学出版社，2018.

［3］生态环境部 . 环境影响评价技术导则　地表水环境：HJ 2.3—2018 [S]. 北京：中国环境科学出版社，2018.

［4］环境保护部 . 环境影响评价技术导则　地下水环境：HJ 610—2016 [S]. 北京：中国环境科学出版社，2016.

［5］生态环境部 . 环境影响评价技术导则　土壤环境（试行）：HJ 964—2018 [S]. 北京：中国环境出版社，2018.

［6］国家质量监督检验检疫总局，中国国家标准化管理委员会 . 地下水质量标准：GB/T 14848—2017 [S]. 北京：中国标准出版社，2017.

［7］国家质量监督检验检疫总局，环境保护部 . 环境空气质量标准：GB 3095—2012 [S]. 北京：中

国环境科学出版社，2016.

［8］环境保护部．声环境质量标准：GB 3096－2008［S］．北京：中国环境科学出版社，2008.

［9］国家环境保护总局，国家质量监督检验检疫总局．地表水环境质量标准：GB 3838－2002［S］．北京：中国环境科学出版社，2002.

［10］生态环境部，国家市场监督管理总局．土壤环境质量　农用地土壤污染风险管控标准（试行）：GB 15618－2018［S］．北京：中国标准出版社，2018.

［11］生态环境部，国家市场监督管理总局．土壤环境质量　建设用地土壤污染风险管控标准（试行）：GB 36600－2018［S］．北京：中国标准出版社，2018.

第六章
污染源调查与评价

第一节　污染源调查

一、污染源与污染物

污染源是指因生产、生活和其他活动向环境排放有害物质或对环境产生有害影响的场所、设施、装置以及其他污染发生源。在开发建设和生产过程中，凡以不适当的浓度、数量、速率、形态进入环境系统而产生污染或降低环境质量的物质和能量，称为环境污染物，简称污染物。

（一）污染源的分类

根据污染物产生的主要来源，可将污染源分为自然污染源和人为污染源。自然污染源指自然界自行向环境排放有害物质或造成有害影响的场所，可分为生物污染源（鼠、蚊、菌等）和非生物污染源（火山、地震、泥石流等）。人为污染源指人类社会活动所形成的污染源，可分为生产污染源（工业、农业、交通、科研等）和生活污染源（住宅、学校、医院、商业等）。

按对环境要素的影响，环境污染源可分为：大气污染源、水体污染源（地表水污染源、地下水污染源、海洋污染源）、土壤污染源和噪声污染源。

按污染源的几何形状可分为：点源、线源和面源。

按污染物的运动特性可分为：固定源和移动源。

（二）污染物的分类

污染物按其物理、化学、生物特性，可分为物理污染物（噪声、光、热、振动、放射性、电磁波等）、化学污染物（无机污染物、有机污染物、重金属、石油类）、生物污染物（病菌、病毒、霉菌、寄生虫）、综合污染物（烟尘、废渣、致病有机体）。

按环境要素可分为水污染物（乙醛、油类、苯胺、汞、铍、DDT、六六六、氨、酸、碱、硫化物、锌等）、大气污染物（烟尘、粉尘、酸雾、氰化物、四氯化碳、苯、二硫化碳、NO_x、SO_x、HF、Cl_2 等）、土壤污染物（农药、放射性物质、固体废物等）、噪声污染物（工业噪声、交通噪声、建筑施工噪声、社会生活噪声等）。

大气污染物通过降水转变为水污染物和土壤污染物；水污染物通过灌溉转变为土壤污染物，进而通过蒸发或挥发转变为大气污染物；土壤污染物通过扬尘转变为大气污染物，通过径流转变为水污染物。因此，污染物可以在不同环境介质间相互转化。

二、污染源调查方法

污染源调查在环境管理和环境影响评价中发挥着重要作用，根据具体需求和资源情况可选择适用的污染源调查方法，常用方法包括以下三种。

社会调查是进行污染源调查的基本方法，也是必备方法。它可以使调查者获得许多关于污染源的资料，这对认识和分析污染源的特点、动态和评价污染源都具有重要作用。为了做好社会调查工作，往往把被调查的污染源分为详查单位和普查单位。

重点污染源的调查称详查。重点污染源是在对区域内环境整体进行分析的基础上，选择的有代表性的污染源。在同类污染源中，应选择污染物排放量大、影响范围广泛、危害程度大的污染源作为重点污染源，进行详查。

对区域内所有污染源进行全面调查称为普查。普查工作应有统一的领导，统一的普查时间、项目和标准，并做好普查人员的培训，以统一的调查方法、步骤和进度开展调查工作。普查工作一般由主管部门发放调查表，以被调查对象填表的方式进行。

三、污染物排放量的确定

污染物排放量的确定是污染源调查的核心问题。确定污染物排放量的方法有三种：物料衡算法、经验计算法（排放系数、排污系数法）和实测法。

（一）物料衡算法

根据物质守恒定律，在生产过程中，投入的物料量应等于产品所含这种物料的量与这种物料流失量的总和。如果物料的流失量全部由烟囱排放或由排水排放，则污染物排放量（或称源强）就等于物料流失量。该方法不需要复杂的采样和分析过程，成本较低，但准确性依赖于准确的物料投入和产出数据，如果数据不准确，则估算结果可能存在较大误差。

$$Q = \sum G_{流失} = \sum G_{投入} - \sum G_{产品} \tag{6-1}$$

式中，Q 为污染物排放量；$G_{投入}$ 为进料总量；$G_{产品}$ 为产品中所含的该物料的量；$G_{流失}$ 为物料流失量。

（二）经验计算法

根据生产过程中单位产品的排污系数进行计算，求得污染物总排放量的计算方法称为经验计算法。该方法适用于大量数据的快速估算，其准确性取决于排放系数的精确度。计算公式为：

$$Q = KW \tag{6-2}$$

式中，Q 为某污染物的排放量；K 为单位产品经验排放系数；W 为单位产品的单位时间产量。

污染物排放系数与原材料、生产工艺、生产设备以及操作水平有关，它们都是在特定条件下产生的，是在污染源重点调查的基础上，经过大量实测统计工作而取得的。由于各地区、各单位的生产技术条件不同，污染物排放系数和实际排放系数可能有很大差距。因此，可采用类比法进行预测。收集国内外和拟建工程的性质、规模、工艺、产品、产量大体相近的生产厂（或设备）的污染物排放量，作为参考数据，估算拟建工程污染源的排放量。

（三）实测法

实测法是通过对某个污染源进行现场测定，得到污染物的排放浓度和流量（烟气量或废水量），然后计算出排放量，计算公式为：

$$Q = CL \tag{6-3}$$

式中，C 为实测的污染物算术平均浓度；L 为烟气量或废水的流量。

这种方法只适用于已投产的建设项目，具有结果准确，为污染物排放提供直接证据等优点，但成本相对较高，且可能受到采样时间和条件的限制。

四、调查内容

污染源排放的污染物质的种类、数量，排放方式、途径及污染源的类型和位置，直接关系到其影响对象、范围和程度。污染源调查就是要了解、掌握上述情况及其他有关问题。通过污染源调查找出建设项目和所在区域内现有的主要污染源和主要污染物，作为评价的基础，且污染源调查的内容会根据污染源的类型而有所不同。

（一）工业污染源调查

工业污染源调查内容见表 6-1。

表 6-1　工业污染源调查内容

调查类型	调查内容
工业企业生产和管理	① 概况：企业名称、厂址、规模、产品、产量、产值等
	② 生产工艺：工艺原理、主要反应方程、工艺流程、主要技术指标、设备条件
	③ 能源及原材料：种类、产地、成分、单耗、总耗、资源利用率等
	④ 水源：供水类型、水质、供水量和耗水指标、复用率、节水潜力
	⑤ 生产布局：原料堆场、水源位置、车间、办公室、居住区位置、废渣堆放、绿化、污水排放系统等
	⑥ 生产管理：体制、编制、规章制度、管理水平及经济指标等
污染物排放及治理	① 污染物产生及排放：污染物种类、数量、成分、浓度、性质、绝对排放量、排放方式、排放规律、污染历史、事故记录、排放口位置类型、数量等；对于工业噪声还需调查声源数量、分布位置、声源规律、声源等级及其与居民的关系等
	② 污染物治理：生产工艺改革、综合利用、污染物治理方法、工艺投资、成本、效果、运行费用、损益分析、管理体制等
污染危害及事故的调查处理	危害对象、程度、原因、历史、损失、赔偿，职工及居民职业病、常见病，重大事故发生时间、原因、危害程度与处理情况

（二）农业污染源调查

农业污染源既有点源，又有面源。污染物往往以水、大气为媒介而造成一、二次污染。其调查内容见表 6-2。

表 6-2　农业污染源调查内容

调查类型	调查内容
土壤状况	土壤的理化性质，如 pH 值、电导率等；Cd、Hg、As、Cu、Pb、Zn、Cr、Ni 等的含量；水土流失情况；受污染土地的污染源调查
农药使用情况	有机氯类杀虫剂、有机磷类杀虫剂、氨基甲酸盐剂、Hg 制剂、As 制剂、合成除虫菊酯类、昆虫生长调节剂等农药的数量、使用方法、有效成分含量、使用时间和年限，以及农作物品种
化学肥料使用情况	硫酸铵、过磷酸钙、尿素、氯化钾、硝酸铵钙及复合化学肥料的用量、施用方式、施用时间等
农业废弃物	牲畜粪便、农作物秸秆、农用机油等

（三）生活污染源调查

生活污染源主要包括垃圾、粪便、生活污水、污泥、餐饮业的排放物等。其调查内容见表 6-3。

表 6-3　生活污染源调查内容

调查类型	调查内容
人口	居民人口总数、总户数、分布、密度、居住环境等
用水与排水	用水与排水设备状况、用水量、排水量、排水中污染物含量和种类
城市垃圾	种类、数量、垃圾点分布及占地面积等
供热	供热方式及民用燃料种类构成、年使用量、使用方式
污水及垃圾处理状况	处理厂数量、位置、工艺流程、处理效果等

（四）交通污染源调查

汽车、飞机、船舶等是造成环境污染的一类污染源。其造成环境污染的原因有三：一是交通工具在运行中发生的噪声；二是运载的有毒、有害物质的泄漏，或清扫车体、船体时的扬尘或污水；三是汽油、柴油等燃料燃烧时排出的废气。交通污染源调查内容见表 6-4。

表 6-4　交通污染源调查内容

调查类型	调查内容
尾气	汽车种类、数量、年耗油量、单耗指标，燃油构成、成分、排气量，NO_x、CO_x、C_xH_y、Pb、S^{2-}、苯并[a]芘排放浓度
噪声	车辆种类、数量，车流量，车速，路面状况，绿化状况，车辆噪声级，道路两旁房屋
扬尘、污水、泄漏	清洗次数，清洗用水量，泄漏量

第二节　污染源评价

按照生态环境保护部门制定的工业污染源调查技术要求及建档技术规定，对污染源的评价一般采用"等标污染负荷法"。

一、等标污染负荷

污染负荷的计算公式：

$$P_i = \frac{C_i}{C_i'} Q_i \times 10^{-6} \tag{6-4}$$

式中，P_i 为污染物 i 的等标污染负荷；C_i 为污染物 i 的实测浓度，mg/L；C_i' 为 i 的评价标准浓度，mg/L；Q_i 为含污染物 i 的工业废水/废气年排放量，m^3/a。

对于排放多种污染物的工厂，定义该厂的等标污染负荷 P_N 为该厂若干（N 种）污染物的等标污染负荷之和，即

$$P_N = \sum_{i=1}^{N} P_i \tag{6-5}$$

对于某个流域/区域来说，如果有 M 个工厂向该流域/区域排污，则定义这 M 个工厂的等标污染负荷之和为该流域/区域的等标污染负荷（用 P_M 表示），即

$$P_M = \sum_{M}^{j=1} P_{Nj} \qquad (6-6)$$

式中，P_{Nj} 为第 j 个工厂的等标污染负荷。

二、等标污染负荷比

某工厂（j）的某污染物（i）的等标污染负荷（P_{ij}）与该厂等标污染负荷的百分比，称为该厂的等标污染负荷比，用 K_j 表示，其计算式为：

$$K_j = \frac{P_{ij}}{\sum\limits_{i=1}^{N} P_{ij}} \times 100\% \qquad (6-7)$$

根据调查资料，按照上述定义的各计算式即可计算某工厂或流域/区域的等标污染负荷和等标污染负荷比，从而可以确定主要污染物和主要污染源。

主要污染物的确定：将污染物等标污染负荷按大小排列，计算累计污染负荷比，大于 80% 的污染物列为主要污染物。

主要污染源的确定：将污染源按等标污染物负荷大小排列，计算累计百分比，大于 80% 的污染源列为主要污染源。

采用等标污染负荷法处理容易导致一些毒性大、在环境中易于积累且排放量较小的污染物被漏掉。然而，对这些污染物的排放控制又是必要的，通过计算后，还应进行全面考虑和分析，最后确定出主要污染源和主要污染物。

污染源评价标准是国家环境保护部门制定的。悬浮物、COD、BOD₅、挥发酚、氰化物、六价铬、石油和硫化物等污染物的评价标准见表 6-5。

表 6-5　工业污染评价标准　　　　　　　　　　　　　单位：mg/L

污染物	悬浮物	COD	BOD₅	挥发酚	氰化物	六价铬	石油	硫化物
标准	50	10	5	0.01	0.1	0.05	0.5	0.1

另外，也可以选择污染物排放标准作为评价标准，具体的排放限值会根据不同的工业行业、地区、处理设施和排放方式等因素而有所不同。

三、实例

【例 6-1】 S 市水利部门在水资源综合规划中对其 8 个地表水资源Ⅲ类功能区的点源入河污染物量进行了调查，统计污染物量见表 6-6。请确定该市的主要水污染源以及该市水环境中的主要污染物。

表 6-6　S 市各地表水资源点污染源统计表　　　　　　单位：t/a

地表水	入河污染物量							
	COD_Cr	氨氮	BOD₅	SS	挥发酚	氰化物	硫化物	石油类
浈江	10926	619	1454	6999	44.873	0	8.43	0.56
武江	8248	472	1196	1239	0.067	0	11.85	0
北江上游	15421	1258	3386	6405	3.568	1.307	13.91	8.86
瀚江	4168	209	394	822	0	0	0	0.22
连江	32	2	8	8	0	0	0	0
新丰江	1422	82	186	211	0.383	0.061	0.12	0.02

续表

地表水	入河污染物量							
	COD_{Cr}	氨氮	BOD_5	SS	挥发酚	氰化物	硫化物	石油类
桃江	23	1	4	0	0	0	0	0
章江	12	1	2	0	0	0	0	0

计算结果见表 6-7。

表 6-7　等标污染负荷及负荷比计算表

地表水	P_i								P_N	$K_N/\%$
	COD_{Cr}	氨氮	BOD_5	SS	挥发酚	氰化物	硫化物	石油类		
浈江	109.26	41.27	48.47	99.99	89.75	0.00	8.43	0.056	397.21	34.25
武江	82.48	31.47	39.87	17.70	0.13	0.00	11.85	0	183.50	15.82
北江上游	154.21	83.87	112.87	91.50	7.14	2.61	13.91	0.886	466.99	40.27
瀚江	41.68	13.93	13.13	11.74	0.00	0.00	0.00	0.022	80.50	6.94
连江	0.32	0.13	0.27	0.11	0.00	0.00	0.00	0	0.83	0.07
新丰江	14.22	5.47	6.20	3.01	0.77	0.12	0.12	0.002	29.91	2.58
桃江	0.23	0.07	0.13	0.00	0.00	0.00	0.00	0	0.43	0.04
章江	0.12	0.07	0.07	0.00	0.00	0.00	0.00	0	0.26	0.02
$P_{i总}$	402.52	176.27	221.00	224.06	97.78	2.74	34.31	0.966	1159.64	
$K_{i总}/\%$	34.71	15.20	19.06	19.32	8.43	0.24	2.96	0.08		

【答】　根据表 6-6 中的值和公式可计算出地表水资源Ⅲ类功能区 P_i、P_N、P、$P_{i总}$、K_N（见表 6-7），从表 6-7 得出以下结论。

①　S 市Ⅲ类功能区年点源入河污染物等标污染负荷之和为 1159.64，其中以北江上游最大，浈江次之，武江位列第三，以上这三个区的污染物负荷比之和为 90.34%，说明这三个区是 S 市的主要点污染源入河纳污区。

②　各污染物等标污染负荷以 COD_{Cr} 最大，SS 次之，BOD_5 和氨氮分别位列第三和第四，以上四者等标污染负荷之和占总负荷的 88.29%，说明这四种污染物是 S 市水环境的主要污染物。

③　浈江的挥发酚等标污染负荷占挥发酚总等标污染负荷的 91.78%，说明浈江是接纳挥发酚的主要水域，挥发酚是浈江的重要污染物。

【例 6-2】　某环境影响评价项目开展大气污染源调查，共获得 13 家企业的废气量、SO_2、烟尘年排放量数据，见表 6-8。已知 SO_2 排放标准为 $1200mg/m^3$、烟尘排放标准为 $250mg/m^3$。问：上述企业中的主要污染源是什么？

表 6-8　大气污染源评价

序号	企业名称	废气量 /($10^4 m^3/a$)	污染物排放量/(t/a)		等标污染负荷 P_i		P_N	$K_N/\%$	污染排名
			SO_2	烟尘	SO_2	烟尘			
1	长城公司	17205	137.60	34.40	917.3	114.7	1032.0	23.2	2
2	葡萄酒公司	5212	41.70	5.20	278.0	17.3	295.3	6.6	5

续表

序号	企业名称	废气量 /(10⁴ m³/a)	污染物排放量/(t/a)		等标污染负荷 P_i		P_N	K_N/%	污染排名
			SO₂	烟尘	SO₂	烟尘			
3	造纸厂	372	2.97	0.74	19.8	2.5	22.3	0.5	11
4	水泥有限公司	13000	28.50	305.00	190.0	1016.7	1206.7	27.2	1
5	啤酒厂1	2000	20.00	2.00	133.3	6.7	140.0	3.2	8
6	啤酒厂2	6100	48.80	12.20	325.0	40.7	365.7	8.2	4
7	果脯厂	279	2.30	0.73	15.3	51.0	66.3	1.5	10
8	服装厂	132	1.10	0.30	7.3	1.0	8.3	0.2	13
9	鞋厂	210	1.70	0.52	11.3	1.7	13.0	0.3	12
10	工业玻璃厂	210	17.65	5.91	117.3	19.7	137.0	3.2	9
11	长城农化有限公司	3900	31.20	3.80	208.0	12.7	220.7	5.0	7
12	化工厂	6144	37.20	3.60	248.0	12.0	260.0	5.8	6
13	钢铁有限公司		201.00		670.0		670.0	15.1	3
	合计	54764	370.72	575.40	2470.6	1966.7	4437.3	100.0	

【答】　根据污染源评价的等标污染负荷法进行计算，得到 P_i、P_N、K_N，由等标污染负荷的计算结果可知，水泥有限公司、长城公司、钢铁有限公司、啤酒厂2、葡萄酒公司的等标污染负荷之和为 27.2＋23.2＋15.1＋8.2＋6.6＝80.3＞80，因此，主要污染源为水泥有限公司、长城公司、钢铁有限公司、啤酒厂2、葡萄酒公司五家企业。

思　考　题

1. 污染源与污染物的区别是什么？
2. 简述大气污染物、水污染物以及土壤污染物之间的相互转化。
3. 确定污染物排放量的方法有哪些？
4. 工业、农业、生活、交通污染源调查哪些内容？
5. 污染源调查的方法有哪些？分别适合哪种状况？
6. 简述等标污染负荷法的计算步骤。

参　考　文　献

［1］管晓霞. 水环境污染源调查及治理措施要点探讨［J］. 皮革制作与环保科技，2024，5（06）：140-142.

［2］熊亚兰. 洋澜湖流域污染源调查与排污特征分析［J］. 绿色科技，2021，23（18）：112-114，117.

［3］尹善豪，聂呈荣，邓日烈，等. 等标污染负荷法在韶关市水环境污染源评价中的应用［J］. 广东技术师范学院学报，2005（4）：56-59.

第二部分

环境影响评价基本技能

第七章
工程分析

　　建设项目环境影响评价中的工程分析是对建设项目的工程方案和整个工程活动进行分析，从环境保护角度分析建设项目的性质、清洁生产水平、工程环保措施方案以及总图布置、选址选线方案等并提出要求和建议，确定项目在建设期、运行期以及服务期满后的主要污染源强及生态影响等。

　　只有通过对建设项目工程组成、一般特征和污染特征的全面分析，才可以纵观建设项目建设运行与各环境因素的关系，同时从微观上为环境影响评价工作提供所需的基础数据。需要注意的是，虽然每个建设项目环境影响评价均需进行工程分析，但由于每个项目具有其独特性，故每个建设项目工程分析应具有针对性。

一、工程分析概述

(一) 工程分析的作用

1. 是项目决策的重要依据

　　工程分析是项目决策的重要依据之一。污染型项目工程分析从项目建设性质、产品结构、生产规模、原料路线、工艺技术、设备选型、能源结构、技术经济指标、总图布置方案等基础资料入手，确定工程建设和运行过程中的产污环节，核算污染源强，计算排放总量。从环境保护的角度分析技术经济先进性、污染治理措施的可行性、总图布置合理性、达标排放可能性。衡量建设项目是否符合国家产业政策、环境保护政策和相关法律法规的要求，确定建设该项目的环境可行性。

2. 为各专题预测评价提供基础数据

　　工程分析专题是环境影响评价的基础，工程分析给出的产污节点、污染源坐标、源强、污染物排放方式和排放去向等技术参数是大气环境、水环境、噪声环境影响预测计算的依据，为定量评价建设项目对环境影响的程度和范围提供了可靠的保证，为评价污染防治对策的可行性提出了改进建议，为实现污染物排放总量控制创造了条件。

3. 为环保设计提供优化建议

　　项目的环境保护设计是在已知生产工艺过程中产生污染物的环节和数量的基础上，采用必要的治理措施，实现达标排放的设计，一般很少考虑对环境质量的影响，对于改扩建项目则更少考虑原有生产装置环保"欠账"问题以及环境承载能力。环境影响评价中的工程分析需要对生产工艺进行优化论证，提出满足清洁生产要求的清洁生产工艺方案，实现"增产不增污"或"增产减污"的目标，使环境质量得以改善或不使环境质量恶化，起到优化环保设计的作用。

分析所采取的污染防治措施的先进性、可靠性，必要时要提出进一步完善、改进治理措施的建议，对改扩建项目尚须提出"以新带老"的计划，并反馈到设计当中去予以落实。

4. 为环境的科学管理提供依据

工程分析筛选的主要污染因子是项目生产单位和环境管理部门日常管理的对象，所提出的环境保护措施是工程验收的重要依据，为保护环境核定的污染物排放总量是开发建设活动进行污染控制的目标。

（二）工程分析的对象

工程分析一方面要求工程组成要完全，应包括临时性/永久性、勘察期/施工期/运营期/退役期的所有工程，另一方面要求重点工程突出，对环境影响范围大、影响时间长的工程和处于环境保护目标附近的工程应重点分析。

工程组成应有完善的项目组成表，一般按主体工程、配套工程和辅助工程分别说明工程位置、规模、施工和运营设计方案、主要技术参数和服务年限等主要内容。

工程分析对象分类及界定依据见表 7-1。

表 7-1　工程分析对象分类及界定依据

分类		界定依据	备注
1	主体工程	一般指永久性工程，由项目立项文件确定工程主体	—
2	配套工程（一般指永久性工程，由项目立项文件确定的主体工程外的其他相关工程）	公用工程：除服务于本项目外，还服务于其他项目，可以新建，也可以依托原有工程或改扩建原有工程	不包括公用的环保工程和储运工程
		环保工程：根据环境保护要求，专门新建或依托、改扩建原有工程，其主体功能是生态保护、污染防治、节能、提高资源利用效率和综合利用等	包括公用的或依托的环保工程
		储运工程：指原辅材料、产品和副产品的储存设施和运输道路	包括公用的或依托的储运工程
3	辅助工程	一般指施工期的临时性工程，项目立项文件中不一定有明确的说明，可通过工程行为分析和类比方法确定	—

（三）工程分析的分类

按建设项目对环境影响的方式和途径，把建设项目分为污染型建设项目和生态影响型建设项目两大类。

污染型建设项目以污染物排放对大气环境、水环境、土壤环境、声环境的影响为主，其工程分析是以项目的工艺过程分析为重点，并不可忽略污染物的非正常工况，核心是确定工程污染源。

生态影响型项目以建设期、运营期对生态环境的影响为主，工程分析以建设期的施工方式及运营期的运行方式分析为重点，核心是确定工程主要生态影响因素。

（四）工程分析的重点与阶段划分

根据实施过程的不同阶段，可将建设项目分为建设期、运营期、服务期满后三个阶段进行工程分析。

污染型项目工程分析应以工艺过程为重点，包括正常排放和非正常排放。资源和能源的储运、交通运输及土地开发利用是否分析及分析的深度根据工程、环境的特点及评价工作等级决定。

生态影响型项目工程分析以占地和施工方式、运行方式为重点。

所有建设项目均应分析生产运行阶段所带来的环境影响。生产运行阶段要分析正常排放和非正常排放两种情况。对随着时间的推移，环境影响有可能增加较大的建设项目，同时其评价工作等级、环境保护要求均较高时，可将生产运行阶段分为运行初期和运行中后期，并分别按正常排放和非正常排放进行分析，运行初期和运行中后期的划分应视具体工程特征而定。个别建设项目在建设阶段和服务期满后的影响不容忽视，应对这类项目的这两个阶段进行工程分析。

二、工程分析内容

（一）污染型建设项目工程分析的基本内容

污染型建设项目工程分析主要包括工程概况、工艺流程及产污环节分析、污染物分析、清洁生产水平分析、环保措施方案分析、总图布置方案分析、补充措施与建议等部分，详见表7-2。

表7-2　污染型建设项目工程分析基本内容

要点	内容	备注
工程概况	工程一般特征介绍 物料与能源消耗定额 主要技术经济指标	
工艺流程及产污环节分析	工艺流程及污染物产生环节	
污染物分析	污染源分布及污染物源强核算 物料平衡与水平衡 无组织排放源强 风险排污源强统计及分析	
清洁生产水平分析	清洁水平分析	已从工程分析章节分出，单独成为清洁生产评价章节
环保措施方案分析	分析环保措施方案所选工艺及设备的先进水平和可靠程度 分析处理工艺有关技术经济参数的合理性 分析环保设施投资构成及其在总投资中占有的比例	已从工程分析章节分出，单独成为环境保护措施章节
总图布置方案分析	分析厂区与周围保护目标之间所定防护距离的安全性 根据气象、水文等自然条件分析工厂和车间布置的合理性 分析村镇居民拆迁的必要性	
补充措施与建议	关于合理的产品结构与生产规模的建议 优化总图布置的建议 节约用地的建议 可燃气体平衡和回收利用措施建议 用水平衡及节水措施建议 废渣综合利用建议 污染物排放方式改进建议 环保设备选型和实用参数建议 其他建议	

1. 工程概况

（1）工程一般特征介绍　工程一般特征主要介绍项目的基本情况，包括工程名称、建设性质、建设地点、项目组成、建设规模、车间组成、产品方案、辅助设施、配套工程、储运方式、占地面积、职工人数、工程投资及发展规划等，并附平面布置图。

项目的建设规模和产品方案见表7-3。项目的组成可以参照表7-4。

表 7-3　项目建设规模和产品方案

序号	工艺名称	建设规模	产品产量	年操作时间	备注
1					
2					
3					
...					

表 7-4　项目组成

序号	生产装置	辅助生产装置	公用工程	环保工程	备注
1					
2					
3					
...					

（2）物料与能源消耗定额　物料与能源消耗定额包括主要原料、辅助材料、助剂、能源（煤、焦、油、天然气、电和蒸汽）以及用水等的来源、成分和消耗量。物料及能源消耗定额见表 7-5。

表 7-5　主要原辅材料消耗定额及来源

序号	名称	规格	单位	消耗量	来源	备注
1						
2						
3						
...						

（3）主要技术经济指标　主要技术经济指标包括产率、效率、转化率、回收率和放散率等。建设项目的技术经济指标见表 7-6。

表 7-6　建设项目的技术经济指标

序号	指标名称	单位	数量	备注
1				
2				
3				
...				

2. 工艺流程及产污环节分析

用流程图的方式说明生产过程，同时在工艺流程中标明污染物的产生位置和污染物的类型，必要时列出主要化学反应和副反应式。

【例 7-1】　合成氨生产工艺流程及产污节点图中，可以表示出（　　）。

A. 氨的无组织排放分布　　　　　　　B. 生产工艺废水排放位置

C. 生产废气排放位置　　　　　　　　D. 固体废物排放位置

【答】　BCD。　本题主要考查生产工艺流程产污分析。由于氨的无组织排放是生产装置的"跑、冒、滴、漏"，涉及空间的概念，因此，在合成氨生产工艺流程及产污节点图中，无法表示出。合成氨生产工艺流程及产污节点图中，可以表示出生产工艺废水排放位置、生产废气排放位置、固体废物排放位置。

3. 污染物分析

（1）污染物分布及污染物源强核算　污染源和污染物类型统计及污染物排放量是各专题评价的基础资料，应按建设期、运营期和服务期满后（退役期）三个时期，详细核算和统计。

对于污染源分布，应根据已经绘制的工艺流程图，并按排放点标明污染物排放部位，用代号代表不同污染物类型，并依据在工艺流程中的先后顺序编号，如用 G_i 代表废气，用 W_i 代表废水，用 S_i 代表固体废物等。列表逐点统计各种污染因子的排放浓度、数量、速率、形态。对于泄漏和放散等无组织排放部分，原则上参照实测资料，用类比法进行定量。缺少实测资料时，可以通过物料平衡进行推算。非正常工况的污染排放也要进行核算统计。

对于废气，可按点源、面源、线源进行分析，说明源强、排放方式和排放高度及存在的有关问题。对于废水，应说明种类、成分、浓度、排放方式、排放去向等。对于废液和固体废物，应按《中华人民共和国固体废物污染环境防治法》对废物进行分类，废液应说明种类、成分、浓度、是否属于危险废物、处置方式和去向等有关问题。废渣应说明有害成分、浸出液浓度、是否属于危险废物、排放量、处理处置方式和贮存方法。属于一般工业固体废物的，要明确Ⅰ类、Ⅱ类工业固体废物。第Ⅰ类一般工业固体废物是按照 HJ 557 规定方法进行浸出试验而获得的浸出液中，任何一种污染物的浓度均未超过 GB 8978 最高允许排放浓度，且 pH 值在 6～9 范围之内的一般工业固体废物。第Ⅱ类一般工业固体废物是按照 HJ 557 规定方法进行浸出试验而获得的浸出液中，有一种或一种以上的污染物浓度超过 GB 8978 最高允许排放浓度，或者是 pH 值在 6～9 范围之外的一般工业固体废物。噪声和放射性应列表说明源强、剂量及分布。

污染物的排放状况可采用表 7-7 方式表示。

表 7-7　污染源强一览表

序号	污染物排放源	主要污染因子	排放浓度	排放量	去向
1					
2					
3					
...					

① 新建项目污染物源强。对于新建项目，要求算清"两本账"：一是工程自身的污染物设计排放量；二是按治理规划和评价规定措施实施后能够实现的污染物削减量。两本账之差才是污染物最终排放量。新建项目污染物排放量统计见表 7-8。

表 7-8　新建项目污染物排放量统计

类别	污染物名称	产生量	治理削减量	排放量
废气				
废水				

续表

类别	污染物名称	产生量	治理削减量	排放量
固体废物				

② 改扩建项目污染物源强。对于改扩建项目污染物排放量统计则要求算清主要污染物排放变化的"三本账"，即某种污染物改扩建前排放量、改扩建项目实施后扩建部分排放量、改扩建完成后总排放量（扣除"以新带老"削减量），见表 7-9，其相互关系式为：

技改扩建前排放量－"以新带老"削减量＋扩建部分排放量＝改扩建完成后总排放量

表 7-9　改扩建项目污染物排放量统计

类别	污染物	改扩建前排放量	扩建部分排放量	"以新带老"削减量	改扩建完成后总排放量	削减量变化
废气						
废水						
固体废物						

污染物排放量的核算方法一般有物料衡算法、类比法和反推法。前两种方法在第一部分第六章已经作了介绍，这里不再赘述。反推法是指当类比同类工程的无组织排放源强而无法得到直接的无组织排放数据时，可根据其厂界浓度监测数据，按照扩散模式反算源强的方法。其实质也是类比法的一种。

【例 7-2】　某厂现有工程生产 A 产品 3000t/a，生产废水中排放 COD 150t/a，未经处理即可达标。现拟进行生产技术改造，提高清洁生产水平，同时扩大生产 A 产品规模到 5000t/a，预计扩产后单位产品生产废水排放量不变，其中 COD 的排放总量为 100t/a，请计算"以新带老"削减量，并列表分析拟建项目改扩建前后的三本账。

【答】　改扩建前现有工程的 COD 年排放量为：150t

改扩建前吨产品的 COD 年排放量为：150/3000＝0.05（t）

改扩建后扩产 2000t，吨产品 COD 年排放量为：100/5000＝0.02（t）

则扩建部分的 COD 年排放量为：2000×0.02＝40（t）

原有 3000t 产品改扩建后的 COD 年排放量为：3000×0.02＝60（t）

"以新带老"削减量为：150－60＝90（t）

技改工程完成后 COD 排放总量＝现有工程 COD 排放量＋扩建项目 COD 排放量－"以新带老"削减量＝150＋40－90＝100（t/a）

改扩建项目 COD 排放三本账汇总如表 7-10 所示。

表 7-10　改扩建项目 COD 排放三本账汇总表　　　　单位：t/a

因子	现有工程排放量	扩建部分排放量	"以新带老"削减量	改扩建完成后排放总量
COD	150	40	90	100

【例 7-3】　某企业进行扩建，扩建前现有工程废水经二级生化处理后外排，其废水排放

量为 12000m³/a，主要污染物 COD 的排放浓度平均为 180mg/L；扩建后新生产线预计增加废水量为 5000m³/a，企业将对现有废水处理设施进行改造，主要污染物 COD 平均排放浓度预计达到 100mg/L，其中新增废水 5000m³/a 中有 2300m³/a 经深度处理满足 COD<30mg/L 后回用。请核算该扩建项目水污染物 COD 的三本账。

【答】　改扩建前现有工程的 COD 排放量为：$12000 \times 180 = 2.16$（t/a）

扩建部分的 COD 最终排放量为：$(5000 - 2300) \times 100 = 0.27$（t/a）

"以新带老"削减量为：$12000 \times (180 - 100) = 0.96$（t/a）

改扩建工程完成后 COD 排放总量＝现有工程 COD 排放量＋扩建项目 COD 排放量－"以新带老"削减量＝$2.16 + 0.27 - 0.96 = 1.47$（t/a）

改扩建项目 COD 排放三本账汇总见表 7-11。

表 7-11　改扩建项目 COD 排放三本账汇总表　　　　　单位：t/a

因子	现有工程排放量	扩建部分排放量	"以新带老"削减量	改扩建完成后排放总量
COD	2.16	0.27	0.96	1.47

（2）物料平衡与水平衡

① 物料平衡。依据质量守恒定律，投入的原材料和辅助材料的总量等于产出的产品和副产品以及污染物的总量。通过物料平衡，可以核算产品和副产品的产量，并计算出污染物的源强。物料平衡可以全厂物料的总进出为基准进行物料衡算，也可针对具体的装置或工艺进行物料平衡。在环境影响评价中，必须根据不同行业的具体特点，选择若干具有代表性的物料进行物料平衡。总物料衡算公式见式（7-1）。

$$\sum G_{排放} = \sum G_{投入} - \sum G_{回收} - \sum G_{处理} - \sum G_{转化} - \sum G_{产品} \tag{7-1}$$

式中，$\sum G_{排放}$ 为某污染物的排放量；$\sum G_{投入}$ 为投入物料中的某污染物总量；$\sum G_{回收}$ 为进入回收产品中的某污染物总量；$\sum G_{处理}$ 为经净化处理掉的某污染物总量；$\sum G_{转化}$ 为生产过程中被分解、转化的某污染物总量；$\sum G_{产品}$ 为进入产品结构中的某污染物总量。

【例 7-4】　图 7-1 为某工厂的工艺流程图，图中 A、B、C 为 3 个车间，它们之间的物料流关系用 Q 表示，这些物料流可以是水、气或固体废物。试分别以全厂、车间 A、车间 B、车间 C、车间 B 和 C 作为衡算系统，写出物料的平衡关系。

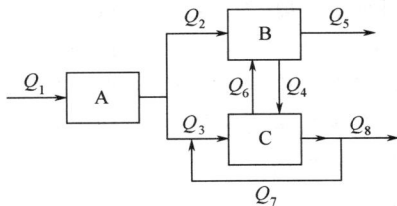

【答】　如果将全厂作为一个衡算系统，则物料的平衡关系为：$Q_1 = Q_5 + Q_8$

图 7-1　某工厂工艺流程图

如果将 A 车间作为衡算系统，则物料的平衡关系为：$Q_1 = Q_2 + Q_3$

如果将 B 车间作为衡算系统，则物料的平衡关系为：$Q_2 + Q_6 = Q_4 + Q_5$

如果将 C 车间作为衡算系统，则物料的平衡关系为：$Q_3 + Q_4 + Q_7 = Q_6 + Q_7 + Q_8$

消去循环量 Q_7 后，得到：$Q_3 + Q_4 = Q_6 + Q_8$

如果将 B、C 车间作为衡算系统，则有：$Q_2 + Q_3 + Q_7 = Q_5 + Q_7 + Q_8$

消去 Q_7 后，得到：$Q_2 + Q_3 = Q_5 + Q_8$

在物料平衡图的绘制过程中应注意以下两点：一是总用料量之间的平衡；二是每一单元进出的物料量都要平衡。

② 水平衡。水作为工业生产中的原料和载体，在任一用水单元内都存在着水量的平衡关系，同样可以依据质量守恒定律进行质量平衡计算，这就是水平衡。工业用水量和排水量的关系见图 7-2。

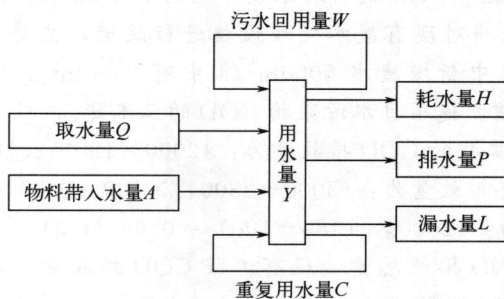

图 7-2　工业用水量和排水量关系图（单位：m³/d）

水平衡公式如下：

$$Q+A=H+P+L \tag{7-2}$$

式中，Q 为新鲜取水量；A 为物料带入水量；H 为消耗水量；P 为排水量；L 为漏水量。

a. 取水量：工业用水的取水量是指取自地表水、自来水、海水、城市污水及其他水源的总水量。对于建设项目，工业取水量包括生产用水和生活用水，生产用水又包括间接冷却水、工艺用水和锅炉给水。

工业取水量＝间接冷却水量＋工艺用水量＋锅炉给水量＋生活用水量

b. 重复用水量：指建设项目内部循环使用的总水量。

c. 耗水量：指整个工程项目消耗掉的新鲜水量总和，详见式（7-3）。

$$H=Q_1+Q_2+Q_3+Q_4+Q_5+Q_6 \tag{7-3}$$

式中，Q_1 为产品含水量，即由产品带走的水；Q_2 为间接冷却水系统补充水量，即循环冷却水系统补充水量；Q_3 为洗涤用水（包括装置和生产区地面冲洗水）、直接冷却水和其他工艺用水量之和；Q_4 为锅炉运转消耗的水量；Q_5 为水处理用水量，指再生水处理装置所需的用水量；Q_6 为生活用水量。

d. 工业水重复利用率：对于一个项目，尤其是工业项目，其工业水重复利用率是考察其清洁生产中资源利用水平的主要指标。

工业水重复利用率越大，说明项目越节水，清洁生产水平的资源能源利用水平越高。工业水重复利用率见式（7-4）。

$$R_C=\frac{C}{Y}\times100\%=\frac{C}{Q+C}\times100\% \tag{7-4}$$

式中，R_C 为工业水重复利用率；C 为重复用水量；Y 为过程总用水量；Q 为新鲜取水量。

e. 间接冷却水的循环率：有些项目使用间接冷却水转移多余热量，通常该部分冷却水循环使用，称为间接循环冷却水。

间接冷却水的循环率是考察项目水资源利用水平的另一个重要指标，其计算公式见式（7-5）。

$$R_L=\frac{C_L}{Y_L}\times100\%=\frac{C_L}{C_L+Q_L}\times100\% \tag{7-5}$$

式中，R_L 为间接冷却水循环率；C_L 为间接冷却水循环量；Y_L 为间接循环冷却水系统用水总量；Q_L 为间接循环冷却水系统补水量。

工业用水按用途分类示意图见图 7-3。

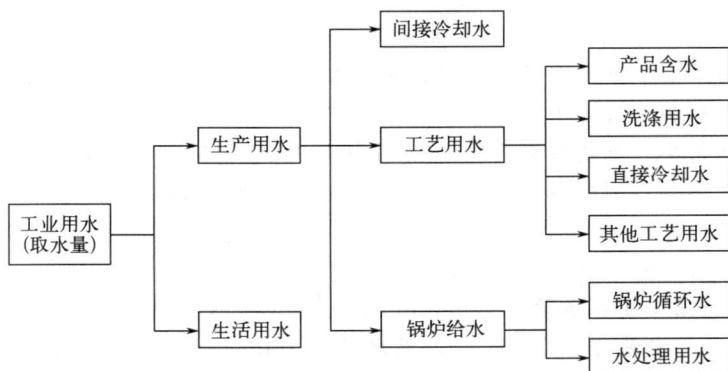

图 7-3　工业用水按用途分类示意图

【例 7-5】　通过某厂的水平衡图（图 7-4，单位为 m³/d），编制该厂的水平衡表。

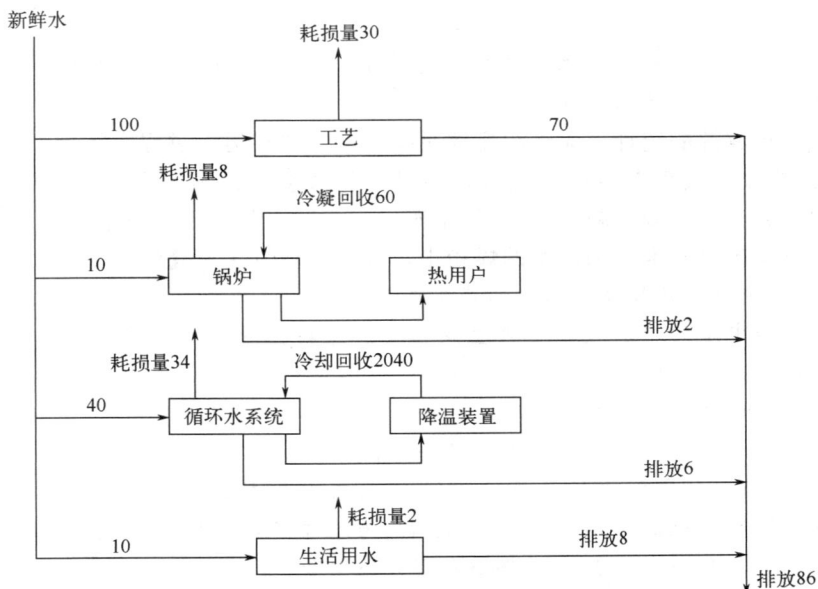

图 7-4　某厂水平衡图

【答】　该厂的水平衡表见表 7-12。

表 7-12　该厂水平衡表　　　　　　　　　　　　　　　单位：m³/d

用水项目	总用水量	新鲜水量	重复用水量	损耗水量	排水量
工艺用水	100	100		30	70
锅炉用水	70	10	60	8	2
降温循环水	2080	40	2040	34	6
生活用水	10	10		2	8
合计	2260	160	2100	74	86

【例 7-6】　某企业年耗新鲜水量为 $3.0×10^6$ m³；重复用水量为 $1.5×10^6$ m³，其中工业

水重复用量为 $8.0 \times 10^5 m^3$，冷却循环水量为 $2.0 \times 10^5 m^3$，污水回用量为 $5.0 \times 10^5 m^3$；间接冷却水补充新鲜水量为 $4.5 \times 10^5 m^3$；工业取用新鲜水量为 $1.2 \times 10^6 m^3$。

计算该企业的工业水重复利用率、间接冷却水循环率、工业水重复利用率。

【答】　计算步骤和方法如下。

工业水重复利用率＝重复用水量/用水总量 $\times 100\%$＝$1.5/(3+1.5) \times 100\%$＝33.33%

间接冷却水循环率＝间接冷却水循环量/(间接冷却水循环量＋循环系统补充水量) $\times 100\%$＝$2/(2+4.5) \times 100\%$＝30.77%

工业水重复利用率＝$8/(8+12) \times 100\%$＝40%

【例7-7】　某企业工业取水量为 $10000 m^3/a$，生产原料中带入水量为 $1000 m^3/a$，污水回用量为 $1000 m^3/a$，排水量为 $25000 m^3/a$，漏水量为 $100 m^3/a$，则该企业的工业用水重复利用率是（　　）。

A. 8.0%　　　　B. 9.1%　　　　C. 10.0%　　　　D. 28.6%

【答】　B。本题主要考查工业用水重复利用率的计算公式。

该企业的工业用水重复利用率＝[重复用水量/(重复用水量＋取用新鲜水量)] $\times 100\%$＝[$1000/(1000+10000)$] $\times 100\%$＝9.1%

关键是要抓住重复用水量，本题只有污水回用量；取用新鲜水量只能是企业工业取水量，生产原材料中带入水量不能计入。

(3) 无组织排放源的统计　无组织排放是指生产装置在运行过程中污染物不经过排气筒（管）的无规则排放，表现在生产工艺过程中具有弥散型污染物的无组织排放，以及设备、管道和管件的"跑、冒、滴、漏"，在空气中蒸发、逸散引起的无组织排放。

典型的无组织排放有堆煤场产生的煤粉尘，具体计算方法见【例7-8】。

【例7-8】　如何计算堆煤场煤粉尘的产生量？

【答】　堆煤场中煤的堆放过程会产生煤粉尘。煤粉尘的排放量受风速、煤堆的几何形状、煤的密度和水分含量等多种因素的影响。

堆煤场起尘量计算公式见式（7-6）。

$$Q_尘 = 2.1K \times (U-U_0)^3 e^{-1.023W} \times P \tag{7-6}$$

式中，$Q_尘$ 为堆煤场煤粉尘排放量，t/a；K 为经验系数，煤含水量的函数，一般取值 0.96；U 为堆煤场所在地的平均风速，m/s；U_0 为堆煤场起尘风速，m/s，取值 $3m/s$；W 为煤的含水率，%，取 10%；P 为煤场全年累计堆煤量，t/a。

【例7-9】　某企业年工作时间 $7200h$，在生产过程中 HCl 废气产生速率为 $0.8kg/h$，废气收集系统可将 90% 的废气收集至洗涤塔处理，处理效率为 85%，处理后的废气通过 $30m$ 高排气筒排放，则该企业 HCl 的无组织排放量约为（　　）。

A. $0.58t/a$　　　　B. $0.78t/a$　　　　C. $0.86t/a$　　　　D. $1.35t/a$

【答】　A。无组织排放是相对于有组织排放而言的，主要针对废气排放，表现为生产工艺过程中产生的污染物没有进入收集和排气系统，而是通过厂房天窗或直接弥散到环境中。工程分析中将没有排气筒或排气筒高度低于15m的排放源定为无组织排放。由于题中排气筒高度30m＞15m，所以不属于无组织排放，而没有通过30m高排气筒排放的（$1-90\%$）即是无组织排放，故该企业 HCl 的无组织排放量为 $7200 \times 0.8 \times (1-90\%)$＝$576kg$≈$0.58t$。

(4) 风险排污源强统计及分析　风险排污包括事故排污和非正常工况排污两部分。

① 事故排污的源强统计应计算事故状态下污染物的最大排放量，作为风险预测的源强。事故排污分析应说明在管理范围内可能产生的事故种类和频率，并提出防范措施和处理方

法。风险评价中常见的事故有火灾、爆炸、中毒等。

【例7-10】 某橡胶制品企业涂装工序爆炸事故分析及措施。

【答】 a. 爆炸事故分析。涂装工序的爆炸危险区等级根据生产中使用的涂料种类，产生事故的可能性和危害程度来确定。一般使用有机溶剂涂料的涂装车间，调漆室、储漆室、喷漆室、流平室等设备内部及排风系统内部为爆炸性气体环境，应划为1区，这些设备和隔间敞开面以外，垂直和水平距离3m以内的空间划为2区（油漆烘干室内部及排风系统内部划为2区，敞开面垂直和水平3m以内也为2区）。

在涂装工序的这些区域，如果废气达到了一定的浓度，遇到明火甚至电火花就会发生爆炸。根据有关计算可知，生产场所最大泄漏量约为100L，爆炸死亡半径为13.4m、重伤半径为19.8m、轻伤半径为35.5m；储存场所最大泄漏量约为500L，爆炸死亡半径为26.5m、重伤半径为38.2m、轻伤半径为70.3m。

b. 防爆设施。调漆室、储漆室和烘干室等所有的电气设备需符合相应的电气防爆技术规定。

Ⅰ. 调漆室、储漆室：电气防爆，车间的隔墙采用防火防爆墙，泄爆面朝车间外；地坪采用不发火、防静电地坪；各类设备可靠接地，送排风系统中需安装防火阀，换气次数为8~15次/h。

Ⅱ. 喷漆室：采用非燃烧材料制造设备，排风管道上应该设防火阀，室内及排风系统必须防爆。

自动供漆系统必须与火灾系统、报警系统联动互锁。

Ⅲ. 烘干室：可燃气体最高浓度不得超过爆炸下限的25%，排风系统需安装防火阀。

Ⅳ. 防爆措施：用水或雾状水进行灭火；严禁用砂土压盖，以免发生猛烈爆炸。

② 非正常工况排污是指工艺设备或环保设施达不到设计规定指标的超额排污，因为这种排污代表长期运行的排污水平，所以在风险评价中应以此作为源强。非正常工况包括设备检修、开车停车、工艺设备的异常运转、污染物排放控制措施达不到应有效率、试验性生产等。此类异常排污分析都应重点说明异常情况的原因和处置方法。

【例7-11】 某沥青企业非正常工况分析。

【答】 a. 非正常工况发生条件。生产过程中非正常工况主要发生在开停车和事故等状况下。开停车排气和事故排气时，将烃类气体引入火炬塔燃烧，以减轻对环境空气的污染；在计划性停车前，可通过逐步减产控制污染物排放，计划停车一般不会带来严重的事故性排放。

正常生产后，也会因工艺、设备、仪表、公用工程、检修等存在短期停车，对上述原因导致的停车，可通过短期停止进料降低生产负荷来控制。

停车大修时可将设备内物料返回原料槽贮存。停电后，由于系统停止进料，反应温度逐步降低，停电后一般不会发生过热引起安全事故。物料基本停留在反应釜中，不会造成泄漏事故。

b. 非正常工况持续时间。一般情况下，非正常工况持续时间较短，开停车情况持续时间一般不超过2小时。

c. 非正常工况污染物排放及处理措施。非正常工况下，设备内烃类气体产生量为5000m³/h，引入火炬塔燃烧后排放，废气中烟尘排放速率为0.5kg/h，二氧化硫排放速率为2.5kg/h，火炬高度为80m。

4. 清洁生产水平分析

重点比较建设项目与国内外同类型项目单位产品或万元产值的排放水平，并论述其差距。对于废气排放应按能源政策评述其合理性，对其中的可燃气体应说明回收利用的可行性。对于废水排放应通过水量平衡，并按资源利用和环保技术政策评述一水多用或循环利用有关参数的合理程度。对于废渣应根据其性质、组成，综述其综合利用的前景。

5. 环保措施方案分析

① 分析建设项目可研阶段环保措施方案，并提出进一步改进的意见。根据建设项目产生的污染物特点，充分调查同类企业的现有环保处理方案，分析建设项目可研阶段所采用的环保设施的先进水平和运行可靠程度，并提出进一步改进的意见。

② 分析污染物处理工艺有关技术经济参数的合理性。根据现有同类环保设施的运行技术经济指标，结合建设项目环保设施的基本特点，分析论证建设项目环保设施的技术经济参数的合理性，并提出进一步改进的意见。

③ 分析环保设施投资构成及其在总投资中占有的比例。汇总建设项目环保设施的各项投资，分析其投资结构，并计算环保投资在总投资中占有的比例，并提出进一步改进的意见。

6. 总图布置方案分析

① 分析厂区与周围保护目标之间所定卫生防护距离和安全防护距离的保证性。参考国家的有关安全防护距离规范，分析厂区与周围保护目标之间所定防护距离的可靠性，合理布置建设项目的构筑物，充分利用场地。

② 根据气象、水文等自然条件分析工厂和车间布置的合理性。在充分掌握项目建设地点的气象、水文和地质资料的条件下，认真考虑这些因素对污染物污染特性的影响，尽可能有良好的气象、水文和地质等自然条件，减少不利因素，合理布置工厂和车间。

③ 分析村镇居民拆迁的必要性。分析项目所产生的污染物的特点及污染特征，结合现有的有关资料，确定建设项目对附近村镇的影响，分析村镇居民拆迁的必要性。

7. 补充措施与建议

① 关于合理的产品结构与生产规模的建议。合理的产品结构和生产规模可以有效地降低单位污染物的处理成本，提高企业的经济效益，有效地降低建设项目对周围环境的不利影响。

② 优化总图布置的建议。充分利用自然条件，合理布置建设项目中的构筑物，可以有效地减轻建设项目对周围环境的不良影响，降低环境保护投资。

③ 节约用地的建议。根据各个构筑物的工艺特点和结构要求，做到合理布置、有效利用土地。

④ 可燃气体平衡和回收利用措施建议。可燃气体排入环境中，不仅浪费资源，而且对大气环境有不良影响，因此必须考虑对这些气体进行回收利用。根据可燃气体的物料衡算，可以计算出这些可燃气体的排放量，为回收利用措施的选择提供基础数据。

⑤ 用水平衡及节水措施建议。根据水平衡图，充分考虑废水回用，减少废水排放。

⑥ 废渣综合利用建议。根据固体废物的特性，选择有效的方法，进行合理的综合利用。

⑦ 污染物排放方式改进建议。污染物的排放方式直接关系到污染物对环境的影响，通过对排放方式的改进往往可以有效地降低污染物对环境的不利影响。

⑧ 环保设备选型和参数建议。根据污染物的排放量和排放规律，以及排放标准的基本要求，结合对现有资料的全面分析，提出污染物的处理工艺和基本工艺参数。

⑨ 其他建议。针对具体工程的特征，提出与工程密切相关的、有较大影响的其他建议。

（二）生态影响型建设项目工程分析的基本内容

生态影响型建设项目工程分析主要包括工程概况、项目初步论证、影响源识别、环境影响识别、环境保护方案分析、其他分析六部分，详见表 7-13。

表 7-13 生态影响型建设项目工程分析基本内容

工程分析项目	工作内容	基本要求
工程概况	一般特征简介 工程特征 项目组成 施工和营运方案 工程布置示意图 比选方案	工程组成全面,突出重点工程
项目初步论证	法律法规、产业政策、环境政策和相关规划符合性 总图布置和选址选线合理性 清洁生产和循环经济可行性	从宏观方面进行论证,必要时提出替代或调整方案
影响源识别	工程行为识别 污染源识别 重点工程识别 原有工程识别	从工程本身的环境影响特点进行识别,确定项目环境影响的来源和强度
环境影响识别	社会环境影响识别 生态影响识别 环境污染识别	应结合项目自身环境影响特点、区域环境特点和具体环境敏感目标综合考虑
环境保护方案分析	施工和营运方案合理性 工艺和设施的先进性和可靠性 环境保护措施的有效性 环保设施处理效率合理性和可靠性 环境保护投资合理性	从经济、环境、技术和管理方面来论证环境保护方案的可行性
其他分析	非正常工况分析 事故风险识别 防范与应急措施	可在工程分析中专门分析,也可纳入其他部分或专题进行分析

1. 工程概况

介绍工程的名称、建设地点、性质、规模,给出工程的经济技术指标;介绍工程特征,给出工程特征表;交代工程项目组成,包括施工期临时工程,给出项目组成表;阐述工程施工和运营方案,给出施工期和运营期的工程布置示意图;有比选方案时,在上述内容中均应有介绍。

此外应给出工程地理位置图、总平面布置图、施工平面布置图、物料(含土石方)平衡图和水平衡图等工程基本图件。

2. 项目初步论证

主要从宏观上进行项目可行性论证,必要时提出替代或调整方案。初步论证主要包括以下三方面内容。

① 建设项目与法律法规、产业政策、环境政策和相关规划的符合性;

② 建设项目选址选线、施工布置和总图布置的合理性;

③ 清洁生产和区域循环经济的可行性,提出替代或调整方案。

3. 影响源识别

生态影响型建设项目除了主要产生生态影响外,同样会有不同程度的污染影响,其影响源识别主要从工程自身的影响特点出发,识别可能带来生态影响或污染影响的来源,包括工程行为和污染源。进行影响源分析时,应尽可能给出定量或半定量数据。

工程行为分析时,应明确给出土地征用量、临时用地量、地表植被破坏面积、取土量、弃渣量、库区淹没面积和移民数量等。

污染源分析时，原则上按污染型建设项目要求进行，从废水、废气、固体废物、噪声与振动、电磁等方面分别考虑，明确污染源位置、属性、产生量、处理处置量和最终排放量。

对于改扩建项目，还应分析原有工程存在的环境问题，识别原有工程影响源和源强。

4. 环境影响识别

建设项目环境影响识别一般从社会影响、生态影响和环境污染三个方面考虑，在结合项目自身环境影响特点、区域环境特点和具体环境敏感目标的基础上进行识别。

生态影响型建设项目的生态影响识别，不仅要识别工程行为造成的直接生态影响，而且要注意污染影响在时间或空间上的累积效应（累积影响），明确各类影响的性质（有利/不利）和属性（可逆/不可逆、临时/长期等）。

5. 环境保护方案分析

初步论证是从宏观上对项目可行性进行论证，环境保护方案分析要求从经济、环境、技术和管理方面来论证环境保护措施和设施的可行性，必须满足达标排放、总量控制、环境规划和环境管理要求，技术先进且与社会经济发展水平相适宜，确保环境保护目标可达性。环境保护方案分析至少应有以下五个方面的内容。

① 施工和运营方案合理性分析；
② 工艺和设施的先进性和可靠性分析；
③ 环境保护措施的有效性分析；
④ 环保设施处理效率合理性和可靠性分析；
⑤ 环境保护投资估算及合理性分析。

经过环境保护方案分析，对于不合理的环境保护措施应提出比选方案，进行比选分析后提出推荐方案或替代方案。

对于改扩建工程，应明确"以新带老"的环保措施。

6. 其他分析

包括非正常工况类型及源强、事故风险识别和源项分析以及防范与应急措施说明。

【例 7-12】 下列生态影响型项目工程分析内容不属于初步论证的是（　　　）。
A. 环境保护措施的有效性
B. 建设项目选址选线、施工布置和总图布置的合理性
C. 清洁生产和区域循环经济的可行性
D. 建设项目与法律法规、产业政策、环境政策和相关规划的符合性

【答】 A。本题主要考查生态影响型项目工程分析内容中初步论证内容。由于主要从宏观上进行论证，环境保护措施的有效性属于微观的内容，需经过环境影响评价之后分析。初步论证的主要内容有：①建设项目与法律法规、产业政策、环境政策和相关规划的符合性；②建设项目选址选线、施工布置和总图布置的合理性；③清洁生产和区域循环经济的可行性，提出替代或调整方案。

三、工程分析方法

目前采用较多的工程分析方法有类比分析法、物料衡算法、查阅参考资料分析法等。

（一）类比分析法

类比分析法是采用与拟建项目类型相同的现有项目的设计资料或实测数据进行工程分析的一种常用方法。采用此法时，为提高类比数据的准确性，应充分注意分析对象与类比对象之间的相似性和可比性。举例如下。

（1）工程一般特征的相似性　所谓一般特征包括建设项目的性质、建设规模、车间组成、产品结构、工艺路线、生产方法、原料、燃料成分与消耗量、用水量和设备类型等。

（2）污染物排放特征的相似性　包括污染物排放类型、浓度、强度与数量，排放方式与去向、污染方式与途径等。

（3）环境特征的相似性　包括气象条件、地貌状况、生态特点、环境功能以及区域污染情况等方面的相似性。因为在生产建设中常会遇到这种情况，即某污染物在甲地是主要污染因素，在乙地则可能是次要因素，甚至是可被忽略的因素。

类比法常用单位产品的经验排污系数计算污染物排放量。但是采用此法必须注意，一定要根据生产规模等工程特征和生产管理以及外部因素等实际情况进行必要的修正。

经验排污系数法公式：

$$A = AD \times M \tag{7-7}$$

式中，A 为某污染物的排放总量；AD 为单位产品某污染物的排放定额；M 为产品总产量。

一般可查阅建设项目环境保护实用手册、全国污染源普查课题成果、工业污染源产排污系数、设计手册等技术资料获得排污定额的数据。但要注意数据因地区、行业、阶段性等的差异。

【例 7-13】　天然气燃烧产生的污染物统计数据见表 7-14。

表 7-14　天然气燃烧时产生的污染物　　　　　　　　单位：$kg/10^6 m^3$

污染物名称	设备类型		
	电厂	工业锅炉	民用采暖设备
颗粒物	80～240	80～240	80～240
硫氧化物	9.6	9.6	9.6
一氧化碳	272	272	320
碳氢化合物（以 CH_4 计）	16	48	128
氮氧化物（以 NO_2 计）	11200	1920～3680	1280[①]～1290[②]

注：天然气平均含硫量以 $4.6 kg/10^6 m^3$ 计。

① 家用取暖设备取 $1280 kg/10^6 m^3$；② 民用取暖设备取 $1290 kg/10^6 m^3$。

（二）物料衡算法

物料衡算法是计算污染物排放量的常规和最基本的方法。在具体建设项目产品方案、工艺路线、生产规模、原材料和能源消耗、治理措施确定的情况下，运用质量守恒定律核算污染物排放量，即在生产过程中投入系统的物料总量必须等于产品总量和物料流失量之和。

$$\sum G_{投入} = \sum G_{产品} + \sum G_{流失} \tag{7-8}$$

式中，$\sum G_{投入}$ 为投入系统的物料总量；$\sum G_{产品}$ 为产出产品总量；$\sum G_{流失}$ 为物料流失总量。

工程分析中常用的物料衡算有：①总物料衡算；②有毒有害物料衡算；③有毒有害元素物料衡算。

在可研文件提供的基础资料比较翔实或对生产工艺熟悉的条件下，应优先采用物料衡算法计算污染物排放量。

（三）查阅参考资料分析法

该方法是利用同类工程已有的环境影响报告书或可行性研究报告等材料进行工程分析的

方法。虽然此法较为简单，但所得数据的准确性很难保证。当评价时间短，且评价工作等级较低时，或在无法采用以上两种方法的情况下，可采用此方法，此方法还可以作为以上两种方法的补充。

四、工程分析辅助材料

(一) 排污系数速查手册

排污系数，即污染物排放系数，指在典型工况生产条件下，生产单位产品（或者使用单位原料）所产生的污染物量经过末端治理设施削减后的残余量，或生产单位产品（或者使用单位原料）直接排放到环境中的污染物量。当污染物直排时，排污系数与产污系数相同。

排污系数速查手册中列出了主要污染物排放系数、主要工业行业固体废物排放系数、主要工业产品综合产污和排污系数等 28 项内容，可以为工程分析中污染源强计算提供科学依据，排污系数速查手册具体内容见表 7-15。

表 7-15　排污系数速查手册内容

序号	内容	主要参数
1	主要污染物排放系数	每吨蒸汽所产生的烟气量 燃烧 1t 煤炭排放的各污染物量 燃烧 1m³ 油排放的各污染物量 燃烧 1×10^6 m³ 燃料气排放的各污染物量 生产过程中的污染物排放系数
2	主要工业行业固体废物排放系数	消耗吨原料产生废物量、生产吨产品产生废物量
3	主要工业产品综合产污和排污系数	产污系数、排污系数
4	燃煤工业锅炉污染物的产污和排污系数	烟尘产污和排污系数，二氧化硫产污和排污系数，NO_x、CO、碳氢化合物产污和排污系数
5	燃煤茶浴炉、食堂大灶烟气中污染物的产污和排污系数	燃煤方式、煤种、产污和排污系数
6	我国各地区燃煤硫含量分布表	各地区煤炭含硫量
7	常用的法定计算单位与符号	法定单位符号、法定单位名称
8	锅炉型号的表示方法	锅炉本体形式、代号
9	林格曼图与烟尘含量参照表	林格曼图的规格，林格曼烟尘浓度表使用方法，使用林格曼浓度表时应注意的情况
10	乡镇工业水污染物排放系数	产品名称及工艺分类、COD 排放系数、废水排放系数
11	乡镇工业大气污染物排放系数	产品名称及窑型、工艺分类、SO_2 排放系数、烟尘排放系数、粉尘排放系数
12	皮革互换系数	吨皮产多少张皮革、张实物皮为多少平方米皮革
13	单位产品煤炭消费系数法	产品名称、单位产品煤耗
14	不同公路类型的汽车污染物排放系数	公路类型、平均车速、汽车污染物排放系数
15	机动车污染物排放系数	以汽油为燃料污染物排放系数、以柴油为燃料污染物排放系数
16	全国(部分省)原煤成分表(统配煤矿)	省名、矿名、原煤全硫分、灰分、可燃体挥发分、低位发热量
17	全国石油成分表	石油含硫量
18	各种燃烧方式锅炉烟尘浓度平均值、最高值	燃烧方式、平均粉尘浓度、最高粉尘浓度

序号	内容	主要参数
19	能源常用数据	燃料所含的能量、能源的折算比率
20	浓度及浓度单位换算	溶液的浓度单位换算、气体的浓度单位换算
21	烟尘的分类	烟尘粒径
22	常用隔声材料的隔声量(dB)	隔声量
23	石油化工生产综合废水 COD 值	生产产品、生产规模、日排水量、COD 浓度值
24	适用于各种恶臭物质的洗涤液	适用于各种恶臭物质的洗涤液
25	农业企业和工程项目的卫生防护地带	—
26	一般煤粉尘的化学成分	SiO_2、Al_2O_3、Fe_2O_3、CaO、MgO、硫酸盐、K_2O、Na_2O、烧失量
27	部分行业最高允许排水量(1998 年 1 月 1 日以后的企业)	行业类别、最高允许排水量或最低允许重复利用率
28	典型工厂排放的废水中含有的有害物质情况	工厂类别、污水中主要有害物质

(二) 国家危险废物名录 (2025 年版)

危险废物是指列入国家危险废物名录或者根据国家规定的危险废物鉴别标准和鉴别方法认定的具有危险特性的固体废物。

所谓危险特性包括毒性 (toxicity，T)、腐蚀性 (corrosivity，C)、易燃性 (ignitability，I)、反应性 (reactivity，R) 和感染性 (infectivity，In)。

《国家危险废物名录 (2025 年版)》自 2025 年 1 月 1 日起施行，共列出了 50 大类危险废物，见表 7-16。

表 7-16　国家危险废物名录

序号	危险废物类别	序号	危险废物类别	序号	危险废物类别
1	医疗废物	17	表面处理废物	33	无机氰化物废物
2	医药废物	18	焚烧处置残渣	34	废酸
3	废药物、药品	19	含金属羰基化合物废物	35	废碱
4	农药废物	20	含铍废物	36	石棉废物
5	木材防腐剂废物	21	含铬废物	37	有机磷化合物废物
6	废有机溶剂与含有机溶剂废物	22	含铜废物	38	有机氰化物废物
7	热处理含氰废物	23	含锌废物	39	含酚废物
8	废矿物油与含矿物油废物	24	含砷废物	40	含醚废物
9	油/水、烃/水混合物或乳化液	25	含硒废物	45	含有机卤化物废物
10	多氯(溴)联苯类废物	26	含镉废物	46	含镍废物
11	精(蒸)馏残渣	27	含锑废物	47	含钡废物
12	染料、涂料废物	28	含碲废物	48	有色金属采选和冶炼废物
13	有机树脂类废物	29	含汞废物	49	其他废物
14	新化学物质废物	30	含铊废物	50	废催化剂
15	爆炸性废物	31	含铅废物		
16	感光材料废物	32	无机氟化物废物		

（三）工业污染源产排污系数手册

《排放源统计调查产排污核算方法和系数手册》（以下简称《手册》），涵盖了占我国工业污染物产排量绝大部分的 232 个小类行业。

《手册》的使用方法如下。

① 首先，需要确定行业代码和行业名称，根据《手册》目录，翻查到相关行业；

② 其次，根据相关产品名称、原料名称、生产工艺、生产规模，细读相关注意事项，确定产污系数；

③ 最后，根据相关末端处理技术，细读相关注意事项，确定排污系数。

【例 7-14】　煤炭采选行业产排污系数法核算示例。

位于山西省晋南地区的某煤矿年生产烟煤 30 万吨，其生产工艺为井工开采、炮采，其产品全部进入配套选煤厂进行洗选加工，该选煤厂的洗水达到三级闭路循环。

【答】　第一步，首先明确以下基本信息：①翻查到 0610 烟煤和无烟煤的开采洗选业中"煤矿开采区域水文地质条件分类表"，确定山西晋南地区属于一类地区；②本煤矿选煤厂洗煤废水的处理利用达到三级闭路循环；③本企业属于煤炭开采-洗选联合企业，其污染物产生量和排放量是煤矿煤炭开采和选煤厂煤炭洗选加工两部分产、排污量之和。

第二步，根据本企业产品、原料、工艺、规模和污染物末端处理技术，分别计算煤矿和选煤厂的产、排污量。

对于煤矿，基本类型为"烟煤＋井工炮采＋≤$30×10^4$t/a＋沉淀分离法"。在《手册》"0610 烟煤无烟煤开采业产排污系数表"找到一类地区对应的污染物产污系数：工业废水量 0.65t/t、化学需氧量 62.5g/t、石油类 1.85g/t、工业固体废物（煤矸石）0.08t/t；排污系数为工业废水量 0.24t/t、化学需氧量 17.9g/t、石油类 0.49g/t，工业固体废物（煤矸石）没有排污系数。

（四）锅炉耗煤量计算

由于环境影响评价工作所涉及的项目中大部分企业都存在锅炉的运行，故锅炉的产排污计算非常重要，要进行确切的产排污计算，首先需要计算锅炉的耗煤量。

锅炉耗煤量和汽车的百公里耗油是一个概念，其影响因素有多种，例如煤种、环境温度、操作水平、锅炉效率，总之，受"人、机、料、法、环"五大因素的影响。

锅炉耗煤量计算公式为：

$$锅炉耗煤量＝锅炉功率×3600÷煤烧热值÷锅炉效率 \tag{7-9}$$

【例 7-15】　额定蒸发量为 1t 的锅炉，煤种为标准煤，锅炉效率为 70%，计算其耗煤量。

【答】　1t 锅炉功率为 0.7MW，标准煤的煤烧热值为 29MJ/kg。

$$蒸汽锅炉耗煤量＝锅炉功率×3600÷煤烧热值÷锅炉效率$$
$$＝0.7MW×3600÷29MJ/kg÷70\%$$
$$≈124kg/h$$

注意：此数据是锅炉 100% 出力工作时所需的燃料，实际使用中，还要根据负荷情况计算，一般合理选型的锅炉出力为 60%～80%，再以停炉时间乘以燃料理论值即可得实际耗燃料量。

【例 7-16】　一台 4t 蒸汽锅炉，使 8℃的水烧热至 174℃的蒸汽，其耗煤量是多少（按照标煤计算）？

【答】　按 1t 标煤热值 7000kcal（1kcal＝4.18kJ）计算。查水蒸气性质表得：8℃水焓值

为 $H_8 = 33.62\text{kJ/kg}$，174℃水焓值为 $H_{174} = 2772.29\text{kJ/kg}$。

4t 蒸汽共需热值为：$4 \times 1000 \times (2772.29 - 33.62) \div 4.18 = 2620736.8421$（kcal）

按标准煤计算耗煤量 $= 2620736.8421 \div 7000 \div 1000 = 0.374$（t/h）

0.374t/h 为不考虑传热效率的最理想状态，但是在正常工作状况下需要考虑其加热系统的效率。

一般情况下，传热效率按照 75% 计算，其耗煤量 $= 0.374 \div 0.75 = 0.499$（t/h）。

（五）燃煤锅炉房大气污染源强的确定

在环境评价中，污染源强的确定对环境影响评价的分析结果有重要作用。对锅炉房污染物排放的分析表明，影响锅炉房大气污染物的主要因素有燃料的构成、发热量和燃烧方式等。确定锅炉房大气污染物的方法主要有物料衡算法、实测法和经验系数法。在这三种方法中，物料衡算法被普遍采用，也可以采用物料衡算法和实测法相结合的方法。

锅炉房废气中主要污染物有二氧化硫、烟尘、氮氧化物和一氧化碳，而在环境影响评价中，目前比较关心的是二氧化硫、烟尘、NO_x，下面分别分析上述污染物排放量的确定方法。

1. 二氧化硫排放量的计算

废气中的 SO_2 是指燃料的全硫分在燃烧过程中生成的 SO_2 排入大气之和，如果安装了脱硫装置，要考虑脱硫效率。燃料燃烧生成 SO_2 的成分主要是有机硫、硫铁化合物等可燃性硫，这部分硫占煤中总含硫量的 70%～90%，其余不可燃性硫占 10%～30%，燃烧后进入灰渣中，所以燃料燃烧过程中排放的 SO_2 可以根据燃料中全硫分含量计算，见式（7-10）。

$$G = B \times S \times D \times 2 \times (1 - \eta) \tag{7-10}$$

式中，G 为二氧化硫的排放量，kg/h；B 为燃煤量，kg/h；S 为煤的含硫量，%；D 为可燃硫占全硫量的百分比，%；η 为脱硫设施的二氧化硫去除率，%。

【例 7-17】 某城市建有一以煤为燃料的火力发电站，年燃煤量为 200 万吨，煤的含硫量为 1.08%，其中可燃硫占 85%，脱硫效率达 65%，计算该火力发电站的 SO_2 排放量。

【答】 该火力发电站年产生 SO_2 量为：

$$G = B \times S \times D \times 2 \times (1 - \eta) = 200 \times 10^4 \times 1.08\% \times 85\% \times 2 \times (1 - 65\%) = 12852(\text{t/a})$$

2. 燃煤烟尘排放量的计算

燃煤烟尘包括黑烟和飞灰两部分，黑烟是未完全燃烧的炭粒，飞灰是烟气中不可燃烧的矿物微粒。烟尘的排放量与炉型和燃烧状况有关，燃烧越不完全，烟气中的黑烟浓度越大，飞灰的量与煤的灰分和炉型有关。一般根据耗煤量、煤的灰分和除尘效率计算燃烧产生的烟尘量。

$$Y = \frac{B \times A \times D \times (1 - \eta)}{1 - C_{fh}} \tag{7-11}$$

式中，Y 为烟尘排放量，kg/h；B 为燃煤量，kg/h；A 为煤的灰分含量，%；D 为烟气中烟尘占灰分量的百分比，%，其值与燃烧方式有关；η 为除尘器的总效率，%；C_{fh} 为烟气中可燃物调整系数，%。

各种除尘器的效率不同，具体除尘效率可参照有关除尘器的说明书。若安装了二级除尘器，则除尘器系统的总效率为：

$$\eta = 1 - (1 - \eta_1)(1 - \eta_2) \tag{7-12}$$

式中，η_1 为一级除尘器的除尘效率，%；η_2 为二级除尘器的除尘效率，%。

3. 燃煤氮氧化物排放量的计算

燃煤氮氧化物排放量的计算可以采用排污系数法和公式法。

（1）排污系数法

①《排放源统计调查产排污核算方法和系数手册》提供的系数是 2.94kg/t。

② 根据国家环保总局编著的《排污申报登记实用手册》，燃煤工业锅炉产生的 NO_x 的计算公式如下：

$$G_{NO_x} = BF_{NO_x} \tag{7-13}$$

式中，G_{NO_x} 为 NO_x 排放量，kg；B 为耗煤量，t；F_{NO_x} 为燃煤工业锅炉 NO_x 产污排污系数，kg/t。

燃煤工业锅炉 NO_x 产污排污系数具体见表 7-17。

表 7-17　燃煤工业锅炉 NO_x 产污排污系数　　　　单位：kg/t

炉型	产污排污系数	炉型	产污排污系数
≤6t/h 层燃	4.81	循环流化床	5.77
≥10t/h 层燃	8.53	煤粉炉	4.05
抛煤机炉	5.58		

（2）公式法

$$G_{NO_x} = 1.63B(\beta n + 0.000938) \tag{7-14}$$

式中，G_{NO_x} 为燃料燃烧生成氮氧化物（以 NO_2 计）量，kg；B 为耗煤量，kg；β 为燃烧氮向燃料型 NO 的转变率，%，与燃料含氮量 n 有关，普通燃烧条件下煤粉炉取 25%；n 为燃料中氮的含量，%，煤含氮量平均取 1.5%。

（六）各类能源折算标准煤的参考系数

标准煤是指能产生 29.27MJ 热量（低位）的任何数量的燃料折合为 1kg 标准煤，亦称煤当量，具有统一的热值标准。我国规定每千克标准煤的热值为 7000kcal（1kcal＝4.18kJ），联合国为 6880kcal。将不同品种、不同含量的能源按各自不同的热值换算成每千克热值为 7000kcal 的标准煤。

$$能源折标准煤系数 = 某种能源实际热值 \div 7000 \tag{7-15}$$

在各种能源折算成标准煤之前，首先测算各种能源的实际平均热值，再折算标准煤。平均热值也称平均发热量，是指不同种类或品种的能源实测发热量的加权平均值。计算公式为：

$$平均热值 = \frac{\left[\sum(某种能源实测低发热量) \times 该能源数量\right]}{能源总量} \tag{7-16}$$

全国主要能源折算标准见表 7-18。

表 7-18　全国主要能源折算标准表

燃料名称	实物计量单位	全国使用标准			
		国家统计局		国家标准化管理委员会	
		热值/kcal	标准煤/kcal	热值/kcal	标准煤/kcal
原煤	kg	5000	0.714	5000	0.714
焦煤	kg	6800	0.97	6800	0.971
蒸汽	kg	889	0.127		
综合石油	kg		1.44		

燃料名称	实物计量单位	全国使用标准			
		国家统计局		国家标准化管理委员会	
		热值/kcal	标准煤/kcal	热值/kcal	标准煤/kcal
原油	kg	10000	1.43	10000	1.429
重油	kg	9700	1.39	10000	1.429
汽（煤）油	kg	10300	1.471	10300	1.471
柴油	kg	10100	1.44	11000	1.570
油渣	kg			9000	1.285
天然气	m³	9310	1.33	8500	1.214
焦炉煤气	m³	4000	0.571	4300	0.614
城市煤气	m³			4000	0.571
液化石油气	m³			12000	1.714
电力	kW·h			3000	0.429
沼气	m³				
瓦斯	m³			8000	1.140
洗煤	kg	7100	1.014		

（七）常见燃气、煤组分

常见燃气成分见表 7-19，常见煤组分见表 7-20。

表 7-19　常见燃气成分表

成分	种类				
	高炉煤气	焦炉煤气	发生炉煤气	转炉煤气	天然气
甲烷/%		23～27	3～6		约100
碳氢化合物/%		2～4（C₂以上不饱和烃）	≤0.5		
一氧化碳/%	27～30	5～8	26～31	60～80	
氢气/%	1.5～1.8	55～60	9～10		
氮气/%	55～57	3～8	55		
二氧化碳/%	8～12	1.5～3.0	1.5～3.0	15～20	
氧气/%		0.3～0.8			
发热量/(kcal/m³)	850～950	3900～4400	1400～1700	1800～2200	5800～90000
密度/(kg/m³)	1.295	0.45～0.55	1.08～1.25		0.7～0.8
燃点/℃	700	600～650	700	650～700	550
主要性质	无色无味、有剧毒、易燃易爆	无色、有臭味、有毒、易燃易爆	有色有臭味、有剧毒、易燃易爆	无色无味、有剧毒、易燃易爆	无色有蒜臭味、有窒息性麻醉性、极易燃易爆

表 7-20　常见煤组分一览表　　　　　　　　　　　　　　单位：%

类　别	泥炭	褐煤	烟煤	无烟煤
水分	56.70	34.55	3.24	2.80
挥发分	26.14	35.34	27.13	1.16
固定碳	11.17	22.91	62.52	88.21
灰分	5.99	7.20	7.11	7.83
硫	0.64	1.10	0.95	0.89
氢	6.33	6.60	5.24	1.89
碳	21.03	42.40	78.00	84.36
氮	1.10	0.57	1.28	0.63
氧	62.91	42.13	7.47	4.40

注：前四种为物质组分，后五种为元素组分。

（八）脱硫脱硝除尘技术及效率

1. 脱硫技术

按照脱硫工艺与燃料燃烧的结合点，脱硫技术可分为：燃烧前脱硫、燃烧中脱硫、燃烧后脱硫（即烟气脱硫）。目前，烟气脱硫被认为是控制 SO_2 污染最行之有效的途径，应用最广泛，其次是循环流化床燃烧脱硫。

烟气脱硫工艺按脱硫剂和脱硫产物是固态还是液态分为干法和湿法。若脱硫剂和脱硫产物分别是液态和固态的脱硫工艺为半干法。主要行业脱硫工艺及脱硫率见表 7-21。

表 7-21　主要行业脱硫工艺及脱硫率一览表

行业	脱硫工艺	脱硫率/%
火电厂	氨法	95
	烟气循环流化床	90 以上
工业锅炉及炉窑	石灰法	90 以上
	钠钙双碱法	90 以上
	氧化镁法	90 以上
	石灰石法	90 以上
	活性炭吸附法	90 以上

2. 脱硝技术

按照脱硝工艺与燃料燃烧的结合点，脱硝技术可分为：燃烧前脱氮、燃烧过程中的 NO_x 脱除、燃烧后脱氮（即烟气脱硝）。目前烟气脱硝是人们最常用的 NO_x 控制方法，应用最广泛。具体方法及其脱硝效率见表 7-22。

表 7-22　常见脱硝技术及其脱硝效率

脱硝阶段	方法名称	脱硝效率/%
燃烧前脱氮	生物脱氮技术	—
燃烧过程中的 NO_x 脱除	低氮燃烧技术	—
	循环流化床洁净燃烧技术	—
	整体煤气化联合循环（IGCC）	—
	洁净煤发电技术	—

续表

脱硝阶段	方法名称		脱硝效率/%
燃烧后脱氮 （烟气脱硝技术）	气相反应法	液体吸收法	—
		吸附法	—
		液膜法	—
		微生物法	—
	火力发电厂	选择性催化还原技术（SCR）	约90
		选择性非催化还原技术（SNCR）	20～40
		混合 SCR-SNCR	40～90

3. 除尘技术

所谓除尘，就是利用一定的外力作用使粉尘从空气中分离出来，是一个物理过程。使粉尘从空气中分离的作用主要有：机械力、阻留作用、凝聚作用、静电力、扩散。相应的除尘器分为：机械除尘器、过滤式除尘器、湿式除尘器和电除尘器。具体分类及处理效率见表7-23。

表 7-23 常见除尘器及其除尘效率

类别	作用原理	除尘器	处理粒度/μm	除尘效率/%
机械式	重力	重力沉降室	40～1000	40～60
	惯性力	惯性除尘器	10～100	40～70
	离心力、惯性力	旋风除尘器	3～100	84～94
湿式	水流冲洗	水膜除尘器	0.1～100	90～99
过滤式	过滤介质捕集	布袋除尘器	0.1～20	84～99.9
电除尘	静电力	静电除尘器	0.04～20	99.9

思 考 题

1. 简述工程分析的作用。

2. 工程分析的目的是什么？

3. 工程分析有哪些方法？其适用条件是什么？

4. 燃烧过程中 SO_2 和烟尘排放量计算需要掌握哪些数据？

5. 工程分析中物料衡算有哪几种类型？

6. 工程分析包括哪些内容？

7. 污染源强核算的两本账和三本账分别是什么？

8. 水平衡中的工业用水重复利用率、工业水回用率如何计算？

9. 某项目的工业用水情况如图7-5所示，各数值单位为 m^3/a，求该项目的工业用水重复利用率和项目污水回用率分别是多少。

10. 某工厂建一台 10t/h 蒸发量的燃煤蒸汽锅炉，最大耗煤量 1600kg/h，引风机风量为 15000m³/h，全年用煤量 4000t，煤的含硫量 1.2%，排入气相 80%，SO_2 的排放标准 1200mg/m³，请计算达标排放的脱硫效率并提出 SO_2 排放总量控制指标。

11. 某工厂全年燃煤 8000t，煤的灰分为 20%，仅使用一台燃煤锅炉，装有除尘器，效率为 95%，该

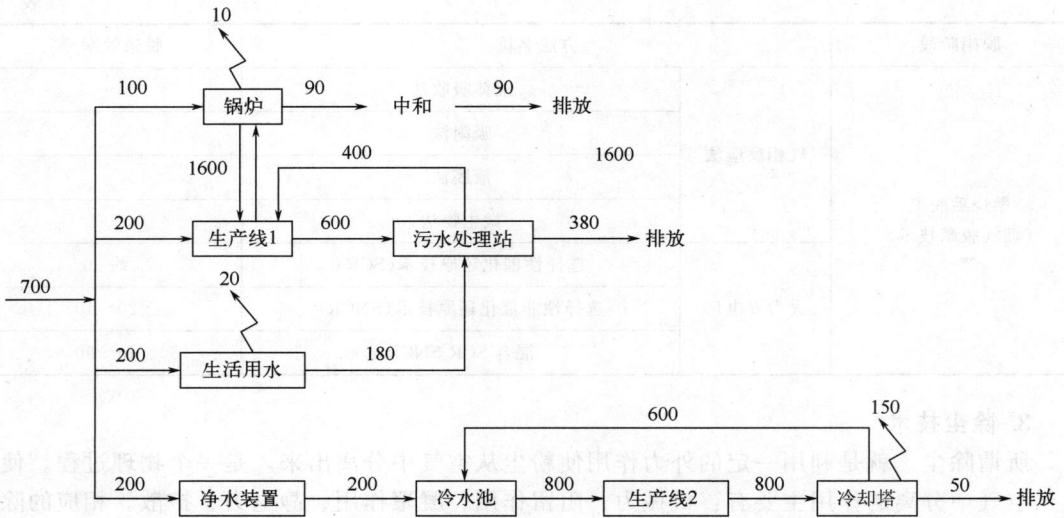

图 7-5　项目工业用水情况

厂所排烟气中烟尘占煤灰分的 30%，求该锅炉全年排尘量。

12. 某厂锅炉年耗煤量为 2000t，煤的含硫量为 2%，假设燃烧时有 20% 的硫分最终残留在灰分中，求全年排放的二氧化硫的量。

参考文献

[1] 环境保护部环境工程评估中心. 环境影响评价技术方法 [M]. 北京：中国环境出版社，2015.
[2] 环境保护部环境工程评估中心. 建设项目环境影响评价 [M].2 版. 北京：中国环境出版社，2014.
[3] 彭飞翔，贾生元. 环境影响评价技术方法试题解析：2015 年版 [M]. 北京：中国环境出版社，2015.
[4] 曲波，杜怀勤. 环评中锅炉房大气污染源强的确定 [J]. 油气田环境保护，2004，6 (1)：50-52.

第八章
产业政策和规划的符合性分析

第一节　产业政策符合性分析

产业政策是政府为了实现一定的经济和社会目标而对产业的形成和发展进行干预的各种政策的总和。产业政策的功能主要是弥补市场缺陷，有效配置资源；保护幼小民族产业的成长；熨平经济波动；发挥后发优势，增强适应能力。

各项产业政策是为适应某一特定时期某些要求而制定的政策。随着时间的推移，国民经济的发展，科学技术的进步，新技术、新工艺、新产品的开发，以及环境保护的新要求，国家将对有关产业政策予以废止、修订或新增。因此，在环评工作中应密切关注国家经济发展动向，注意有关产业政策的变化。

一、产业政策

(一) 产业政策类别及体系

在建设项目的环境影响评价中，决定项目建设的主要因素是市场，制约项目建设的第一因素是国家的产业政策。国家从国民经济和社会发展的大局出发，一方面，对于关系到国计民生的产业、社会急需的基础建设采取鼓励政策，如鼓励基础设施建设、城市能源建设、水利工程建设、道路交通设施建设等；另一方面，制定限制、淘汰目录，限制某些行业的发展或产品生产，促使其采用新工艺、新技术、新设备、优质原料，实现产业结构的调整和优化。从环境影响评价角度考虑，产业政策主要包括环境政策和产业政策两方面。具体见图 8-1。

1. 关于实施"三线一单"生态环境分区管控的指导意见 (试行)

"三线一单"是指以生态保护红线、环境质量底线、资源利用上线为基础，编制生态环境准入清单，力求用"线"管住空间布局、用"单"规范发展行为，构建生态环境分区管控体系的环境管理机制。

生态保护红线是指在生态空间范围内具有特殊重要生态功能，必须强制性严格保护的区域；环境质量底线是指结合环境质量现状和相关规划、功能区划要求，确定的分区域分阶段环境质量目标及相应的环境管控、污染物排放控制等要求；资源利用上线是以保障生态安全和改善环境质量为目的，结合自然资源开发管控，提出的分区域分阶段的资源开发利用总量、强度、效率等上线管控要求；生态环境准入清单则是指基于环境管控单元，统筹考虑"三线"的管控要求，提出的空间布局、污染物排放、环境风险、资源开发利用等方面禁止和限制的环境准入要求。

关于实施"三线一单"生态环境分区管控的指导意见(试行)

关于深入打好污染防治攻坚战的意见

关于完整准确全面贯彻新发展理念做好碳达峰碳中和工作的意见

关于进一步加强生物多样性保护的意见

全国主体功能区规划

2030年前碳达峰行动方案

"十四五"节能减排综合工作方案

空气质量持续改善行动计划

关于加强入河入海排污口监督管理工作的实施意见

土壤环境管理相关办法 —— 污染地块土壤环境管理办法(试行)
农用地土壤环境管理办法(试行)
工矿用地土壤环境管理办法(试行)

国家危险废物名录(2025版)

危险废物转移管理办法

尾矿污染环境防治管理办法

深入打好重污染天气消除、臭氧污染防治和柴油货车污染治理攻坚战行动方案

生态保护红线生态环境监督办法（试行）

国家公园管理暂行办法

产业结构调整指导目录（2024年本）

市场准入负面清单（2022年版）

行业政策 —— 钢铁行业政策
水泥行业政策
电解铝行业政策
平板玻璃行业政策
……

外商投资产业指导目录（2017年修订）

鼓励外商投资产业目录（2022年版）

环境政策

产业政策

产业政策

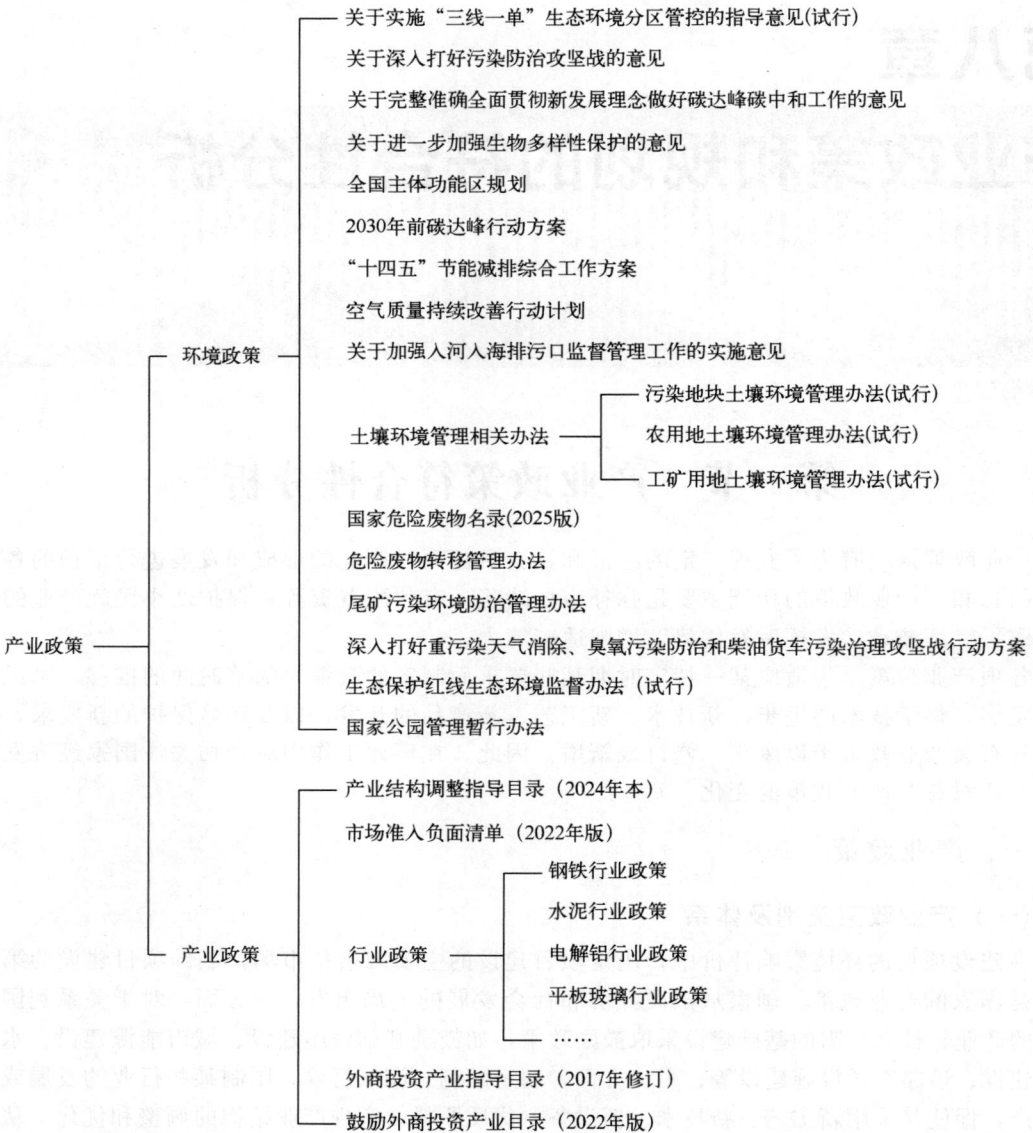

图8-1　产业政策类别及体系图

实施"三线一单"（生态保护红线、环境质量底线、资源利用上线和生态环境准入清单）生态环境分区管控制度，是新时代贯彻落实习近平生态文明思想、深入打好污染防治攻坚战、加强生态环境源头防控的重要举措。

2. 关于深入打好污染防治攻坚战的意见

由中共中央、国务院印发的《关于深入打好污染防治攻坚战的意见》（2021年11月2日）主要目标如下：

到2025年，生态环境持续改善，主要污染物排放总量持续下降，单位国内生产总值二氧化碳排放比2020年下降18%，地级及以上城市细颗粒物（$PM_{2.5}$）浓度下降10%，空气质量优良天数比率达到87.5%，地表水Ⅰ～Ⅲ类水体比例达到85%，近岸海域水质优良（一、二类）比例达到79%左右，重污染天气、城市黑臭水体基本消除，土壤污染风险得到

有效管控，固体废物和新污染物治理能力明显增强，生态系统质量和稳定性持续提升，生态环境治理体系更加完善，生态文明建设实现新进步。

到 2035 年，广泛形成绿色生产生活方式，碳排放达峰后稳中有降，生态环境根本好转，美丽中国建设目标基本实现。

【例 8-1】 根据《关于深入打好污染防治攻坚战的意见》，着力打好重污染天气消除攻坚战的任务不包括（   ）。

A. 构建省市县三级重污染天气应急预案体系

B. 大力推进挥发性有机物和氮氧化物协同减排

C. 东北地区加强秸秆禁烧管控和采暖燃煤污染治理

D. 京津冀持续开展秋冬季大气污染综合治理专项行动

【答】 C。

3. 关于完整准确全面贯彻新发展理念做好碳达峰碳中和工作的意见

由中共中央、国务院印发的《关于完整准确全面贯彻新发展理念做好碳达峰碳中和工作的意见》（2021 年 9 月 22 日）主要目标如下：

到 2025 年，绿色低碳循环发展的经济体系初步形成，重点行业能源利用效率大幅提升。单位国内生产总值能耗比 2020 年下降 13.5%；单位国内生产总值二氧化碳排放比 2020 年下降 18%；非化石能源消费比重达到 20% 左右；森林覆盖率达到 24.1%，森林蓄积量达到 180 亿立方米，为实现碳达峰、碳中和奠定坚实基础。

到 2030 年，经济社会发展全面绿色转型取得显著成效，重点耗能行业能源利用效率达到国际先进水平。单位国内生产总值能耗大幅下降；单位国内生产总值二氧化碳排放比 2005 年下降 65% 以上；非化石能源消费比重达到 25% 左右，风电、太阳能发电总装机容量达到 12 亿千瓦以上；森林覆盖率达到 25% 左右，森林蓄积量达到 190 亿立方米，二氧化碳排放量达到峰值并实现稳中有降。

到 2060 年，绿色低碳循环发展的经济体系和清洁低碳安全高效的能源体系全面建立，能源利用效率达到国际先进水平，非化石能源消费比重达到 80% 以上，碳中和目标顺利实现，生态文明建设取得丰硕成果，开创人与自然和谐共生新境界。

4. 关于进一步加强生物多样性保护的意见

中共中央办公厅、国务院办公厅印发了《关于进一步加强生物多样性保护的意见》（以下简称《意见》），明确了我国新时期生物多样性保护的总体目标和战略部署。正确理解和把握新时期生物多样性保护的目标愿景、任务要点和战略要求，是深入推进生物多样性保护和生态文明建设的基础。《意见》的主要内容是：总体要求、加快完善生物多样性保护政策法规、持续优化生物多样性保护空间格局、构建完备的生物多样性保护监测体系、着力提升生物安全管理水平、创新生物多样性可持续利用机制、加大执法和监督检查力度、深化国际合作与交流、全面推动生物多样性保护公众参与、完善生物多样性保护保障措施。

【例 8-2】 根据《关于进一步加强生物多样性保护的意见》，持续优化生物多样性保护空间格局不包括（   ）。

A. 落实生物多样性就地保护体系　　　B. 推进重要生态系统保护和修复

C. 持续推进生物多样性调查监测　　　D. 完善生物多样性迁地保护体系

【答】 C。

5. 全国主体功能区规划

全国主体功能区规划，就是要根据不同区域的资源环境承载能力、现有开发密度和发展潜力，统筹谋划未来人口分布、经济布局、国土利用和城镇化格局，将国土空间划分为优化开发、重点开发、限制开发和禁止开发四类，确定主体功能定位，明确开发方向，控制开发强度，规范开发秩序，完善开发政策，逐步形成人口、经济、资源环境相协调的空间开发格局。

2010 年 12 月 21 日国务院印发《全国主体功能区规划》（以下简称《规划》）。《规划》附有国家重点生态功能区名录、国家禁止开发区域名录等附件及生态脆弱性评价图、自然灾害危险性评价图、目前开发强度示意图、生态安全战略格局示意图、国家重点生态功能区示意图、国家禁止开发区域示意图、水资源开发利用率评价图、二氧化硫排放分布图、化学需氧量排放分布图、生态重要性评价图等 20 个附图。

6. 2030 年前碳达峰行动方案

2021 年 10 月 26 日，国务院印发《2030 年前碳达峰行动方案》（国发〔2021〕23 号）（以下简称《方案》）。《方案》围绕贯彻落实党中央、国务院关于碳达峰、碳中和的重大战略决策，按照《中共中央 国务院关于完整准确全面贯彻新发展理念做好碳达峰碳中和工作的意见》工作要求，聚焦 2030 年前碳达峰目标，对推进碳达峰工作作出总体部署。

《方案》强调，要坚持"总体部署、分类施策，系统推进、重点突破，双轮驱动、两手发力，稳妥有序、安全降碳"的工作原则，强化顶层设计和各方统筹，加强政策的系统性、协同性，更好发挥政府作用，充分发挥市场机制作用，坚持先立后破，以保障国家能源安全和经济发展为底线，推动能源低碳转型平稳过渡，稳妥有序、循序渐进推进碳达峰行动，确保安全降碳。《方案》提出了非化石能源消费比重提高、能源利用效率提升、二氧化碳排放强度降低等主要目标。

《方案》要求，将碳达峰贯穿于经济社会发展全过程和各方面，重点实施能源绿色低碳转型行动、节能降碳增效行动、工业领域碳达峰行动、城乡建设碳达峰行动、交通运输绿色低碳行动、循环经济助力降碳行动、绿色低碳科技创新行动、碳汇能力巩固提升行动、绿色低碳全民行动、各地区梯次有序碳达峰行动等"碳达峰十大行动"，并就开展国际合作和加强政策保障作出相应部署。

7. "十四五"节能减排综合工作方案

2022 年 1 月 24 日，国务院印发《"十四五"节能减排综合工作方案》（国发〔2021〕33 号）（以下简称《方案》）。

《方案》指出，以习近平新时代中国特色社会主义思想为指导，全面贯彻党的十九大和十九届历次全会精神，深入贯彻习近平生态文明思想，坚持稳中求进工作总基调，立足新发展阶段，完整、准确、全面贯彻新发展理念，构建新发展格局，推动高质量发展，完善实施能源消费强度和总量双控、主要污染物排放总量控制制度，组织实施节能减排重点工程，进一步健全节能减排政策机制，推动能源利用效率大幅提高、主要污染物排放总量持续减少，实现节能降碳减污协同增效、生态环境质量持续改善，确保完成"十四五"节能减排目标，为实现碳达峰、碳中和目标奠定坚实基础。

《方案》明确，到 2025 年，全国单位国内生产总值能源消耗比 2020 年下降 13.5%，能源消费总量得到合理控制，化学需氧量、氨氮、氮氧化物、挥发性有机物排放总量比 2020 年分别下降 8%、8%、10%以上、10%以上。节能减排政策机制更加健全，重点行业能源利用效率和主要污染物排放控制水平基本达到国际先进水平，经济社会发展绿色转型取得显著成效。

《方案》部署了十大重点工程，包括重点行业绿色升级工程、园区节能环保提升工程、城镇绿色节能改造工程、交通物流节能减排工程、农业农村节能减排工程、公共机构能效提升工程、重点区域污染物减排工程、煤炭清洁高效利用工程、挥发性有机物综合整治工程、环境基础设施水平提升工程，明确了具体目标任务。

《方案》从八个方面健全政策机制。一是优化完善能耗双控制度。二是健全污染物排放总量控制制度。三是坚决遏制高耗能高排放项目盲目发展。四是健全法规标准。五是完善经济政策。六是完善市场化机制。七是加强统计监测能力建设。八是壮大节能减排人才队伍。

《方案》要求，加强组织领导，各地区、各部门和各有关单位要充分认识节能减排工作的重要性和紧迫性，把思想和行动统一到党中央、国务院关于节能减排的决策部署上来，坚持系统观念，明确目标责任，狠抓工作落实。要强化监督考核，开展"十四五"省级人民政府节能减排目标责任评价考核，科学运用考核结果。要完善能耗双控考核措施，统筹目标完成进展、经济形势及跨周期因素，优化考核频次。继续开展污染防治攻坚战成效考核。完善中央生态环境保护督察制度。要开展全民行动，深入开展绿色生活创建行动，增强全民节约意识，倡导简约适度、绿色低碳、文明健康的生活方式，坚决抵制和反对各种形式的奢侈浪费，营造绿色低碳社会风尚。组织开展节能减排主题宣传活动，加大先进节能减排技术研发和推广力度，支持节能减排公益事业，引导市场主体、社会公众自觉履行节能减排责任。

【例 8-3】　根据《"十四五"节能减排综合工作方案》，重点行业绿色升级工程方案不包括（　　）。

A. 推进燃煤锅炉超低排放改造　　　　B. 推进新型基础设施能效提升
C. 推进节能改造和污染物深度治理　　D. 推进园区公共机构能效提升

【答】　D。

8. 空气质量持续改善行动计划

2023 年 12 月 7 日，国务院印发《空气质量持续改善行动计划》（国发〔2023〕24 号）（以下简称《行动计划》），对空气质量持续改善工作进行全面部署。

《行动计划》以习近平新时代中国特色社会主义思想为指导，全面贯彻党的二十大精神，深入贯彻习近平生态文明思想，落实全国生态环境保护大会部署，坚持稳中求进工作总基调，协同推进降碳、减污、扩绿、增长，以改善空气质量为核心，以减少重污染天气和解决人民群众身边的突出大气环境问题为重点，以降低细颗粒物（$PM_{2.5}$）浓度为主线，大力推动氮氧化物和挥发性有机物（VOCs）减排；开展区域协同治理，突出精准、科学、依法治污，完善大气环境管理体系，提升污染防治能力；远近结合研究谋划大气污染防治路径，扎实推进产业、能源、交通绿色低碳转型，强化面源污染治理，加强源头防控，加快形成绿色低碳生产生活方式，实现环境效益、经济效益和社会效益多赢。

《行动计划》明确，到 2025 年，全国地级及以上城市 $PM_{2.5}$ 浓度比 2020 年下降 10%，重度及以上污染天数比率控制在 1% 以内；氮氧化物和 VOCs 排放总量比 2020 年分别下降 10% 以上。京津冀及周边地区、汾渭平原 $PM_{2.5}$ 浓度分别下降 20%、15%，长三角地区 $PM_{2.5}$ 浓度总体达标，北京市控制在 $32\mu g/m^3$ 以内。

《行动计划》以空气质量持续改善推动经济高质量发展，部署了 9 项重点工作任务。一是优化产业结构，促进产业产品绿色升级。二是优化能源结构，加速能源清洁低碳高效发展。三是优化交通结构，大力发展绿色运输体系。四是强化面源污染治理，提升精细化管理水平。五是强化多污染物减排，切实降低排放强度。六是加强机制建设，完善大气环境管理体系。七是加强能力建设，严格执法监督。八是健全法律法规标准体系，完善环境经济政策。九是落实各方责任，开展全民行动。

《行动计划》强调，坚持和加强党对大气污染防治工作的全面领导，地方各级政府对本行政区域内空气质量负总责。严格监督考核，将空气质量改善目标完成情况作为深入打好污染防治攻坚战成效考核的重要内容。推进信息公开，加强宣传引导和国际合作。实施全民行动，推动形成简约适度、绿色低碳、文明健康的生活方式，共同改善空气质量。

9. 关于加强入河入海排污口监督管理工作的实施意见

2022 年 3 月 2 日，国务院办公厅印发《关于加强入河入海排污口监督管理工作的实施意见》（国办函〔2022〕17 号）（以下简称《意见》）。

入河入海排污口（以下简称排污口）是流域、海域生态环境保护的重要节点。为加强和规范排污口监督管理，《意见》围绕党中央、国务院明确的改革方向，研究设计改革政策措施，从总体要求、排查溯源、分类整治、监督管理、支撑保障五个方面明确了相关要求。

《意见》强调，以习近平新时代中国特色社会主义思想为指导，全面贯彻党的十九大和十九届历次全会精神，深入贯彻习近平生态文明思想，按照党中央、国务院决策部署，坚持精准治污、科学治污、依法治污，以改善生态环境质量为核心，深化排污口设置和管理改革，建立健全责任明晰、设置合理、管理规范的长效监督管理机制，有效管控入河入海污染物排放，不断提升环境治理能力和水平，为建设美丽中国作出积极贡献。

《意见》提出水陆统筹、以水定岸，明晰责任、严格监督，统一要求、差别管理，突出重点、分步实施等工作原则，明确了到 2025 年的目标任务。

《意见》要求，一是开展排查溯源，省级人民政府统筹组织本行政区域内排污口排查整治工作，地市级人民政府承担组织实施排污口排查溯源工作的主体责任，各地按照"谁污染、谁治理"和政府兜底的原则，逐一明确排污口责任主体，建立责任主体清单。二是实施分类整治，将排污口分为工业排污口、城镇污水处理厂排污口、农业排口、其他排口等四种类型，按照"依法取缔一批、清理合并一批、规范整治一批"要求，由地市级人民政府制定实施整治方案。三是从加强规划引领、严格规范审批、严格环境执法、建设信息平台等方面强化监督管理。

《意见》强调，要加强组织领导，建立国家统筹、省负总责、市县抓落实的排污口监督管理工作机制。要严格考核问责，将排污口整治和监督管理情况作为中央和省级生态环境保护督察的重要内容，省级人民政府要建立激励问责机制。要强化科技支撑，深入开展排污口管理基础性研究，构建"受纳水体-排污口-排污通道-排污单位"全过程监督管理体系。要加强公众监督，加大对排污口监督管理法律法规和政策的宣传普及力度，建立完善公众监督举报机制，形成全社会共同监督、协同共治的良好局面。

10. 土壤环境管理相关办法

（1）污染地块土壤环境管理办法（试行）　《污染地块土壤环境管理办法（试行）》（以下简称《办法》）是为了加强污染地块环境保护监督管理，防控污染地块环境风险，根据《中华人民共和国环境保护法》等法律法规和国务院发布的《土壤污染防治行动计划》而制定的。2016 年 12 月 27 日由环境保护部部务会议审议通过，自 2017 年 7 月 1 日起施行。

《办法》规定，任何单位或者个人有权向环境保护主管部门举报未按照本办法规定开展疑似污染地块和污染地块相关活动的行为；土地使用权人应当按照本办法的规定，负责开展疑似污染地块和污染地块相关活动，并对上述活动的结果负责；土壤污染治理与修复实行终身责任制；土地使用权人应当按照国家有关环境标准和技术规范，在污染地块土壤环境详细调查的基础上开展风险评估，编制风险评估报告，及时上传污染地块信息系统，并将评估报告主要内容通过其网站等便于公众知晓的方式向社会公开。

（2）农用地土壤环境管理办法（试行）　《农用地土壤环境管理办法（试行）》（以下简称《办法》）于 2017 年 9 月 25 日环境保护部、农业部令第 46 号公布，自 2017 年 11 月 1 日起施行。

2016 年 5 月 28 日，国务院印发《土壤污染防治行动计划》（以下简称"土十条"）。这是当前和今后一个时期全国土壤污染防治工作的行动纲领。"土十条"明确要求发布农用地土壤环境管理办法。《办法》的出台，为农用地土壤环境管理工作提供依据，对农用地土壤环境管理，防控农用地土壤污染风险，保障农产品质量安全具有重要意义。

《办法》关于农用地土壤环境管理主要有以下制度：

一是调查和监测制度。环境保护部会同农业部等部门每十年开展一次农用地土壤污染状况调查；统一规划农用地土壤环境质量国控监测点位，并组织实施全国农用地土壤环境监测工作。

二是污染预防制度。设区的市级以上环保部门要确定土壤环境重点监管企业名单，县级以上地方环保部门应当加强监管。农业部门应当引导农业生产者合理使用肥料、农药、兽药、农用薄膜等农业投入品，防止农业生产对农用地的污染。

三是分类管理制度。省级农业主管部门会同环境保护主管部门，按照国家有关技术规范，根据土壤污染程度、农产品质量情况，将耕地划分为优先保护类、安全利用类和严格管控类，划分结果报省政府审定。

（3）工矿用地土壤环境管理办法（试行）　《工矿用地土壤环境管理办法（试行）》（以下简称《办法》）于 2018 年 5 月 3 日生态环境部令第 3 号公布，自 2018 年 8 月 1 日起施行。

"土十条"明确要求发布工矿用地土壤环境管理部门规章。《办法》的出台，为加强工矿用地土壤和地下水环境保护监督管理，防控工矿用地土壤和地下水污染，提供依据。

《办法》是继《污染地块土壤环境管理办法（试行）》《农用地土壤环境管理办法（试行）》后，又一个重要部门规章。三个规章共同构成了一个较为完整的体系，充分体现了土壤污染源头预防、风险管控全过程管理的工作思路，对于推动落实土壤污染防治各项任务，打好净土保卫战具有重要意义。

《办法》规定，工矿用地土壤和地下水环境现状调查发现超过国家或者地方有关建设用地土壤污染风险管控标准的，生产运行中发现土壤和地下水存在污染迹象的，以及终止生产经营活动前，有关责任人应当参照污染地块土壤环境管理有关规定开展环境调查、风险评估、风险管控、治理与修复等活动。

11. 国家危险废物名录（2025 版）

危险废物是指具有毒性、腐蚀性、易燃性、反应性或者感染性一种或者几种危险特性的固体废物（包括液态废物）；不排除具有危险特性，可能对生态环境或者人体健康造成有害影响的，需要按照危险废物进行管理。

《国家危险废物名录（2025 年版）》于 2024 年 11 月 26 日公布，自 2025 年 1 月 1 日起施行。为提高危险废物管理效率，列入《危险废物豁免管理清单》中的危险废物，在所列的豁免环节，且满足相应的豁免条件时，可以按照豁免内容的规定实行豁免管理。

12. 危险废物转移管理办法

党中央、国务院高度重视危险废物污染防治和环境风险管控工作，习近平总书记多次就危险废物非法转移倾倒案件作出重要指示批示。《中华人民共和国固体废物污染环境防治法》（以下简称《固废法》）规定，危险废物转移管理应当全程管控、提高效率。

1999 年印发实施的《危险废物转移联单管理办法》已不能适应当前危险废物转移管理工作需要。生态环境部会同公安部和交通运输部制定《危险废物转移管理办法》（以下简称《转移办法》），进一步完善危险废物转移管理制度，是贯彻习近平总书记重要指示批示精神的有力举措，也是落实《固废法》，落实"放管服"改革要求，加强危险废物全过程管理，优化跨省转移审批服务的具体行动。

《转移办法》对危险废物转移联单的运行管理作了进一步的细化完善。

一是加强信息化监管，全面运行危险废物电子转移联单。通过国家危险废物信息管理系统填写、运行危险废物电子转移联单。因特殊原因无法运行电子联单的，可先使用纸质联单，于转移活动完成后十个工作日内在信息系统补录。

二是危险废物电子转移联单数据应当在信息系统中至少保存十年。依照国家有关规定公开危险废物转移相关污染环境防治信息。

三是实行危险废物转移联单全国统一编号，危险废物转移联单编号由国家危险废物信息管理系统统一发放。

四是优化转移联单运行规则，允许同一份危险废物转移联单转移一个或多个类别危险废物，增加了不通过车（船或者其他运输工具）且无法按次对危险废物计量的其他转移方式的联单运行要求。

13. 尾矿污染环境防治管理办法

尾矿是指金属非金属矿山开采出的矿石，经选矿厂选出有价值的精矿后产生的固体废物。尾矿库是指用以贮存尾矿的场所。

《尾矿污染环境防治管理办法》适用于中华人民共和国境内尾矿的污染环境防治及其监督管理，放射性尾矿不适用本办法。

14. 深入打好重污染天气消除、臭氧污染防治和柴油货车污染治理攻坚战行动方案

2022 年 11 月 10 日，生态环境部等 15 部门联合印发了《深入打好重污染天气消除、臭氧污染防治和柴油货车污染治理攻坚战行动方案》（以下简称《行动方案》）。

《行动方案》包括 1 个总体文件，3 个行动方案，即《重污染天气消除攻坚行动方案》《臭氧污染防治攻坚行动方案》《柴油货车污染治理攻坚行动方案》。重污染天气消除、臭氧污染防治和柴油货车污染治理攻坚战 3 个标志性战役在区域、领域、措施上互相协同，是有机联系在一起的。总体文件明确开展攻坚战的重要性以及攻坚总体要求、重点工作、保障措施，3 个行动方案对 3 个标志性战役的攻坚目标、思路和具体任务措施进行部署。

（1）《重污染天气消除攻坚行动方案》 重污染天气消除攻坚战聚焦 $PM_{2.5}$ 污染，以秋冬季（10 月～次年 3 月）为重点时段，坚持因地制宜、分区施策，以京津冀及周边地区、汾渭平原以及重污染天气防控工作相对薄弱的东北地区、天山北坡城市群为重点地区，针对区域不同污染特征，提出相应攻坚措施。

攻坚目标为：到 2025 年，基本消除重度及以上污染天气，全国重度及以上污染天数比率控制在 1% 以内，70% 以上的地级及以上城市全面消除重污染天气，京津冀及周边地区、汾渭平原、东北地区、天山北坡城市群人为因素导致的重度及以上污染天数减少 30% 以上。

主要措施包括五项攻坚行动：一是大气减污降碳协同增效行动，推动产业结构和布局优化调整，推动能源绿色低碳转型，开展传统产业集群升级改造；二是京津冀及周边地区、汾渭平原攻坚行动，持续推动区域钢铁产能压减和焦化行业转型升级，加快实施工业污染排放深度治理，强化居民生活和农业生产散煤、燃煤小锅炉和工业炉窑等分散低效燃煤治理；三是其他区域攻坚行动，在稳妥有序推进清洁取暖基础上，东北地区加快推进秸秆焚烧综合治理，天山北坡城市群全面提升重点行业污染治理水平，其他地区因地制宜制定攻坚任务措施；四是重污染天气联合应对行动，加强重污染天气应对能力建设，完善重污染天气应急预案，强化应急减排措施清单化管理，加强区域大气污染联防联控；五是强化监管执法攻坚行动，严格日常监管执法，加强重污染天气应对监管执法，督促重污染应急减排责任落实。

（2）《臭氧污染防治攻坚行动方案》 臭氧污染防治攻坚战以 5～9 月为重点时段，以京津冀及周边地区、长三角地区、汾渭平原为国家臭氧污染防治攻坚的重点地区，珠三角地区、成渝地区、长江中游城市群及其他臭氧超标城市在国家指导下开展攻坚，坚持突出重点、分类施策，加大挥发性有机物（VOCs）和氮氧化物减排力度，提升能力、补齐短板。

攻坚目标为：到 2025 年，$PM_{2.5}$ 和臭氧协同控制取得积极成效，全国臭氧浓度增长趋势得到有效遏制，全国空气质量优良天数比率达到 87.5％，VOCs、氮氧化物排放总量比 2020 年分别下降 10％以上。

主要措施包括五项攻坚行动：一是含 VOCs 原辅材料源头替代行动，加快实施家具、汽车、工程机械等行业低 VOCs 含量原辅材料替代，开展涂料、油墨、胶黏剂、清洗剂等含 VOCs 原辅材料达标情况联合检查；二是 VOCs 污染治理达标行动，开展简易低效 VOCs 治理设施清理整顿，强化 VOCs 无组织排放整治，加强非正常工况废气排放管控，推进涉 VOCs 产业集群整治提升以及油品 VOCs 综合管控；三是氮氧化物污染治理提升行动，实施低效脱硝设施排查整治，推进燃煤锅炉以及钢铁、水泥、焦化等重点行业超低排放改造，实施工业锅炉和玻璃、铸造、石灰等行业炉窑提标改造；四是臭氧精准防控体系构建行动，开展臭氧生成机理、主要来源和传输规律的研究，强化科技支撑，完善 VOCs 排放、组分和环境浓度监测体系，着力提升臭氧污染预报水平，开展夏季臭氧污染区域联防联控；五是污染源监管能力提升行动，加强污染源监测监控，强化治理设施运维监管，围绕石化、化工、涂装、医药、包装印刷、钢铁、焦化、建材等重点行业开展臭氧污染防治精准监督帮扶。

（3）《柴油货车污染治理攻坚行动方案》 柴油货车污染攻坚战以货运量较大的京津冀及周边地区、长三角地区、汾渭平原相关省（市）以及内蒙古自治区中西部城市为重点，推动运输结构调整和车船清洁化，加强柴油货车和非道路移动机械监管，强化部门、区域协同防控。

攻坚目标为：到 2025 年，运输结构、车船结构清洁低碳程度明显提高，燃油质量持续改善，机动车船、工程机械及重点区域铁路内燃机车超标冒黑烟现象基本消除，全国柴油货车排放检测合格率超过 90％，全国柴油货车氮氧化物排放量下降 12％，新能源和国六排放标准货车保有量占比力争超过 40％，铁路货运量占比提升 0.5 个百分点。

主要措施包括五项攻坚行动：一是推进"公转铁""公转水"行动，持续提升铁路干线货运能力，加快铁路专用线建设，精准补齐工矿企业、港口、物流园区铁路专用线短板；二是柴油货车清洁化行动，推动传统汽车清洁化和全面达标排放，加快推动汽车新能源化发展；三是非道路移动源综合治理行动，推进非道路移动机械清洁发展，实施非道路移动柴油机械第四阶段排放标准，强化排放监管，推动港口船舶绿色发展；四是重点用车企业强化监管行动，推进火电、钢铁、煤炭、焦化、有色、建材（含砂石骨料）等重点行业企业清洁运输，强化重点工矿企业移动源应急管控，建立用车大户清单和货车白名单，实现动态管理；五是柴油货车联合执法行动，完善部门协同监管模式，开展重点区域联合执法，推进数据信息共享和应用，建设重型柴油车和非道路移动机械远程在线监控平台，探索超标识别、定位、取证和执法的数字化监管模式。

15. 生态保护红线生态环境监督办法（试行）

2022 年 12 月 27 日，生态环境部印发了行政规范性文件《生态保护红线生态环境监督办法（试行）》（国环规生态〔2022〕2 号）（以下简称《办法》）。

《办法》适用于生态环境部门开展的生态保护红线生态环境监督工作。《办法》所称的生态保护红线是指经国务院批准，由省级人民政府发布实施的生态保护红线。生态保护红线内各级各类自然保护地生态环境监管，法律法规已有规定的从其规定。

16. 国家公园管理暂行办法

2022 年 6 月 1 日，国家林业和草原局印发《国家公园管理暂行办法》（林保发〔2022〕64 号）（以下简称《办法》）。

　　《办法》所称国家公园是指由国家批准设立并主导管理,以保护具有国家代表性的自然生态系统为主要目的,实现自然资源科学保护和合理利用的特定陆域或者海域。《办法》主要内容为总则、规划建设、保护管理、公众服务、监督执法、附则等六个方面。

17. 产业结构调整指导目录 (2024 年本)

　　根据《国务院关于发布实施〈促进产业结构调整暂行规定〉的决定》(国发〔2005〕40号),《产业结构调整指导目录》(以下简称《目录》)是引导社会投资方向、政府管理投资项目,制定实施财税、信贷、土地、进出口等政策的重要依据。2005 年,国家发展改革委会同有关部门发布《目录 (2005 年本)》,2011 年、2013 年和 2019 年分别进行了修订或修正,《目录 (2024 年本)》自 2024 年 2 月 1 日起正式施行。

　　《产业结构调整指导目录 (2024 年本)》由鼓励、限制和淘汰三类目录组成,上述三类之外且符合国家有关法律、法规和政策规定的为允许类,不列入《目录 (2024 年本)》。

　　① 鼓励类主要是对经济社会发展有重要促进作用的技术、装备及产品;限制类主要是工艺技术落后,不符合行业准入条件和有关规定,不利于安全生产,不利于实现碳达峰碳中和目标,需要督促改造和禁止新建的生产能力、工艺技术、装备及产品;淘汰类主要是不符合有关法律法规规定,严重浪费资源、污染环境,安全生产隐患严重,阻碍实现碳达峰碳中和目标,需要淘汰的落后工艺技术、装备及产品。鼓励类、限制类和淘汰类之外的,且符合国家有关法律、法规和政策规定的属于允许类。

　　② 根据有关规定,总的要求是:对鼓励类项目,按照有关规定审批、核准或备案;对限制类项目,禁止新建,现有生产能力允许在一定期限内改造升级;对淘汰类项目,禁止投资并按规定期限淘汰。

18. 市场准入负面清单 (2022 年版)

　　实行市场准入负面清单制度是党中央、国务院作出的重大决策部署,是加快完善社会主义市场经济体制的重要制度安排。经党中央、国务院批准,《市场准入负面清单 (2022 年版)》(以下简称《清单 (2022 年版)》)由国家发展改革委、商务部联合发布。

　　市场准入负面清单分为禁止和许可两类事项。对禁止准入事项,市场主体不得进入,行政机关不予审批、核准,不得办理有关手续;对许可准入事项,包括有关资格的要求和程序、技术标准和许可要求等,或由市场主体提出申请,行政机关依法依规作出是否予以准入的决定,或由市场主体依照政府规定的准入条件和准入方式合规进入;对市场准入负面清单以外的行业、领域、业务等,各类市场主体皆可依法平等进入。《清单 (2022 年版)》列有禁止准入事项 6 项,许可准入事项 111 项,共计 117 项,相比《市场准入负面清单 (2020年版)》减少 6 项。

19. 行业政策

　　(1) 钢铁行业政策　钢铁产业是国民经济的重要基础产业,是实现工业化的支撑产业,是技术、资金、资源、能源密集型产业。钢铁产业的发展需要综合平衡各种外部条件,国家发布了一系列相关行业发展和调控政策,见表 8-1。

表 8-1　钢铁工业产业发展政策

序号	政策名称	内　　容
1	《钢铁企业超低排放改造技术指南》(中环协〔2020〕4 号)	加强源头控制,采用低硫煤、矿等清洁原、燃料,采用先进的清洁生产和过程控制技术,实现大气污染物的源头削减
2	《关于完善钢铁产能置换和项目备案工作的通知》(发改电〔2020〕19 号)	暂停公示、公告新的钢铁产能置换方案和备案新的钢铁项目,要求各地区全面梳理 2016 年以来备案的钢铁产能项目并开展自查自纠等

序号	政策名称	内　容
3	《关于提高部分产品出口退税率的公告》(财政部　税务总局公告 2020 年第 15 号)	自 2020 年 3 月 20 日起,将部分钢材产品出口退税率升至 13%。涉及钢铁产品有合金钢粉末、镀或涂锌的铁或非合金钢丝、热轧不锈钢带材厚度≥4.75mm(除热轧外未经进一步加工,宽度<600mm)等
4	《关于做好 2020 年重点领域化解过剩产能工作的通知》(发改运行〔2020〕901 号)	进一步完善钢铁产能置换办法,加强钢铁产能项目备案指导,促进钢铁项目落地的科学性和合理性,严禁以任何名义、任何方式新增钢铁冶炼产能,严肃查处各类钢铁产能违法违规行为,加快推动落后产能退出,严防"地条钢"死灰复燃和已化解过剩产能复产等
5	《京津冀及周边地区、汾渭平原 2020—2021 年秋冬季大气污染综合治理攻坚行动方案》(环大气〔2020〕61 号)	2020 年底前,力争完成 2 亿吨钢铁产能超低排放改造,其中,河北省完成 1.1 亿吨、天津市完成 1200 万吨、山东省完成 4000 万吨、河南省完成 1300 万吨、山西省完成 2000 万吨、陕西省完成 600 万吨,各省(市)至少立 1~2 家钢铁超低排放改造示范企业,发挥区域内引领带动作用。首钢、河钢、太钢、德龙、建龙、山钢等大型钢铁企业集团要发挥表率作用,位于区域内的集团钢铁企业力争 2021 年 3 月底前完成超低排放改造工作
6	《长三角地区 2020—2021 年秋冬季大气污染综合治理攻坚行动方案》(环大气〔2020〕62 号)	2020 年底前,力争 60%左右产能基本完成超低排放改造,上海市完成宝武集团 3 台 600 平方米烧结机和 553 万吨焦炭产能超低排放改造;江苏省完成 9000 万吨、浙江省完成 560 万吨、安徽省完成 670 万吨粗钢产能超低排放改造等
7	《中华人民共和国国民经济和社会发展第十四个五年规划和 2035 年远景目标纲要》	改造提升传统产业,推动石化、钢铁、有色、建材等原材料产业布局优化和结构调整;推动煤炭等化石能源清洁高效利用,推进钢铁、石化、建材等行业绿色化改造等
8	《关于取消部分钢铁产品出口退税的公告》(财政部　税务总局公告 2021 年第 16 号)	自 2021 年 5 月 1 日起,取消部分钢铁产品出口退税。同时,调整部分钢铁产品关税,对生铁、粗钢、再生钢铁原料、铬铁等产品实行零进口暂定税率;适当提高硅铁、铬铁、高纯生铁等产品的出口关税,调整后分别实行 25%出口税率、20%出口暂定税率、15%出口暂定税率
9	《关于钢铁冶炼项目备案管理的意见》(发改产业〔2021〕594 号)	严格钢铁冶炼项目备案管理,规范建设钢铁冶炼项目,强化钢铁项目备案事中事后监管,以巩固化解钢铁过剩产能成果,推进钢铁行业实现碳达峰、碳中和,促进绿色低碳、高质量发展
10	《钢铁行业产能置换实施办法》(工信部原〔2021〕46 号)	大气污染防治重点区域严禁增加钢铁产能总量;未完成钢铁产能总量控制目标的省(区、市),不得接受其他地区出让的钢铁产能;长江经济带地区禁止在合规园区外新建、扩建钢铁冶炼项目;大气污染防治重点区域置换比例不低于 1.5∶1,其他地区置换比例不低于 1.25∶1 等
11	《2030 年前碳达峰行动方案》(国发〔2021〕23 号)	深化钢铁行业供给侧结构性改革,严格执行产能置换,严禁新增产能,推进存量优化,淘汰落后产能。推进钢铁企业跨地区、跨所有制兼并重组,提高行业集中度。优化生产力布局,以京津冀及周边地区为重点,继续压减钢铁产能。促进钢铁行业结构优化和清洁能源替代,大力推进非高炉炼钢技术示范,提升废钢资源回收利用水平,推行全废钢电炉工艺。推广先进适用技术,深挖节能降碳潜力,鼓励钢化联产,探索开展氢冶金、二氧化碳捕集利用一体化等试点示范,推动低品位余热供暖发展等
12	《"十四五"工业绿色发展规划》(工信部规〔2021〕178 号)	到 2025 年,单位工业增加值二氧化碳排放降低 18%,钢铁、有色金属、建材等重点行业碳排放总量控制取得阶段性成果,污染物排放强度显著下降,有害物质源头管控能力持续加强,清洁生产水平显著提高,重点行业主要污染物排放强度降低 10%等
13	《"十四五"原材料工业发展规划》(工信部联规〔2021〕212 号)	到 2025 年,钢铁、有色金属、建材等重点行业能源消耗总量、碳排放总量控制取得阶段性成果,钢铁行业吨钢综合能耗降低 2%,钢铁等重点领域关键工序数控化水平进一步提升等

续表

序号	政策名称	内　容
14	《关于促进钢铁工业高质量发展的指导意见》(工信部联原〔2022〕6号)	力争到2025年,钢铁工业基本形成布局结构合理、资源供应稳定、技术装备先进、质量品牌突出、智能化水平高、全球竞争力强、绿色低碳可持续的高质量发展格局;构建产业间耦合发展的资源循环利用体系,80%以上钢铁产能完成超低排放改造,吨钢综合能耗降低2%以上,水资源消耗强度降低10%以上,确保2030年前碳达峰等
15	《关于印发"十四五"节能减排综合工作方案的通知》(国发〔2021〕33号)	到2025年,完成5.3亿吨钢铁产能超低排放改造,大气污染防治重点区域燃煤锅炉全面实现超低排放;通过实施节能降碳行动,钢铁、电解铝、水泥等重点行业产能和数据中心达到能效标杆水平的比例超过30%等

(2) 水泥行业政策　水泥是国民经济的基础原材料。为加快推进水泥工业结构调整和产业升级,引导水泥工业持续、稳定、健康发展,国家发布了一系列相关行业发展和调控政策,见表8-2。

表8-2　水泥工业产业发展政策

序号	政策名称	内　容
1	《印发关于加快水泥工业结构调整的若干意见的通知》(发改运行〔2006〕609号)	提出"推动企业重组,提高产业集中度",并明确了水泥行业的调整目标。2010年水泥预期产量12.5亿吨,其中新型干法水泥比重提高到70%,水泥散装率达到60%;累计淘汰落后生产能力2.5亿吨。企业平均生产规模由2005年的20万吨提高到40万吨左右,企业户数减少到3500家左右。水泥产量前10位企业的生产规模达到3000万吨以上,生产集中度提高到30%;前50位企业生产集中度提高到50%以上
2	《水泥工业产业发展政策》(国家发展和改革委员会令第50号)	2010年,新型干法水泥比重达到70%以上。日产4000吨以上大型新型干法水泥生产线技术经济指标达到吨水泥综合电耗小于95kW·h,熟料热耗小于740kcal/kg。到2020年,企业数量由5000家减少到2000家,生产规模3000万吨以上的达到10家,500万吨以上的达到40家。基本实现水泥工业现代化,技术经济指标和环保达到同期国际先进水平
3	《关于公布国家重点支持水泥工业结构调整大型企业(集团)名单的通知》(发改运行〔2006〕3001号)	确定了60户国家重点支持的大型水泥企业(集团),明确规定对列入重点支持的大型水泥企业开展项目投资、重组兼并,有关方面应在项目核准、土地审批、信贷投放等方面予以优先支持
4	《关于做好淘汰落后水泥生产能力有关工作的通知》	计划到2010年末,全国完成淘汰小水泥产能2.5亿吨,并与各省、自治区、直辖市人民政府签订有关责任书,同时核准新建项目时,坚持上大压小、等量淘汰落后水泥的原则,否则不得核准新建水泥项目
5	《关于抑制部分行业产能过剩和重复建设引导产业健康发展的若干意见》(国发〔2009〕38号)	2008年我国水泥产能18.7亿吨。目前在建水泥生产线418条,产能6.2亿吨,另外还有已核准尚未开工的生产线147条,产能2.1亿吨。这些产能全部建成后,水泥产能将达到27亿吨,市场需求仅为16亿吨,产能将严重过剩
6	《关于水泥、平板玻璃建设项目清理工作有关问题的通知》(发改办产业〔2009〕2351号)	要求各省(自治区、直辖市)对2009年9月30日前尚未投产的在建项目、已核准未开工项目(含水泥熟料线和粉磨站)进行清查
7	《关于抑制产能过剩和重复建设引导水泥产业健康发展的意见》(工信部原〔2009〕575号)	严格市场准入,提高准入门槛,抓紧制定和发布《水泥行业准入条件》,进一步提高能源消耗、环境保护、资源综合利用等方面的准入门槛
8	《促进中部地区原材料工业结构调整和优化升级方案》(工信部原〔2009〕664号)	进一步发挥海螺、中国建材、中材、华新、天瑞、三峡新材、长利玻璃等龙头企业的带动作用,推动水泥、玻璃、耐火材料、新型建材等行业的兼并联合重组,提高产业集中度

序号	政策名称	内　　容
9	《国务院关于进一步加强淘汰落后产能工作的通知》(国发〔2010〕7号文)	2012年底前,淘汰窑径3.0米以下水泥机械化立窑生产线、窑径2.5米以下水泥干法中空窑(生产高铝水泥的除外)、水泥湿法窑生产线(主要用于处理污泥、电石渣等的除外)、直径3.0米以下的水泥磨机(生产特种水泥的除外)以及水泥土(蛋)窑、普通立窑等落后水泥产能;淘汰平拉工艺平板玻璃生产线(含格法)等落后平板玻璃产能。
10	《水泥行业准入条件》(工原〔2010〕第127号)	对项目建设条件、生产线的布局,生产线规模、工艺与装备,能源消耗和资源综合利用指标,环境保护,产品质量,安全、卫生和社会责任以及对水泥行业的监督和管理作了明确的规定。有利于促进水泥行业节能减排、淘汰落后和结构调整,引导行业健康发展
11	《建材工业"十二五"发展规划》	主要目标为:到2015年淘汰落后水泥产能,主要污染物实现达标排放,协同处置取得明显进展,综合利用废弃物总量提高20%
12	《关于化解产能严重过剩矛盾的指导意见》(国发〔2013〕41号)	在2015年底前再淘汰水泥(熟料及粉磨能力)1亿吨,推广使用高标号水泥和高性能混凝土,尽快取消32.5复合水泥产品标准,逐步降低32.5复合水泥使用比重
13	《关于运用价格手段促进水泥行业产业结构调整有关事项的通知》(发改价格〔2014〕880号)	自2014年7月1日起,对淘汰类水泥企业实行更加严格的差别电价政策,对明确淘汰的利用水泥立窑、干法中空窑、立波尔窑、湿法窑生产熟料的企业,其电价格在现行目录销售电价基础上每千瓦时加价0.40元
14	《关于印发部分产能严重过剩行业产能置换实施办法的通知》(工信部产业〔2014〕296号)	京津冀、长三角、珠三角等环境敏感区需要置换淘汰的产能数量按不低于新(改、扩)建项目产能的1.25倍予以核定,其他地区实施等量置换
15	《水泥行业规范条件(2015年本)》(中华人民共和国工业和信息化部公告2015年第5号)	建设水泥熟料项目,必须坚持等量或减量置换,遏制水泥熟料产能增长。支持现有企业围绕发展特种水泥(含专用水泥)开展提质增效改造
16	《关于水泥行业产能置换有关问题的意见》(工信厅产业函〔2015〕163号)	水泥粉磨站新建(改、扩)和在建项目可依据本地区水泥工业结构调整方案优化布局;JT窑(新型半干法建通窑)可用于水泥熟料新(改、扩)建项目产能置换
17	《关于开展水泥窑协同处置生活垃圾试点工作的通知》(工信厅联节〔2015〕28号)	在现有基础上,进一步研究生活垃圾替代原料和燃料的技术,优化协同处置过程中生活垃圾预处理、生产过程控制、旁路放风灰利用与无害化处置、产品质量控制等技术,推动水泥窑协同处置生活垃圾技术创新
18	关于印发《促进绿色建材生产和应用行动方案》的通知(工信部联原〔2015〕309号)	引导北方采暖区企业冬季开展错峰生产;制修订水泥产品标准,鼓励生产和使用高标号水泥、纯熟料水泥,优先发展并规范使用海工、核电、道路等工程专用水泥;研究制定财税、价格等相关政策,激励水泥窑协同处置;取消复合水泥32.5等级标准,大力推进特种和专用水泥应用
19	《关于促进建材工业稳增长调结构增效益的指导意见》(国办发〔2016〕34号)	2020年底前,严禁备案和新建扩大产能的水泥熟料项目;2017年底前,暂停实际控制人不同的企业间的水泥熟料产能置换
20	关于印发《建材工业发展规划(2016—2020年)》的通知(工信部规〔2016〕315号)	大力压减水泥、平板玻璃过剩产能,严禁备案和新建新增产能项目,依法依规淘汰不达标产能
21	《水泥工业"十三五"发展规划》	2017年底前,暂停实际控制人不同企业间产能置换;加快压减和淘汰过剩和落后产能,鼓励优势企业带头兼并与收购企业,从整体上提升水泥行业的整体市场竞争力;熟料去产能目标加码至4亿吨(压减20%),至2020年熟料产能利用率≥80%,2020年前严禁备案和新建扩大产能的水泥熟料建设项目
22	《钢铁水泥玻璃行业产能置换实施方法》(工信部原〔2017〕337号)	严禁钢铁、水泥和平板玻璃行业新增产能,继续做好产能置换工作

序号	政策名称	内容
23	《关于严肃产能置换 严禁水泥平板玻璃行业新增产能的通知》（工信厅联原〔2018〕57号）	提高认识，坚决禁止新增产能；源头把关，严禁备案新增产能项目；认真细致，从严审核产能置换方案；强化监管，确保产能置换方案执行到位
24	《水泥玻璃行业产能置换实施办法操作问答》	已停产两年或三年内累计生产不超过一年的水泥熟料、平板玻璃生产线不能用于产能置换；位于环境敏感区的水泥熟料和平板玻璃建设项目，产能置换比例分别至少为1.5∶1和1.25∶1；位于非环境敏感区的水泥熟料和平板玻璃建设项目，产能置换比例分别至少为1.25∶1和1∶1；西藏地区的水泥熟料建设项目执行等量置换
25	《水泥玻璃行业产能置换实施办法》（工信部原〔2021〕80号）	提高了水泥项目产能置换比例，大气污染防治重点区域水泥项目由1.5∶1调整至2∶1，非大气污染防治重点区域由1.25∶1调整至1.5∶1。加大低效产能压减力度，对产业结构调整目录限制类的水泥产能以及跨省置换水泥项目，产能置换比例一律不低于2∶1
26	《关于印发2030年前碳达峰行动方案的通知》（国发〔2021〕23号）	加强产能置换监管，加快低效产能退出，严禁新增水泥熟料、平板玻璃产能，引导建材行业向轻型化、集约化、制品化转型。推动水泥错峰生产常态化，合理缩短水泥熟料装置运转时间
27	《关于印发"十四五"节能减排综合工作方案的通知》（国发〔2021〕33号）	推进钢铁、水泥、焦化行业及燃煤锅炉超低排放改造，到2025年，完成5.3亿吨钢铁产能超低排放改造，大气污染防治重点区域燃煤锅炉全面实现超低排放。到2025年，通过实施节能降碳行动，钢铁、电解铝水泥、平板玻璃、炼油、乙烯、合成氨、电石等重点行业产能和数据中心达到能效标杆水平的比例超过30%
28	《关于印发工业领域碳达峰实施方案的通知》（工信部联节〔2022〕88号）	在保证水泥产品质量的前提下，推广高固废掺量的低碳水泥生产技术，引导水泥企业通过磷石膏、钛石膏、氟石膏、矿渣、电石渣、钢渣、镁渣、粉煤灰等非碳酸盐原料制水泥

（3）电解铝行业政策　近年来，国家为了促进电解铝企业加快技术进步，降低能源消耗，对电解铝企业实行了一系列行业政策，见表8-3。

表8-3　电解铝行业政策

序号	政策名称	内容
1	《电解铝企业单位产品能源消耗限额》（GB 21346—2008）（已废止）	规定了电解铝企业生产能源消耗限额技术要求
2	《铝工业污染物排放标准》（GB 25465—2010）	规定了电解铝企业大气污染物排放标准
3	《铝工业"十二五"发展专项规划》	提出"十二五"期间铝工业主要任务之一为"以满足国内需求为主，严格执行产业政策和准入条件，控制电解铝产能盲目扩张，按期淘汰100kA及以下预焙槽电解铝和落后再生铝产能。限制氧化铝产能无序扩张" 到2015年电解铝直流电耗降到12500kW·h/t及以下，电解铝电耗等主要技术指标居世界领先
4	《电解铝生产二氧化碳排放限额》和《电解铝生产全氟化碳排放限额》	2012年有色标委会组织相关电解企业起草、编制，并形成预审稿
5	《关于有色金属工业节能减排的指导意见》（工信部节〔2013〕56号）	规定主要金属品种节能减排目标
6	《关于电解铝企业用电实行阶梯电价政策的通知》（发改价格〔2013〕2530号）	对电解铝企业用电实行阶梯电价政策，每吨铝液电解交流电耗越高的，电价逐级提高。此举将促进电解铝企业加快技术进步，降低能源消耗

序号	政策名称	内　容
7	《关于化解产能严重过剩矛盾的指导意见》(国发〔2013〕41号)	依据行业特点提出化解电解铝产能过剩矛盾的实施政策。2015年底前淘汰160kA以下预焙槽,对吨铝液电解交流电耗大于13700kW·h,以及2015年底后达不到规范条件的产能,用电价格在标准价格基础上上浮10%。严禁各地自行出台优惠电价措施,采取综合措施推动缺乏电价优势的产能逐步退出,有序向具有能源竞争优势特别是水电丰富地区转移。支持电解铝企业与电力企业签订直购电长期合同,推广交通车辆轻量化用铝材产品的开发和应用。鼓励国内企业在境外能源丰富地区建设电解铝生产基地
8	《电解铝企业电耗核查手册》(工信厅节〔2015〕65号)	提升节能监察机构核查能力,提高电解铝企业电耗核查准确性,促进电解铝企业加强能源管理
9	《关于营造良好市场环境促进有色金属工业调结构促转型增效益的指导意见》(国办发〔2016〕42号)	优化有色金属工业产业结构,重点品种供需实现基本平衡,电解铝产能利用率保持在80%以上,铜、铝等品种矿产资源保障能力明显增强
10	《关于电解铝企业通过兼并重组等方式实施产能置换有关事项的通知》(工信部原〔2018〕12号)	凡包含电解工序生产铝液、铝锭等建设项目,应通过兼并重组、同一实际控制人企业集团内部产能转移和产能指标交易的方式取得电解铝产能置换指标,制定产能置换方案,实施产能等量或减量置换
11	《中共中央　国务院关于全面加强生态环境保护　坚决打好污染防治攻坚战的意见》(2018年6月16日)	严禁钢铁、水泥、电解铝、平板玻璃等行业新增产能,对确有必要新建的必须实施等量或减量置换
12	《2019年工业节能监察重点工作计划》(工信部节函〔2019〕77号)	对钢铁、水泥、电解铝企业能耗情况进行专项监察
13	《铝行业规范条件》(中华人民共和国工业和信息化部公告2020年第6号)	电解铝企业须采用高效低耗、环境友好的大型预焙电解槽技术,不得采用国家明令禁止或淘汰的设备工艺
14	生态环境部关于《西部地区鼓励类产业目录(2020年本)》意见的复函(环办便函〔2020〕370号)	焦化、电解铝属于高污染高能耗产业,且在全国范围内产能过剩,不宜列入西部地区鼓励类产业目录
15	《关于加强高耗能、高排放建设项目生态环境源头防控的指导意见》(环环评〔2021〕45号)	对炼油、乙烯、钢铁、焦化、煤化工、燃煤发电、电解铝、水泥熟料、平板玻璃、铜铅锌冶炼等环境影响大或环境风险高的项目类别,不得以改革试点名义随意下放环评审批权限或降低审批要求
16	《关于完整准确全面贯彻新发展理念做好碳达峰碳中和工作的意见》(2021年9月22日)	坚决遏制高耗能高排放项目盲目发展。新建、扩建钢铁、水泥、平板玻璃、电解铝等高耗能高排放项目严格落实产能等量或减量置换,出台煤电、石化、煤化工等产能控制政策
17	《关于严格能效约束推动重点领域节能降碳的若干意见》(发改产业〔2021〕1464号)	到2025年,通过实施节能降碳行动,钢铁、电解铝、水泥、平板玻璃、炼油、乙烯、合成氨、电石等重点行业和数据中心达到标杆水平的产能比例超过30%
18	《2030年前碳达峰行动方案》(国发〔2021〕23号)	巩固化解电解铝过剩产能成果,严格执行产能置换,严控新增产能。推进清洁能源替代,提高水电、风电、太阳能发电等应用比重
19	《关于深入打好污染防治攻坚战的意见》(2021年11月2日)	重点区域严禁新增钢铁、焦化、水泥熟料、平板玻璃、电解铝、氧化铝、煤化工产能,合理控制煤制油气产能规模,严控新增炼油产能
20	《"十四五"工业绿色发展规划》(工信部规〔2021〕178号)	到2025年,资源利用水平明显提高,大宗工业固废综合利用率达到57%,主要再生资源回收利用量达到4.8亿吨,单位工业增加值用水量降低16%。污染物排放强度显著下降,重点行业主要污染物排放强度降低10%
21	《关于振作工业经济运行　推动工业高质量发展的实施方案的通知》(发改产业〔2021〕1780号)	推动钢铁、电解铝、水泥、平板玻璃等重点行业和数据中心加大节能力度,加快工业节能减碳技术装备推广应用

续表

序号	政策名称	内　容
22	《"十四五"节能减排综合工作方案》（国发〔2021〕33号）	到2025年,通过实施节能降碳行动,钢铁、电解铝、水泥、平板玻璃、炼油、乙烯、合成氨、电石等重点行业产能和数据中心达到能效标杆水平的比例超过30%
23	《关于加快推进城镇环境基础设施建设的指导意见》（国办函〔2022〕7号）	健全区域性再生资源回收利用体系,推进废钢铁、废有色金属、废旧机动车、退役光伏组件和风电机组片、废旧家电、废旧电池、废旧轮胎、废旧木制品、废旧纺织品、废塑料、废纸、废玻璃等废弃物分类利用和集中处置
24	《"十四五"环境影响评价与排污许可工作实施方案》（环环评〔2022〕26号）	在重点区域钢铁、焦化、水泥熟料、平板玻璃、电解铝、电解锰、氧化铝、煤化工、炼油、炼化等行业项目环评审批中,严格落实产能替代、压减等措施
25	《减污降碳协同增效实施方案》（环综合〔2022〕42号）	大气污染防治重点区域严禁新增钢铁、焦化、炼油、电解铝、水泥、平板玻璃(不含光伏玻璃)等产能
26	《工业水效提升行动计划》（工信部联节〔2022〕72号）	严格执行钢铁、水泥、平板玻璃、电解铝等行业产能置换政策,严控磷铵、黄磷、电石等行业新增产能,新建项目应实施产能等量或减量置换
27	《关于研究处理全国人大常委会固体废物污染环境防治法执法检查报告及审议意见情况的报告》（2022年6月21日）	修订完善铜、铝、铅、锌冶炼行业规范条件,依法依规淘汰落后产能,全面推行清洁生产
28	《工业能效提升行动计划》（工信部联节〔2022〕76号）	到2025年,重点工业行业能效全面提升,数据中心等重点领域能效明显提升,应用、标准、服务和监管体系逐步完善,钢铁、石化化工、有色金属、建材等行业重点产品能效达到国际先进水平,规模以上工业单位增加值能耗比2020年下降13.5%
29	《工业领域碳达峰实施方案》（工信部联节〔2022〕88号）	以水泥、钢铁、石化化工、电解铝等行业为重点,聚焦低碳原料替代、短流程制造等关键技术,推进生产制造工艺革新和设备改造,减少工业过程温室气体排放,鼓励各地区、各行业探索绿色低碳技术推广新机制

（4）平板玻璃行业政策　平板玻璃行业政策见表8-4。

表8-4　平板玻璃行业政策

序号	政策名称	内　容
1	《印发关于促进平板玻璃工业结构调整的若干意见的通知》（发改运行〔2006〕2691号）	力争实现"十一五"玻璃工业结构调整目标:平板玻璃总产能控制在5.5亿重量箱,其中浮法玻璃比重达到90%以上;优质浮法与特品种比例达到40%;玻璃深加工率达40%以上;品种质量基本满足高档建筑和交通运输业及信息产业的需求;综合能耗下降20%;玻璃熔窑排放的烟气达到国家《工业炉窑大气污染物排放标准》中二级标准的要求,待《平板玻璃工业污染物排放标准》实施后,做到平板玻璃工业各项污染物按新标准达标排放;前10位玻璃企业集中度提高到70%(单个企业规模达3000万重量箱每年以上);自主创新能力与研发能力有较大提高;进一步提高资源利用率,减少污染,保护环境
2	《平板玻璃行业准入条件》（2007年第52号）	对产能较为集中的东部沿海和中部地区严格限制新上平板玻璃项目。重点进行现有生产线的技术改造和升级,新建仅限于发展特殊品种的优质浮法玻璃生产线。为提高建设档次和规模效益,提高产业集中度,新建浮法线应主要依托现有国家重点支持的大型企业集团,其他新建项目原则上不予批准。严格限制普通浮法玻璃项目,淘汰落后的平拉生产工艺,自2007年9月10日起实施
3	《关于抑制产能过剩和重复建设引导平板玻璃行业健康发展的意见》（工信部原〔2009〕591号）	明确了国务院关于抑制部分行业产能过剩和重复建设引导产业健康发展的具体措施,2010年对在建的平板玻璃项目和未开工项目进行认真清理,无疑对玻璃产业的健康发展是重大利好的

序号	政策名称	内　容
4	《关于水泥、平板玻璃建设项目清理工作有关问题的通知》(发改办产业〔2009〕235号)	要求对水泥、平板玻璃现有在建项目和未开工项目进行认真清理。清理范围:水泥,2009年9月30日前尚未投产的在建项目、已核准未开工项目(含水泥熟料线和粉磨站);平板玻璃,2009年9月30日前尚未点火的在建项目、已备案未开工项目
5	《关于抑制部分行业产能过剩和重复建设引导产业健康发展的若干意见》(国发〔2009〕38号)	重点提到平板玻璃行业存在的重复建设和产能过剩问题,明确了下一步产业政策导向,提出了坚决抑制产能过剩和重复建设的9条对策措施
6	《平板玻璃行业准入公告管理暂行办法》	严格控制新增平板玻璃产能,遵循调整结构、淘汰落后、市场导向、合理布局的原则,发展高档用途及深加工玻璃。 对现有在建项目和未开工项目进行认真清理,对所有拟建的玻璃项目,各地方一律不得备案。各省(区、市)要制定三年内彻底淘汰"平拉法"(含格法)落后平板玻璃产能时间表。新项目能源消耗必须符合准入条件,支持大企业集团发展电子平板显示玻璃、光伏太阳能玻璃、低辐射镀膜等技术含量高的玻璃以及优质浮法玻璃项目
7	《平板玻璃行业规范条件(2014年)》(工业和信息化部公告2014年第90号)	新建平板玻璃项目原则上要进入纳入规划的产业园区。鼓励和支持现有平板玻璃企业通过异地搬迁"退城入园",采用新工艺、新技术延伸产业链
8	《水泥玻璃行业淘汰落后产能专项督查方案》(环办环监函〔2017〕1186号)	组织开展玻璃行业专项督查,对落后产能进行清理整顿
9	《关于严肃产能置换严禁水泥平板玻璃新增产能的通知》(工信厅联原〔2018〕57号)	严格把控平板玻璃建设项目备案源头关口,不得以其他任何名义、任何方式备案新增平板玻璃产能的建设项目
10	《2019年平板玻璃行业大气污染防治攻坚战实施方案》	"十三五"期间,通过实施排污许可证,开展绿色工厂、绿色园区示范建设,推广绿色清洁生产与应用,推广普及脱硫除尘脱硝余热利用一体化等节能减排新技术,全面提高节能减排水平
11	《水泥玻璃行业产能置换实施办法操作问答》	可以不用产能置换的情形:依托现有玻璃熔窑实施治污减排节能降耗等不扩产能的技术改造项目;熔窑能力不超过150t/d的新建工业用平板玻璃项目。已停产两年或三年内累计生产不超过一年的平板玻璃生产线不能用于产能置换
12	《关于加强高耗能、高排放建设项目生态环境源头防控的指导意见》(环环评〔2021〕45号)	新建、扩建石化、化工、焦化、有色金属冶炼、平板玻璃项目应布设在依法合规设立并经规划环评的产业园区。对炼油、乙烯、钢铁、焦化、煤化工、燃煤发电、电解铝、水泥熟料、平板玻璃、铜铅锌硅冶炼等环境影响大或环境风险高的项目类别,不得以改革试点名义随意下放环评审批权限或降低审批要求
13	《水泥玻璃行业产能置换实施办法》(工信部原〔2021〕80号)	在产能置换要求、置换比例的确定和置换比例的例外情形方面增加了新规定,如"2013年以来,连续停产两年及以上的平板玻璃生产线不能用于产能置换"
14	《2030年前碳达峰行动方案》(国发〔2021〕23号)	加强产能置换监管,加快低效产能退出,严禁新增水泥熟料、平板玻璃产能,引导建材行业向轻型化、集约化、制品化转型
15	《"十四五"工业绿色发展规划》(工信部规〔2021〕178号)	严格执行钢铁、水泥、平板玻璃、电解铝等行业产能置换政策,严控尿素、磷铵、电石、烧碱、黄磷等行业新增产能,新建项目应实施产能等量或减量置换,重点推广建材行业水泥流化床悬浮煅烧与流程再造技术、玻璃熔窑全氧燃烧等先进节能工艺流程
16	《中共中央　国务院关于完整准确全面贯彻新发展理念做好碳达峰碳中和工作的意见》	新建、扩建钢铁、水泥、平板玻璃、电解铝等高耗能高排放项目严格落实产能等量或减量置换,出台煤电、石化、煤化工等产能控制政策

续表

序号	政策名称	内　容
17	《"十四五"节能减排综合工作方案》(国发〔2021〕33号)	到2025年,通过实施节能降碳行动,钢铁、电解铝、水泥、平板玻璃、炼油、乙烯、合成氨、电石等重点行业产能和数据中心达到能效标杆水平的比例超过30%
18	《高耗能行业重点领域节能降碳改造升级实施指南(2022年版)》(发改产业〔2022〕200号)、《平板玻璃行业节能降碳改造升级实施指南》	到2025年,玻璃行业能效标杆水平以上产能比例达到20%,能效基准水平以下产能基本清零,行业节能降碳效果显著,绿色低碳发展能力大幅增强
19	《建材行业碳达峰实施方案》(工信部联原〔2022〕149号)	防范过剩产能新增,严格落实水泥、平板玻璃行业产能置换政策,加大对过剩产能的控制力度,坚决遏制违规新增产能,确保总产能维持在合理区间
20	《关于深入推进黄河流域工业绿色发展的指导意见》(工信部联节〔2022〕169号)	严格执行钢铁、水泥、平板玻璃、电解铝等行业产能置换政策

20. 外商投资产业指导目录（2017年修订）

2017年6月28日,国家发展改革委、商务部发布了《外商投资产业指导目录（2017年修订）》（以下简称《目录》）。

《目录》是我国引导外商投资的重要产业政策。鼓励类外商投资项目可以享受进口设备免关税等优惠政策。对集约用地的鼓励类外商投资工业项目优先供应土地,在确定土地出让底价时可按不低于所在地土地等别相对应全国工业用地出让最低价标准的70%执行。西部地区的鼓励类项目可以享受西部大开发企业所得税优惠政策。外商投资准入负面清单是有关部门实行外资准入管理的主要依据。

21. 鼓励外商投资产业目录（2022年版）

为加快构建新发展格局,在保持鼓励外商投资政策连续性、稳定性基础上,按照"总量增加、结构优化"的原则,围绕推动制造业高质量发展、提升生产性服务业发展水平、促进中西部和东北地区发展等方面,进一步扩大鼓励外商投资范围,引导外资投向,助力产业转型升级、区域协调发展,推动高质量发展,2022年10月26日,国家发展改革委、商务部公开发布了《鼓励外商投资产业目录（2022年版）》（以下简称《鼓励目录》）。

《鼓励目录》包括两部分:一是全国鼓励外商投资产业目录,适用于全国;二是中西部地区外商投资优势产业目录,适用于中西部地区、东北地区以及海南省。

（二）国家行业类别划分

《国民经济行业分类》(GB/T 4754—2017)、《国家统计局关于执行国民经济行业分类第1号修改单的通知》(国统字〔2019〕66号)中规定了20种行业,见表8-5。

表8-5 《国民经济行业分类》

序号	行业	序号	行业
1	农、林、牧、渔业	6	批发和零售业
2	采矿业	7	交通运输、仓储和邮政业
3	制造业	8	住宿和餐饮业
4	电力、热力、燃气及水生产和供应业	9	信息传输、软件和信息技术服务业
5	建筑业	10	金融业

续表

序号	行业	序号	行业
11	房地产业	16	教育
12	租赁和商务服务业	17	卫生和社会工作
13	科学研究和技术服务业	18	文化、体育和娱乐业
14	水利、环境和公共设施管理业	19	公共管理、社会保障和社会组织
15	居民服务、修理和其他服务业	20	国际组织

国家统计局行业分类标准采用线分类法和分层次编码方法，将经济活动划分为门类、大类、中类和小类四级，门类采用英文字母编码，即用字母 A、B、C…顺次代表不同门类。大、中、小类依据等级制和完全十进制，用三层四位阿拉伯数字表示。

代码结构见图 8-2。

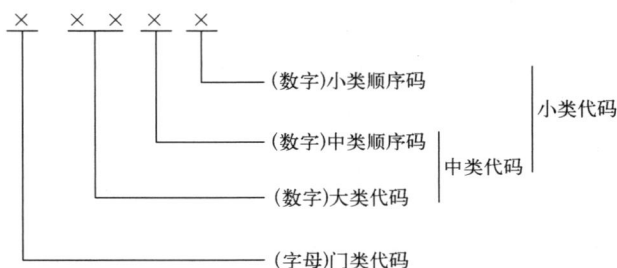

图 8-2　国家统计局行业分类标准代码结构

二、产业政策符合性分析结果与表达

产业政策符合性分析结果与表达有两种，一种为符合，一种为不符合。

（一）符合

拟建项目产业政策符合性分析应从其生产规模、生产工艺、采用的生产设备等是否符合《产业结构调整指导目录（2024 年本）》、《市场准入负面清单（2022 年版）》、行业政策等方面考虑。若其生产规模、生产工艺及采用的生产设备均不属于《产业结构调整指导目录（2024 年本）》、《市场准入负面清单（2022 年版）》、行业政策中限制类和淘汰类，则说明拟建项目符合产业政策。

（二）不符合

若拟建项目生产规模、生产工艺及采用的生产设备任何一部分属于《产业结构调整指导目录（2024 年本）》、《市场准入负面清单（2022 年版）》、行业政策中限制类和淘汰类，则说明拟建项目不符合产业政策。

三、实例

【例 8-4】　××公司改建项目产能为改性沥青防水卷材生产线为 6000 万平方米每年，该项目是否符合产业政策？

【答】　对照中华人民共和国国家发展和改革委员会令第 7 号《产业结构调整指导目录（2024 年本）》，本项目改性沥青防水卷材生产线为 6000 万平方米每年，不属于淘汰类"500万平方米每年（不含）以下的改性沥青类防水卷材生产线"项目，属于"高性能、高耐久、高可靠性改性沥青防水卷材"，属于鼓励类。

经对比，本项目不在《市场准入负面清单（2022年版）》内。

项目已于××××年××月××日经××备案。

因此，本项目的建设符合国家和地方相关产业政策的要求。

第二节　规划符合性分析

一、规划符合性分析内容

规划区域及其周边地区的相应规划包括区域性发展规划、流域规划、主体功能区规划、城市总体规划、土地利用规划、产业发展或布局规划、环境保护规划、环境功能区划、生态功能区划、生态规划等。

① 分析规划在相关规划体系（如国土空间规划体系、流域规划体系等）中的位置、层级（如国家级、省级、市级或县级）、功能属性（如综合性规划、专项规划、专项规划中的指导性规划）、时间属性（如首轮规划、调整规划；短期规划、中期规划、长期规划）。

② 规划内容协调性分析：筛选规划与相关规划在规划内容，如规模、布局、功能定位、开发原则、资源保护与利用、环境保护、生态保护等方面的一致性和协调性，重点分析规划与同层位的环境保护、生态建设、资源保护与利用等规划之间的冲突和矛盾，分析规划在空间准入方面的符合性。

③ 规划目标协调性分析：筛选规划与相关规划在规划目标，如规划发展目标、环保目标、经济发展目标等方面的一致性和协调性，重点分析规划与同层位的环境保护、生态建设、资源保护与利用等规划目标的差异。

二、规划符合性分析结果与表达

规划符合性分析结果与表达有两种，一种是符合，另一种是不符合。符合性分析为明显区别不同规划之间在规划内容和规划目标方面的差异，以表格的方式对比分析为宜。

（一）符合

规划符合性分析是评估拟建项目或规划在建设、运营及服务期满后各环节是否满足各级别规划内容及规划目标要求的过程。

若拟建项目在建设、运营及服务期满后各环节均符合国家级、省（区、市）级、市县级的总体规划、专项规划、区域规划，则说明拟建项目或规划符合规划要求。

通过上述协调性分析，从多个规划方案中筛选出与各项规划要求较为协调的规划方案作为备选方案，或综合规划协调性分析结果，提出与环保法规、各项要求相符合的规划调整方案作为备选方案。

（二）不符合

若拟建项目或规划在建设、运营及服务期满后，某个环节不符合国家级、省（区、市）级、市县级的总体规划、专项规划、区域规划，则说明拟建项目或规划不符合规划要求。

在规划不符合性的分析结论得出后，需要进行相应规划调整的，要提出规划调整意见和建议。

三、实例

【例8-5】　××园区一区规划发展装备制造、新型材料、纺织服饰、生物医药，二区规划发展食品产业，三区规划发展包装新材料产业。试分析××园区总体规划与上层规划、管控要求的符合性。

【答】

1. 符合《中华人民共和国国民经济和社会发展第十四个五年规划和 2035 年远景目标纲要》

《中华人民共和国国民经济和社会发展第十四个五年规划和 2035 年远景目标纲要》中指出，聚焦新一代信息技术、生物技术、新能源、新材料、高端装备、新能源汽车、绿色环保以及航空航天、海洋装备等战略性新兴产业，加快关键核心技术创新应用，增强要素保障能力，培育壮大产业发展新动能。推动生物技术和信息技术融合创新，加快发展生物医药、生物育种、生物材料、生物能源等产业，做大做强生物经济。深入推进国家战略性新兴产业集群发展工程，健全产业集群组织管理和专业化推进机制，建设创新和公共服务综合体，构建一批各具特色、优势互补、结构合理的战略性新兴产业增长引擎。

××园区一区规划发展装备制造、新型材料、纺织服饰、生物医药，二区规划发展食品产业，三区规划发展包装新材料产业。产业布局总体合理，符合国民经济和社会发展需要。

2. 符合《"十四五"土壤、地下水和农村生态环境保护规划》

《"十四五"土壤、地下水和农村生态环境保护规划》指出，深入实施耕地分类管理，切实加大保护力度，在永久基本农田集中区域，不得规划新建可能造成土壤污染的建设项目。加强污染源头预防、风险管控与修复。落实地下水防渗和监测措施。实施地下水污染风险管控。

开发区规划范围内现状存在部分耕地，在规划实施阶段会按照相关程序进行土地性质变更，严格管控涉重金属项目选址，确保不对土壤造成污染。规划未明确园区防渗及污染监控等要求，规划环评针对可能涉及土壤污染、地下水污染的工业企业提出了分区防渗、污染监控等要求，符合《"十四五"土壤、地下水和农村生态环境保护规划》。

3. 符合《××省国民经济和社会发展第十四个五年规划和二〇三五年远景目标纲要》

《××省国民经济和社会发展第十四个五年规划和二〇三五年远景目标纲要》指出，重点发展"装备制造产业。坚持承接引进与自主创新并重，做大做强先进轨道交通装备，大力发展工业机器人、特种机器人等智能装备，提升发展节能与新能源汽车、工程装备与专用设备制造，积极发展海洋装备，推进重大装备系统产业化，做强一批整机产品、成套设备。完善协作配套体系，推动企业由装备制造商向综合解决方案提供商转变。食品产业。坚持标准引领、品牌保护、聚集发展，着眼服务京津、辐射全国，大力发展粮油精深加工食品、高端特色乳制品、焙烤及休闲食品、大众厨房食品、功能保健食品、酒和饮料等，重点建设石家庄乳制品及传统主食、邢台方便健康食品、邯郸休闲健康食品和天然植物提取食品配料、秦皇岛和张家口葡萄酒、衡水功能食品等产业基地，培育一批优势产品、企业和区域品牌，推动我省由农产品资源大省向食品工业强省转变"。

××园区一区规划发展装备制造、新型材料、纺织服饰、生物医药，二区规划发展食品产业，三区规划发展包装新材料产业。产业布局总体合理，符合国民经济和社会发展需要。

4. 符合《××省生态环境保护"十四五"规划》

《××省生态环境保护"十四五"规划》指出，深化重点行业挥发性有机物（VOCs）治理。以石化、化工、涂装、医药、包装印刷、油品储运销等行业领域为重点，安全高效推进挥发性有机物（VOCs）综合治理，实施原辅材料和产品源头替代、无组织排放和末端深度治理等提升改造工程……开展工业园区和产业集群挥发性有机物（VOCs）综合治理，重点工业园区建立统一的泄漏检测与修复（LDAR）管理系统……强化工业污染减排。实施差别化环境准入政策，推进涉水工业企业全面入园进区。新设立和升级的经济技术开发区、高新技术产业开发区等工业园区同步规划建设污水集中处理设施，加快完善工业园区配套管网，推进"清污分流、雨污分流"，实现园区污水全收集、全处理。

××园区企业均采取有效的废气处理措施，污染物均可达标排放，实施原辅材料和产品源头替代、无组织排放和末端深度治理等提升改造工程。规划要求××园区污水由污水处理厂集中达标处理并进行再生利用；固废实现无害化处理，达到垃圾综合利用最大化，逐步实现工业废弃物的减量化和资源化。开发区提出大力发展循环经济，推进节能降耗，改善区域环境质量，符合《××省生态环境保护"十四五"规划》要求。

5. 符合《××市国民经济和社会发展第十四个五年规划和二○三五年远景目标纲要》

《××市国民经济和社会发展第十四个五年规划和二○三五年远景目标纲要》指出，发展壮大装备制造、健康食品、新能源、数字经济、生物医药五大产业，加快培育特色产业集群，不断提高高新技术产业在规上工业中的比重，持续推动产业迭代升级。

××园区一区规划发展装备制造、新型材料、纺织服饰、生物医药，二区规划发展食品产业，三区规划发展包装新材料产业。产业布局总体合理，符合国民经济和社会发展需要。

6. 符合《××市生态环境保护"十四五"规划》

《××市生态环境保护"十四五"规划》指出，严格控制高耗能高排放项目盲目发展……将工业企业纳入热电联产集中供热范围……推进砖瓦、石灰、铸造、耐火材料、铁合金等重点行业污染深度治理。以工业炉窑污染综合治理为重点，深化工业氮氧化物减排。开展生活垃圾焚烧烟气深度治理……以化工、工业涂装、包装印刷以及油品储运销等涉挥发性有机物（VOCs）行业企业为重点，安全高效推进挥发性有机物（VOCs）综合治理，实施原辅材料和产品源头替代、无组织排放和末端深度治理等提升改造工程……加快完善工业园区配套管网，同步规划建设污水集中处理设施，推进"清污分流、雨污分流"，实现园区污水全收集、全处理。

××园区禁止"两高"类项目入驻，实施集中供热。规划实施后，园区砖瓦、铸造企业开展深度治理，铸造类企业进行深度治理及超低排改造。入区企业使用符合国家、××省有关低（无）VOCs含量产品技术要求的原辅材料，并对现有企业实施清洁工艺改造，从源头减少VOCs排放。规划环评应明确提出园区的VOCs综合治理要求及措施。园区配建污水处理厂，企业废水经自建污水处理设施处理达标后排入工业废水集中处理厂，符合《××市生态环境保护"十四五"规划》要求。

7. 符合《××县国民经济和社会发展第十四个五年规划和二○三五年远景目标纲要》

《××县国民经济和社会发展第十四个五年规划和二○三五年远景目标纲要》指出，对装备制造、包装装饰材料等产业进行集群化提升改造。

××园区一区规划发展装备制造、新型材料、纺织服饰、生物医药，二区规划发展食品产业，三区规划发展包装新材料产业。产业布局总体合理，符合国民经济和社会发展需要。

8. 符合《××县生态环境保护"十四五"规划》

《××县生态环境保护"十四五"规划》指出，以造纸、建材、工业涂装等行业为重点，开展全流程智能化、清洁化、循环化、低碳化改造，促进传统产业绿色转型升级。实施造纸、建材等重点行业减污降碳协同治理……实施可再生能源替代行动，新增可再生能源和原料用能不纳入能源消费总量控制。加强天然气基础设施建设，扩大管道气覆盖范围。大力发展太阳能等可再生能源发电，鼓励分布式光伏取暖……推进热电联产项目建设，将工业企业纳入集中供热范围……加强污水、垃圾处理等集中处置设施温室气体排放协同控制。

××园区造纸、建材、工业涂装行业企业均采取了污染治理措施，污染物达标排放。××园区主要采用天然气、电能及生物质能，实施集中供热。本次规划未提出碳减排相关要求,环评应提出开发区的碳减排建议。

9. 符合《××县国土空间规划》

《××县国土空间规划》指出,规划形成"2+N"的产业体系。"2"是以装备制造业、包装材料为主的两大主导产业。其中装备制造业主要发展先进制造、智能制造等,包装材料主要发展医药食品包装材料、高端纸品与纤维制造、新材料等。"N"是指以文旅休闲康养业和商贸物流业为主导的现代服务业、以食品工业为主的制造业、以功能农业为主的大农业等。其中文旅休闲康养业主要发展休闲旅游、医疗康养及其相关服务业;商贸物流业主要发展商贸、商务服务、零售、仓储物流等;食品工业主要发展粮食仓储、粮食和生鲜蔬果物流、冷链物流、农产品加工等;功能农业重点发展富硒农业、设施农业、休闲农业、互联网农业等高附加值农业。

××园区规划范围全部位于城镇开发边界内,不占用基本农田。××园区一区规划发展装备制造、新型材料、纺织服饰、生物医药,二区规划发展食品产业,三区规划发展包装新材料产业,符合《××县国土空间规划》。

综上所述,拟建项目符合上述规划要求。

思 考 题

1. 产业政策的概念是什么?
2. 试说明产业政策的类别及其体系。
3. 简述《产业结构调整指导目录(2024年本)》中目录的组成部分。
4. 危险废物的概念是什么?
5. 产业规划符合性分析的主要内容有哪些?

参 考 文 献

[1] 环境保护部环境工程评估中心. 环境影响评价相关法律法规 [M]. 北京:中国环境出版社,2024.

[2] 环境保护部环境工程评估中心. 建设项目环境影响评价 [M].2 版. 北京:中国环境出版社,2014.

[3] 平志斌,雅军. 环评的产业政策分析 [J]. 安徽化工,2006,1:58-59.

第九章
环境影响预测模型

一、大气环境影响预测

大气环境影响预测用于判断项目建成后或规划实施后对评价范围内大气环境影响的程度和范围。常用的大气环境影响预测方法是通过数学模型模拟各种气象、地形条件下的污染物在大气中输送、扩散、转化和清除的情况。

（一）预测因子

预测因子根据评价因子而定，选取有环境空气质量标准的评价因子作为预测因子。

（二）预测范围

① 预测范围应覆盖评价范围，并覆盖各污染物短期浓度贡献值占标率大于10％的区域。

② 对于经判定需预测二次污染物的项目，预测范围应覆盖$PM_{2.5}$年平均质量浓度贡献值占标率大于1％的区域。

③ 对于评价范围内包含环境空气功能区一类区的，预测范围应覆盖项目对一类区最大环境影响。

④ 预测范围一般以项目厂址为中心，东西向为X坐标轴、南北向为Y坐标轴。

（三）预测模型和方法

1. 预测模型

一级评价项目应结合项目环境影响预测范围、预测因子及推荐模型的适用范围等选择空气质量模型。推荐模型及适用范围见表9-1。

2. 预测模型选取要求

① 当推荐模型适用性不能满足需要时，可选择适用的替代模型。

② 当项目评价基准年内存在风速<0.5m/s的持续时间超过72h或近20年统计的全年静风（风速0.2m/s）频率超过35％时，应采用CALPUFF模型进行进一步模拟。

③ 当建设项目处于大型水体（海或湖）岸边3km范围内时，应首先采用估算模型判定是否会发生熏烟现象。如果存在岸边熏烟，并且估算的最大1h平均质量浓度超过环境质量标准，应采用CALPUFF模型进行进一步模拟。

④ 采用推荐模型时，应按《环境影响评价技术导则　大气环境》（HJ 2.2—2018）要求提供污染源、气象、地形、地表参数等基础数据。

⑤ 环境影响预测模型所需气象、地形、地表参数等基础数据应优先使用国家发布的标准化数据。采用其他数据时，应说明数据来源、有效性及数据预处理方案。

表 9-1　大气预测模型及适用范围

模型名称	适用性	适用污染源	适用排放形式	推荐预测范围	适用污染物	输出结果	其他特性
AERSCREEN	用于评价等级及评价范围判定	点源(含火炬源)、面源(矩形或圆形)、体源	连续源			短期浓度最大值及对应距离	可以模拟熏烟和建筑物下洗
AERMOD	用于进一步预测	点源(含火炬源)、面源、线源、体源	连续源、间断源	局地尺度(≤50千米)	一次污染物、二次 $PM_{2.5}$(系数法)	短期和长期平均质量浓度及分布	可以模拟建筑物下洗、干湿沉降
ADMS		点源、面源、线源、体源、网格源					可以模拟建筑物下洗、干湿沉降,包含街道窄谷模型
AUSTAL2000		烟塔合一源					可以模拟建筑物下洗
EDMS/AEDT		机场源					可以模拟建筑物下洗、干湿沉降
CALPUFF		点源、面源、线源、体源		城市尺度(50千米到几百千米)	一次污染物和二次 $PM_{2.5}$		可以用于特殊风场,包括长期静、小风和岸边熏烟
光化学网格模型(CMAQ 或类似模型)		网格源		区域尺度(几百千米)	一次污染物和二次 $PM_{2.5}$、O_3		网格化模型,可以模拟复杂化学反应及气象条件对污染物浓度的影响等

3. 预测方法

采用推荐模型预测建设项目或规划项目对预测范围不同时段的大气环境影响。当建设项目或规划项目的 SO_2、NO_x 及 VOCs 年排放量达到规定的量时,可按推荐方法预测二次污染物。

采用 AERMOD、ADMS 等模型模拟 $PM_{2.5}$ 时,需将模型模拟的 $PM_{2.5}$ 一次污染物的质量浓度,同步叠加按 SO_2、NO_2 等前体物转化比率估算的二次 $PM_{2.5}$ 质量浓度,得到 $PM_{2.5}$ 的贡献浓度。前体物转化比率可引用科研成果或有关文献,并注意地域的适用性。对于无法取得 SO_2、NO_2 等前体物转化比率的,可取 φ_{SO_2} 为 0.58、φ_{NO_2} 为 0.44,按式(9-1)计算二次 $PM_{2.5}$ 贡献浓度。

$$C_{PM_{2.5}} = \varphi_{SO_2} \times C_{SO_2} + \varphi_{NO_2} \times C_{NO_2} \tag{9-1}$$

式中　$C_{PM_{2.5}}$——二次 $PM_{2.5}$ 质量浓度,$\mu g/m^3$;

φ_{SO_2}、φ_{NO_2}——SO_2、NO_2 浓度换算为 $PM_{2.5}$ 浓度的系数;

C_{SO_2}、C_{NO_2}——SO_2、NO_2 的预测质量浓度,$\mu g/m^3$。

采用 CALPUFF 或网格模型预测 $PM_{2.5}$ 时,模拟输出的贡献浓度应包括一次 $PM_{2.5}$ 和二次 $PM_{2.5}$ 质量浓度的叠加结果。

对已采纳规划环评要求的规划所包含的建设项目,当工程建设内容及污染物排放总量均未发生重大变更时,建设项目环境影响预测可引用规划环评的模拟结果。

（四）预测内容与步骤

1. 预测内容

大气环境影响预测内容依据评价工作等级确定。一级评价项目应采用进一步预测模型开展大气环境影响预测与评价；二级评价项目不进行进一步预测与评价，只对污染物排放量进行核算；三级评价项目不进行进一步预测与评价。

根据预测内容设定预测方案，一般考虑五个方面的内容：评价对象、污染源类别、污染源排放形式、预测因子、预测内容。污染源类别分为新增污染源、"以新带老"污染源、区域削减污染源和在建、拟建污染源及项目全厂现有相关污染源。新增污染源分为正常排放和非正常排放两种情况。预测方案见表 9-2。

表 9-2　预测方案

评价对象	污染源类别	污染源排放形式	预测内容	评价内容
达标区评价项目	新增污染源	正常排放	短期浓度长期浓度	最大浓度占标率
	新增污染源－"以新带老"污染源（如有）－区域削减污染源（如有）＋其他在建、拟建污染源（如有）	正常排放	短期浓度长期浓度	叠加环境质量现状浓度后的保证率日平均质量浓度和年平均质量浓度的占标率，或短期浓度的达标情况
	新增污染源	非正常排放	1h平均质量浓度	最大浓度占标率
不达标区评价项目	新增污染源	正常排放	短期浓度长期浓度	最大浓度占标率
	新增污染源－"以新带老"污染源（如有）－区域削减污染源（如有）＋其他在建、拟建的污染源（如有）	正常排放	短期浓度长期浓度	叠加达标规划目标浓度后的保证率日平均质量浓度和年平均质量浓度的占标率，或短期浓度的达标情况；评价年平均质量浓度变化率
	新增污染源	非正常排放	1h平均质量浓度	最大浓度占标率
区域规划	不同规划期/规划方案污染源	正常排放	短期浓度长期浓度	保证率日平均质量浓度和年平均质量浓度的占标率，年平均质量浓度变化率
大气环境防护距离	新增污染源－"以新带老"污染源（如有）＋项目全厂现有污染源	正常排放	短期浓度	大气环境防护距离

2. 预测步骤

大气环境影响预测的步骤：①确定预测因子；②确定预测范围；③选择预测模型，确定模型中的相关参数；④收集环境质量现状数据或补充监测数据；⑤确定气象条件；⑥确定地形数据；⑦确定预测内容和预测方案；⑧进行大气环境影响预测与评价。

大气环境影响预测的步骤见图 9-1。

3. 预测模型数据要求

① 污染源参数。估算模型应采用满负荷运行条件下排放强度及对应的污染源参数。进一步预测模型应包括正常排放和非正常排放下排放强度及对应的污染源参数。对于源强排放有周期性变化的，还需根据模型模拟需要输入污染源周期性排放系数。

```
         ┌─────────────┐
         │  确定评价范围  │
         └──────┬──────┘
                │
         ┌──────┴──────┐
         │  选择预测模型  │
         └──────┬──────┘
    ┌────────┬──┴────┬────────┐
┌───┴───┐┌───┴───┐┌──┴───┐┌───┴───┐
│模型基础││环境质量现状调││污染源进一││确定预测内│
│数据收集││查或补充监测 ││步调查 ││容与方案 │
└───────┘└───────┘└──────┘└───────┘
```

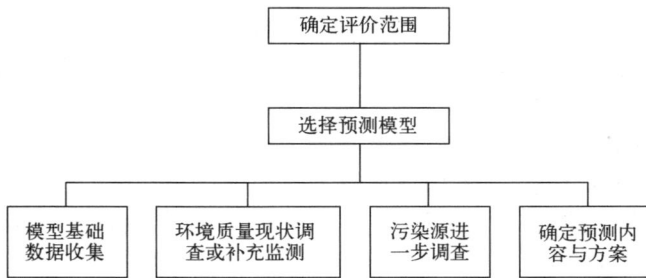

图 9-1　大气环境影响的预测步骤

② 气象数据。估算模型 AERSCREEN 模型所需最高和最低环境温度，一般需选取评价区域近 20 年以上资料统计结果。最小风速可取 0.5m/s，风速计高度取 10m。

AERMOD 和 ADMS 地面气象数据选择距离项目最近或气象特征基本一致的气象站的逐时地面气象数据，要素至少包括风速、风向、总云量和干球温度。根据预测精度要求及预测因子特征，可选择的观测资料包括：湿球温度、露点温度、相对湿度、降水量、降水类型、海平面气压、地面气压、云底高度、水平能见度等。其中对观测站点缺失的气象要素，可采用经验证的模拟数据或采用观测数据进行插值得到。高空气象数据选择模型所需观测或模拟的气象数据，要素至少包括一天早晚两次不同等压面上的气压、离地高度和干球温度等，其中离地高度 3000m 以内的有效数据层数应不少于 10 层。

AUSTAL2000 地面气象数据选择距离项目最近或气象特征基本一致的气象站的逐时地面气象数据，要素至少包括风向、风速、干球温度、相对湿度，以及采用测量或模拟气象资料计算得到的稳定度。

CALPUFF 地面气象资料应尽量获取预测范围内所有地面气象站的逐时地面气象数据，要素至少包括风速、风向、干球温度、地面气压、相对湿度、云量、云底高度。若预测范围内地面观测站少于 3 个，可采用预测范围外的地面观测站进行补充，或采用中尺度气象模拟数据。

高空气象资料应获取最少 3 个站点的测量或模拟气象数据，要素至少包括一天早晚两次不同等压面上的气压、离地高度、干球温度、风向及风速，其中离地高度 3000 m 以内的有效数据层数应不少于 10 层。

光化学网格模型的气象场数据可由天气研究与预报（WRF）或其他区域尺度气象模型提供。气象场应至少涵盖评价基准年 1、4、7、10 月。气象模型的模拟区域范围应略大于光化学网格模型的模拟区域，气象数据网格分辨率、时间分辨率与光化学网格模型的设定相匹配。在气象模型的物理参数化方案选择时应注意和光化学网格模型所选择参数化方案的兼容性。非在线的 WRF 等气象模型计算的气象数据提供给光化学网格模型应用时，需要经过相应的数据前处理，处理的过程包括光化学网格模拟区域截取、垂直差值、变量选择和计算、数据时间处理以及数据格式转换等。

③ 地形数据。原始地形数据分辨率不得小于 90m。

④ 地表参数。估算模型 AERSCREEN 和 ADMS 的地表参数根据模型特点取项目周边 3km 范围内占地面积最大的土地利用类型来确定。当项目周边 3km 半径范围内一半以上面积属于城市建成区或者规划区时，选择城市，否则选择农村。当选择城市时，城市人口数按项目所属城市实际人口或者规划的人口数输入。

AERMOD 地表参数一般根据项目周边 3km 范围内的土地利用类型进行合理划分，或采用 AERSURFACE 直接读取可识别的土地利用数据文件。AERMOD 和 AERSCREEN 所需的区域湿度条件划分可根据中国干湿地区划分进行选择。CALPUFF 采用模型可以识别的土地利用数据来获取地表参数，土地利用数据的分辨率一般不小于模拟网格分辨率。

4. 预测模型计算点、网格点设置

估算模型 AERSCREEN 在距污染源 10m 至 25km 处默认为自动设置计算点，最远计算距离不超过污染源下风向 50km。采用估算模型 AERSCREEN 计算评价等级时，对于有多个污染源的，可取污染物等标排放量 P_0 最大的污染源坐标作为各污染源位置。

AERMOD 和 ADMS 预测网格点的设置应具有足够的分辨率，以尽可能精确预测污染源对预测范围的最大影响。网格点间距可以采用等间距或近密远疏法进行设置，距离源中心 5km 的网格间距不超过 100m，5～15km 的网格间距不超过 250m，大于 15km 的网格间距不超过 500m。

CALPUFF 模型中需要定义气象网格、预测网格和受体（包括离散受体）网格。其中气象网格范围和预测网格范围应大于受体网格范围，以保证有一定的缓冲区域考虑烟团的迂回和回流等情况。预测网格间距根据预测范围确定，应选择足够的分辨率以尽可能精确预测污染源对预测范围的最大影响。预测范围小于 50km 的网格间距不超过 500m，预测范围大于 100km 的网格间距不超过 1000m。

光化学网格模型模拟区域的网格分辨率根据所关注的问题确定，并能精确到可以分辨出新增排放源的影响。模拟区域的大小应考虑边界条件对关心点浓度的影响。为提高计算精度，预测网格间距一般不超过 5km。

对于邻近污染源的高层住宅楼，应适当考虑不同代表高度上的预测受体。

（五）大气环境影响评价的主要内容、结论及建议

1. 大气环境影响评价的主要内容

一级评价应包括以下①～⑦的内容。二级评价一般应包括①、②及⑦的内容。

① 基本信息底图。包含项目所在区域相关地理信息的底图，至少应包括评价范围内的环境功能区划、环境空气保护目标、项目位置、监测点位，以及图例、比例尺、基准年风频玫瑰图等要素。

② 项目基本信息图。在基本信息底图上标示项目边界、总平面布置、大气排放口位置等信息。

③ 达标评价结果表。列表给出各环境空气保护目标及网格最大浓度点主要污染物现状浓度、贡献浓度、叠加现状浓度后保证率日平均质量浓度和年平均质量浓度、占标率、是否达标等评价结果。

④ 网格浓度分布图。包括叠加现状浓度后主要污染物保证率日平均质量浓度分布图和年平均质量浓度分布图。网格浓度分布图的图例间距一般按相应标准值的 5％～100％进行设置。如果某种污染物环境空气质量超标，还需在评价报告及浓度分布图上标示超标范围与超标面积，以及与环境空气保护目标的相对位置关系等。

⑤ 大气环境防护区域图。在项目基本信息图上沿出现超标的厂界外延大气环境防护距离所包括的范围，作为本项目的大气环境防护区域。大气环境防护区域应包含自厂界起连续的超标范围。

⑥ 污染治理设施、预防措施及方案比选结果表。列表对比不同污染控制措施及排放方案对环境的影响，评价不同方案的优劣。

⑦ 污染物排放量核算表。包括有组织及无组织排放量、大气污染物年排放量、非正常排放量等。

2. 大气环境影响评价的结论及建议

（1）大气环境影响评价结论

① 达标区域的建设项目环境影响评价，当同时满足以下条件时，则认为环境影响可以接受。

新增污染源正常排放下污染物短期浓度贡献值的最大浓度占标率＜100％；新增污染源正常排放下污染物年均浓度贡献值的最大浓度占标率＜30％（其中一类区＜10％）；项目环境影响符合环境功能区划。叠加现状浓度、区域削减污染源以及在建、拟建项目的环境影响后，主要污染物的保证率日平均质量浓度和年平均质量浓度均符合环境质量标准；对于项目排放的主要污染物仅有短期浓度限值的，叠加后的短期浓度符合环境质量标准。

② 不达标区域的建设项目环境影响评价，当同时满足以下条件时，则认为环境影响可以接受。

达标规划未包含的新增污染源建设项目，需另有替代源的削减方案；新增污染源正常排放下污染物短期浓度贡献值的最大浓度占标率＜100％；新增污染源正常排放下污染物年均浓度贡献值的最大浓度占标率＜30％（其中一类区＜10％）；项目环境影响符合环境功能区划或满足区域环境质量改善目标。现状浓度超标的污染物评价，叠加达标年目标浓度、区域削减污染源以及在建、拟建项目的环境影响后，污染物的保证率日平均质量浓度和年平均质量浓度均符合环境质量标准或满足达标规划确定的区域环境质量改善目标，或预测范围内年平均质量浓度变化率 $k \leqslant -20\%$；对于现状达标的污染物评价，叠加后污染物浓度符合环境质量标准；对于项目排放的主要污染物仅有短期浓度限值的，叠加后的短期浓度符合环境质量标准。

③ 区域规划的环境影响评价，当主要污染物的保证率日平均质量浓度和年平均质量浓度均符合环境质量标准，对于主要污染物仅有短期浓度限值的，叠加后的短期浓度符合环境质量标准时，则认为区域规划环境影响可以接受。

（2）污染控制措施可行性及方案比选结果　大气污染治理设施与预防措施必须保证污染源排放以及控制措施均符合排放标准的有关规定，满足经济、技术可行性。从项目选址选线、污染源的排放强度与排放方式、污染控制措施技术与经济可行性等方面，结合区域环境质量现状及区域削减方案、项目正常排放及非正常排放下大气环境影响预测结果，综合评价治理设施、预防措施及排放方案的优劣，并对存在的问题（如果有）提出解决方案。经对解决方案进行进一步预测和评价比选后，给出大气污染控制措施可行性建议及最终的推荐方案。

（3）大气环境防护距离　根据大气环境防护距离计算结果，并结合厂区平面布置图，确定项目大气环境防护区域。若大气环境防护区域内存在长期居住的人群，应给出相应优化调整项目选址、布局或搬迁的建议。项目大气环境防护区域之外，大气环境影响评价结论应符合（1）规定的要求。

（4）污染物排放量核算结果　环境影响评价结论是环境影响可接受的，根据环境影响评价审批内容和排污许可证申请与核发所需表格要求，明确给出污染物排放量核算结果表。评价项目完成后污染物排放总量控制指标能否满足环境管理要求，并明确总量控制指标的来源和替代源的削减方案。

（5）大气环境影响评价自查表　大气环境影响评价完成后，应对大气环境影响评价主要内容与结论进行自查。

（六）实例

【例9-1】　某项目拟依托发电厂现有工程开展垃圾处置实验的工业验证平台建设，该项目所在地区属于不达标区（$PM_{2.5}$超标），远离湖泊、水库、海洋，评价范围为20km×20km，SO_2和NO_x排放量之和小于500t/a，污染物因子有SO_2、NO_2、TSP、PM_{10}、$PM_{2.5}$、二噁英、硫化氢、氨、氯化氢。

问：① 本项目应选用哪种大气预测模型？预测网格间距如何设置？② 大气预测方案如何设置？

【答】　① 预测范围在50km之内，且$SO_2+NO_x<500t/a$，预测模型应采用AERMOD或ADMS模型；距离源中心5km的网格间距不超过100m，5~15km的网格间距不超过250m，大于15km的网格间距不超过500m。

② 大气预测方案如表9-3所示。

表9-3　大气预测方案

评价对象	污染源	排放形式	预测内容	评价内容
预测情景	新增污染源	正常排放	短期浓度 长期浓度	最大浓度占标率
	新增污染源－"以新带老"污染源＋其他在建、拟建污染源	正常排放	短期浓度 长期浓度	SO_2、NO_2和PM_{10}及TSP叠加环境质量现状浓度后保证率日均浓度和年平均浓度的占标率；二噁英无年均背景浓度，不叠加环境质量背景浓度；$PM_{2.5}$评价年平均质量浓度变化率；硫化氢、氨、氯化氢叠加后短期浓度的达标情况
	新增污染源	非正常排放	1h平均质量浓度	最大浓度占标率
大气环境防护距离	新增污染源－"以新带老"污染源＋项目全厂现有污染源	正常排放	短期浓度	大气环境防护距离
无组织厂界达标性判定	拟建项目建成后全厂无组织面源	正常排放	1h平均质量浓度	最大浓度占标率

二、地表水环境影响预测

（一）总体要求

一级、二级、水污染影响型三级A与水文要素影响型三级评价应定量预测建设项目水环境影响，水污染影响型三级B评价可不进行水环境影响预测。

影响预测应考虑评价范围内已建、在建和拟建项目中，与建设项目排放同类（种）污染物、对相同水文要素产生的叠加影响。

建设项目分期规划实施的，应估算规划水平年进入评价范围的污染负荷，预测分析规划水平年评价范围内地表水环境质量变化趋势。

（二）预测因子

水质预测因子的确定要既能说明问题又不宜过多，应少于水环境现状调查的水质因子数目。预测因子一般选择常规预测因子和特征预测因子。常规预测因子可以从地表水环境质量标准中择取，特征预测因子根据被评价对象的工程特征和排污特征确定。

（三）预测时期

水环境影响预测的时期应满足不同评价等级的评价时期要求（见表9-4）。水污染影响型建设项目，水体自净能力最不利以及水质状况相对较差的不利时期、水环境现状补充监测时期应作为重点预测时期；水文要素影响型建设项目，以水质状况相对较差或对评价范围内水生生物影响最大的不利时期为重点预测时期。

表 9-4　评价时期确定表

受影响地表水体类型	评价等级		
	一级	二级	水污染影响型（三级 A）/水文要素影响型（三级）
河流、湖库	丰水期、平水期、枯水期；至少丰水期和枯水期	丰水期和枯水期；至少枯水期	至少枯水期
入海河口（感潮河段）	河流：丰水期、平水期和枯水期。河口：春季、夏季和秋季。至少丰水期和枯水期，春季和秋季	河流：丰水期和枯水期。河口：春季、秋季 2 个季节。至少枯水期或 1 个季节	至少枯水期或 1 个季节
近岸海域	春季、夏季和秋季；至少春季、秋季 2 个季节	春季或秋季；至少 1 个季节	至少 1 次调查

（四）预测情景

根据建设项目特点分别选择建设期、生产运行期和服务期满后三个阶段进行预测。

生产运行期应预测正常排放、非正常排放两种工况对水环境的影响，如建设项目具有充足的调节容量，可只预测正常排放对水环境的影响。

应对建设项目污染控制和减缓措施方案进行水环境影响模拟预测。

对受纳水体环境质量不达标区域，应考虑区（流）域环境质量改善目标要求情景下的模拟预测。

（五）预测内容

预测分析内容根据影响类型、预测因子、预测情景、预测范围地表水体类别、所选用的预测模型及评价要求确定。水污染影响型建设项目预测内容主要包括：

① 各关心断面（控制断面、取水口、污染源排放核算断面等）水质预测因子的浓度及变化；

② 到达水环境保护目标处的污染物浓度；

③ 各污染物最大影响范围；

④ 湖泊、水库及半封闭海湾等，还需关注富营养化状况与水华、赤潮等；

⑤ 排放口混合区范围。

水文要素影响型建设项目预测内容主要包括：

① 河流、湖泊及水库的水文情势预测分析主要包括水域形态、径流条件、水力条件以及冲淤变化等内容，具体包括水面面积、水量、水温、径流过程、水位、水深、流速、水面宽、冲淤变化等，湖泊和水库需要重点关注湖库水域面积、蓄水量及水力停留时间等因子；

② 感潮河段、入海河口及近岸海域水动力条件预测分析主要包括流量、流向、潮区界、潮流界、纳潮量、水位、流速、水面宽、水深、冲淤变化等因子。

（六）预测点位设置及结果合理性分析要求

1. 预测点位设置要求

应将常规监测点、补充监测点、水环境保护目标、水质水量突变处及控制断面等作为预测重点。

当需要预测排放口所在水域形成的混合区范围时，应适当加密预测点位。

2. 模型结果合理性分析

模型计算成果的内容、精度和深度应满足环境影响评价要求。

采用数值解模型进行影响预测时，应说明模型时间步长、空间步长设定的合理性，在必要的情况下应对模拟结果开展质量或热量守恒分析。

应对模型计算的关键影响区域和重要影响时段的流场、流速分布、水质（水温）等模拟结果进行分析，并给出相关图件。

区域水环境影响较大的建设项目，宜采用不同模型进行比对分析。

（七）预测模型

1. 地表水环境影响预测模型

地表水环境影响预测模型包括数学模型、物理模型。地表水环境影响预测宜选用数学模型。评价等级为一级且有特殊要求时选用物理模型，物理模型应遵循水工模型实验技术规程等要求。

2. 数学模型

数学模型包括面源污染负荷估算模型、水动力模型、水质（包括水温及富营养化）模型等，可根据地表水环境影响预测的需要选择。

3. 模型选择

（1）面源污染负荷估算模型　根据污染源类型分别选择适用的污染源负荷估算或模拟方法，预测污染源排放量与入河量。面源污染负荷预测可根据评价要求与数据条件，采用源强系数法、水文分析法以及面源模型法等，有条件的地方可以综合采用多种方法进行比对分析确定，各方法适用条件如下。

① 源强系数法。当评价区域有可采用的源强产生、流失及入河系数等面源污染负荷估算参数时，可采用源强系数法。

② 水文分析法。当评价区域具备一定数量的同步水质水量监测资料时，可基于基流分割确定暴雨径流污染物浓度、基流污染物浓度，采用通量法估算面源的负荷量。

③ 面源模型法。面源模型选择应结合污染特点、模型适用条件、基础资料等综合确定。

（2）水动力模型及水质模型　按照时间分为稳态模型与非稳态模型，按照空间分为零维、一维（包括纵向一维及垂向一维，纵向一维包括河网模型）、二维（包括平面二维及立面二维）以及三维模型，按照是否需要采用数值离散方法分为解析解模型与数值解模型。水动力模型及水质模型的选取根据建设项目的污染源特性、受纳水体类型、水力学特征、水环境特点及评价等级等要求，选取适宜的预测模型。各地表水体适用的数学模型选择要求如下。

① 河流数学模型。河流数学模型选择要求见表9-5。在模拟河流顺直、水流均匀且排污稳定时可以采用解析解模型。

表 9-5　河流数学模型适用条件

模型分类	模型空间分布						模型时间分布	
	零维模型	纵向一维模型	河网模型	平面二维	立面二维	三维模型	稳态	非稳态
适用条件	水域基本均匀混合	沿程横断面均匀混合	多条河道相互连通，使得水流运动和污染物交换相互影响的河网地区	垂向均匀混合	垂向分层特征明显	垂向及平面分布差异明显	水流恒定、排污稳定	水流不恒定或排污不稳定

② 湖库数学模型。湖库数学模型选择要求见表9-6。在模拟湖库水域形态规则、水流均匀且排污稳定时可以采用解析解模型。

表 9-6　湖库数学模型适用条件

模型分类	模型空间分布						模型时间分布	
	零维模型	纵向一维模型	平面二维	垂向一维	立面二维	三维模型	稳态	非稳态
适用条件	水流交换作用较充分、污染物质分布基本均匀	污染物在断面上均匀混合的河道型水库	浅水湖库，垂向分层不明显	深水湖库，水平分布差异不明显，存在垂向分层	深水湖库，横向分布差异不明显，存在垂向分层	垂向及平面分布差异明显	流场恒定、源强稳定	流场不恒定或源强不稳定

③ 感潮河段、入海河口数学模型。污染物在断面上均匀混合的感潮河段、入海河口，可采用纵向一维非恒定数学模型，感潮河网区宜采用一维河网数学模型。浅水感潮河段和入海河口宜采用平面二维非恒定数学模型。如感潮河段、入海河口的下边界难以确定，宜采用一维、二维连接数学模型。

④ 近岸海域数学模型。近岸海域宜采用平面二维非恒定模型。如果评价海域的水流和水质分布在垂向上存在较大的差异（如排放口附近水域），宜采用三维数学模型。

4. 常用数学模型推荐

河流、湖库、感潮河段、入海河口和近岸海域常用数学模型见《环境影响评价技术导则 地表水环境》（HJ 2.3—2018）附录E，入海河口及近岸海域特殊预测数学模型见附录F。

（1）混合过程段长度估算公式

$$L_m = \left\{ 0.11 + 0.7 \left[0.5 - \frac{a}{B} - 1.1 \left(0.5 - \frac{a}{B} \right)^2 \right]^{\frac{1}{2}} \right\} \frac{uB^2}{E_y} \tag{9-2}$$

式中　L_m——混合段长度，m；

　　　B——水面宽度，m；

　　　a——排放口到岸边的距离，m；

　　　u——断面流速，m/s；

　　　E_y——污染物横向扩散系数，m²/s。

（2）零维数学模型——河流均匀混合模型　废水排入一条河流时，如符合下述条件：

① 河流是稳态的，定常排污，指河床截面积、流速、流量及污染物的输入量不随时间变化。

② 污染物在整个河段内均匀混合，即河段内各点污染物浓度相等。

③ 废水的污染物为持久性物质，不分解也不沉淀。

④ 河流无支流和其他排污口废水进入。

此时，在排污口下游某断面的浓度可按完全混合模型计算。

$$C = \frac{c_p Q_p + c_h Q_h}{Q_p + Q_h} \tag{9-3}$$

式中　C 为废水与河水混合后的浓度，mg/L；c_p 为河流上游某污染物的浓度，mg/L；Q_p 为河流上游的流量，m³/s；c_h 为排污口处污染物浓度，mg/L；Q_h 为排污口处的污水量，m³/s。

（3）零维数学模型——湖库均匀混合模型　基本方程为：

$$V \frac{dC}{dt} = W - QC + f(C)V \tag{9-4}$$

式中　V——水体体积，m^3；

　　t——时间，s；

　　W——单位时间污染物排放量，g/s；

　　Q——水量平衡时流入与流出湖（库）的流量，m^3/s；

$f(C)$——生化反应项，$g/(m^3 \cdot s)$。

其他符号说明同式（9-3）。

如果生化过程可以用一级动力学反应表示，$f(C) = -kC$，上式存在解析解，当稳定时：

$$C = \frac{W}{Q+kV} \tag{9-5}$$

式中，k 为污染物综合衰减系数，s^{-1}；其他符号说明同式（9-3）、式（9-4）。

（八）预测结果与评价

1. 预测结果

列表给出水质预测结果，把预测值与评价标准直接对比，评价项目或规划实施后对水环境的影响范围和程度。

2. 评价内容与结论

① 排放口所在水域形成的混合区，应限制在达标控制（考核）断面以外水域，不得与已有排放口形成的混合区叠加，混合区外水域应满足水环境功能区或水功能区的水质目标要求。

② 水环境功能区或水功能区、近岸海域环境功能区水质达标。说明建设项目对评价范围内的水环境功能区或水功能区、近岸海域环境功能区的水质影响特征，分析水环境功能区或水功能区、近岸海域环境功能区水质变化状况，在考虑叠加影响的情况下，评价建设项目建成以后各预测时期水环境功能区或水功能区、近岸海域环境功能区达标状况。涉及富营养化问题的，还应评价水温、水文要素、营养盐等的变化特征与趋势，分析判断富营养化演变趋势。

③ 满足水环境保护目标水域水环境质量要求。评价水环境保护目标水域各预测时期的水质（包括水温）变化特征、影响程度与达标状况。

④ 水环境控制单元或断面水质达标。说明建设项目污染排放或水文要素变化对所在控制单元各预测时期的水质影响特征，在考虑叠加影响的情况下，分析水环境控制单元或断面的水质变化状况，评价建设项目建成以后水环境控制单元或断面在各预测时期的水质达标状况。

⑤ 满足重点水污染物排放总量控制指标要求，重点行业建设项目主要污染物排放满足等量或减量替代要求。

⑥ 满足区（流）域水环境质量改善目标要求。

⑦ 水文要素影响型建设项目同时应包括水文情势变化评价、主要水文特征值影响评价、生态流量符合性评价。

⑧ 对于新设或调整入河（湖库、近岸海域）排放口的建设项目，应包括排放口设置的环境合理性评价。

⑨ 满足"三线一单"（生态保护红线、水环境质量底线、资源利用上线和环境准入清单）管理要求。

依托污水处理设施的环境可行性评价，主要从污水处理设施的日处理能力、处理工艺、设计进水水质、处理后的废水稳定达标排放情况及排放标准是否涵盖建设项目排放的有毒有害特征水污染物等方面开展评价，满足依托的环境可行性要求。

在工程分析和影响预测基础上，以法规、标准为依据，得出拟建项目对地表水环境的影响是否能承受的结论。

三、地下水环境影响预测

（一）预测原则

地下水环境影响预测原则见表 9-7。

表 9-7　地下水环境影响预测原则

序号	预测原则内容
1	建设项目地下水环境影响预测应遵循《建设项目环境影响评价技术导则　总纲》（HJ 2.1—2016）中确定的原则。考虑到地下水环境污染的复杂性、隐蔽性和难恢复性，还应遵循保护优先、预防为主的原则，预测应为评价各方案的环境安全和环境保护措施的合理性提供依据
2	预测的范围、时段、内容和方法均应根据评价工作等级、工程特征与环境特征，结合当地环境功能和环保要求确定，应预测建设项目对地下水水质产生的直接影响，重点预测对地下水环境保护目标的影响
3	在结合地下水污染防控措施的基础上，对工程设计方案或可行性研究报告推荐的选址（选线）方案可能引起的地下水环境影响进行预测

（二）预测因子

预测因子筛选应从四个方面考虑，见表 9-8。

表 9-8　预测因子筛选

序号	考虑因素
1	根据识别出的建设项目可能导致地下水污染的特征因子，按照重金属、持久性有机污染物和其他类别进行分类，并对每一类别中的各项因子采用标准指数法进行排序，分别取标准指数最大的因子作为预测因子
2	现有工程已经产生的，且改、扩建后将继续产生的特征因子；改、扩建后新增加的特征因子
3	污染场地已查明的主要污染物，按照重金属、持久性有机污染物分类，并对每一类别中的各项因子采用标准指数法进行排序，分别取标准指数最大的因子作为预测因子
4	国家或地方要求控制的污染物

（三）预测范围

① 地下水环境影响预测范围一般与调查评价范围一致。

② 预测层位应以潜水含水层或污染物直接进入的含水层为主，兼顾与其水力联系密切且具有饮用水开发利用价值的含水层。

③ 当建设项目场地天然包气带垂向渗透系数小于 1×10^{-6} cm/s 或厚度超过 100m 时，预测范围应扩展至包气带。

（四）预测时段

地下水环境影响预测时段应选取可能产生地下水污染的关键时段，至少包括污染发生后 100d、1000d，服务年限或能反映特征因子迁移规律的其他重要时间节点。

（五）预测方法

① 建设项目地下水环境影响预测方法包括数学模型法和类比分析法。其中，数学模型法包括数值法、解析法等方法。

② 预测方法的选取应根据建设项目工程特征、水文地质条件及资料掌握程度来确定。一般情况下，一级评价应采用数值法；二级评价中水文地质条件复杂且适宜采用数值法时，建议优先采用数值法；三级评价可采用解析法或类比分析法。

③ 采用数值法预测前，应先进行参数识别和模型验证。

④ 采用解析模型预测污染物在含水层中的扩散时，一般应满足以下条件：污染物的排放对地下水流场没有明显的影响；评价区内含水层的基本参数（如渗透系数、有效孔隙度等）不变或变化很小。

⑤ 采用类比分析法时，应给出类比条件。类比分析对象与拟预测对象之间应满足以下要求：二者的环境水文地质条件、水动力场条件相似；二者的工程类型、规模及特征因子对地下水环境的影响具有相似性。

⑥ 地下水环境影响预测过程中，采用非《环境影响评价技术导则　地下水环境》推荐模型进行预测评价时，须明确所采用模型适用条件，给出模型中各参数的物理意义及参数取值，并尽可能地采用导则中的相关模型进行验证。

（六）预测模型

1. 地下水溶质运移解析法

（1）应用条件　求解复杂的水动力弥散方程定解问题非常困难，实际问题中多靠数值方法求解。但可以用解析解对照数值解法进行检验和比较，并用解析解拟合观测资料以求得水动力弥散系数。

（2）预测模型

① 一维稳定流动一维水动力弥散问题。

a. 一维无限长多孔介质柱体，示踪剂瞬时注入。

$$C(x,t)=\frac{m/W}{2n_e\sqrt{\pi D_L t}}e^{-\frac{(x-ut)^2}{4D_L t}} \tag{9-6}$$

式中，x 为距注入点的距离，m；t 为时间，d；$C(x,t)$ 为 t 时刻 x 处的示踪剂浓度，g/L；m 为注入的示踪剂质量，kg；W 为横截面积，m^2；u 为水流速度，m/d；n_e 为有效孔隙度，无量纲；D_L 为纵向弥散系数，m^2/d；π 为圆周率。

b. 一维半无限长多孔介质柱体，一端为定浓度边界。

$$\frac{C}{C_0}=\frac{1}{2}erfc\left(\frac{x-ut}{2\sqrt{D_L t}}\right)+\frac{1}{2}e^{\frac{ux}{D_L}}erfc\left(\frac{x+ut}{2\sqrt{D_L t}}\right) \tag{9-7}$$

式中，x 为距注入点的距离，m；t 为时间，d；C 为 t 时刻 x 处的示踪剂浓度，g/L；C_0 为注入的示踪剂的浓度，g/L；u 为水流速度，m/d；D_L 为纵向弥散系数，m^2/d；erfc（）为余误差函数。

② 一维稳定流动二维水动力弥散问题。

a. 瞬时注入示踪剂——平面瞬时点源。

$$C(x,y,t)=\frac{m_M/M}{4\pi n_e t\sqrt{D_L D_T}}e^{-\left[\frac{(x-ut)^2}{4D_L t}+\frac{y^2}{4D_T t}\right]} \tag{9-8}$$

式中，(x,y) 为计算点处的位置坐标；t 为时间，d；$C(x,y,t)$ 为 t 时刻 (x,y) 处的示踪剂浓度，g/L；M 为承压含水层的厚度，m；m_M 为长度为 M 的线源瞬时注入的示踪剂质量，kg；u 为水流速度，m/d；n_e 为有效孔隙度，无量纲；D_L 为纵向弥散系数，m^2/d；D_T 为横向（y 方向）弥散系数，m^2/d；π 为圆周率。

b. 连续注入示踪剂——平面连续点源。

$$C(x,y,t)=\frac{m_t}{4\pi M n_e\sqrt{D_L D_T}}e^{\frac{xu}{2D_L}}\left[2K_0(\beta)-W\left(\frac{u^2 t}{4D_L},\beta\right)\right] \tag{9-9}$$

$$\beta = \sqrt{\frac{u^2 x^2}{4 D_L^2} + \frac{u^2 y^2}{4 D_L D_T}} \qquad (9\text{-}10)$$

式中，(x,y) 为计算点处的位置坐标；t 为时间，d；$C(x,y,t)$ 为 t 时刻 (x,y) 处的示踪剂浓度，g/L；M 为承压含水层的厚度，m；m_t 为长度为 M 的线源瞬时注入的示踪剂质量，kg；u 为水流速度，m/d；n_e 为有效孔隙度，无量纲；D_L 为纵向弥散系数，m²/d；D_T 为横向（y 方向）弥散系数，m²/d；π 为圆周率；$K_0(\beta)$ 为第二类零阶修正贝塞尔函数；$W\left(\dfrac{u^2 t}{4 D_L}, \beta\right)$ 为第一类越流系统井函数。

2. 地下水数值模型

（1）应用条件　数值法可以解决许多复杂水文地质条件下和地下水开发利用条件下的地下水资源评价问题，并可以预测各种开采方案条件下地下水位的变化，即预报各种条件下的地下水状态。但不适用于管道流（如岩溶暗河系统等）的模拟评价。

（2）预测模型

① 地下水水流模型。用于非均质、各向异性、空间三维结构、非稳定地下水水流系统。

a. 控制方程。

$$\mu_s \frac{\partial h}{\partial t} = \frac{\partial}{\partial x}\left(K_x \frac{\partial h}{\partial x}\right) + \frac{\partial}{\partial y}\left(K_y \frac{\partial h}{\partial y}\right) + \frac{\partial}{\partial z}\left(K_z \frac{\partial h}{\partial z}\right) + W \qquad (9\text{-}11)$$

式中，μ_s 为贮水率，m⁻¹；h 为水位，m；K_x、K_y、K_z 分别为 x、y、z 方向上的渗透系数，m/d；t 为时间，d；W 为源汇项，m³/d。

b. 初始条件。

$$h(x,y,z,t) = h_0(x,y,z), (x,y,z) \in \Omega, t = 0 \qquad (9\text{-}12)$$

式中，$h_0(x,y,z)$ 为已知水位分布；Ω 为模型模拟区。

c. 边界条件。

Ⅰ. 第一类边界。

$$h(x,y,z,t)\big|_{\Gamma_1} = h(x,y,z,t), (x,y,z) \in \Gamma_1, t \geqslant 0 \qquad (9\text{-}13)$$

式中，Γ_1 为一类边界；$h(x,y,z,t)$ 为一类边界上的已知水位函数。

Ⅱ. 第二类边界。

$$k \left.\frac{\partial h}{\partial \boldsymbol{n}}\right|_{\Gamma_2} = q(x,y,z,t), (x,y,z) \in \Gamma_2, t > 0 \qquad (9\text{-}14)$$

式中，Γ_2 为二类边界；k 为三维空间上的渗透系数张量；$\boldsymbol{n}$ 为边界 Γ_2 的外法线方向；$q(x,y,z,t)$ 为二类边界上已知流量函数。

Ⅲ. 第三类边界。

$$\left[k(h-z)\frac{\partial h}{\partial \boldsymbol{n}} + \alpha h\right]\Big|_{\Gamma_3} = q(x,y,z) \qquad (9\text{-}15)$$

式中，α 为已知函数；Γ_3 为三类边界；k 为三维空间上的渗透系数张量；$\boldsymbol{n}$ 为边界 Γ_3 的外法线方向；$q(x,y,z)$ 为三类边界上已知流量函数。

② 地下水水质模型。水是溶质运移的载体，地下水溶质运移数值模拟应在地下水流场模拟基础上进行。因此，地下水溶质运移数值模型包括水流模型和溶质运移模型两部分。

a. 控制方程。

$$R\theta \frac{\partial C}{\partial t} = \frac{\partial}{\partial x_i}\left(\theta D_{ij} \frac{\partial C}{\partial x_j}\right) - \frac{\partial}{\partial x_i}(\theta v_i C) - W C_s - W C - \lambda_1 \theta C - \lambda_2 \rho_b \overline{C} \qquad (9\text{-}16)$$

式中，R 为迟滞系数，量纲为 1，$R = 1 + \dfrac{\rho_b}{\theta} \times \dfrac{\partial \overline{C}}{\partial C}$；$\rho_b$ 为介质密度，kg/L；θ 为介质孔

隙度，无量纲；C 为组分的浓度，g/L；$\overline{C}$ 为介质骨架吸附的溶质浓度，g/kg；t 为时间，d；$(x_i、x_j)$ 为空间位置坐标，m；D_{ij} 为水动力弥散系数张量，m²/d；v_i 为地下水渗流速度张量，m/d；W 为水流的源和汇，d⁻¹；C_s 为组分的浓度，g/L；λ_1 为溶解相一级反应速率，d⁻¹；λ_2 为吸附相反应速率，d⁻¹。

b. 初始条件。

$$C(x,y,z,t)=C_0(x,y,z),(x,y,z)\in\Omega_1,t=0 \tag{9-17}$$

式中，$C_0(x,y,z)$ 为已知浓度分布；Ω 为模型模拟区域。

c. 定解条件。

Ⅰ. 第一类边界——给定浓度边界。

$$C(x,y,z,t)\big|_{\Gamma_1}=c(x,y,z,t),(x,y,z)\in\Gamma_1,t\geqslant 0 \tag{9-18}$$

式中，Γ_1 表示给定浓度边界；$c(x,y,z,t)$ 为定浓度边界上的浓度分布。

Ⅱ. 第二类边界——给定弥散通量边界。

$$\theta D_{ij}\frac{\partial C}{\partial x_j}\bigg|_{\Gamma_2}=f_i,(x,y,z,t),(x,y,z)\in\Gamma_2,t\geqslant 0 \tag{9-19}$$

式中，Γ_2 为通量边界；$f_i(x,y,z,t)$ 为边界 Γ_2 上已知的弥散通量函数。

Ⅲ. 第三类边界——给定溶质通量边界。

$$\left(\theta D_{ij}\frac{\partial C}{\partial x_j}-q_i C\right)\bigg|_{\Gamma_3}=g_i,(x,y,z,t),(x,y,z)\in\Gamma_3,t\geqslant 0 \tag{9-20}$$

式中，Γ_3 为混合边界；$g_i(x,y,z,t)$ 为 Γ_3 上已知的对流-弥散总的通量函数。

（七）预测内容

① 给出特征因子不同时段的影响范围、程度、最大迁移距离。

② 给出预测期内建设项目场地边界或地下水环境保护目标处特征因子随时间的变化规律。

③ 当建设项目场地天然包气带垂向渗透系数小于 1.0×10^{-6} cm/s 或厚度超过 100m 时，须考虑包气带阻滞作用，预测特征因子在包气带中的迁移规律。

④ 污染场地修复治理工程项目应给出污染物变化趋势或污染控制的范围。

（八）环境影响预测评价

根据地下水环境影响预测结果，结合项目或规划所在地区周围水文地质条件，对正常情况和事故情况产生的结果分别作出分析，给出建设项目或规划实施后对地下水环境和保护目标的影响程度和范围。

1. 评价原则

① 评价应以地下水环境现状调查和地下水环境影响预测结果为依据，对建设项目各实施阶段（建设期、运营期及服务期满后）不同环节及不同污染防控措施下的地下水环境影响进行评价。

② 地下水环境影响预测未包括环境质量现状值时，应叠加环境质量现状值再进行评价。

③ 应评价建设项目对地下水水质的直接影响，重点评价建设项目对地下水环境保护目标的影响。

2. 评价方法

采用标准指数法对建设项目地下水水质影响进行评价，具体方法同第五章第三节。

对属于《地下水质量标准》（GB/T 14848）水质指标的评价因子，应按其规定的水质分类标准值进行评价；对不属于 GB/T 14848 水质指标的评价因子，可参照国家（行业、地方）相关标准的水质标准值进行评价。

3. 评价结论

评价建设项目对地下水水质影响时，可采用以下判据评价水质能否满足标准的要求。

① 以下情况应得出可以满足评价标准要求的结论：

建设项目各个阶段，除场界内小范围以外地区，均能满足 GB/T 14848 或国家（行业、地方）相关标准要求的；在建设项目实施的某个阶段，有个别评价因子出现较大范围超标，但采取环保措施后，可满足 GB/T 14848 或国家（行业、地方）相关标准要求的。

② 以下情况应得出不能满足评价标准要求的结论：

新建项目排放的主要污染物，改、扩建项目已经排放的及将要排放的主要污染物在评价范围内地下水中已经超标的；环保措施在技术上不可行，或在经济上明显不合理的。

（九）实例

【例 9-2】 某项目拟建设生活垃圾焚烧发电厂，项目所属的地下水环境影响评价项目类别为Ⅲ类，项目不在国家和政府设定的与地下水环境相关的其他保护区，不在特殊地下水资源（如矿泉水、温泉等）保护区以外的分布区，评价区内分布有分散式饮用水水源。评价范围约为 $6km^2$，污染物因子有 COD、BOD_5、汞、总铬、镉、铬（六价）、砷、铅、氨氮、石油类。场地天然包气带垂向渗透系数为 $7.12\times10^{-4}cm/s$，厚度小于 $100m$。

问：① 根据项目类别和评价范围内地下水环境敏感特征，本项目评价工作等级是几级？在该评价工作等级下推荐的地下水环境影响分析与评价的预测方法有哪些？② 根据本项目地下水评价工作等级和包气带特征，写出本项目应进行的预测内容。

【答】 ① 地下水环境影响评价项目类别为Ⅲ类，项目不在国家和政府设定的与地下水环境相关的其他保护区，不在特殊地下水资源（如矿泉水？温泉等）保护区以外的分布区，评价区内分布有分散式饮用水水源，由 HJ 610—2016 可知场地的地下水环境敏感程度为较敏感。根据 HJ 610—2016 中的表 2，确定本项目地下水评价工作等级为三级。三级评价可采用解析法或类比分析法。

② 建设项目场地天然包气带垂向渗透系数大于 $1.0\times10^{-6}cm/s$，厚度$<100m$，本项目地下水预测无须考虑包气带阻滞作用，预测特征因子在包气带中的迁移规律。

预测内容：

a. 给出特征因子不同时段的影响范围、程度、最大迁移距离。

b. 给出预测期内建设项目场地边界或地下水环境保护目标处特征因子随时间的变化规律。

四、声环境影响预测

（一）预测因子

等效连续 A 声级。

（二）预测范围

声环境影响预测范围应与评价范围相同。

（三）预测点

建设项目厂界（或场界、边界）和评价范围内的声环境保护目标应作为预测点。

（四）预测方法

声环境影响可采用参数模型、经验模型、半经验模型进行预测，也可采用比例预测法、类比预测法进行预测。

1. 声源的描述

广义的噪声源，例如路面和铁路交通或工业区（可能包括一些设备或设施以及在场地内的交通往来）将用一组分区表示，每一个分区有一定的声功率及指向特性，在每一个分区内以一个代表点的声音计算的衰减来表示这一分区的声衰减。一个线源可以分为若干线分区，一个面积源可以分为若干面积分区，而每一个分区用处于中心位置的点声源表示。

另外，点声源组可以用处在组中部的等效点声源来描述，特别是声源具有：

① 大致相同的强度和离地面高度；

② 到接收点有相同的传播条件；

③ 从单一等效点声源到接收点间的距离 d 超过声源的最大尺寸 H_{max} 两倍（$d > 2H_{max}$）。

假若距离 d 较小（$d \leqslant 2H_{max}$），或分量点声源传播条件不同时，其总声源必须分为若干分量点声源。

等效点声源声功率等于声源组内各声源声功率的和。

2. 基本公式

户外声传播衰减包括几何发散（A_{div}）、大气吸收（A_{atm}）、地面效应（A_{gr}）、障碍物屏蔽（A_{bar}）、其他多方面效应（A_{misc}）引起的衰减。

① 在环境影响评价中，应根据声源声功率级或参考位置处的声压级、户外声传播衰减计算预测点的声级，分别按式（9-21）或式（9-22）计算。

$$L_P(r) = L_W + DC - (A_{div} + A_{atm} + A_{gr} + A_{bar} + A_{misc}) \tag{9-21}$$

式中　$L_P(r)$ ——预测点处声压级，dB；

$\quad\quad L_W$ ——由点声源产生的声功率级（A 计权或倍频带），dB；

$\quad\quad DC$ ——指向性校正，它描述点声源的等效连续声压级与产生声功率级 L_W 的全向点声源在规定方向的声级偏差程度，dB；

$\quad\quad A_{div}$ ——几何发散引起的衰减，dB；

$\quad\quad A_{atm}$ ——大气吸收引起的衰减，dB；

$\quad\quad A_{gr}$ ——地面效应引起的衰减，dB；

$\quad\quad A_{bar}$ ——障碍物屏蔽引起的衰减，dB；

$\quad\quad A_{misc}$ ——其他多方面效应引起的衰减，dB。

$$L_P(r) = L_P(r_0) + DC - (A_{div} + A_{atm} + A_{gr} + A_{bar} + A_{misc}) \tag{9-22}$$

式中　$L_P(r)$ ——预测点处声压级，dB；

$\quad\quad L_P(r_0)$ ——参考位置 r_0 处的声压级，dB；

$\quad\quad DC$ ——指向性校正，它描述点声源的等效连续声压级与产生声功率级 L_W 的全向点声源在规定方向的声级偏差程度，dB；

$\quad\quad A_{div}$ ——几何发散引起的衰减，dB；

$\quad\quad A_{atm}$ ——大气吸收引起的衰减，dB；

$\quad\quad A_{gr}$ ——地面效应引起的衰减，dB；

$\quad\quad A_{bar}$ ——障碍物屏蔽引起的衰减，dB；

$\quad\quad A_{misc}$ ——其他多方面效应引起的衰减，dB。

② 预测点的 A 声级 $L_A(r)$ 可按式（9-23）计算，即将 8 个倍频带声压级合成，计算出预测点的 A 声级 $[L_A(r)]$。

$$L_A(r) = 10\lg\left\{\sum_{i=1}^{8} 10^{0.1[L_{Pi}(r) - \Delta L_i]}\right\}$$ (9-23)

式中　$L_A(r)$——距声源 r 处的 A 声级，dB(A)；

$L_{Pi}(r)$——预测点 r 处，第 i 倍频带声压级，dB；

ΔL_i——第 i 倍频带的 A 计权网络修正值，dB。

③ 在只考虑几何发散衰减时，可按式（9-24）计算。

$$L_A(r) = L_A(r_0) - A_{div}$$ (9-24)

式中　$L_A(r)$——距声源 r 处的 A 声级，dB(A)；

$L_A(r_0)$——参考位置 r_0 处的 A 声级，dB(A)；

A_{div}——几何发散引起的衰减，dB。

3. 衰减项的计算

（1）几何发散引起的衰减（A_{div}）

① 点声源的几何发散衰减。

a. 无指向性点声源几何发散衰减。无指向性点声源几何发散衰减的基本公式是：

$$L_P(r) = L_P(r_0) - 20\lg(r/r_0)$$ (9-25)

式中　$L_P(r)$——预测点处声压级，dB；

$L_P(r_0)$——参考位置 r_0 处的声压级，dB；

r——预测点距声源的距离；

r_0——参考位置距声源的距离。

式（9-25）中右侧第二项表示了点声源的几何发散衰减：

$$A_{div} = 20\lg(r/r_0)$$ (9-26)

式中　A_{div}——几何发散引起的衰减，dB；

r——预测点距声源的距离；

r_0——参考位置距声源的距离。

如果已知点声源的倍频带声功率级或 A 计权声功率级（L_{AW}），且声源处于自由声场，则式（9-25）等效为式（9-27）或式（9-28）：

$$L_P(r) = L_W - 20\lg r - 11$$ (9-27)

式中　$L_P(r)$——预测点处声压级，dB；

L_W——由点声源产生的倍频带声功率级，dB；

r——预测点距声源的距离。

$$L_A(r) = L_{AW} - 20\lg r - 11$$ (9-28)

式中　$L_A(r)$——距声源 r 处的 A 声级，dB(A)；

L_{AW}——点声源 A 计权声功率级，dB；

r——预测点距声源的距离。

如果声源处于半自由声场，则式（9-25）等效为式（9-29）或式（9-30）：

$$L_P(r) = L_W - 20\lg r - 8$$ (9-29)

式中　$L_P(r)$——预测点处声压级，dB；

L_W——由点声源产生的倍频带声功率级，dB；

r——预测点距声源的距离。

$$L_A(r) = L_{AW} - 20\lg r - 8$$ (9-30)

式中　$L_A(r)$——距声源 r 处的 A 声级，dB(A)；

L_{AW}——点声源 A 计权声功率级，dB；

r——预测点距声源的距离。

b. 指向性点声源几何发散衰减。声源在自由空间中辐射声波时，其强度分布的一个主要特性是指向性。例如喇叭发声，喇叭正前方声音大，而侧面或背面就小。

对于自由空间的点声源，其在某一 θ 方向上距离 r 处的声压级按式（9-31）计算：

$$L_P(r)_\theta = L_W - 20\lg r + D_{I_\theta} - 11 \tag{9-31}$$

式中　$L_P(r)_\theta$——自由空间的点声源在某一 θ 方向上距离 r 处的声压级，dB；

L_W——点声源声功率级（A 计权或倍频带），dB；

r——预测点距声源的距离；

D_{I_θ}——θ 方向上的指向性指数，$D_{I_\theta} = 10\lg R_\theta$，其中，$R_\theta$ 为指向性因数，$R_\theta = I_\theta/I$。

式中，I 为所有方向上的平均声强，W/m^2；I_θ 为某一 θ 方向上的声强，W/m^2。

c. 反射体引起的修正（ΔL_r）。如图 9-2 所示，当点声源与预测点处在反射体同侧附近时，到达预测点的声级是直达声与反射声叠加的结果，从而使预测点声级增高。

当满足下列条件时，需考虑反射体引起的声级增高：反射体表面平整、光滑、坚硬；反射体尺寸远远大于所有声波波长 λ；入射角 $\theta < 85°$。$r_r - r_d \gg \lambda$ 反射引起的修正量 ΔLr 与 r_r/r_d 有关（$r_r = IP$、$r_d = SP$），可按表 9-9 计算。

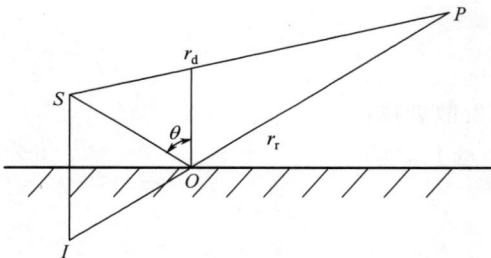

图 9-2　反射体的影响

表 9-9　反射体引起的修正量

r_r/r_d	修正量/dB
约 1.0	3
约 1.4	2
约 2.0	1
>2.5	0

② 线声源的几何发散衰减。

a. 无限长线声源。无限长线声源几何发散衰减的基本公式是：

$$L_P(r) = L_P(r_0) - 10\lg(r/r_0) \tag{9-32}$$

式中　$L_P(r)$——预测点处声压级，dB；

$L_P(r_0)$——参考位置 r_0 处的声压级，dB；

r——预测点距声源的距离；

r_0——参考位置距声源的距离。

式（9-32）中右侧第二项表示了无限长线声源的几何发散衰减：

$$A_{div} = 10\lg(r/r_0) \tag{9-33}$$

式中　A_{div}——几何发散引起的衰减，dB；

r——预测点距声源的距离；

r_0——参考位置距声源的距离。

b. 有限长线声源。如图 9-3 所示，假设线声源长度为 l_0，单位长度线声源辐射的倍频带声功率级为 L_W。在线声源垂直平分线上距声源 r 处的声压级为：

$$L_P(r) = L_W + 10\lg\left[\frac{1}{r}\arctan\left(\frac{l_0}{2r}\right)\right] - 8 \tag{9-34}$$

或

$$L_P(r)=L_P(r_0)+10\lg\left[\frac{\dfrac{1}{r}\arctan\left(\dfrac{l_0}{2r}\right)}{\dfrac{1}{r_0}\arctan\left(\dfrac{l_0}{2r_0}\right)}\right] \tag{9-35}$$

式中　$L_P(r)$——预测点处声压级，dB；

$\quad\ L_P(r_0)$——参考位置 r_0 处的声压级，dB；

$\qquad\ \ L_W$——线声源声功率级（A 计权或倍频带），dB；

$\qquad\quad r$——预测点距声源的距离；

$\qquad\quad l_0$——线声源长度。

当 $r>l_0$ 且 $r_0>l_0$ 时，式（9-35）可近似简化为：

$$L_P(r)=L_P(r_0)-20\lg(r/r_0) \tag{9-36}$$

式中　$L_P(r)$——预测点处声压级，dB；

$\quad\ L_P(r_0)$——参考位置 r_0 处的声压级，dB；

$\qquad\quad r$——预测点距声源的距离；

$\qquad\quad r_0$——参考位置距声源的距离。

即在有限长线声源的远场，有限长线声源可当作点声源处理。

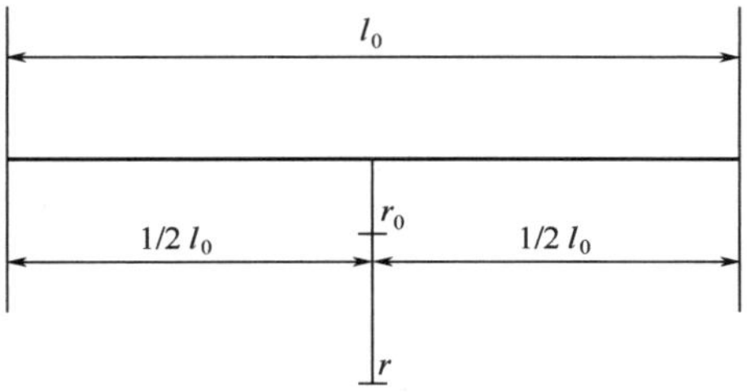

图 9-3　有限长线声源

当 $r<l_0/3$ 且 $r_0<l_0/3$ 时，式（9-35）可近似简化为：

$$L_P(r)=L_P(r_0)-10\lg(r/r_0) \tag{9-37}$$

式中　$L_P(r)$——预测点处声压级，dB；

$\quad\ L_P(r_0)$——参考位置 r_0 处的声压级，dB；

$\qquad\quad r$——预测点距声源的距离；

$\qquad\quad r_0$——参考位置距声源的距离。

当 $l_0/3<r<l_0$，且 $l_0/3<r_0<l_0$ 时，式（9-35）可作近似计算：

$$L_P(r)=L_P(r_0)-15\lg(r/r_0) \tag{9-38}$$

式中　$L_P(r)$——预测点处声压级，dB；

$\quad\ L_P(r_0)$——参考位置 r_0 处的声压级，dB；

$\qquad\quad r$——预测点距声源的距离；

$\qquad\quad r_0$——参考位置距声源的距离。

③ 面声源的几何发散衰减。一个大型机器设备的振动表面，车间透声的墙壁，均可以认为是面声源。如果已知面声源单位面积的声功率为 W，各面积元噪声的位相是随机的，面声源可看作由无数点声源连续分布组合而成，其合成声级可按能量叠加法求出。

图 9-4 给出了长方形面声源中心轴线上的声衰减曲线。当预测点和面声源中心距离 r 处于以下条件时，可按下述方法近似计算：$r<a/\pi$ 时，几乎不衰减（$A_{\text{div}}\approx0$）；当 $a/\pi<r<b/\pi$，距离加倍衰减 3dB 左右，类似线声源衰减特性 $[A_{\text{div}}\approx10\lg(r/r_0)]$；当 $r>b/\pi$ 时，距离加倍衰减趋近于 6dB，类似点声源衰减特性 $[A_{\text{div}}\approx20\lg(r/r_0)]$。其中面声源的 $b>a$。

（2）大气吸收引起的衰减（A_{atm}）　大气吸收引起的衰减按式（9-39）计算：

$$A_{\text{atm}}=\frac{\alpha(r-r_0)}{1000} \tag{9-39}$$

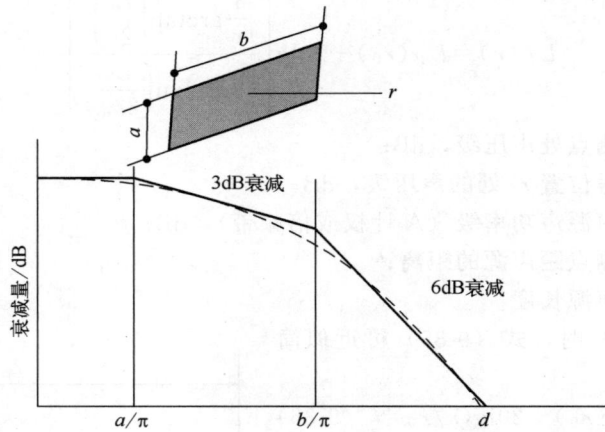

图 9-4　长方形面声源中心轴线上的衰减特性
（虚线为实际衰减量）

式中　A_{atm}——大气吸收引起的衰减，dB；

　　　　α——与温度、湿度和声波频率有关的大气吸收衰减系数，预测计算中一般根据建设项目所处区域常年平均气温和湿度选择相应的大气吸收衰减系数（表 9-10）；

　　　　r——预测点距声源的距离；

　　　　r_0——参考位置距声源的距离。

表 9-10　倍频带噪声的大气吸收衰减系数 α

温度 /℃	相对湿度 /%	大气吸收衰减系数(α)/(dB/km)							
		倍频带中心频率/Hz							
		63	125	250	500	1000	2000	4000	8000
10	70	0.1	0.4	1.0	1.9	3.7	9.7	32.8	117.0
20	70	0.1	0.3	1.1	2.8	5.0	9.0	22.9	76.6
30	70	0.1	0.3	1.0	3.1	7.4	12.7	23.1	59.3
15	20	0.3	0.6	1.2	2.7	8.2	28.2	28.8	202.0
15	50	0.1	0.5	1.2	2.2	4.2	10.8	36.2	129.0
15	80	0.1	0.3	1.1	2.4	4.1	8.3	23.7	82.8

（3）地面效应引起的衰减（A_{gr}）　地面类型可分为：

① 坚实地面，包括铺筑过的路面、水面、冰面以及夯实地面；

② 疏松地面，包括被草或其他植物覆盖的地面，以及农田等适合于植物生长的地面；

③ 混合地面，由坚实地面和疏松地面组成。

声波掠过疏松地面或大部分为疏松地面的混合地面传播时，在预测点仅计算 A 声级前提下，地面效应引起的倍频带衰减可用式（9-40）计算。

$$A_{gr} = 4.8 - \left(\frac{2h_m}{r}\right)\left(17 + \frac{300}{r}\right) \tag{9-40}$$

式中　A_{gr}——地面效应引起的衰减，dB；

r——预测点距声源的距离，m；

h_m——传播路径的平均离地高度，m。

h_m 可按图 9-5 进行计算，$h_m = F/r$。式中，F 为面积，m^2；若 A_{gr} 计算出负值，则 A_{gr} 可用 "0" 代替。

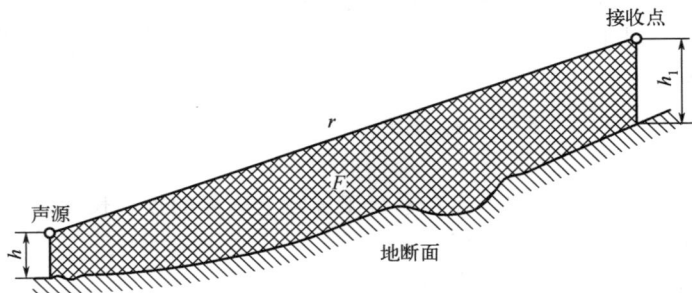

图 9-5　估计平均高度 h_m 的方法

其他情况可参照 GB/T 17247.2 进行计算。

（4）障碍物屏蔽引起的衰减（A_{bar}）　位于声源和预测点之间的实体障碍物，如围墙、建筑物、土坡或地堑等起声屏障作用，从而引起声能量的较大衰减。在环境影响评价中，可将各种形式的屏障简化为具有一定高度的薄屏障。

如图 9-6 所示，S、O、P 三点在同一平面内且垂直于地面。

定义 $\delta = SO + OP - SP$ 为声程差，$N = 2\delta/\lambda$ 为菲涅耳数，其中 λ 为声波波长。

在噪声预测中，声屏障插入损失的计算方法需要根据实际情况作简化处理。

屏障衰减 A_{bar} 在单绕射（即薄屏障）情况下，衰减最大取 20dB；在双绕射（即厚屏障）情况下，衰减最大取 25dB。

① 有限长薄屏障在点声源声场中引起的衰减。

a. 首先计算图 9-7 所示三个传播途径的声程差 δ_1、δ_2、δ_3 和相应的菲涅耳数 N_1、N_2、N_3。

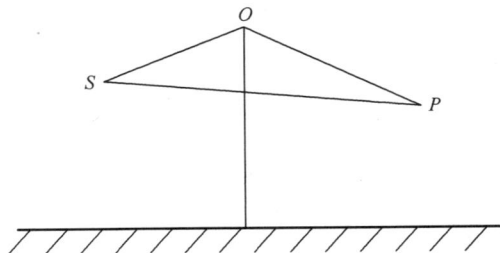

图 9-6　无限长声屏障传播路径

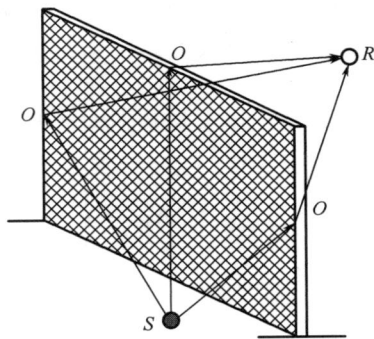

图 9-7　有限长声屏障示意图

b. 声屏障引起的衰减按式（9-41）计算：

$$A_{bar} = -10\lg\left(\frac{1}{3+20N_1} + \frac{1}{3+20N_2} + \frac{1}{3+20N_3}\right) \qquad (9-41)$$

式中　A_{bar}——障碍物屏蔽引起的衰减，dB；

N_1、N_2、N_3——图 9-7 所示三个传播途径的声程差 δ_1、δ_2、δ_3 相对应的菲涅耳数。

当屏障很长（作无限长处理）时，仅可考虑顶端绕射衰减，按式（9-42）进行计算。

$$A_{bar} = -10\lg\left(\frac{1}{3+20N_1}\right) \tag{9-42}$$

式中　A_{bar}——障碍物屏蔽引起的衰减，dB；

N_1——顶端绕射的声程差 δ_1 相对应的菲涅耳数。

② 双绕射计算。对于图 9-8 所示的双绕射情形，可由式（9-43）计算绕射声与直达声之间的声程差 δ：

$$\delta = \left[(d_{ss}+d_{sr}+e)^2+a^2\right]^{\frac{1}{2}} - d \tag{9-43}$$

式中　δ——声程差，m；

a——声源和接收点之间的距离在平行于屏障上边界的投影长度，m；

d_{ss}——声源到第一绕射边的距离，m；

d_{sr}——第二绕射边到接收点的距离，m；

e——在双绕射情况下两个绕射边界之间的距离，m；

d——声源到接收点的直线距离，m。

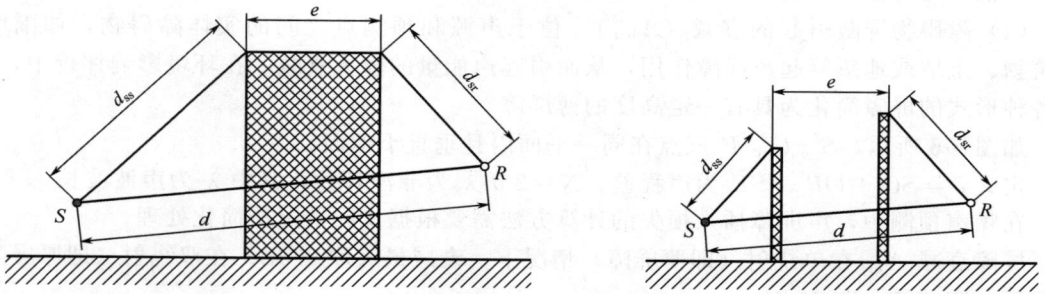

图 9-8　利用建筑物、土堤作为厚屏障

屏障衰减 A_{bar} 参照 GB/T 17247.2 进行计算。计算屏障衰减后，不再考虑地面效应衰减。

③ 屏障在线声源声场中引起的衰减。无限长声屏障参照 HJ/T 90 中 4.2.1.2 规定的方法进行计算，计算公式为：

$$A_{bar} = \begin{cases} 10\lg\dfrac{3\pi\sqrt{1-t^2}}{4\arctan\sqrt{\dfrac{1-t}{1+t}}}, & t=\dfrac{40f\delta}{3c}\leqslant 1 \\[4em] 10\lg\dfrac{3\pi\sqrt{t^2-1}}{2\ln t+\sqrt{t^2-1}}, & t=\dfrac{40f\delta}{3c}>1 \end{cases} \tag{9-44}$$

式中　A_{bar}——障碍物屏蔽引起的衰减，dB；

f——声波频率，Hz；

δ——声程差，m；

c——声速，m/s。

在公路建设项目评价中可采用 500Hz 频率的声波计算得到的屏障衰减量近似作为 A 声级的衰减量。

在使用式（9-44）计算声屏障衰减时，当菲涅耳数 $0 > N > -0.2$ 时也应计算衰减量，同时保证衰减量为正值，负值时舍弃。

有限长声屏障的衰减量（A'_{bar}）可按式（9-45）近似计算：

$$A'_{bar} \approx -10\lg\left(\frac{\beta}{\theta}10^{-0.1A_{bar}} + 1 - \frac{\beta}{\theta}\right) \tag{9-45}$$

式中　A'_{bar}——有限长声屏障引起的衰减，dB；

　　　β——受声点与声屏障两端连接线的夹角，（°）；

　　　θ——受声点与线声源两端连接线的夹角，（°），见图 9-9；

　　　A_{bar}——无限长声屏障的衰减量，dB，可按式（9-44）计算。

声屏障的透射、反射修正可参照 HJ/T 90 计算。

（5）其他方面效应引起的衰减（A_{misc}）　其他衰减包括通过工业场所的衰减，通过建筑群的衰减等。在声环境影响评价中，一般情况下，不考虑自然条件（如风、温度梯度、雾）变化引起的附加修正。

工业场所的衰减可参照 GB/T 17247.2 进行计算。

① 绿化林带引起的衰减（A_{fol}）。绿化林带的附加衰减与树种、林带结构和密度等因素有关。在声源附近的绿化林带，或在预测点附近的绿化林带，或两者均有的情况都可以使声波衰减，见图 9-10。

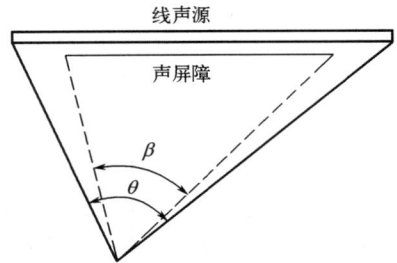

图 9-9　受声点与线声源两端连接线的夹角（遮蔽角）

图 9-10　通过树和灌木时噪声衰减示意图

通过树叶传播造成的噪声衰减随通过树叶传播距离 d_f 的增长而增加，其中 $d_f = d_1 + d_2$，为了计算 d_1 和 d_2，可假设弯曲路径的半径为 5km。

表 9-11 给出了通过总长度为 10～20m 的乔灌结合郁闭度较高的林带时由林带引起的衰减，以及通过总长度为 20～200m 林带时的衰减系数。当通过林带的路径长度大于 200m 时，可使用 200m 的衰减值。

表 9-11　倍频带噪声通过林带传播时产生的衰减

项目	传播距离 d_f/m	倍频带中心频率/Hz							
		63	125	250	500	1000	2000	4000	8000
衰减/dB	$10 \leqslant d_f < 20$	0	0	1	1	1	1	2	3
衰减系数/(dB/m)	$20 \leqslant d_f < 200$	0.02	0.03	0.04	0.05	0.06	0.08	0.09	0.12

② 建筑群噪声衰减（A_{hous}）。建筑群衰减 A_{hous} 不超过 10dB 时，近似等效连续 A 声级按式（9-46）估算。当从受声点可直接观察到线路时，不考虑此项衰减。

$$A_{hous}=A_{hous,1}+A_{hous,2} \qquad (9-46)$$

式中，$A_{hous,1}$ 按式（9-47）计算，单位为 dB。

$$A_{hous,1}=0.1Bd_b \qquad (9-47)$$

式中，B 为沿声传播路线上的建筑物的密度，等于建筑物总平面面积除以总地面面积（包括建筑物所占面积）；d_b 为通过建筑群的声传播路线长度，按式（9-48）计算，d_1 和 d_2 如图 9-11 所示。

$$d_b=d_1+d_2 \qquad (9-48)$$

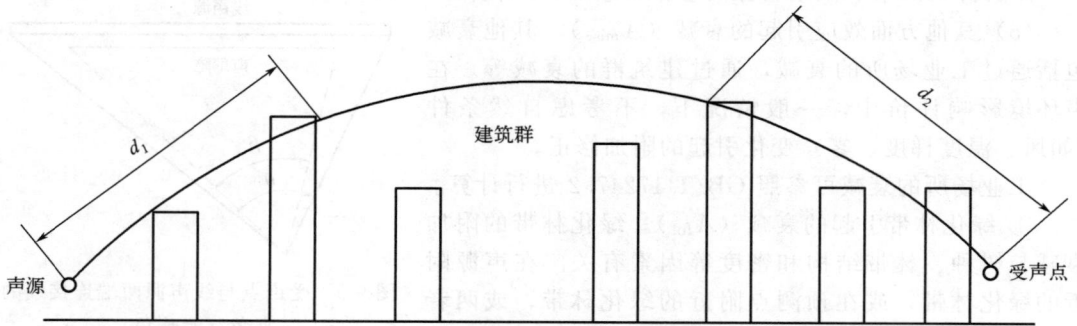

图 9-11 建筑群中声传播路径

假如声源沿线附近有成排整齐排列的建筑物时，则可将附加项 $A_{hous,2}$ 包括在内（假定这一项小于在同一位置上与建筑物平均高度等高的一个屏障插入损失）。$A_{hous,2}$ 按式（9-49）计算。

$$A_{hous,2}=-10\lg(1-p) \qquad (9-49)$$

式中，p 为沿声源纵向分布的建筑物正面总长度除以对应的声源长度，其值小于或等于 90%。

在进行预测计算时，建筑群衰减 A_{hous} 与地面效应引起的衰减 A_{gr} 通常只需考虑一项最主要的衰减。对于通过建筑群的声传播，一般不考虑地面效应引起的衰减 A_{gr}；但地面效应引起的衰减 A_{gr}（假定预测点与声源之间不存在建筑群时的计算结果）大于建筑群衰减 A_{hous} 时，则不考虑建筑群插入损失 A_{hous}。

4. 典型行业噪声预测模型

下面以工业噪声预测计算模型为例进行介绍。

（1）声源描述 声环境影响预测，一般采用声源的倍频带声功率级、A 声功率级或靠近声源某一位置的倍频带声压级、A 声级来预测计算距声源不同距离的声级。工业声源有室外和室内两种，应分别计算。

（2）室外声源在预测点产生的声级计算模型 室外声源在预测点产生的声级计算模型见基本公式。

（3）室内声源等效室外声源声功率级计算方法 如图 9-12 所示，声源位于室内，室内声源可采用等效室外声源声功率级法进行计算。设靠近开口处（或窗户）室内、室外某倍频带的声压级或 A 声级分别为 L_{P1} 和 L_{P2}。若声源所在室内声场为近似扩散声场，则室外的倍频带声压级可按式（9-50）近似求出：

$$L_{P2}=L_{P1}-(TL+6) \qquad (9-50)$$

式中　L_{P1}——靠近开口处（或窗户）室
内某倍频带的声压级或 A
声级，dB；

L_{P2}——靠近开口处（或窗户）室
外某倍频带的声压级或 A
声级，dB；

TL——隔墙（或窗户）倍频带或
A 声级的隔声量，dB。

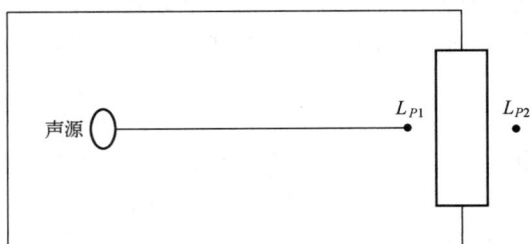

图 9-12　室内声源等效为室外声源图例

也可按式（9-51）计算某一室内声源靠近围护结构处产生的倍频带声压级或 A 声级：

$$L_{P1} = L_w + 10\lg\left(\frac{Q}{4\pi r^2} + \frac{4}{R}\right) \tag{9-51}$$

式中　L_{P1}——靠近开口处（或窗户）室内某倍频带的声压级或 A 声级，dB；

L_w——点声源声功率级（A 计权或倍频带），dB；

Q——指向性因数，通常对无指向性声源，当声源放在房间中心时 $Q=1$，当放在一面墙的中心时 $Q=2$，当放在两面墙夹角处时 $Q=4$，当放在三面墙夹角处时，$Q=8$；

R——房间常数，$R = S\alpha/(1-\alpha)$；

S——房间内表面面积，m^2；

α——平均吸声系数；

r——声源到靠近围护结构某点处的距离，m。

然后按式（9-52）计算出所有室内声源在围护结构处产生的 i 倍频带叠加声压级：

$$L_{P1i}(T) = 10\lg\left(\sum_{j=1}^{N} 10^{0.1L_{P1ij}}\right) \tag{9-52}$$

式中　$L_{P1i}(T)$——靠近围护结构处室内 N 个声源 i 倍频带的叠加声压级，dB；

L_{P1ij}——室内 j 声源 i 倍频带的声压级，dB；

N——室内声源总数。

在室内近似为扩散声场时，按式（9-53）计算出靠近室外围护结构处的声压级：

$$L_{P2i}(T) = L_{P1i}(T) - (TL_i + 6) \tag{9-53}$$

式中　$L_{P2i}(T)$——靠近围护结构处室外 N 个声源 i 倍频带的叠加声压级，dB；

$L_{P1i}(T)$——靠近围护结构处室内 N 个声源 i 倍频带的叠加声压级，dB；

TL_i——围护结构 i 倍频带的隔声量，dB。

然后按式（9-54）将室外声源的声压级和透过面积换算成等效的室外声源，计算出中心位置位于透声面积（S）处的等效声源的倍频带声功率级。

$$L_w = L_{P2}(T) + 10\lg S \tag{9-54}$$

式中　L_w——中心位置位于透声面积（S）处的等效声源的倍频带声功率级，dB；

$L_{P2}(T)$——靠近围护结构处室外声源的声压级，dB；

S——透声面积，m^2。

然后按室外声源预测方法计算预测点处的 A 声级。

（4）靠近声源处的预测点噪声预测模型　如预测点在靠近声源处，但不能满足点声源条件时，需按线声源或面声源模型计算。

（5）工业企业噪声计算　设第 i 个室外声源在预测点产生的 A 声级为 L_{Ai}，在 T 时间内该声源工作时间为 t_i，第 j 个等效室外声源在预测点产生的 A 声级为 L_{Aj}，在 T 时间内该声源工作时间为 t_j，则拟建工程声源对预测点产生的贡献值（L_{eqg}）为：

$$L_{eqg} = 10\lg\left[\frac{1}{T}\left(\sum_{i=1}^{N} t_i 10^{0.1L_{Ai}} + \sum_{j=1}^{M} t_j 10^{0.1L_{Aj}}\right)\right] \tag{9-55}$$

式中 L_{eqg}——建设项目声源在预测点产生的噪声贡献值，dB；

       T——用于计算等效声级的时间，s；

       N——室外声源个数；

       t_i——在 T 时间内 i 声源工作时间，s；

       M——等效室外声源个数；

       t_j——在 T 时间内 j 声源工作时间，s。

（6）预测值计算   按式（9-23）计算。

（五）预测和评价内容

① 预测建设项目在施工期和运营期所有声环境保护目标处的噪声贡献值和预测值，评价其超标和达标情况。

② 预测和评价建设项目在施工期和运营期厂界（场界、边界）噪声贡献值，评价其超标和达标情况。

③ 铁路、城市轨道交通、机场等建设项目，还需预测列车通过时段内声环境保护目标处的等效连续 A 声级（L_{Aeq,T_p}）、单架航空器通过时在声环境保护目标处的最大 A 声级（L_{Amax}）。

④ 一级评价应绘制运营期代表性评价水平年噪声贡献值等声级线图，二级评价根据需要绘制等声级线图。

⑤ 对工程设计文件给出的代表性评价水平年噪声级可能发生变化的建设项目，应分别预测。

⑥ 典型建设项目噪声影响预测要求可参照（六）。

（六）典型建设项目噪声影响预测及防治对策措施

1. 工业噪声预测及防治措施

（1）固定声源分析

① 主要声源的确定。分析建设项目的设备类型、型号、数量，并结合设备和工程厂界（场界、边界）以及声环境保护目标的相对位置确定工程的主要声源。

② 声源的空间分布。依据建设项目平面布置图、设备清单及声源源强等资料，标明主要声源的位置。建立坐标系，确定主要声源的三维坐标。

③ 声源的分类。将主要声源划分为室内声源和室外声源两类。

确定室外声源的源强和运行时间及时间段。当有多个室外声源时，为简化计算，可视情况将数个声源组合为声源组团，然后按等效声源进行计算。

对于室内声源，需分析围护结构的尺寸及使用的建筑材料，确定室内声源的源强和运行时间及时间段。

④ 编制主要声源汇总表。以表格形式给出主要声源的分类、名称、型号、数量、坐标位置等，声功率级或某一距离处的倍频带声压级、A 声级。

（2）声波传播途径分析   列表给出主要声源和声环境保护目标的坐标或相互间的距离、高差，分析主要声源和声环境保护目标之间声波的传播途径，给出影响声波传播的地面状况、障碍物、树林等。

（3）预测内容　按不同评价工作等级的基本要求，选择以下工作内容分别进行预测，给出相应的预测结果。

① 厂界（场界、边界）噪声预测。预测厂界（场界、边界）噪声，给出厂界（场界、边界）噪声的最大值及位置。

② 声环境保护目标噪声预测。

a. 预测声环境保护目标处的贡献值、预测值以及预测值与现状噪声值的差值，声环境保护目标所处声环境功能区的声环境质量变化，声环境保护目标所受噪声影响的程度，确定噪声影响的范围，并说明受影响人口分布情况。

b. 当声环境保护目标高于（含）三层建筑时，还应预测有代表性的不同楼层噪声。

③ 绘制等声级线图。绘制等声级线图，说明噪声超标的范围和程度。

④ 分析超标原因。根据厂界（场界、边界）和声环境保护目标受影响的情况，明确影响厂界（场界、边界）和周围声环境功能区声环境质量的主要声源，分析厂界（场界、边界）和声环境保护目标的超标原因。

（4）预测模型　预测模型详见（四）。

（5）噪声防治措施

① 应从选址、总图布置、声源、声传播途径及声环境保护目标自身防护等方面分别给出噪声防治的具体方案。主要包括：选址的优化方案及其原因分析，总图布置调整的具体内容及降噪效果（包括边界和声环境保护目标）；给出各主要声源的降噪措施、效果和投资。

② 设置声屏障和对声环境保护目标进行噪声防护等的措施方案、降噪效果及投资，并进行经济、技术可行性论证。

③ 根据噪声影响特点和环境特点，提出规划布局及功能调整建议。

④ 提出噪声监测计划、管理措施等对策建议。

2. 公路、城市道路交通运输噪声预测及防治措施

（1）预测参数

① 工程参数。明确公路（或城市道路）建设项目各路段的工程内容，路面的结构、材料、标高等参数；明确公路（或城市道路）建设项目各路段昼间和夜间各类型车辆的比例、车流量、车速。

② 声源参数。按照大、中、小车型的分类，利用相关模型计算各类型车的声源源强，也可通过类比测量进行修正。

③ 声环境保护目标参数。根据现场实际调查，给出公路（或城市道路）建设项目沿线声环境保护目标的分布情况，各声环境保护目标的类型、名称、规模、所在路段、与路面的相对高差、与线路中心线和边界的距离以及建筑物的结构、朝向和层数，保护目标所在路段的桩号（里程）、线路形式、路面坡度等。

（2）声传播途径分析　列表给出声源和预测点之间的距离、高差，分析声源和预测点之间的传播路径，给出影响声波传播的地面状况、障碍物、树林等。

（3）预测内容　预测各预测点的贡献值、预测值、预测值与现状噪声值的差值，预测高层建筑有代表性的不同楼层所受的噪声影响。按贡献值绘制代表性路段的等声级线图，分析声环境保护目标所受噪声影响的程度，确定噪声影响范围，并说明受影响人口分布情况。给出典型路段满足相应声环境功能区标准要求的距离。

依据评价工作等级要求，给出相应的预测结果。

（4）预测模型　预测模型详见（四）。

（5）噪声防治措施

① 通过选线方案的声环境影响预测结果比较，分析声环境保护目标受影响的程度、影响规模，提出选线方案推荐建议；

② 根据工程与环境特征，给出局部线路调整、声环境保护目标搬迁、临路建筑物使用功能变更、改善道路结构和路面材料、设置声屏障和对敏感建筑物进行噪声防护等具体的措施方案及其降噪效果，并进行经济、技术可行性论证；

③ 根据噪声影响特点和环境特点，提出城镇规划区路段线路与敏感建筑物之间的规划调整建议；

④ 给出车辆行驶规定（限速、禁鸣等）及噪声监测计划等对策建议。

3. 铁路、城市轨道交通噪声预测及防治措施

（1）预测参数

① 工程参数。明确铁路（或城市轨道交通）建设项目各路段的工程内容，分段给出线路的技术参数，包括线路等级、线路结构、轨道和道床结构等。

② 车辆参数。明确列车类型、牵引类型、运行速度、列车长度（编组情况）、列车轴重、簧下质量（城市轨道交通）、各类型列车昼间和夜间的开行对数等参数。

③ 声源源强参数。不同类型（或不同运行状况下）铁路噪声源强，可参照国家相关部门的规定确定，无相关规定的可根据工程特点通过类比监测确定。

④ 声环境保护目标参数。根据现场实际调查，给出铁路（或城市轨道交通）建设项目沿线声环境保护目标的分布情况，各声环境保护目标的类型、名称、规模、所在路段、桩号（里程）、与轨面的相对高差及建筑物的结构、朝向和层数等。

（2）声传播途径分析 列表给出声源和预测点间的距离、高差，分析声源和预测点之间的传播路径，给出影响声波传播的地面状况、障碍物、树林、气象条件等。

（3）预测内容 预测内容要求与"公路、城市道路交通运输噪声预测"相同。

（4）预测模型 预测模型详见（四）。

（5）噪声防治措施

① 通过不同选线方案声环境影响预测结果，分析声环境保护目标受影响的程度，提出优化的选线方案建议；

② 根据工程与环境特征，提出局部线路和站场优化调整建议，明确声环境保护目标搬迁或功能置换措施，从列车、线路（路基或桥梁）、轨道的优选，列车运行方式、运行速度、鸣笛方式的调整，设置声屏障和对敏感建筑物进行噪声防护等方面，给出具体的措施方案及其降噪效果，并进行经济、技术可行性论证；

③ 根据噪声影响特点和环境特点，提出城镇规划区段铁路（或城市轨道交通）与敏感建筑物之间的规划调整建议；

④ 给出列车行驶规定及噪声监测计划等对策建议。

4. 机场航空器噪声预测及防治措施

（1）预测参数

① 工程参数。

a. 机场跑道参数：跑道的长度、宽度、中心点或中心线端点坐标、坡度、跑道真方位及海拔高度等；对于多跑道机场，还应包括跑道数量、平行跑道间距及跑道端错开距离、非平行跑道的夹角等相对位置关系参数。

b. 飞行参数：机场年飞行架次、年运行天数、日平均飞行架次（对于通用机场、部分旅游机场和特殊地区的机场，可能存在年运行天数少于 365 天的情况）；机场不同跑道和不同航向的航空器起降架次，机型比例，昼间、傍晚、夜间的飞行架次比例；飞行程序——起飞、降落、转弯的地面航迹；爬升、下滑的垂直剖面。

② 声源参数。利用国际民航组织和航空器生产厂家提供的资料，获取不同型号发动机航空器的功率-距离-噪声特性曲线，或按国际民航组织规定的监测方法进行实际测量，对于源强缺失需采取替代源强的机型，应说明替代机型选取的依据及可行性。

③ 气象参数。机场的年平均风速、年平均温度、年平均湿度、年平均气压。

④ 地面参数。分析机场航空器噪声影响范围内的地面状况（坚实地面、疏松地面、混合地面）。

（2）预测的评价量　根据 GB 9660 的规定，预测的评价量为 L_{WECPN}。

（3）预测范围　计权等效连续感觉噪声级（L_{WECPN}）等声级线应包含 70dB 及以上区域，对于飞行量比较小的机场，预测到 70dB 无法明显体现噪声影响范围和趋势的项目，应预测至 70dB 以外范围。

（4）预测内容　给出计权等效连续感觉噪声级（L_{WECPN}）包含 70dB、75dB 的不少于 5 条等声级线图（各条等声级线间隔 5dB）。同时给出评价范围内声环境保护目标的计权等效连续感觉噪声级（L_{WECPN}）。给出高于所执行标准限值不同声级范围内的面积、户数、人口。

（5）预测模型　改扩建项目应进行机场航空器噪声现状监测值和预测模型计算值符合性的验证，给出误差范围，说明现状监测结果和预测模型选取的可靠性。预测模型详见（四）。

（6）噪声防治措施

① 通过不同机场位置、跑道方位、飞行程序方案的声环境影响预测结果，分析声环境保护目标受影响的程度，提出优化的机场位置、跑道方位、飞行程序方案建议；

② 根据工程与环境特征，给出机型优选，昼间、傍晚、夜间飞行架次比例的调整，对敏感建筑物进行噪声防护或使用功能变更、拆迁等具体的措施方案及其降噪效果，并进行经济、技术可行性论证；

③ 根据噪声影响特点和环境特点，提出机场噪声影响范围内的规划调整建议；

④ 给出机场航空器噪声监测计划等对策建议。

5. 施工场地、调车场、停车场等噪声预测

（1）预测参数

① 工程参数。给出施工场地、调车场、停车场等的范围。

② 声源参数。根据工程特点，确定声源的种类。

a. 固定声源。给出主要设备名称、型号、数量、声源源强、运行方式和运行时间。

b. 移动声源。给出主要设备型号、数量、声源源强、运行方式、运行时间、移动范围和路径。

（2）声传播途径分析　根据声源种类的不同，分析内容及要求分别执行本小节中的 2、3、4。

（3）预测内容

① 根据建设项目工程的特点，分别预测固定声源和移动声源对场界（或边界）、声环境保护目标的噪声贡献值，进行叠加后作为最终的噪声贡献值；

② 根据评价工作等级要求，给出相应的预测结果。

（4）预测模型　依据声源的特征，选择相应的预测计算模型，详见（四）。

（七）预测评价结果图表要求

① 列表给出建设项目厂界（场界、边界）噪声贡献值和各声环境保护目标处的背景噪声值、噪声贡献值、噪声预测值、超标和达标情况等。分析超标原因，明确引起超标的主要

声源。机场项目还应给出评价范围内不同声级范围覆盖下的面积。

② 判定为一级评价的工业企业建设项目应给出等声级线图；判定为一级评价的地面交通建设项目应结合现有或规划保护目标给出典型路段的噪声贡献值等声级线图；工业企业和地面交通建设项目预测评价结果图比例尺一般不应小于工程设计文件对其相关图件要求的比例尺；机场项目应给出飞机噪声等声级线图及超标声环境保护目标与等声级线关系局部放大图，飞机噪声等声级线图比例尺应和环境现状评价图一致，局部放大图底图应采用近 3 年内空间分辨率一般不低于 1.5m 的卫星影像或航拍图，比例尺不应小于 1：5000。

五、环境风险预测

环境风险预测在环境风险评价中占有重要的位置，预测分析是在对现有的环境风险资料统计、分析和处理的基础上，以环境风险发生的原因和发展变化规律为依据，对目前尚未发生或不明确的环境风险作出合乎逻辑的推测判断。环境风险预测包括风险事故情形分析、风险预测与评价。

(一) 风险事故情形分析

1. 风险事故情形设定

在风险识别的基础上，选择对环境影响较大并具有代表性的事故类型，设定风险事故情形。风险事故情形设定内容应包括环境风险类型、风险源、危险单元、危险物质和影响途径等。

风险事故情形设定原则如下。

① 同一种危险物质可能有多种环境风险类型。风险事故情形应包括危险物质泄漏，以及火灾、爆炸等引发的伴生/次生污染物排放情形。对不同环境要素产生影响的风险事故情形，应分别进行设定。

② 对于火灾、爆炸事故，需将事故中未完全燃烧的危险物质在高温下迅速挥发释放至大气，以及燃烧过程中产生的伴生/次生污染物对环境的影响作为风险事故情形设定的内容。

③ 设定的风险事故情形发生的可能性应处于合理的区间，并与经济技术发展水平相适应。一般而言，发生频率小于 10^{-6} 每年的事件是极小概率事件，可作为代表性事故情形中最大可信事故设定的参考。

④ 风险事故情形设定的不确定性与筛选。由于事故触发因素具有不确定性，因此事故情形的设定并不能包含全部可能的环境风险，但通过具有代表性的事故情形分析可为风险管理提供科学依据。事故情形的设定应在环境风险识别的基础上筛选，设定的事故情形应具有危险物质、环境危害、影响途径等方面的代表性。

2. 源项分析

① 源项分析方法。源项分析应基于风险事故情形的设定，合理估算源强。泄漏频率可参考 HJ 169 的推荐方法确定，也可采用事故树、事件树分析法或类比法等确定。

② 事故源强的确定。事故源强为事故后果预测提供分析模拟情形。事故源强设定可采用计算法和经验估算法。计算法适用于以腐蚀或应力作用等引起的泄漏型为主的事故，经验估算法适用于以火灾、爆炸等突发性事故为主的伴生/次生污染物释放。

③ 源强参数确定。根据风险事故情形确定事故源参数（如泄漏点高度、温度、压力、泄漏液体蒸发面积等）、释放/泄漏速率、释放/泄漏时间、释放/泄漏量、泄漏液体蒸发量等，给出源强汇总。

(二) 预测内容

预测建设项目存在的潜在危险、有害因素，建设和运行期间可能发生的突发性事件或事故，有毒有害和易燃易爆等物质的泄漏，所造成的人身安全与环境影响和损害程度。

（三）预测因子

对项目涉及的主要物料及生产过程潜在危险性进行识别，对于易燃易爆、有毒有害化学品以及易发生火灾、爆炸、泄漏的生产环节均应筛选环境风险评价因子。

（四）预测方法

环境污染事故风险预测模式包括两部分：一是发生概率，主要取决于初级与次级控制机制失效概率；二是发生强度，主要取决于事故源强与风险受体所处位置。在环境污染事故风险预测过程中，3S（RS、GIS、GPS）技术的应用将有利于提高预测的精度与效率。

（五）预测软件

《环境风险评价系统》（Risk System）是在《建设项目环境风险评价技术导则》（HJ 169—2018）的基础上，结合安全评价中与环境风险评价关系密切的部分内容编制而成。软件将科学计算、绘图与数据库支持相结合，可用于环境风险评价与相应安全评价中，也可用于环境及安全管理部门日常管理。

（六）预测结果及表达

环境风险事故为有毒有害物质在大气中扩散的情况：

① 给出下风向不同距离处有毒有害物质的最大浓度，以及预测浓度达到不同毒性终点浓度的最大影响范围。

② 给出各关心点的有毒有害物质浓度随时间变化情况，以及关心点的预测浓度超过评价标准时对应的时刻和持续时间。

③ 对于存在极高大气环境风险的建设项目，应开展关心点概率分析，即有毒有害气体（物质）环境风险事故为有毒有害物质进入水环境的情况：

地表水环境：a. 给出有毒有害物质进入地表水体最远超标距离及时间；b. 给出有毒有害物质经排放通道到达下游（按水流方向）环境敏感目标处的到达时间、超标时间、超标持续时间及最大浓度，对于在水体中漂移类物质，应给出漂移轨迹。

地下水环境：给出有毒有害物质进入地下水体到达下游厂区边界和环境敏感目标处的到达时间、超标时间、超标持续时间及最大浓度。

（七）实例

【例 9-3】 某火电厂计划接收和掺烧城镇生活污水处理厂污泥以及鉴别为一般工业固体废物的工业污水处理厂污泥，建设协同污泥处理中心。污泥经运输入厂，存放于污泥库中。经化学鉴定，确定项目实施后大气污染物为 SO_2、NO_x、氨、二噁英类、HCl、汞、镉、锑、砷、铅、铬、钴、铜、镍，掺烧污泥的锅炉烟气经废气治理措施净化后，经 210m 高排气筒外排。

问：① 本项目可能发生的风险类型有什么？具体影响的环境要素有哪些？

② 本项目的风险评价等级如何确定？

【答】 ① 分析贮存和处理过程，风险类型有污泥泄漏和掺烧废气处理设施失效两种。

污泥泄漏影响的环境要素是土壤、地下水及地表水，掺烧废气处理设施失效影响的环境要素是大气。

② 按照《建设项目环境风险评价技术导则》（HJ 169—2018），根据建设项目涉及的物质及工艺系统危险性和所在地的环境敏感性确定环境风险潜势。

本项目不涉及《建设项目环境风险评价技术导则》附录 B 中的危险化学品，因此 $Q<1$，

环境风险潜势为Ⅰ，环境风险评价工作等级为简单分析。

六、生态环境影响预测

（一）预测因子

依据区域生态保护的需要和受影响生态系统的主导生态功能选择预测因子（表9-12）。

表9-12　生态环境影响评价因子筛选表

受影响对象	评价因子	工程内容及影响方式	影响性质	影响程度
物种	分布范围、种群数量、种群结构、行为等			
生境	生境面积、质量、连通性等			
生物群落	物种组成、群落结构等			
生态系统	植被覆盖度、生产力、生物量、生态系统功能等			
生物多样性	物种丰富度、均匀度、优势度等			
生态敏感区	主要保护对象、生态功能等			
自然景观	景观多样性、完整性等			
自然遗迹	遗迹多样性、完整性等			
…	…	…	…	…

应按施工期、运行期以及服务期满后（可根据项目情况选择）等不同阶段进行工程分析和评价因子筛选。

影响性质主要包括长期与短期、可逆与不可逆生态影响。

影响方式可分为直接、间接、累积生态影响，可依据以下内容进行判断：

① 直接生态影响：临时、永久占地导致生境直接破坏或丧失；工程施工、运行导致个体直接死亡；物种迁徙（或洄游）、扩散、种群交流受到阻隔；施工活动以及运行期噪声、振动、灯光等对野生动物行为产生干扰；工程建设改变河流、湖泊等水体天然状态等。

② 间接生态影响：水文情势变化导致生境条件、水生生态系统发生变化；地下水水位、土壤理化特性变化导致动植物群落发生变化；生境面积和质量下降导致个体死亡、种群数量下降或种群生存能力降低；资源减少及分布变化导致种群结构或种群动态发生变化；因阻隔影响造成种群间基因交流减少，导致小种群灭绝风险增加；滞后效应（例如，由于关键种的消失使捕食者和被捕食者的关系发生变化）等。

③ 累积生态影响：整个区域生境的逐渐丧失和破碎化；在景观尺度上生境的多样性减少；不可逆转的生物多样性下降；生态系统持续退化等。

影响程度可分为强、中、弱、无四个等级，可依据以下原则进行初步判断。

① 强：生境受到严重破坏，水系开放连通性受到显著影响；野生动植物难以栖息繁衍（或生长繁殖），物种种类明显减少，种群数量显著下降，种群结构明显改变；生物多样性显著下降，生态系统结构和功能受到严重损害，生态系统稳定性难以维持；自然景观、自然遗迹受到永久性破坏；生态修复难度较大。

② 中：生境受到一定程度破坏，水系开放连通性受到一定程度影响；野生动植物栖息繁衍（或生长繁殖）受到一定程度干扰，物种种类减少，种群数量下降，种群结构改变；生物多样性有所下降，生态系统结构和功能受到一定程度破坏，生态系统稳定性受到一定程度干扰；自然景观、自然遗迹受到暂时性影响；通过采取一定措施，上述不利影响可以得到减缓和控制，生态修复难度一般。

③ 弱：生境受到暂时性破坏，水系开放连通性变化不大；野生动植物栖息繁衍（或生长繁殖）受到暂时性干扰，物种种类、种群数量、种群结构变化不大；生物多样性、生态系统结构和功能以及生态系统稳定性基本维持现状；自然景观、自然遗迹基本未受到破坏；在干扰消失后可以修复或自然恢复。

④ 无：生境未受到破坏，水系开放连通性未受到影响；野生动植物栖息繁衍（或生长繁殖）未受到影响；生物多样性、生态系统结构和功能以及生态系统稳定性维持现状；自然景观、自然遗迹未受到破坏。

（二）预测内容

生态影响预测内容应与现状评价内容相对应。

一级、二级评价应根据现状评价内容选择以下全部或部分内容开展预测评价：

① 采用图形叠置法分析工程占用的植被类型、面积及比例；通过引起地表沉陷或改变地表径流、地下水水位、土壤理化性质等方式对植被产生影响的，采用生态机理分析法、类比分析法等分析植物群落的物种组成、群落结构等变化情况。

② 结合工程的影响方式预测分析重要物种的分布、种群数量、生境状况等变化情况；分析施工活动和运行产生的噪声、灯光等对重要物种的影响；涉及迁徙、洄游物种的，分析工程施工和运行对迁徙、洄游行为的阻隔影响；涉及国家重点保护野生动植物、极危和濒危物种的，可采用生境评价方法预测分析物种适宜生境的分布及面积变化、生境破碎化程度等，图示建设项目实施后的物种适宜生境分布情况。

③ 结合水文情势、水动力和冲淤、水质（包括水温）等影响预测结果，预测分析水生生境质量、连通性以及产卵场、索饵场、越冬场等重要生境的变化情况，图示建设项目实施后的重要水生生境分布情况；结合生境变化预测分析鱼类等重要水生生物的种类组成、种群结构、资源时空分布等变化情况。

④ 采用图形叠置法分析工程占用的生态系统类型、面积及比例，结合生物量、生产力、生态系统功能等变化情况预测分析建设项目对生态系统的影响。

⑤ 结合工程施工和运行引入外来物种的主要途径、物种生物学特性以及区域生态环境特点，参考 HJ 624 分析建设项目实施可能导致外来物种造成生态危害的风险。

⑥ 结合物种、生境以及生态系统变化情况，分析建设项目对所在区域生物多样性的影响；分析建设项目通过时间或空间的累积作用方式产生的生态影响，如生境丧失、退化及破碎化和生态系统退化、生物多样性下降等。

⑦ 涉及生态敏感区的，结合主要保护对象开展预测评价；涉及以自然景观、自然遗迹为主要保护对象的生态敏感区时，分析工程施工对景观、遗迹完整性的影响，结合工程建筑物、构筑物或其他设施的布局及设计，分析与景观、遗迹的协调性。

三级评价可采用图形叠置法、生态机理分析法、类比分析法等预测分析工程对土地利用、植被、野生动植物等的影响。

不同行业应结合项目规模、影响方式、影响对象等确定评价重点：

① 矿产资源开发项目应对开采造成的植物群落及植被覆盖度变化、重要物种的活动和分布及重要生境变化以及生态系统结构和功能变化、生物多样性变化等开展重点预测与评价。

② 水利水电项目应对河流、湖泊等水体天然状态改变引起的水生生境变化、鱼类等重要水生生物的分布及种类组成、种群结构变化，水库淹没、工程占地引起的植物群落、重要物种的活动和分布及重要生境变化，调水引起的生物入侵风险，以及生态系统结构和功能变化、生物多样性变化等开展重点预测与评价。

③ 公路、铁路、管线等线性工程应对植物群落及植被覆盖度变化、重要物种的活动和分布及重要生境变化、生境连通性及破碎化程度变化、生物多样性变化等开展重点预测与评价。

④ 农业、林业、渔业等建设项目应对土地利用类型或功能改变引起的重要物种的活动和分布及重要生境变化、生态系统结构和功能变化、生物多样性变化以及生物入侵风险等开展重点预测与评价。

⑤ 涉海工程海洋生态影响评价应符合 GB/T 19485 的要求，对重要物种的活动和分布及重要生境变化、海洋生物资源变化、生物入侵风险以及典型海洋生态系统的结构和功能变化、生物多样性变化等开展重点预测与评价。

（三）预测方法

生态影响预测方法应根据评价对象的生态学特性，在调查、判定该区域主要的、辅助的生态功能以及完成功能必需的生态过程的基础上，尽量采用定量方法进行描述和分析。常用的方法包括列表清单法、图形叠置法、生态机理分析法、指数法与综合指数法、类比分析法、系统分析法、生物多样性评价、生态系统评价、景观生态学评价、生境评价以及海洋生物资源影响评价等。

1. 列表清单法

列表清单法是一种定性分析方法。该方法的特点是简单明了、针对性强。

（1）方法　将拟实施的开发建设活动的影响因素与可能受影响的环境因子分别列在同一张表格的行与列内，逐点进行分析，并逐条阐明影响的性质、强度等，由此分析开发建设活动的生态影响。

（2）应用

① 进行开发建设活动对生态因子的影响分析；

② 进行生态保护措施的筛选；

③ 进行物种或栖息地重要性或优先度比选。

2. 图形叠置法

图形叠置法是把两个以上的生态信息叠合到一张图上，构成复合图，用以表示生态变化的方向和程度。该方法的特点是直观、形象，简单明了。

图形叠置法有两种基本制作手段：指标法和 3S 叠图法。

指标法步骤：

① 确定评价范围；

② 开展生态调查，收集评价范围及周边地区自然环境、动植物等信息；

③ 识别影响并筛选评价因子，包括识别和分析主要生态问题；

④ 建立表征评价因子特性的指标体系，通过定性分析或定量方法对指标赋值或分级，依据指标值进行区域划分；

⑤ 将上述区划信息绘制在生态图上。

3S 叠图法步骤：

① 选用符合要求的工作底图，底图范围应大于评价范围；

② 在底图上描绘主要生态因子信息，如植被覆盖、动植物分布、河流水系、土地利用、生态敏感区等；

③ 进行影响识别与评价因子筛选；

④ 运用 3S 技术，分析影响性质、方式和程度；

⑤ 将影响因子图和底图叠加，得到生态影响评价图。

3. 生态机理分析法

生态机理分析法是根据建设项目的特点和受影响物种的生物学特征，依照生态学原理分析、预测建设项目生态影响的方法。生态机理分析法的工作步骤如下：

① 调查环境背景现状，收集工程组成、建设、运行等有关资料。

② 调查植物和动物分布，动物栖息地和迁徙、洄游路线。

③ 根据调查结果分别对植物或动物种群、群落和生态系统进行分析，描述其分布特点、结构特征和演化特征。

④ 识别有无珍稀濒危物种、特有种等需要特别保护的物种。

⑤ 预测项目建成后该地区动物、植物生长环境的变化。

⑥ 根据项目建成后的环境变化，对照无开发项目条件下动物、植物或生态系统演替或变化趋势，预测建设项目对个体、种群和群落的影响，并预测生态系统演替方向。评价过程中可根据实际情况进行相应的生物模拟试验，如环境条件和生物习性模拟试验、生物毒理学试验、实地种植或放养试验等；或进行数学模拟，如种群增长模型的应用。

该方法需要与生物学、地理学、水文学、数学及其他多学科合作评价，才能得出较为客观的结果。

4. 指数法与综合指数法

指数法是利用同度量因素的相对值来表明因素变化状况的方法。指数法的难点在于需要建立表征生态环境质量的标准体系并进行赋权和准确定量。综合指数法是从确定同度量因素出发，把不能直接对比的事物变成能够同度量的方法。

（1）单因子指数法 选定合适的评价标准，可进行生态因子现状或预测评价。例如，以同类型立地条件的森林植被覆盖率为标准，可评价项目建设区的植被覆盖现状情况；以评价区现状植被盖度为标准，可评价项目建成后植被盖度的变化率。

（2）综合指数法

① 分析各生态因子的性质及变化规律；

② 建立表征各生态因子特性的指标体系；

③ 确定评价标准；

④ 建立评价函数曲线，将生态因子的现状值（开发建设活动前）与预测值（开发建设活动后）转换为统一的无量纲生态环境质量指标，用 1~0 表示优劣（"1"表示最佳的、顶极的、原始或人类干预甚少的生态状况，"0"表示最差的、极度破坏的、几乎无生物性的生态状况），计算开发建设活动前后各因子质量的变化值；

⑤ 根据各因子的相对重要性赋予权重；

⑥ 将各因子的变化值综合，提出综合影响评价值。

$$\Delta E = \sum (E_{hi} - E_{qi}) \times W_i \tag{9-56}$$

式中 ΔE——开发建设活动前后生态质量变化值；

E_{hi}——开发建设活动后 i 因子的质量指标；

E_{qi}——开发建设活动前 i 因子的质量指标；

W_i——i 因子的权值。

（3）指数法应用

① 可用于生态因子单因子质量评价；

② 可用于生态多因子综合质量评价；

③ 可用于生态系统功能评价。

（4）说明 建立评价函数曲线需要根据标准规定的指标值确定曲线的上、下限。对于大气、水环境等已有明确质量标准的因子，可直接采用不同级别的标准值作为上、下限；对于无明确标准的生态因子，可根据评价目的、评价要求和环境特点等选择相应的指标值，再确定上、下限。

5. 类比分析法

类比分析法是一种比较常用的定性和半定量评价方法，一般有生态整体类比、生态因子类比和生态问题类比等。

（1）方法　根据已有建设项目的生态影响，分析或预测拟建项目可能产生的影响。选择好类比对象（类比项目）是进行类比分析或预测评价的基础，也是该方法成功的关键。

类比对象的选择条件是：工程性质、工艺和规模与拟建项目基本相当，生态因子（地理、地质、气候、生物因素等）相似，项目建成已有一定时间，所产生的影响已基本全部显现。类比对象确定后，需选择和确定类比因子及指标，并对类比对象开展调查与评价，再分析拟建项目与类比对象的差异。根据类比对象与拟建项目的比较，做出类比分析结论。

（2）应用

① 进行生态影响识别（包括评价因子筛选）；

② 以原始生态系统作为参照，可评价目标生态系统的质量；

③ 进行生态影响的定性分析与评价；

④ 进行某一个或几个生态因子的影响评价；

⑤ 预测生态问题的发生与发展趋势及危害；

⑥ 确定环保目标和寻求最有效、可行的生态保护措施。

6. 系统分析法

系统分析法是指把要解决的问题作为一个系统，对系统要素进行综合分析，找出解决问题的可行方案的咨询方法。具体步骤包括：限定问题、确定目标、调查研究、收集数据、提出备选方案和评价标准、评估备选方案和提出最可行方案。

系统分析法因其能妥善解决一些多目标动态性问题，已广泛应用于各行各业，尤其在进行区域开发或解决优化方案选择问题时，系统分析法显示出其他方法所不能达到的效果。

在生态系统质量评价中使用系统分析的具体方法有专家咨询法、层次分析法、模糊综合评判法、综合排序法、系统动力学法、灰色关联法等。

7. 生物多样性评价方法

生物多样性是生物（动物、植物、微生物）与环境形成的生态复合体以及与此相关的各种生态过程的总和，包括生态系统、物种和基因三个层次。

生态系统多样性指生态系统的多样化程度，包括生态系统的类型、结构、组成、功能和生态过程的多样性等。物种多样性指物种水平的多样化程度，包括物种丰富度和物种多度。基因多样性（或遗传多样性）指一个物种的基因组成中遗传特征的多样性，包括种内不同种群之间或同一种群内不同个体的遗传变异性。

物种多样性常用的评价指标包括物种丰富度、香农-威纳多样性指数、Pielou 均匀度指数、Simpson 优势度指数等。

物种丰富度（species richness）：调查区域内物种种数之和。

香农-威纳多样性指数（Shannon-Wiener diversity index）计算公式为：

$$H = -\sum_{i=1}^{S} P_i \ln P_i \tag{9-57}$$

式中　H——香农-威纳多样性指数；

　　　S——调查区域内物种种类总数；

　　　P_i——调查区域内属于第 i 种的个体比例，如总个体数为 N，第 i 种个体数为 n_i，则 $P_i = n_i/N$。

Pielou 均匀度指数是反映调查区域各物种个体数目分配均匀程度的指数，计算公式为：

$$J = \left(-\sum_{i=1}^{S} P_i \ln P_i \right)/\ln S \tag{9-58}$$

式中　J——Pielou 均匀度指数；

　　　S——调查区域内物种种类总数；

　　　P_i——调查区域内属于第 i 种的个体比例。

Simpson 优势度指数与均匀度指数相对应，计算公式为：

$$D = 1 - \sum_{i=1}^{S} P_i^2 \tag{9-59}$$

式中　D——Simpson 优势度指数；

　　　S——调查区域内物种种类总数；

　　　P_i——调查区域内属于第 i 种的个体比例。

8. 生态系统评价方法

（1）植被覆盖度　植被覆盖度可用于定量分析评价范围内的植被现状。

基于遥感估算植被覆盖度可根据区域特点和数据基础采用不同的方法，如植被指数法、回归模型、机器学习法等。

植被指数法主要是通过对各像元中植被类型及分布特征的分析，建立植被指数与植被覆盖度的转换关系。采用归一化植被指数（NDVI）估算植被覆盖度的方法如下：

$$FVC = (NDVI - NDVI_s)/(NDVI_v - NDVI_s) \tag{9-60}$$

式中　FVC——所计算像元的植被覆盖度；

　　NDVI——所计算像元的 NDVI 值；

　　$NDVI_v$——纯植物像元的 NDVI 值；

　　$NDVI_s$——完全无植被覆盖像元的 NDVI 值。

（2）生物量　生物量是指一定地段面积内某个时期生存着的活有机体的质量。不同生态系统的生物量测定方法不同，可采用实测与估算相结合的方法。

地上生物量估算可采用植被指数法、异速生长方程法等进行计算。基于植被指数的生物量统计法是通过实地测量的生物量数据和遥感植被指数建立统计模型，在遥感数据的基础上反演得到评价区域生物量的方法。

（3）生产力　生产力是生态系统的生物生产能力，反映生产有机质或积累能量的速率。群落（或生态系统）初级生产力是单位面积、单位时间群落（或生态系统）中植物利用太阳能固定的能量或生产的有机质的量。净初级生产力（NPP）是从固定的总能量或产生的有机质总量中减去植物呼吸所消耗的量，直接反映了植被群落在自然环境条件下的生产能力，表征陆地生态系统的质量状况。

NPP 可利用统计模型（如 Miami 模型）、过程模型（如 BIOME-BGC 模型、BEPS 模型）和光能利用率模型（如 CASA 模型）进行计算。根据区域植被特点和数据基础确定具体方法。

通过 CASA 模型计算净初级生产力的公式如下：

$$NPP(x,t) = APAR(x,t) \times \varepsilon(x,t) \tag{9-61}$$

式中　NPP——净初级生产力；

APAR——植被所吸收的光合有效辐射；

ε——光能转化率；

t——时间；

x——空间位置。

（4）生物完整性指数　生物完整性指数（index of biotic integrity，IBI）已被广泛应用于河流、湖泊、沼泽、海岸滩涂、水库等生态系统健康状况评价，指示生物类群也由最初的鱼类扩展到底栖动物、着生藻类、维管植物、两栖动物和鸟类等。生物完整性指数评价的工作步骤如下：

① 结合工程影响特点和所在区域水生态系统特征，选择指示物种；

② 根据指示物种种群特征，在指标库中确定指示物种状况参数指标；

③ 选择参考点（未开发建设、未受干扰的点或受干扰极小的点）和干扰点（已开发建设、受干扰的点），采集参数指标数据，通过对参数指标值的分布范围分析、判别能力分析（敏感性分析）和相关关系分析，建立评价指标体系；

④ 确定每种参数指标值以及生物完整性指数的计算方法，分别计算参考点和干扰点的指数值；

⑤ 建立生物完整性指数的评分标准；

⑥ 评价项目建设前所在区域水生态系统状况，预测分析项目建设后水生态系统变化情况。

（5）生态系统功能评价　陆域生态系统服务功能评价方法可参考 HJ 1173，根据生态系统类型选择适用指标。

9. 景观生态学评价方法

景观生态学主要研究宏观尺度上景观类型的空间格局和生态过程的相互作用及其动态变化特征。景观格局是指大小和形状不一的景观斑块在空间上的排列，是各种生态过程在不同尺度上综合作用的结果。景观格局变化对生物多样性产生直接而强烈的影响，其主要原因是生境丧失和破碎化。

景观变化的分析方法主要有三种：定性描述法、景观生态图叠置法和景观动态的定量化分析法。目前较常用的方法是景观动态的定量化分析法，主要是对收集的景观数据进行解译或数字化处理，建立景观类型图，通过计算景观格局指数或建立动态模型对景观面积变化和景观类型转化等进行分析，揭示景观的空间配置以及格局动态变化趋势。

景观指数是能够反映景观格局特征的定量化指标，分为三个级别，代表三种不同的应用尺度，即斑块级别指数、斑块类型级别指数和景观级别指数，可根据需要选取相应的指标，采用 Fragstats 等景观格局分析软件进行计算分析。涉及显著改变土地利用类型的矿山开采、大规模的农林业开发以及大中型水利水电建设项目等可采用该方法对景观格局的现状及变化进行评价，公路、铁路等线性工程造成的生境破碎化等累积生态影响也可采用该方法进行评价。常用的景观指数及其含义见表 9-13。

表 9-13　常用的景观指数及其含义

名称	含义
斑块类型面积(CA) class area	斑块类型面积是度量其他指标的基础,其值的大小影响以此斑块类型作为生境的物种数量及丰度
斑块所占景观面积比例(PLAND) percent of landscape	某一斑块类型占整个景观面积的百分比,是确定优势景观元素的重要依据,也是决定景观中优势种和数量等生态系统指标的重要因素

名称	含义
最大斑块指数（LPI） largest patch index	某一斑块类型中最大斑块占整个景观的百分比,用于确定景观中的优势斑块,可间接反映景观变化受人类活动的干扰程度
香农多样性指数（SHDI） Shannon's diversity index	反映景观类型的多样性和异质性,对景观中各斑块类型非均衡分布状况较敏感,值增大表明斑块类型增加或各斑块类型呈均衡趋势分布
蔓延度指数（CONTAG） contagion index	高蔓延值表明景观中的某种优势斑块类型形成了良好的连接性,反之则表明景观具有多种要素的密集格局,破碎化程度较高
散布与并列指数（IJI） interspersion juxtaposition index	反映斑块类型的隔离分布情况,值越小表明斑块与相同类型斑块相邻越多,而与其他类型斑块相邻的越少
聚集度指数（AI） aggregation index	基于栅格数量测度景观或者某种斑块类型的聚集程度

10. 生境评价方法

物种分布模型（species distribution models，SDMs）是基于物种分布信息和对应的环境变量数据对物种潜在分布区进行预测的模型，广泛应用于濒危物种保护、保护区规划、入侵物种控制及气候变化对生物分布区影响预测等领域。目前已发展了多种多样的预测模型，每种模型因其原理、算法不同而各有优势和局限，预测表现也存在差异。其中，基于最大熵理论建立的最大熵模型（maximum entropy model，MaxEnt），可以在分布点相对较少的情况下获得较好的预测结果，是目前使用频率最高的物种分布模型之一。基于 MaxEnt 模型开展生境评价的工作步骤如下：

① 通过近年文献记录、现场调查收集物种分布点数据，并进行数据筛选；将分布点的经纬度数据在 Excel 表格中汇总，统一为十进制度的格式，保存用于 MaxEnt 模型计算。

② 选取环境变量数据以表现栖息生境的生物气候特征、地形特征、植被特征和人为影响程度，在 ArcGIS 软件中将环境变量统一边界和坐标系，并重采样为同一分辨率。

③ 使用 MaxEnt 软件建立物种分布模型，以受试者工作特征曲线下面积（area under the receiving operator curve，AUC）评价模型优劣；采用刀切法（jackknife test）检验各个环境变量的相对贡献。根据模型标准及图层栅格出现概率重分类，确定生境适宜性分级指数范围。

④ 将结果文件导入 ArcGIS，获得物种适宜生境分布图，叠加建设项目，分析对物种分布的影响。

11. 海洋生物资源影响评价方法

海洋生物资源影响评价技术方法参见 GB/T 19485 相关要求。

（四）预测结果及表达

通过已取得的资料和监测统计数据，对未来或未知的环境进行分析，从事实角度反映出被预测地区的环境状况。

七、土壤环境影响预测

（一）预测工作原则

① 根据影响识别结果与评价工作等级，结合当地土地利用规划确定影响预测的范围、时段、内容和方法。

② 选择适宜的预测方法，预测评价建设项目各实施阶段不同环节与不同环境影响防控

措施下的土壤环境影响，给出预测因子的影响范围与程度，明确建设项目对土壤环境的影响结果。

③ 应重点预测评价建设项目对占地范围外土壤环境敏感目标的累积影响，并根据建设项目特征兼顾对占地范围内的影响预测。

④ 土壤环境影响分析可定性或半定量地说明建设项目对土壤环境产生的影响及趋势。

⑤ 建设项目导致土壤潜育化、沼泽化、潴育化和土地沙漠化等影响的，可根据土壤环境特征，结合建设项目特点，分析土壤环境可能受到影响的范围和程度。

（二）预测时段及情景

1. 预测评价时段

根据建设项目土壤环境影响识别结果，确定重点预测时段。

2. 情景设置

在影响识别的基础上，根据建设项目特征设定预测情景。

（三）预测因子

① 污染影响型建设项目应根据环境影响识别出的特征因子选取关键预测因子。

② 可能造成土壤盐化、酸化、碱化影响的建设项目，分别选取土壤盐分含量、pH 值等作为预测因子。

（四）预测评价方法

1. 预测方法

土壤环境影响预测与评价方法应根据建设项目土壤环境影响类型与评价工作等级确定。

可能引起土壤盐化、酸化、碱化等影响的建设项目，其评价工作等级为一级、二级的，预测方法可参见 HJ 964—2018 附录 E、附录 F 或进行类比分析；污染影响型建设项目，其评价工作等级为一级、二级的，预测方法可参见 HJ 964—2018 附录 E 或进行类比分析；占地范围内还应根据土体构型、土壤质地、饱和导水率等分析其可能影响的深度；评价工作等级为三级的建设项目，可采用定性描述或类比分析法进行预测。

2. 预测模型

（1）土壤环境影响预测方法

① 方法 1。本方法适用于某种物质可概化为以面源形式进入土壤环境的影响预测，包括大气沉降、地面漫流以及盐、酸、碱类等物质进入土壤环境引起的土壤盐化、酸化、碱化等。

工作步骤：

a. 可通过工程分析计算土壤中某种物质的输入量；涉及大气沉降影响的，可参照 HJ 2.2 相关技术方法给出。

b. 土壤中某种物质的输出量主要包括淋溶或径流排出、土壤缓冲消耗等两部分；植物吸收量通常较小，不予考虑；涉及大气沉降影响的，可不考虑输出量。

c. 分析比较输入量和输出量，计算土壤中某种物质的增量。

d. 将土壤中某种物质的增量与土壤现状值叠加后，进行土壤环境影响预测。

模型方程：

a. 单位质量土壤中某种物质的增量可用下式计算：

$$\Delta S = n(I_s - L_s - R_s)/(\rho_b \times A \times D) \tag{9-62}$$

式中　ΔS——单位质量表层土壤中某种物质的增量，g/kg，或表层土壤中游离酸或游离碱浓度增量，mmol/kg；

I_s——预测评价范围内单位年份表层土壤中某种物质的输入量，g，或预测评价范围内单位年份表层土壤中游离酸、游离碱输入量，mmol；

L_s——预测评价范围内单位年份表层土壤中某种物质经淋溶排出的量，g，或预测评价范围内单位年份表层土壤中经淋溶排出的游离酸、游离碱的量，mmol；

R_s——预测评价范围内单位年份表层土壤中某种物质经径流排出的量，g，或预测评价范围内单位年份表层土壤中经径流排出的游离酸、游离碱的量，mmol；

ρ_b——表层土壤容重，kg/m^3；

A——预测评价范围，m^2；

D——表层土壤深度，一般取 0.2m，可根据实际情况适当调整；

n——持续年份，a。

b. 单位质量土壤中某种物质的预测值可根据其增量叠加现状值进行计算：

$$S = S_b + \Delta S \tag{9-63}$$

式中　S_b——单位质量土壤中某种物质的现状值，g/kg；

　　　　S——单位质量土壤中某种物质的预测值，g/kg。

c. 酸性物质或碱性物质排放后表层土壤 pH 预测值，可根据表层土壤游离酸或游离碱浓度的增量进行计算：

$$pH = pH_b \pm \Delta S / BC_{pH} \tag{9-64}$$

式中　pH_b——土壤 pH；

　　　BC_{pH}——缓冲容量，mmol/(kg)；

　　　　pH——土壤 pH 预测值。

d. 缓冲容量（BC_{pH}）测定方法：采集项目区土壤样品，样品加入不同量游离酸或游离碱后分别进行 pH 值测定，绘制不同浓度游离酸或游离碱和 pH 值之间的曲线，曲线斜率即为缓冲容量。

② 方法 2（一维非饱和溶质运移模型预测方法）。本方法适用于某种污染物以点源形式垂直进入土壤环境的影响预测，重点预测污染物可能影响到的深度。

a. 一维非饱和溶质垂向运移控制方程：

$$\frac{\partial(\theta c)}{\partial t} = \frac{\partial}{\partial z}\left(\theta D \frac{\partial c}{\partial z}\right) - \frac{\partial}{\partial z}(qc) \tag{9-65}$$

式中　c——污染物在介质中的浓度，mg/L；

　　　D——弥散系数，m^2/d；

　　　q——渗流速率，m/d；

　　　z——沿 z 轴的距离，m；

　　　t——时间变量，d；

　　　θ——土壤含水率，%。

b. 初始条件：

$$c(z,t) = 0, t = 0, L \leqslant z < 0 \tag{9-66}$$

c. 边界条件：

第一类 Dirichlet 边界条件，其中式（9-67）适用于连续点源情景，式（9-68）适用于非连续点源情景。

$$c(z,t) = c_0, t > 0, z = 0 \tag{9-67}$$

$$c(z,t) = \begin{cases} c_0, 0 < t \leqslant t_0 \\ 0, t > t_0 \end{cases} \tag{9-68}$$

211

第二类 Neumann 零梯度边界。

$$-\theta D\frac{\partial c}{\partial z}=0, t>0, z=L \tag{9-69}$$

（2）土壤盐化综合评分法　根据 HJ 964 附录 F 表 F.1 土壤盐化影响因素赋值表选取各项影响因素的分值与权重，采用式（9-70）计算土壤盐化综合评分值（Sa），对照 HJ 964 附录 F 表 F.2 土壤盐化预测表得出土壤盐化综合评分预测结果。

$$Sa=\sum_{i=1}^{n}Wx_i\times Ix_i \tag{9-70}$$

式中　n——影响因素指标数目；

Ix_i——影响因素 i 指标评分；

Wx_i——影响因素 i 指标权重。

3. 评价结论

评价建设项目对土壤环境的影响时，可采用以下判据评价土壤环境影响是否可接受。

① 以下情况可得出建设项目土壤环境影响可接受的结论：建设项目各不同阶段，土壤环境敏感目标处且占地范围内各评价因子均满足预测评价标准中相关标准要求的；生态影响型建设项目各不同阶段，出现或加重土壤盐化、酸化、碱化等问题，但采取防控措施后，可满足相关标准要求的；污染影响型建设项目各不同阶段，土壤环境敏感目标处或占地范围内有个别点位、层位或评价因子出现超标，但采取必要措施后，可满足 GB 15618、GB 36600 或其他土壤污染防治相关管理规定的。

② 以下情况不能得出建设项目土壤环境影响可接受的结论：生态影响型建设项目，土壤盐化、酸化、碱化等对预测评价范围内土壤原有生态功能造成重大不可逆影响的；污染影响型建设项目各不同阶段，土壤环境敏感目标处或占地范围内多个点位、层位或评价因子出现超标，采取必要措施后，仍无法满足 GB 15618、GB 36600 或其他土壤污染防治相关管理规定的。

（五）实例

【例 9-4】　某火电厂计划接收和掺烧城镇生活污水处理厂污泥以及鉴别为一般工业固体废物的工业污水处理厂污泥，建设协同污泥处理中心。本项目生产废水、污泥临时贮存设施均不与地面接触，不涉及地面漫流、垂直入渗。经掺烧原料化学鉴定，确定项目实施后大气污染物为 SO_2、NO_x、二噁英类、HCl、汞、镉、锑、砷、铅、铬、钴、铜、镍、HF，项目土壤环境影响评价范围内土地利用类型为建设用地、农用地。

问：① 本项目涉及的土壤污染途径是什么？

② 土壤预测中污染物最大落地点及污染物预测环境浓度如何获得？

③ 本项目土壤预测所涉及的土壤环境质量标准有哪些？

【答】　① 本项目无地面漫流和垂直入渗，因此土壤污染途径为大气沉降。

② 大气预测时采用沉降预测模式，可获得污染物最大落地点及污染物预测环境浓度。

③ 本项目土壤环境影响评价范围内包括建设用地、农用地，因此预测评价时涉及的土壤环境质量标准有《土壤环境质量　建设用地土壤污染风险管控标准（试行）》（GB 36600—2018）、《土壤环境质量　农用地土壤污染风险管控标准（试行）》（GB 15618—2018）。

思 考 题

1. 简述大气环境影响预测的步骤。

2. 大气环境影响评价预测内容是什么？

3. 大气环境影响预测模式有哪些？适用条件是什么？

4. 大气环境影响预测中二次污染物评价因子筛选标准是什么？

5. 请简要说明地表水环境影响预测的水质模型的适用情况。

6. 某河段的上断面处有一岸边排放口稳定地向河流排放污水，其污水排放特征为 $Q_E = 43200 \text{m}^3/\text{d}$，$BOD_5(E) = 60 \text{mg/L}$；河流水的特征参数为 $Q_P = 25.0 \text{m}^3/\text{s}$，$BOD_5(P) = 2.6 \text{mg/L}$，$u = 0.3 \text{m/s}$。假设污水一进入河流就与河水混合均匀，试计算在排污口断面 BOD_5 的浓度。

7. 地下水环境影响预测的原则有哪些？

8. 简述地下水环境影响预测的范围及预测方法。

9. 地下水水质预测的模型有哪些？并进行简要说明。

10. 在地下水预测中，若某项目在施工期某个指标存在超标现象，但采取措施可满足标准要求，请问该项目对地下水水质的影响是否可接受？

11. 简述声环境影响预测的步骤。

12. 简述声环境影响预测的预测范围和预测点的布置原则。

13. 环境风险预测的内容与方法有哪些？

14. 常见的环境风险事故情形有哪些？涉的环境要素有哪些？

15. 生态环境影响预测方法有哪些？

参考文献

［1］陈文图. 浅谈生态环境影响的预测及评价 ［J］. 赤峰学院学报：自然科学版，2012，17：146-148.

［2］马卫军，王海荣. 关于生态环境影响的预测与评价 ［J］. 北方环境，2011，11：229-237.

［3］朱世云，林春绵，何志桥，等. 环境影响评价 ［M］. 北京：化学工业出版社，2013.

［4］王宁，孙世军. 环境影响评价 ［M］. 北京：北京大学出版社，2013.

［5］张玉青. 环境风险预测数学模型 ［J］. 中国环境管理干部学院学报，2002，1：26-29.

［6］曾维华. 环境污染事故风险预测评估模式研究 ［J］. 防灾减灾工程学报，2004，3：329-334.

第十章

环境保护措施

第一节　大气污染防治措施

一、锅炉脱硫、除尘、脱硝措施

（一）锅炉脱硫措施

1. 炉内脱硫

炉内脱硫工艺原理是燃料和作为吸收剂的电石粉同时送入燃烧室，气流使燃料颗粒、电石粉和灰一起在循环流化床强烈扰动并充满燃烧室，电石粉在燃烧室内裂解成氧化钙，氧化钙和二氧化硫结合成硫酸钙，锅炉燃烧室温度应控制在 $850\sim900℃$，以实现反应最佳。

钙硫比在 $2.0\sim2.5$ 时，脱硫效率达到 $60\%\sim80\%$，钙硫比在 $2.5\sim4.5$ 时，脱硫效率稍微上升，当钙硫比大于 4.5 时，脱硫效率变化不明显。

根据燃煤锅炉产排污系数手册，层燃炉、抛煤机炉、煤粉炉的炉内脱硫效率为 $20\%\sim40\%$。对于大型循环流化床锅炉，采用炉内掺烧石灰石脱硫的效率可以达到 90%，采用炉内喷钙脱硫的效率为 80%。

2. 烟气脱硫

从烟气中去除 SO_2 的技术简称烟气脱硫。烟气中二氧化硫被回收，净化成可出售的副产品，如硫黄、硫酸或浓二氧化硫气体。石灰粉吸收法广泛应用于大型火电厂，钙法（石灰）广泛应用于电力、石油、化工、建材、冶金、玻璃等企业。烟气脱硫技术分类见表10-1。

（二）锅炉除尘措施

1. 袋式除尘

袋式除尘是一种干式除尘装置，适用于捕集细小、干燥、非纤维性粉尘。滤袋由纺织的滤布或非纺织的毡制成，利用纤维织物的过滤作用对含尘气体进行过滤，当含尘气体进入布袋除尘器，颗粒大、相对密度大的粉尘，由于重力的作用沉降下来，落入灰斗，含有较细小粉尘的气体在通过滤料时，粉尘被阻留，使气体得到净化。

布袋除尘器结构主要由上部箱体、中部箱体、下部箱体（灰斗）、清灰系统和排灰机构等部分组成。简单的袋式除尘器如图10-1所示。

表 10-1　烟气脱硫技术分类

分类	处理方法	优点	缺点	处理效果
干法烟气脱硫	石灰粉吸收法	来源广泛、价格低廉,易于获取,副产品石膏具有综合利用的商业价值,应用最广泛、技术最成熟	脱硫效率较低,需设置备用脱硫塔	石灰粉用量较大,脱硫效率为 40%～60%;硫的吸附会增加脱硫剂床层的阻力,需要考虑石灰粉的粒径;脱硫效率随着脱硫剂应用时间增加而不断降低,不利于控制最终产品质量
	活性炭法	脱硫剂消耗少,能重复利用,有利于节约原料,降低运行成本;脱硫产物能回收;工艺比较简单,易于操作;不存在二次污染问题	活性炭的吸附容量有限,因而吸附剂使用量较多;占地面积较大	催化剂在一定的条件下与空气中的硫化氢气体及部分有机硫发生化学反应而生成固定的化合物,减小空气中的硫化氢气体及部分有机硫的浓度,净化后的混合气体中硫化氢及部分有机硫的含量降低 98% 以上,不会对人员产生危害
	催化氧化法	脱硫效率高,对于烟气温度、SO₂浓度和烟气量无特殊要求	催化剂投资大,制备条件苛刻,催化活性组分易流失	采用有机催化剂,被强氧化剂氧化后的 SO_2 混合含尘锅炉烟气进入吸收塔,在含有硫氧官能团的有机催化剂存在的条件下,与碱液发生中和反应,脱硫效率大于 80%
湿法烟气脱硫	氨法	化学吸收反应速度快,脱硫效率高;原材料来源丰富,可以采用液氨、氨水、废氨水,还可以采用化肥级碳酸氢铵;占地面积小,布置具有较大灵活性;脱硫的同时可以脱硝;原材料供应可靠、方便、价格便宜;运行成本低,副产物有出路	氨易挥发;亚硫酸铵氧化困难;硫酸铵在水溶液中的饱和溶解度随温度变化不大,易结晶;需控制亚硫酸铵气溶胶	氨法脱硫不但脱除烟气中 95% 以上的 SO_2,而且生产出高附加值的硫酸铵化肥产品,减少污染,变废为宝。能适用于任何含硫量煤种的烟气脱硫
	钙法(石灰)	工艺成熟,脱硫效率高,具有较低的吸收剂化学量比,石灰成分廉易得,建设期间无须停机。副产品石膏具有综合利用的商业价值	占地面积大;造价较高,一次性投资较大;副产品石膏数量大,不容易处理,同时会产生温室气体 CO_2 和废水,容易产生二次污染	采用空塔形式,使得烟气流速有较大幅度的提高,吸收塔内径有大幅度的减小;系统具有较高的可靠性,系统可用率可达 98% 以上;对锅炉燃煤煤质变化适应性好;对锅炉负荷变化有良好的适应性,在不同的烟气负荷及 SO_2 浓度下,脱硫系统仍可保持较高的脱硫效率及系统稳定性
	钠法	脱硫效率高,可吸收其他酸性气体,设备造价低,占地小	脱硫剂的成本较高,脱硫越多,经济性越差	脱硫剂系统、吸收反应系统和副产品系统都在水溶液状态下运行,脱硫效率高,有吸收其他酸性气体(如 HCl、HF、HBr)等的良好性能。由于其系统简单,液/气比小,设备造价最低,占地最小
	镁法	脱硫效率高;设备不易堵塞,腐蚀问题有所改善,运行较可靠;投资少,运行费用低	副产品回收困难;前提是副产品有市场,能回收再利用;脱硫剂氧化镁成本较高;可能存在副反应	镁法脱硫技术是一种成熟度仅次于钙法的脱硫工艺,它的脱硫设备不易堵塞,腐蚀问题有所改善,运行较可靠。在化学反应活性方面氧化镁要大于钙基脱硫剂,并且由于氧化镁的分子量较碳酸钙和氧化钙小,因此其他条件相同的情况下镁法的脱硫效率要高于钙法的脱硫效率,可脱除烟气中 95% 以上的 SO_2,而且可生产出高附加值的硫酸铵化肥产品

分类	处理方法	优点	缺点	处理效果
半干法脱硫	旋转喷雾干燥法	该技术工艺较为简单，占地面积小，最终产物主要为 $CaSO_4$ 等，比较方便处理。此外，前期投入和运营成本不高，且不会对设备造成腐蚀等，耗水量不多	该技术应用中具有较高的自动化水平，难以有效控制吸收剂用量，需研发新型吸收剂，以便提高吸收剂利用效果	旋转喷雾干燥法脱硫技术在应用中往往需要使用专用设备产生机械推动力或气流作用，以便将吸收剂浆液状态转化为雾状液滴，使其变得细小且分散，然后将其喷入吸收塔中。通过这种方式，可进一步拓展其与吸收塔中烟气的接触面积，为充分进行化学反应创造良好的条件，保障滴液的有效性应用。在化学反应过程中，两者之间的热量相互交换，并与烟气中的二氧化硫产生化学反应，并以此为载体实现质量传递。在该环节中，吸收剂中的水分会逐渐蒸发，致使吸收剂水分减少，逐渐呈现干燥状态，且在完成脱硫反应后，会以废渣的状态存在，因此需以干态方式将其排出。在该技术应用中，常用的吸收剂类型往往涉及碱液、石灰乳等。通过该技术的有效性应用，可进一步提高脱硫效果，且可对多种状态进行脱硫反应。脱硫率可达到 80% 以上
	半干半湿法	半干半湿法往往需在中小锅炉中应用，前期成本较低，运行费用不高，脱硫效率在 70% 左右，且在使用过程中不会对设备造成腐蚀，整体设备系统体积较小，占用空间少，脱硫效率较高。该方法节省了制浆系统成本，可以把喷入的 $Ca(OH)_2$ 水溶液改为 CaO 或 $Ca(OH)_2$ 粉末，进一步提高了脱硫剂利用率，且整体工艺较为简单。该方法在未来火电厂脱硫工作中具有广阔的应用空间	主要应用于小锅炉，脱硫效率较低	脱硫效率在 70% 左右
	粉末-颗粒喷动床半干法	脱硫率较高，对脱硫剂的利用率也较高，不会对周边环境造成影响	在使用过程中，对进气温度、床内湿度等具有较高的要求，一旦对浆料含水量、反应温度等控制不合理，会出现脱硫剂粘壁的问题	脱硫率较高

滤料有棉纤维、毛纤维、合成纤维以及玻璃纤维等，不同纤维织成的滤料具有不同性能。常用的滤料有 208 或 901 涤纶绒布，使用温度一般不超过 120℃；经过硅酮树脂处理的玻璃纤维滤袋，使用温度一般不超过 250℃；棉毛织物一般适用于没有腐蚀性，温度在 80～90℃ 以下的含尘气体。

布袋除尘器性能的好坏，除了正确选择滤袋材料外，清灰系统对布袋除尘器起着决定性的作用。为此，清灰方法可区分布袋除尘器的特性，也是布袋除尘器运行中重要的一环。目前常用的清灰方法有以下几种。

① 气体清灰：借助于高压气体或外部大气反吹滤袋，以清除滤袋上的积灰。气体清灰包括脉冲喷吹清灰、反吹风清灰和反吸风清灰。

② 机械振打清灰：分顶部振打清灰和中部振打清灰（均对滤袋而言），借助于机械振打装置周期性地轮流振打各排滤袋，以清除滤袋上的积灰。

③ 人工敲打清灰：用人工拍打每个滤袋，以清除滤袋上的积灰。

2. 湿式除尘

（1）除尘过程　湿式除尘器的除尘方式主要有四种：①液体介质与尘粒之间的惯性碰撞和截留；②微细尘粒与液滴之间的扩散接触；③加湿的尘粒相互凝并；④饱和态高温烟气降温时，以尘粒为凝结核凝结。

湿式除尘器的除尘过程是惯性碰撞、截留、扩散、凝并等多种效应的共同结果。

（2）特点　与其他除尘器相比，湿式除尘器具有的特点见表10-2。

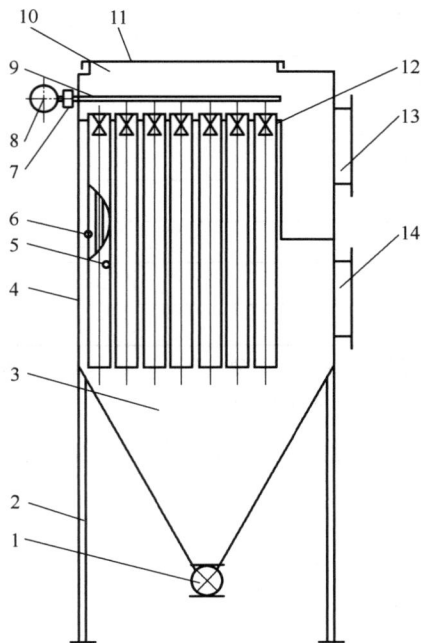

图 10-1　机械清灰袋式除尘器

1—卸灰阀；2—支架；3—灰斗；4—箱体；5—滤袋；
6—袋笼；7—电磁脉冲阀；8—储气罐；9—喷管；
10—清洁室；11—顶盖；12—环隙引射器；
13—净化气体出口；14—含尘气体入口

表 10-2　湿式除尘器的特点

特点	内　　容
优点	① 由于气体和液体接触过程中同时发生传质和传热的过程，因此这类除尘器既具有除尘作用，又具有烟气降温和吸收有害气体的作用，适用于处理高温、高湿、易燃和有害气体及黏性大的粉尘； ② 除尘效率高； ③ 结构简单、造价低、占地面积小
缺点	① 从洗涤式除尘器中排出的污泥要进行处理，否则会造成二次污染； ② 净化有腐蚀性气体时，易造成设备和管道的腐蚀及堵塞问题； ③ 不适用于憎水性粉尘的除尘； ④ 排气温度低，不利于烟气的抬升和扩散； ⑤ 在寒冷地区要注意设备的防冻问题

（3）湿式除尘器的分类　根据净化机理，可将湿式除尘器分为七类：①重力喷雾洗涤器；②旋风式洗涤器；③自激喷雾洗涤器；④泡沫洗涤器；⑤填料床洗涤器；⑥文丘里洗涤器；⑦机械诱导喷雾洗涤器。各洗涤器的结构形式、性能及操作范围见表10-3。

3. 静电除尘

（1）除尘原理　静电除尘是在高压电场的作用下，通过电晕放电使含尘气流中的尘粒带电，利用电场力使粉尘从气流中分离出来并沉积在电极上的过程。利用静电除尘的设备称为静电除尘器，简称电除尘器。以往常用于以煤为燃料的工厂、电站，收集烟气中的煤灰和粉尘。冶金中用于收集锡、锌、铅、铝等的氧化物，也可以用于家居的除尘灭菌产品。

表 10-3　湿式气体洗涤器的结构形式、性能及操作范围

洗涤器	对 5μm 尘粒的近似分级效率/%	压力损失/Pa	液气比/(L/m³)
重力喷雾	80①	125～500	0.67～268
离心或旋风	87	250～4000	0.27～2.00
自激喷雾	93	500～4000	0.067～0.134
泡沫板式	97	250～2000②	0.40～0.67
填料床	99	50～250	1.07～2.67
文丘里	＞99	1250～9000③	0.27～1.34④
机械诱导喷雾	＞99	400～1000	0.53～0.67

① 跟近似文献中提供的数值差别大;② 文丘里孔板使压力损失提高很多;③ 压力损失为 17.5 kPa 的已采用;④ 对文丘里喷射式洗涤器,液气比增大到 6.7L/m³。

（2）除尘过程　电除尘器的除尘过程分为四步,如图 10-2 所示。

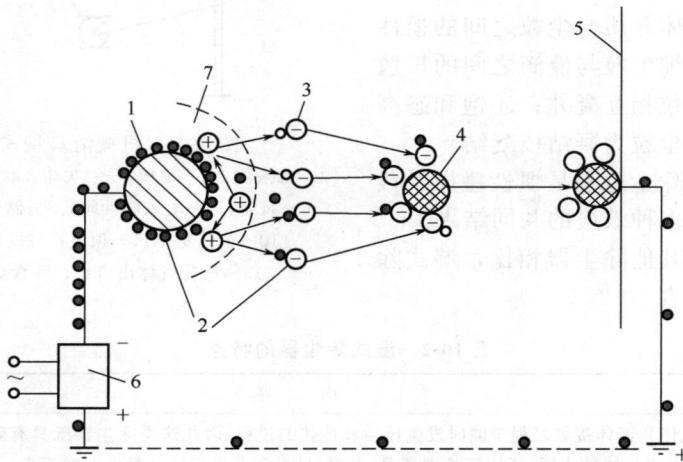

图 10-2　除尘过程示意图
1—电晕极;2—电子;3—离子;4—粒子;5—集尘器;6—供电装置;7—电晕区

① 气体电离。在放电电极与集尘电极之间加上直流的高电压,在电晕极附近形成强电场,并发生电晕放电,电晕区内空气电离,产生大量的负离子和正离子。

② 粉尘荷电。在放电电极附近的电晕区内,正离子立即被电晕极表面吸引而失去电荷,自由电子和负离子则因受电场力的驱使和扩散作用,向集尘电极移动,于是在两极之间的绝大部分空间内部都存在着自由电子和负离子,含尘气流通过这部分空间时,粉尘与自由电子、负离子碰撞而结合在一起,发生了粉尘荷电。

③ 粉尘沉积。在电场库仑力的作用下,荷电粉尘被驱往集尘电极,经过一定时间后,到达集尘电极表面,放出所带电荷而沉积在表面上,逐渐形成一粉尘薄层。

④ 清灰。当集尘电极表面上粉尘集到一定厚度时,要用机械振打等方法将沉积的粉尘清除,隔一定的时间也需要进行清灰。

（3）特点　静电除尘的特点见表 10-4。

表 10-4　静电除尘的特点

特点	内　容
优点	① 除尘性能好（可捕集微细粉尘及雾状液滴）； ② 除尘效率高（微尘粒径大于 1μm 时，除尘效率可达 99％）； ③ 阻力损失小（一般在 20 毫米水柱以下，和旋风除尘器相比，即使考虑供电机组和振打机构耗电，其总耗电量仍比较小）； ④ 允许操作温度高（如 SHWB 型电路除尘器最高允许操作温度 250℃，其他类型还有达到 350～400℃ 或者更高的）； ⑤ 处理气体范围量大； ⑥ 可以完全实现操作自动控制
缺点	① 设备比较复杂，设备调运和安装以及维护管理水平高； ② 对粉尘的电阻有一定要求，所以对粉尘有一定的选择性，不能使所有粉尘都获得很高的净化效率； ③ 受气体温、湿度等的操作条件影响较大，同一种粉尘如在不同温度、湿度下操作，所得的效果不同，有的粉尘在某一个温度、湿度下使用效果很好，而在另一个温度、湿度下由于粉尘电阻的变化几乎不能使用电除尘器； ④ 一次投资较大，卧式的电除尘器占地面积较大； ⑤ 目前在某些企业中实用效果达不到设计要求

注：$1mmH_2O=9.80665Pa$。

（三）锅炉脱硝措施

电站锅炉、工业锅炉、焚烧炉、燃气轮机等的烟气会向环境排放 NO 和 NO_2 等氮氧化物（通称为"NO_x"），氮氧化物（NO_x）是造成大气污染的主要污染物，目前国内有 65％ 的 NO_x 是燃煤产生的。因为 NO_x 对人体有害、可引发酸雨，并且是光化学烟雾的重要产生原因，所以 NO_x 的排放受到越来越严格的限制。

1. 炉内脱硝

炉内抑制氮氧化物生成的途径主要有两个。一是低温燃烧，可以有效地抑制热力型和快速型氮氧化物的生成。实施方式是低 NO_x 燃烧器（LNB），LNB 一般只有 30％～50％ 的效率，单独采用低 NO_x 燃烧器难以达到 NO_x 的排放控制标准。二是分段燃烧，挥发分中包含了大量的元素 N，在燃烧室内很快析出，此时由于缺氧会大大降低氮氧化物的生成量，并使部分 NO_x 在富氧区析出，与 CO、C 反应还原成 N。但分段燃烧对 NO_x 的生成和排放控制有一定限度，单独采用分段燃烧难以达到 NO_x 的排放控制标准。

2. 烟气脱硝

目前烟气脱硝技术有催化分解法、选择性非催化还原法（SNCR）、选择性催化还原法（SCR）、固体吸附法、电子束法、湿法脱硝等几类，见表 10-5。

表 10-5　烟气脱硝技术

方法	原理	技术特点
催化分解法	在催化剂作用下，使 NO 直接分解为 N_2 和 O_2。主要的催化剂有过渡金属氧化物、贵金属催化剂和离子交换分子筛等	不需耗费氨，无二次污染。催化活性易被抑制，SO_2 存在时催化剂中毒问题严重，还未工业化
选择性非催化还原法（SNCR）	用氨或尿素类物质使 NO_x 还原为 N_2 和 H_2O	效率较高，操作费用较低，技术已工业化。温度控制较难，氨气泄漏可能造成二次污染

续表

方法	原理	技术特点
选择性催化还原法（SCR）	在特定催化剂作用下,用氨或其他还原剂选择性地将 NO_x 还原为 N_2 和 H_2O	脱除率高,投资和操作费用大,也存在 NH_3 的泄漏
SCR+SNCR	SNCR 阶段,在 850~1100℃ 的范围内,使用 NH_3 或尿素作为还原剂,与烟气中的 NO_x 反应生成 N_2 和 H_2O；在 SCR 阶段,利用 SNCR 未完全反应的还原剂继续脱除氮氧化物。SCR 反应器内装有催化剂,进一步降低烟气中的氮氧化物浓度	结合了 SNCR 和 SCR 的优点,能够在较低温度下继续反应,提高脱硝效率,建设和运行成本较高
低氮燃烧+SNCR	低温燃烧,可以有效地抑制热力型和快速型氮氧化物的生成；用氨或尿素类物质使 NO_x 还原为 N_2 和 H_2O	效率更高,操作费用较低,技术已工业化
固体吸附法	吸附	对于小规模排放源可行,耗资少,设备简单,易于再生。但受到吸附容量的限制,不能用于大排放源
电子束法	用电子束照射烟气,生成强氧化性·OH、O 原子和 NO_2,这些强氧化基团氧化烟气中的二氧化硫和氮氧化物,生成硫酸和硝酸,加入氨气,则生成硫硝铵复合盐	技术能耗高,并且有待实际工程应用检验
湿法脱硝	先用氧化剂将难溶的 NO 氧化为易于被吸收的 NO_2,再用液体吸收剂吸收	脱除率较高,但要消耗大量的氧化剂和吸收剂,吸收产物造成二次污染

在众多的脱硝技术中,成熟的脱硝技术有选择性催化还原（SCR）和选择性非催化还原法（SNCR）。

选择性催化还原（SCR）,即在催化剂表面通过氨或尿素等含氮还原剂来还原 NO_x。一般 SCR 系统安装在 420℃ 左右的烟气温度范围。虽然 SCR 系统能相对容易地实现 80%~90% 的 NO_x 脱除率,但此方法存在的缺点是：需要设置催化剂反应塔,催化剂费用高,烟气中导致催化剂失效的因素较多,燃煤时催化剂的使用寿命仅约为四年,而且失效的催化剂是危险固废。

选择性非催化还原法（SNCR）,在高温段将还原剂喷入从而将 NO_x 还原为分子态的氮,现有技术中常用的还原剂是氨和尿素,此时 SNCR 只在一个很狭窄的温度范围内（氨：900~1100℃；尿素：900~1500℃）有效。温度更高的条件下,还原剂本身被氧化成 NO；而低于最佳反应温度时,选择性还原反应速度很慢,从而造成未反应的还原剂泄漏（如氨泄漏）。而且在现有的燃烧系统中,最佳温度范围（通常被称为"温度窗口"）可能随燃烧工况的变化（如锅炉负荷的变动）和烟道内较大的温度梯度的变化而发生改变,这给还原剂喷射位置的确定带来了很大的困难。除温度窗口外,影响 SNCR 效果的因素还有烟气中的氧量等。

SNCR 相对于 SCR 而言,脱硝效率偏低,但是其投资和运行成本低,特别适合小容量锅炉使用。在欧洲已有 120 多台装置的成功应用经验,其 NO_x 的脱除率可达到 60%~80%。日本大约有 170 套装置安装了这种设备。美国政府也将 SNCR 作为主要的电厂控制 NO_x 的技术。SNCR 方法已成为目前国内外电站脱硝比较成熟的主流技术。经调查,山东黄山电厂 350MW 机组项目采用 SNCR 对锅炉烟气进行脱硝,验收监测显示脱硝效率在 70% 以上。

二、工艺废气治理措施

工业废气常含有二氧化碳、二硫化碳、硫化氢、氟化物、氮氧化物、氯、氯化氢、一氧化碳、酸雾、铅、汞、铍化物、烟尘及生产性粉尘等大气污染物，上述大气污染物通过不同的途径进入人体内，有的直接产生危害，有的有蓄积作用，会严重危害人体健康，排入大气会污染空气。工艺废气产生来源主要是化工厂、电子厂、印刷厂、喷漆车间、涂装厂、食品厂、橡胶厂、涂料厂、石化行业等。常见的工艺废气主要有酸雾、含有机物的废气，下面以上述典型大气污染物为例，介绍其治理措施。

（一）酸雾去除措施

通常所说的酸雾是指雾状的酸类物质。酸雾主要产生于化工、电子、冶金、电镀、纺织（化纤）、机械制造等行业的用酸过程中，如制酸、酸洗、电镀、电解、酸蓄电池充电等。在空气中酸雾的颗粒很小，比水雾的颗粒要小，比烟的湿度要高，粒径为 $0.1 \sim 10 \mu m$，是介于烟气与水雾之间的物质，具有较强的腐蚀性。

酸雾的处理方法主要有液体吸收法、固体吸附法、过滤法、静电除雾法、机械式除雾法及覆盖法等。下面对这几类方法进行简要介绍。

1. 液体吸收法

液体吸收一般包括水洗法和碱液中和法。碱液中和法常用的吸收剂有 10% 的 Na_2CO_3、4%~6% 的 $NaOH$ 和 NH_3 等的水溶液。所采用的净化处理设备主要有洗涤塔、泡沫塔、填料塔、斜孔板塔、湍球塔等。其主要净化机理是使气、液充分接触，酸、碱中和，从而提高净化效率。液体吸收法的优点是设备投资较低，工艺较简单。缺点是：①耗能耗水量大、运行费用高；②容易带来二次污染；③在北方的冬天还容易因结冰而导致设备无法正常运行；④由于硝酸雾中含有不易溶于水的 NO，因此液体吸收法对硝酸雾的净化效率比较低。

2. 固体吸附法

常用的吸附剂有活性炭、分子筛、硅胶、含氨煤泥等。北京工业大学研制成功了一种可以治理多种酸雾的吸附剂——SDG 吸附剂，曾被国家环保总局列为 1992 年最佳实用技术和 1995 年可行实用技术。该吸附剂已在多个行业中得到成功的应用，可以净化硫酸、硝酸、盐酸、氢氟酸、醋酸、磷酸等各种酸雾。尤其适用于浓度小于 1000 mg/m^3 的间歇排放的酸洗操作场所。

吸附法净化酸雾的优点是：①能比较好地去除伴随硝酸雾产生的氮氧化物的污染；②设备简单，操作方便；③干式工艺，不产生二次污染。

吸附法净化酸雾的缺点是：由于吸附剂的吸附容量有限，设备庞大，且过程为间歇操作。因此，吸附法仅适用于处理酸雾浓度较低的废气。

3. 过滤法

过滤法的除雾机理是：不同粒径的酸雾滴悬浮在气流中，互相碰撞而凝聚成较大的颗粒，在经过丝网、板网或纤维层时，通道弯曲狭窄，在惯性效应和钩住效应（咬合效应）作用下，附着在丝网、板网或纤维上。不断附着的结果使细小的酸液滴增大并降落下来，最后流入集液箱回用。

过滤法对密度较大、易凝聚的酸雾，如硫酸雾、铬酸雾的净化效果较好，但对雾滴较小的酸雾去除效果不够理想，对气态污染物几乎没有去除能力。

4. 静电除雾法

静电除雾技术的工作原理见图 10-3。

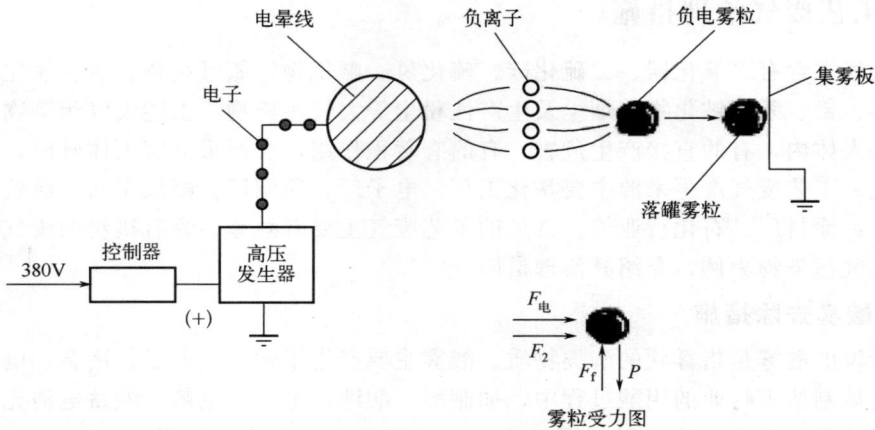

图 10-3　静电除雾的工作原理

$F_{电}$—电场力；F_2—离子风作用力；F_f—空气浮力；P—重力

通过静电控制装置和直流高压发生装置，将交流电变成直流电送至除雾装置中，在电晕线（阴极）和酸雾捕集极板（阳极）之间形成强大的电场，使空气分子被电离，瞬间产生大量的电子和正、负离子，这些电子及离子在电场力的作用下作定向运动，构成了捕集酸雾的媒介。同时使酸雾微粒荷电，这些荷电的酸雾粒子在电场力的作用下作定向运动，抵达捕集酸雾的阳极板上。之后，荷电粒子在极板上释放电子，于是酸雾被集聚，在重力作用下流到除酸雾器的贮酸槽中，这样就达到了净化酸雾的目的。

静电除雾器有以下优点：①除雾效率高，如宝钢冷轧厂酸洗工艺段采用的静电除雾器除雾效率高达 99.55%；②性能稳定。

静电除雾器的缺点有：①易产生电晕闭塞、电晕极肥大等问题；②设备体积大、价格高；③适应面窄，只适用于硫酸雾和铬酸雾，并且对呈分子状态的酸性气体基本无净化作用。

5. 机械式除雾法

机械式除雾法的原理是借用重力、惯性力或离心力的作用使雾滴与气体分离，从而达到净化目的。常用的设备有折流式除雾器、离心式除雾器等。

折流式除雾器示意图如图 10-4 所示，图中为折流板的一段，包括两块折流板，是构成一个通道的壁。在通道的每个拐弯处装有一个贮器，收集并排出液体，液滴与气体在拐弯处分离。当气流经过拐弯处，惯性力阻止液滴随气体流动，一部分液滴碰撞到对面的壁上，聚集形成液膜，并被气流带走聚集在第二个拐弯处的贮器里。这部分在第一个拐弯处分离出来的液滴，包括大的液滴和部分靠近第一个拐弯处外壁运动的细滴。剩余的细滴经过通道截面重新分配后能够靠近第二个拐弯处。同样，部分靠近第二个拐弯处外壁的液滴，经过碰撞外壁，聚积成液膜并聚集在第三个拐弯处的贮器里。最后，经过除雾的气流离开折流分离器。

为了分离吸收塔顶部的雾沫夹带，旋流板除雾器应运而生。它的作用是使气体通过塔板产生旋转运动，利用离心力的作用将雾沫除去，除下的雾滴从塔板的周边流下。该塔板除雾器的除雾效率可达 98%～99%，且结构比较简单，阻力介于折流板与丝网除雾器之间，如图 10-5 所示。

机械式除雾法的优点是：除雾效率高；酸液可回收再用；结构简单，易于操作。

机械式除雾法的缺点主要在于对呈分子状态的酸性气体基本无净化作用。

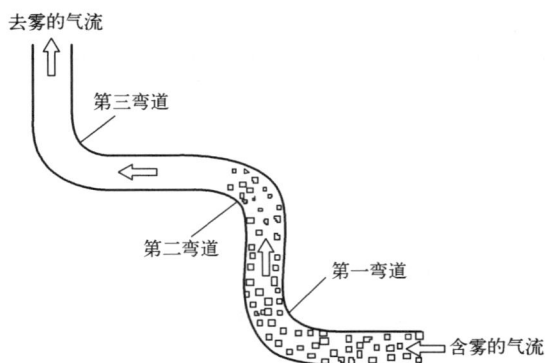

图 10-4　折流式除雾器示意图

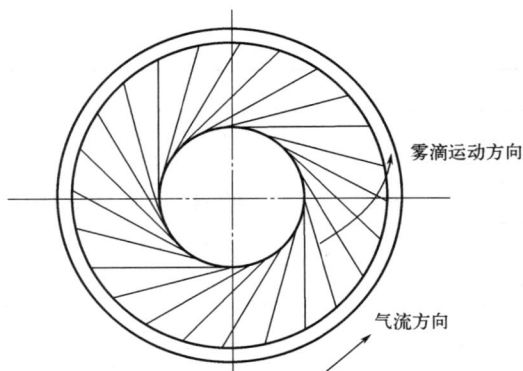

图 10-5　旋流除雾板原理图

6. 覆盖法

有些工艺，如金属酸洗工艺使用较大的开放式工艺槽，酸雾不易被有效收集，所以采用悬浮塑球覆盖或用抑雾剂产生的泡沫来封闭液面等方法防止酸雾外溢，这类方法称作覆盖法。

悬浮塑球可在酸液液面上形成一层不流通空气的绝缘层，延缓了酸液的蒸发和挥发，该方法可以减少 70％以上酸雾的排放。

抑雾剂成分一般为表面活性剂，加入酸液之后可使气液界面的张力有所降低。这样使酸液中化学反应产生的气泡在较小直径时周围就吸附了活性分子膜，向液体表面浮起。这些较小泡沫所含的能量比未加抑雾剂时产生的气泡所含能量大大降低，所以冲破液面时带出的液体也比不加抑雾剂时大大减少。上升的气泡不会马上破裂，而是停留在液面上，当很多气泡停留在液面而不破裂时，就形成了泡沫，泡沫可以吸收和抑制酸雾的挥发和排放。

另外，在金属酸洗工艺中，为了减少酸液对基体金属的侵蚀，常常加入缓蚀剂。缓蚀剂一般为有机成分，可以吸附于待处理金属表面而形成一层保护膜，从而将金属基体屏蔽起来，大大减少了金属基体与酸介质的作用，这样既减少了金属因过度酸洗造成的损耗，又避免了酸液与金属基体反应产生的气体带出更多酸雾。

缓蚀剂、抑雾剂同时加入可减少基材的浪费、节约酸洗用酸、治理酸雾等。

覆盖法的优点是成本低，工艺简单。缺点是有可能对生产过程造成不便或对产品质量有影响。如采用悬浮塑球覆盖时可能引起工件取放不便，使用缓蚀剂则可能造成产品表面出现色斑等。

（二）有机废气去除措施

1. 有机废气常用的治理措施

有机废气主要包括碳氢化合物、苯及苯系物、醇类、酮类、酚类、醛类、酯类、胺类、腈、氰等有机化合物。主要来自汽车尾气以及电子、化工、石油化工、涂料、印刷、涂装、家具、皮革等行业，见表 10-6。有机废气一般都具有易燃易爆、有毒有害、不溶于水、溶于有机溶剂、处理难度大的特点，见表 10-7。

表 10-6　有机废气的来源

类别	污染源	污染途径
固定源	石油炼制、贮存，印刷、油漆化工行业的有机原料及合成材料，农药、燃料、涂料等化工产品，炼焦、固定燃烧装置	石油炼制过程，化工产品生产工艺中泄漏、存贮设施中蒸发，废水有机物的蒸发，油墨、涂料中的有机物蒸发，消毒剂、农药蒸发，垃圾焚烧中不完全燃烧，饮食业煎、炸、烤类食物
流动源	汽车、轮船、飞机	尾气排放、曲轴箱漏气

表 10-7　常见的有机废气对人体的危害

名称	危害
苯类有机物	损害人的中枢神经,造成神经系统障碍,当苯蒸气浓度过高时(空气中含量达 2%),可以引起致死性的急性中毒
腈类有机物	使人呼吸困难、严重窒息、意识丧失直至死亡
多环芳烃	强烈的致癌性
苯酸类有机物	使细胞蛋白质发生变形或凝固,致使全身中毒
硝基苯	影响神经系统、血象和肝、脾器官功能,皮肤大面积吸收可以致人死亡
芳香胺类有机物	致癌
有机氯化合物	致癌
二苯胺、联苯胺	进入人体可以造成缺氧症
有机硫化合物	低浓度硫醇可引起不适,高浓度可致人死亡
含氧有机化合物	吸入高浓度环氧乙烷可致人死亡
丙烯醛	对黏膜有强烈的刺激
戊醇	使人呕吐、腹泻等

常用的治理措施是燃烧法、催化燃烧法、吸附法、吸收法、冷凝法等,具体见表 10-8。其中,吸附技术、催化燃烧技术和热力焚烧技术是传统的有机废气治理技术。

表 10-8　有机废气治理方法

净化方法	方法要点	适用范围
燃烧法	将废气中的有机物作为燃料烧掉或将其在高温下氧化分解,温度范围为 600~1100℃	适用于高、中浓度范围废气的净化
催化燃烧法	在氧化催化剂的作用下,将碳氢化合物氧化为二氧化碳和水,温度范围为 200~400℃	适用于各种浓度的废气净化、连续排气的场合
吸附法	用适当的吸附剂对废气中有机物分级进行物理吸附,温度范围为常温	适用于低浓度废气的净化
吸收法	用适当的吸收剂对废气中有机组分进行物理吸收,温度范围为常温	适用于含有颗粒物的废气净化
冷凝法	采用低温,使有机物冷却,组分冷却至露点以下,液体回收	适用于高浓度废气净化

2. 挥发性有机物（VOCs）去除措施

（1）传统的 VOCs 控制技术分类　传统的 VOCs 控制技术基本可分为两大类——回收技术和销毁技术,如图 10-6 所示。

回收技术是根据 VOCs 本身的性质,通过物理方法,在一定的温度和压力下,使用吸收、吸附剂及选择性渗透膜等实现 VOCs 的分离,主要包括吸收法、吸附法、冷凝法及膜分离法。而销毁技术则是采用化学或生物方法,使 VOCs 气体分子转变为小分子的水和二氧化碳,主要包括燃烧法和生物法。

（2）应用最广泛的 VOCs 治理技术

① 催化燃烧装置。催化燃烧装置首先通过除尘阻火系统,然后进入换热器,再送到加热室,使气体达到燃烧反应温度,再通过催化床的作用,使有机废气分解成二氧化碳和水,

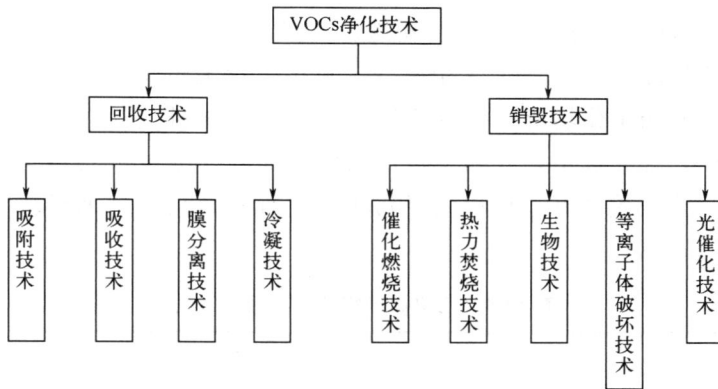

图 10-6 传统 VOCs 治理技术

再进入换热器与低温气体进行热交换，使进入的气体温度升高达到反应温度，如达不到反应温度，加热系统可通过自控系统实现补偿加热。利用催化剂作中间体，使有机气体在较低的温度下，变成无害的水和二氧化碳气体。

② 蓄热式焚烧炉。蓄热式焚烧炉的工作原理是在高温下（800℃左右）将有机废气氧化成 CO_2 和 H_2O，从而净化废气，并回收分解。蓄热式焚烧炉的工艺示意图见图 10-7。

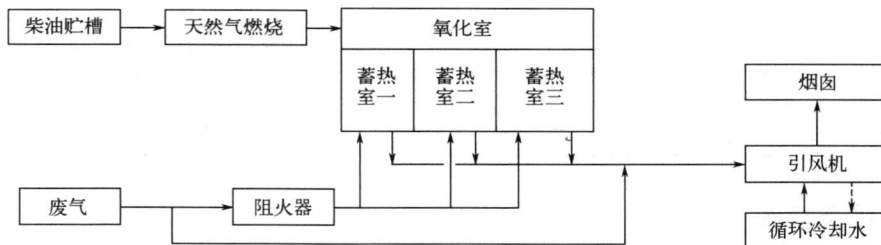

图 10-7 蓄热式焚烧炉工艺示意图

③ 吸附浓缩技术。沸石转轮吸附浓缩技术是针对低浓度 VOCs 的治理而发展起来的一种新技术，与焚烧技术（催化燃烧或高温焚烧）或冷凝技术组合，形成了"沸石转轮吸附浓缩＋焚烧技术"和"沸石转轮吸附浓缩＋冷凝回收技术"。目前，VOCs 治理技术通常涉及上述多种技术工艺的组合，如吸附浓缩＋燃烧技术、吸附浓缩＋冷凝回收技术、等离子体＋光催化复合净化技术等。

三、无组织废气治理措施

凡不通过排气筒或通过 15m 高度以下排气筒的有害气体排放，均属于无组织排放。主要是物料跑、冒、滴、漏，以及在空气中蒸发和逸散引起的不规律排放。此外，物料敞开存放或输送过程中产生的弥散作用也可形成无组织排放。

无组织排放的废气中主要污染物有：①SO_2、NO_x、颗粒物、氟化物等；②烟尘及生产性粉尘；③恶臭气体，主要污染物为 NH_3、H_2S。

(一) 通用措施

在生产过程中，工业炉窑烟气中含有 SO_2、NO_x、CO、氟化物和烟尘等；焊接过程会产生焊烟，其主要成分是粉尘、CO、O_3、NO_2、HF 等。另外，不同行业生产过程中还会在粉碎/破碎、筛分、投料、料仓、输送、喷雾、干燥、造粒、包装等环节产生工业粉尘，堆场、灰库等场所也会产生含尘废气。对于上述无组织排放源，生产车间治理措施的基本思路为"密闭工作场所＋排风系统＋除尘系统＋排气筒"的配置，并且一般情况下采用干法除尘，优先选用袋式除尘器，除尘效率可以达到 90％以上，还可以回收物料，收尘效率高，除尘效率好，可以满足污染物达标排放要求。无组织废气的处理方法见表 10-9。

表 10-9　无组织废气的主要处理方法

来源	处 理 方 法
贮罐区	(1) 限制排放条件 ① 控制温差。主要方法：将罐主体置于地下，罐顶装设喷淋冷却水系统，地上罐体外壁涂白色，罐四周种植高大阔叶乔木等。 ② 罐型设计。尽量采用浮顶罐装置，可降低呼吸损耗排放。 ③ 设置呼吸阀挡板。 ④ 制订合理的收发方案，减少有机液体的输转作业，尽量保持贮罐装满。 (2) 增设回收系统 常用的回收方法有集气罐法、冷凝回收法、压缩回收法、喷淋回收法。
生产车间	① 产生无组织废气的工序：在离心、烘干、反应釜等废气排放较频繁的设备上方设置集气装置，将废气收集，经冷凝、液体吸收、吸附、燃烧催化转化等化学或物理方法处理后，由排气筒排放，浓度较低时可直接经排气筒排放。 ② 被液体物料污染的地面：采用石灰、黄沙等，将污染物彻底清除，必要时将地面切块修补。 ③ 车间内物料的转移：在装料和卸料时采用管道输送，气相管和液相管分别与料桶相连，输液时形成闭路循环。 ④ 设备、管道装置：加强检查频次，及时更换零部件

（二）除臭措施

恶臭气体主要来自制药厂、油墨厂、油漆厂、肉联厂、电镀厂、塑料厂、轮胎厂、化工厂、涂料厂、彩印厂、油脂厂、电子器件厂、喷涂厂、香精香料厂、污水处理站、垃圾填埋场等产生臭气的场所。除臭措施与除臭技术主要针对集中排放的恶臭物质，其处理方式分为吸附法、吸收法、燃烧法、冷凝法、膜分离法、电化学氧化法、光催化降解法、等离子体分解法、电晕法、生物法等，见表 10-10。

表 10-10　几种恶臭气体治理技术比较

序号	脱臭方法	脱臭原理	适用范围	优点	缺点
1	掩蔽法	采用更强烈的芳香气味与臭气掺和，以掩蔽臭气，使之能被人接受	适用于需立即、暂时消除低浓度恶臭气体影响的场合，恶臭强度2.5左右，无组织排放源	可尽快消除恶臭影响，灵活性大，费用低	恶臭成分并没有被去除
2	稀释扩散法	将有臭味的气体通过烟囱排至大气，或用无臭空气稀释，降低恶臭物质浓度，以减少臭味	适用于处理中/低浓度的有组织排放的恶臭气体	费用低，设备简单	易受气象条件限制，恶臭物质依然存在

续表

序号	脱臭方法	脱臭原理	适用范围	优点	缺点
3	热力燃烧法	在高温下恶臭物质与燃料气充分混合,实现完全燃烧	适用于处理高浓度、小气量的可燃性气体	净化效率高,恶臭物质被彻底氧化分解	设备易腐蚀,消耗燃料,处理成本高,易形成二次污染
4	催化燃烧法				
5	水吸收法	利用臭气中某些物质易溶于水的特性,使臭气成分直接与水接触,从而溶解于水,达到脱臭目的	水溶性、有组织排放源的恶臭气体	工艺简单,管理方便,设备运转费用低	产生二次污染,需对洗涤液进行处理;净化效率低,应与其他技术联合使用,对硫醇、脂肪酸等处理效果差
6	药液吸收法	利用臭气中某些物质和药液产生化学反应的特性,去除某些臭气成分	适用于处理大气量、中高浓度的臭气	能够有针对性地处理某些臭气成分,工艺较成熟	净化效率不高,消耗吸收剂,易形成二次污染
7	吸附法	利用吸附剂的吸附功能使恶臭物质由气相转移至固相	适用于处理低浓度、高净化要求的恶臭气体	净化效率很高,可以处理多组分恶臭气体	吸附剂费用高,再生较困难,要求待处理的恶臭气体有较低的温度和含尘量
8	生物滤池式脱臭法	恶臭气体经过去尘增湿或降温等预处理工艺后,从滤床底部由下向上穿过由滤料组成的滤床,恶臭气体由气相转移至水-微生物混合相,通过附着于滤料上的微生物的代谢作用而被分解掉	是目前研究最多,工艺最成熟,在实际中也最常用的生物脱臭方法。又可细分为土壤脱臭法、堆肥脱臭法、泥炭脱臭法等	处理费用低	占地面积大,填料需定期更换,脱臭过程不易控制,运行一段时间后容易出现问题,对疏水性和难生物降解物质的处理还存在较大难度
9	生物滴滤池式脱臭法	原理与生物滤池式类似,不过使用的滤料是诸如聚丙烯小球、陶瓷、木炭、塑料等不能提供营养物质的惰性材料	只有针对某些恶臭物质降解的微生物附着在填料上,而不会出现生物滤池中混合微生物群同时消耗滤料有机质的情况	池内微生物数量多,能承受比生物滤池更大的污染负荷,惰性滤料可以不用更换,压力损失小,而且操作条件极易控制	需不断投加营养物质,而且操作复杂,使得其应用受到限制
10	洗涤式活性污泥脱臭法	将恶臭物质和含悬浮物泥浆的混合液充分接触,使之在吸收器中从臭气中去除掉,洗涤液再送到反应器中,通过悬浮生长的微生物代谢活动降解溶解的恶臭物质	有较大的适用范围	可以处理大气量的臭气,同时操作条件易于控制,占地面积小	设备费用高,操作复杂,而且需要投加营养物质
11	曝气式活性污泥脱臭法	将恶臭物质以曝气形式分散到含活性污泥的混合液中,通过悬浮生长的微生物降解恶臭物质	适用范围广,目前日本已用于粪便处理场、污水处理厂的臭气处理	活性污泥经过驯化后,对不超过极限负荷量的恶臭成分去除率可达99.5%以上	受到曝气强度的限制,该法的应用还有一定局限

续表

序号	脱臭方法	脱臭原理	适用范围	优点	缺点
12	三相多介质催化氧化工艺	反应塔内装填特制的固态复合填料，填料内部复配多介质催化剂。当恶臭气体在引风机的作用下穿过填料层，与通过特制喷嘴呈发散雾状喷出的液相复配氧化剂在固相填料表面充分接触，并在多介质催化剂的催化作用下，恶臭气体中的污染因子被充分分解	适用范围广，尤其适用于处理大气量、中高浓度的废气，对疏水性污染物质有很好的去除率	占地小，投资低，运行成本低；管理方便，即开即用；耐冲击负荷，不易受污染物浓度及温度变化影响	需消耗一定量的药剂
13	低温等离子体技术	介质阻挡放电过程中，等离子体内部产生富含极高化学活性的粒子，如电子、离子、自由基和激发态分子等。废气中的污染物质与这些具有较高能量的活性基团发生反应，最终转化为 CO_2 和 H_2O 等物质，从而达到净化废气的目的	适用范围广，净化效率高，尤其适用于其他方法难以处理的多组分恶臭气体，如化工、医药等行业的恶臭气体	电子能量高，几乎可以和所有的恶臭气体分子作用；运行费用低；反应快，设备启动、停止十分迅速，随用随开	一次性投资较高

四、实例

【例 10-1】　某项目为一新建拌和站，项目生产混凝土 $50 \times 10^4 \, m^3/a$，建设循环水池 $300 \, m^3$，厂房 4 间，厂房共计 $4356 \, m^2$；购置相关设备，包括给料机 1 台、振动筛 1 台、水罐 1 个、配料机 2 套、混凝土搅拌机组 2 套、输送带 6 套、水泥仓 4 个、粉煤灰仓 2 个、矿粉仓 2 个、计重系统 1 套、除尘器 6 套。该项目废气包含混凝土生产线废气，主要包括卸料废气、入仓废气、上料废气、配料废气、搅拌废气、运输废气等。

(1) 粉料入仓废气　项目水泥、粉煤灰、矿粉入仓废气经管道收集至布袋除尘器处理后经 28m 排气筒排放，共 2 套。每 2 套水泥仓、1 套粉煤灰仓、1 套矿粉仓共用一套布袋除尘器和排气筒。

(2) 给料、上料、配料废气　给料、上料、配料废气经集气罩收集后由 2 套布袋除尘器处理后经 1 根 15m 排气筒排放。

(3) 搅拌废气　搅拌废气经设备自带布袋除尘器（共 2 套）处理后无组织排放。

(4) 车间无组织废气　生产车间全密闭，顶部上方设置喷雾抑尘设施，在原料的装卸作业过程中，采用喷雾方式抑尘。

项目主要废气污染源、污染因子及治理措施见表 10-11。

表 10-11　主要废气污染源、污染因子及治理措施

污染源	主要污染物	防治措施	排放方式
粉料入仓废气	颗粒物	布袋除尘器＋28m 排气筒	有组织
给料、上料、配料废气	颗粒物	集气罩＋布袋除尘器＋15m 排气筒	有组织

污染源	主要污染物	防治措施	排放方式
搅拌废气	颗粒物	自带布袋除尘器	无组织
车间无组织废气	颗粒物	生产车间全密闭＋喷雾抑尘	无组织

【例 10-2】　某县生活垃圾焚烧发电项目占地面积为 $55392m^2$，建筑面积 $18191m^2$，主要建设厂房及其附属设施；处理规模为 500 t/d（含协同处置污泥 50 t/d），垃圾及污泥合计年处理总量 182500t。设置 1×500t/d 机械炉排炉焚烧生产线，1 台额定蒸汽 48.5t/h 余热锅炉。配置 1 套 12MW 凝汽式汽轮发电机组及污泥烘干设备等，垃圾及污泥合计年处理总量 182500t。配套建设除尘系统、脱硫脱硝系统、灰渣处理系统、渗滤液处理系统等。污泥处理系统采用热力干化中的半干化处理工艺。设置有湿污泥接收及储存系统、污泥干化系统、尾气处理系统、电气系统、仪表自控系统等。该项目服务范围以县城周边及下辖乡镇。项目主要由主厂房（含卸料大厅、焚烧炉、汽机间及污泥处理设施等）、烟囱、飞灰暂存间等组成。公辅及办公设施由地磅、门卫、污水处理站调节池、污水处理站、综合水泵房、冷却塔、蓄水池、初期雨水收集池、综合楼等组成。年运转时间 8000 小时，采用四班三运转连续工作制，每班 8 小时。建设周期 30 年（其中建设期为 2 年，运营期为 28 年）。

排水系统：采用雨污分流系统。循环系统排污水，用于降温池补水、车间地面冲洗、道路冲洗，以及卸料大厅、灰渣区、料斗冲洗，剩余排入洁净废水处理系统处理后回用；除盐水系统浓水及反冲洗水排入洁净废水处理系统处理后回用；卸料大厅、灰渣区、料斗等冲洗水排入渗滤液处理站，车间地面冲洗水以及其他用水产生的废水排入洁净废水处理系统。洁净废水处理系统处理后的净水作为循环系统补水，浓水用于除渣机补水以及石灰浆制备；渗滤液处理站系统处理后的净水作为循环系统补水，浓水用于飞灰固化、石灰浆制备以及回喷焚烧炉。渗滤液污水处理站采用"预处理＋厌氧反应器（UASB）＋膜生物反应器（MBR）＋纳滤（NF）＋反渗透（RO）"工艺。洁净废水处理系统采用"调节池＋多介质过滤＋超滤系统＋RO 系统"工艺。

运营期产生的主要大气污染物是焚烧烟气、恶臭物质和颗粒物。针对本项目产生的各类废气，拟采取的废气治理措施如下（表 10-12）。

表 10-12　废气治理措施一览表

废气来源	采取的措施	主要污染因子
焚烧炉烟气	SNCR＋半干式反应塔＋碳酸氢钠喷射＋活性炭喷射＋袋式除尘器＋SCR 烟气净化装置	SO_2、NO_x、颗粒物、二噁英、HCl、CO、重金属等
垃圾池臭气		NH_3、H_2S、甲硫醇
污泥处理系统臭气	由风机送入焚烧炉作为助燃空气	
渗滤液处理站臭气		
渗滤液间臭气		
石灰仓废气	袋式除尘器	颗粒物
碳酸氢钠仓废气	袋式除尘器	
活性炭仓废气	袋式除尘器	
飞灰仓废气	袋式除尘器	

① 焚烧炉烟气：焚烧炉设置"SNCR＋半干式反应塔 [Ca(OH)$_2$，辅助 NaOH]＋碳酸氢钠喷射＋活性炭喷射＋袋式除尘器＋SCR 烟气净化装置"废气处理装置。

② 恶臭气体：卸料大厅、垃圾贮坑设置负压，恶臭气体引入焚烧炉焚烧，停炉时渗滤液处理站的臭气抽吸排入垃圾池，再通过风机将臭气抽至除臭装置除臭后经一台风机引入一根距离地面 15m 高排气筒排入大气；污水处理站恶臭气体经过收集后引入焚烧炉焚烧。

③ 粉尘：消石灰仓、干粉仓、飞灰仓、活性炭仓外排粉尘采用布袋除尘器处理。

废水处理措施：废水处理方案如表 10-13 所示。

表 10-13　废水处理方案

序号	废水类别	废水处理方案	排放去向
1	卸料大厅、灰渣区、料斗等冲洗水	送厂区渗滤液处理站进行处理，浓水用于回喷焚烧炉、石灰浆制备以及飞灰固化，净水回用于循环水系统	不外排
2	垃圾渗滤液、污泥带水及初期雨水		
3	污泥带水		
4	生活用水及其他废水		
5	循环水系统排污水	用于降温池补水、车间地面冲洗、道路冲洗，以及卸料大厅、灰渣区、料斗冲洗，剩余排入洁净废水处理系统处理后回用	不外排
6	车间地面冲洗以及其他用水排水	排入洁净废水处理系统，浓水用于除渣机补水、石灰浆制备，净水回用于循环水系统	不外排
7	除盐水系统浓水、反冲洗水		
8	锅炉排水	回用于循环水系统	不外排

第二节　污水治理措施

城镇污水主要来源于城镇居民生活中的污水、各工业企业生产过程中产生的生产废水以及地表径流三个方面。根据城镇污水的来源不同，城镇污水可以分为三大类，即生活污水、工业废水、地表径流。本节只介绍生活污水和工业废水治理措施。

一、生活污水治理措施

生活污水根据污水来源的不同可以分为居民生活污水、宾馆饭店等服务业的生活污水以及一些娱乐场所的生活污水等。从污染源排出的污水经过人工强化处理，处理后的出水排入地表水体或回用。典型生活污水水质指标见表 10-14。

（一）污水处理厂处理工艺

根据我国的实际情况，污水处理厂的规模大体上可分为大型、中型和小型。

规模大于 $10×10^4 m^3/d$ 的是大型污水处理厂，一般建在大城市，基建投资以亿元计，年运营费用以千万元计，目前全国最大的污水处理厂规模达 $100×10^6 m^3/d$。

中型污水处理厂的规模为 $(1\sim10)×10^4 m^3/d$，一般建于中、小城市和大城市的郊县，基建投资几千万至上亿元，年运营费用几百万到上千万元。

规模小于 $1×10^4 m^3/d$ 的是小型污水处理厂，一般建于小城镇，基建投资几百万到上千万元，年运营费用几十万到上百万元。

表 10-14　典型生活污水水质指标

序号	指标		浓度/(mg/L)			序号	指标		浓度/(mg/L)		
			高	正常	低				高	正常	低
1	总固体(TS)		1200	720	350	9	可生物降解部分	溶解性	375	150	100
2	溶解性总固体	非挥发性	525	300	145			悬浮物	375	150	100
		挥发性	325	200	105			合计	750	300	200
		合计	850	500	250	10	总氮(N)	有机氮	35	15	8
3	悬浮物(SS)	非挥发性	75	55	20			游离氮	50	25	12
		挥发性	275	165	80			合计	85	40	20
		合计	350	220	100	11	亚硝酸盐		0	0	0
4	可沉降物		20	10	5	12	硝酸盐		0	0	0
5	生化需氧量(BOD5)	溶解性	200	100	50	13	总磷	有机磷	5	3	1
		悬浮性	200	100	50			无机磷	10	5	3
		合计	400	200	100			合计	15	8	4
6	总有机碳(TOC)		290	160	80	14	氯化物(Cl)		200	100	60
7	化学需氧量(COD)		1000	400	250	15	碱度(CaCO3)		200	100	50
8	溶解性		400	150	100	16	油脂		150	100	50

从处理深度上，污水处理厂处理工艺可以分为一级、二级、三级或深度处理。一级处理：物理处理，通过机械处理，如格栅、沉淀或气浮，去除污水中所含的石块、砂石和脂肪、油脂等。二级处理：生物化学处理，污水中的污染物在微生物的作用下被降解和转化为污泥。三级处理：污水的深度处理，包括营养物的去除和通过加氯、紫外辐射或臭氧技术对污水进行消毒。根据处理目标和水质的不同，有的污水处理过程并不是包含上述所有过程。常见的污水处理厂工艺流程见图 10-8。

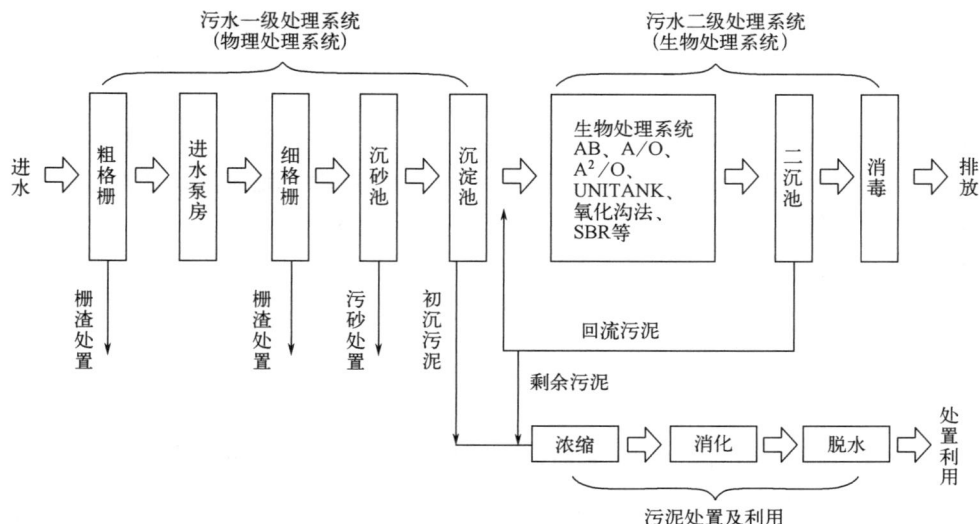

图 10-8　常见的污水处理厂工艺流程图

《城市污水处理及污染防治技术政策》中对大型城市污水处理厂的处理工艺作如下规定：日处理能力在 $2.0 \times 10^5 \, \mathrm{m^3}$ 以上（不包括 $2.0 \times 10^5 \, \mathrm{m^3/d}$）的污水处理设施，一般采用常规活性污泥法，也可采用其他成熟技术；日处理能力在 $(1.0 \sim 2.0) \times 10^5 \, \mathrm{m^3/d}$ 的污水处理设施，可选用常规活性污泥法、氧化沟法、序批式活性污泥（SBR）法和吸附-生物降解（AB）法等成熟工艺。在对氮、磷污染物有控制要求的地区，一般选用厌氧-好氧活性污泥（A/O）法、厌氧-缺氧-好氧活性污泥（A^2/O）法等技术。也可审慎选用其他的同效技术。污水处理厂常用生物处理方法的比较见表 10-15。

表 10-15　污水处理厂常用生物处理方法的比较

序号	处理方法名称	BOD_5 去除率/%	N、P 去除率	占地	投资	能耗
1	常规活性污泥法	90～95	低	大	大	高
2	SBR 法	85～95	一般	较小	小	较小
3	周期循环活性污泥法（CASS）	90～95	较高	较小	一般	一般
4	一体化活性污泥法（UNITANK）	85～95	一般	小	大	一般
5	氧化沟	92～98	较高	较大	较小	低
6	AB	90～95	较高	一般	一般	一般
7	A^2/O	90～95	高	大	一般	一般
8	高负荷生物滤池	75～85	较低	较小	大	低
9	生物接触氧化	90～95	一般	较小	一般	较高
10	水解好氧法	90～95	一般或较高	较小	较小	较低

大型城市污水处理厂的优选工艺是传统活性污泥法、改进型 A/O 法、A^2/O 法。目前世界上绝大多数国家（包括我国）的大型污水处理厂大多采用传统活性污泥法、A/O、A^2/O 法，因为这几种工艺对大型污水厂具有难以替代的优点。传统活性污泥法、A/O 和 A^2/O 法与氧化沟和 SBR 工艺相比最大优势是能耗较低、运营费用较低，规模越大，这种优势越明显。对于大型污水厂来说，年运营费很可观，如规模为 $4.0 \times 10^5 \, \mathrm{m^3/d}$ 的污水厂，$1 \mathrm{m^3}$ 污水节省处理费 1 分钱，一年就节省 146 万元。

城市中型污水处理厂处理规模一般为 $5 \times 10^4 \, \mathrm{m^3/d}$。考虑到脱氮除磷的要求，在我国适合中型污水处理厂的工艺主要有 A^2/O 工艺、SBR 工艺、氧化沟工艺。

我国小型污水处理厂工艺较多，但真正投资省、运行费用低、处理效果好、工艺流程及运行管理简单的污水处理工艺较少。目前小型城市污水处理厂的优选工艺是氧化沟和 SBR。

A^2/O 工艺即厌氧-缺氧-好氧生物脱氮除磷工艺，是一项能够同步脱氮除磷的污水处理工艺。因具有良好的有机物、氨氮、总磷去除率，加上运行安全可靠、操作简便、投资较省、自动化要求不高及城市污水厂原来的处理工艺易向 A^2/O 改造等优点，是目前中小型污水处理厂较常用的工艺之一。氧化沟与 SBR 工艺通常都不设初沉池和污泥消化池，整个处理单元比常规活性污泥法少 50% 以上，操作管理大大简化，这对于技术力量相对较弱、管理水平相对较低的中小型污水处理厂很合适。氧化沟与 SBR 工艺去除有机物效率很高，有的还能脱氮、除磷，或既脱氮又除磷，而且处理设施十分简单，管理非常方便，是目前国际上公认的高效、简化的污水处理工艺，也是世界各国中小型城市污水处理厂的优选工艺。氧化沟工艺的抗冲击负荷能力比常规活性污泥法好得多，这对于水质、水量变化剧烈的中小型污水厂很有利。

正是由于上述种种原因，氧化沟和 SBR 在国内外发展得很快。美国环境保护署（EPA）把污水处理厂的建设费用或运营费用比常规活性污泥法节省 15％ 以上的工艺列为革新替代技术，由联邦政府给予财政资助，SBR 和氧化沟工艺因此得以大力推广，已经建成的污水厂各有几百座。欧洲的氧化沟污水厂已有上千座，澳大利亚近 10 多年建成 SBR 工艺污水厂近 600 座。在国内，氧化沟和 SBR 工艺已成为中小型污水处理厂的首选工艺。

经过污水处理厂处理后的出水水质应该满足《城镇污水处理厂污染物排放标准》（GB 18918—2002）和《城镇污水处理厂污染物排放标准》（GB 18918—2002）修改单的要求。

根据城镇污水处理厂排入地表水域环境功能和保护目标，以及污水处理厂的处理工艺，将基本控制项目的常规污染物标准值分为一级标准、二级标准、三级标准。一级标准分为 A 标准和 B 标准。一类污染物（重金属）和选择控制项目不分级，见表 10-16、表 10-17。

表 10-16　基本控制项目最高允许排放浓度（日均值）

序号	基本控制项目		一级标准		二级标准	三级标准
			A 标准	B 标准		
1	化学需氧量（COD）/(mg/L)		50	60	100	120①
2	生化需氧量（BOD₅）/(mg/L)		10	20	30	60①
3	悬浮物（SS）/(mg/L)		10	20	30	50
4	动植物油/(mg/L)		1	3	5	20
5	石油类/(mg/L)		1	3	5	15
6	阴离子表面活性剂/(mg/L)		0.5	1	2	5
7	总氮（以 N 计）/(mg/L)		15	20	—	—
8	氨氮（以 N 计）②/(mg/L)		5(8)	8(15)	25(30)	—
9	总磷（以 P 计）/(mg/L)	2005 年 12 月 31 日前建设的	1	1.5	3	5
		2006 年 1 月 1 日前建设的	0.5	1	3	5
10	色度（稀释倍数）		30	30	40	50
11	pH		6～9			
12	粪大肠菌群数/(个/L)		10³	10⁴	10⁴	—

① 下列情况按去除率指标执行：当进水 COD 大于 350mg/L 时，去除率应大于 60％；BOD 大于 160mg/L 时，去除率应大于 50％。　② 括号外数值为水温＞12℃时的控制指标，括号内数值为水温≤12℃时的控制指标。

表 10-17　部分一类污染物最高允许排放浓度（日均值）　　　　单位：mg/L

序号	项目	标准值
1	总汞	0.001
2	烷基汞	不得检出
3	总镉	0.01
4	总铬	0.1
5	六价铬	0.05
6	总砷	0.1
7	总铅	0.1

一级标准的 A 标准是城镇污水处理厂出水作为回用水的基本要求。当污水处理厂出水引入稀释能力较小的河湖作为城镇景观用水和一般回用水等用途时,执行一级标准的 A 标准。

城镇污水处理厂出水排入国家和省份确定的重点流域及湖泊、水库等封闭、半封闭水域时,执行一级标准的 A 标准;排入 GB 3838 地表水 Ⅲ 类功能水域(划定的饮用水源保护区和游泳区除外)、GB 3097 海水二类功能水域时,执行一级标准的 B 标准。

城镇污水处理厂出水排入 GB 3838 地表水 Ⅳ、Ⅴ 类功能水域或 GB 3097 海水三、四类功能海域时,执行二级标准。

非重点控制流域和非水源保护区的建制镇的污水处理厂,根据当地经济条件和水污染控制要求,采用一级强化处理工艺时,执行三级标准。但必须预留二级处理设施的位置,分期达到二级标准。

(二) 地埋式污水处理工艺

居住小区(含别墅小区)、高级宾馆、医院、综合办公楼和各类公共建筑的生活污水处理可采用地埋式生活污水处理设备。

地埋式污水处理设备是一种模块化的高效污水生物处理设备,是一种以生物膜为净化主体的污水生物处理系统,充分发挥了厌氧生物滤池、接触氧化床等生物膜反应器具有的生物密度大、耐污能力强、动力消耗低、操作运行稳定、维护方便的特点,使得该系统具有很广阔的应用前景和很好的推广价值。

该设备采用国际先进的生物处理工艺,全套设备均可埋设于地下,集去除 BOD_5、COD、$NH_3\text{-}N$ 于一身,具有技术性能稳定可靠、处理效果好、投资省、占地少、维护方便等优点。地埋式污水处理工艺流程见图 10-9。

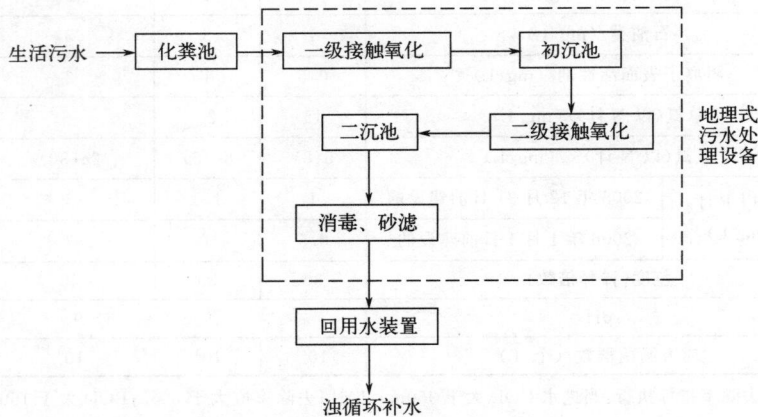

图 10-9　地埋式污水处理工艺流程示意图

该工艺适用于污水量小于 $20m^3/d$ 的污水处理工程,可在较为富裕的农村地区使用。三种地理式生活污水处理技术的比较见表 10-18。经该设备处理后的出水,经消毒、砂滤处理,出水水质可达到《城镇污水处理厂污染物排放标准》(GB 18918—2002)一级 B 标准要求,见表 10-19。

表 10-18　三种地理式生活污水处理技术的比较

名称	地埋式无动力处理技术	地埋式有动力处理技术	地埋式一体化处理技术
常见工艺	厌氧消化＋厌氧生物过滤＋接触氧化	生物接触氧化法、SBR 法、A/O 及 A^2/O 工艺	生物接触氧化法、SBR 法、A/O 及 A^2/O 工艺

续表

名称	地埋式无动力处理技术	地埋式有动力处理技术	地埋式一体化处理技术
处理效果	接近二级处理 基本能达标	二级处理 能达标	二级处理 能达标
处理范围	1000m³/d 以下	10000m³/d 以下	3000m³/d 以下
建设投资费用	较低	基建费用较高	较高,其中设备费用所占比重大
运行费用	基本上无运行费用	较高	较低,0.3 元/m³ 左右
维护管理	较方便	可通过 PLC 自控系统操作,管理方便	较复杂
适用范围	经济技术基础较差、排水管网尚不完善的农村地区	城市生活小区;小城镇污水处理厂(站)	经济技术基础较好的地区;城市排水管网未能覆盖的住宅小区;学校、宾馆、饭店、疗养院等

表 10-19　地埋式生活污水处理设备出水水质

类　别	原水水质	处理水质	一级排放标准 B 标准 (GB 18918—2002)
BOD/(mg/L)	150～250	<10	20
COD/(mg/L)	200～400	<50	60
SS/(mg/L)	150～250	<10	20
氨氮/(mg/L)	10～35	<5	(8)15

二、工业废水治理措施

工业废水处理技术,按作用原理可分为物理法、化学法、物理化学法和生物法四大类,具体见表 10-20。工业废水中的污染物质多种多样,一种废水往往要采用多种方法组合成的处理工艺系统才能达到预期要求的处理效果,废水中污染物及其处理方法的选择见表 10-21。

表 10-20　废水处理方法

方法	原　理
物理法	废水处理方法的选择取决于废水中污染物的性质、组成、状态及对水质的要求。利用物理作用处理、分离和回收废水中的污染物。例如,用沉淀法除去水中相对密度大于 1 的悬浮颗粒的同时回收这些颗粒物;浮选法(或气浮法)可除去乳状油滴或相对密度接近于 1 的悬浮物;过滤法可除去水中的悬浮颗粒;蒸发法用于浓缩废水中不挥发性的可溶性物质等
化学法或 物理化学法	利用化学反应或物理化学作用回收可溶性废物或胶体物质。例如,中和法用于中和酸性或碱性废水;萃取法利用可溶性废物在两相中溶解度不同的"分配",回收酚类、重金属;氧化还原法用来除去废水中还原性或氧化性污染物,杀灭天然水体中的病原菌等
生物法	利用微生物的生化作用处理废水中的有机物。例如,生物过滤法和活性污泥法用来处理生活污水或有机生产废水,使有机物转化降解成无机盐而得到净化

表 10-21　废水中污染物及其处理方法的选择

污水中的污染物	处理方法(单元操作或其组合)的选择
悬浮物	格栅、磨碎、筛网、筛滤、沉淀、浮除、离心分离、混凝沉淀(投加混凝剂、聚合电解质等药剂)
可生物降解 有机污染物	活性污泥法(悬浮生长型生物处理系统)、生物膜法(固着生长型生物处理系统)、稳定塘处理系统、土地处理系统

续表

污水中的污染物	处理方法(单元操作或其组合)的选择
难降解有机污染物	物理-化学处理系统(活性炭吸附、臭氧氧化或其他强氧化剂氧化)、土地处理系统
病原体	消毒处理(加氯、臭氧、二氧化氯、紫外线、加溴或碘、辐射以及超声波-紫外线-臭氧复合消毒)、土地处理系统
氮	生物硝化与脱氮、氨吹脱解析、离子交换法、土地处理系统
磷	投加药剂(铝盐、铁盐、石灰或复合盐)、生物-化学法除磷、A^2/O生物法除磷脱氮、土地处理系统
重金属	化学混凝沉淀或浮除法、离子浮除、离子交换法、电渗析、反渗透、活性炭吸附、铁氧体法
溶解性无机固体	离子交换法、反渗透、电渗析、蒸发
油	隔油浮除、混凝过滤、粗粒化、过滤、电解-絮凝-浮除
热	冷却池、冷却塔
酸、碱	中和、渗透分析、热力法回收
放射性污染	化学混凝沉淀、离子交换、蒸发、贮存等

(一) 酸碱废水处理措施

酸碱废水是废水处理时最常见的一种。酸性废水主要来自钢铁厂、化工厂、染料厂、电镀厂和矿山等，其中主要含有各种有害物质或重金属盐类。废水处理中酸的质量分数差别很大，低的小于1%，高的大于10%。碱性废水主要来自印染厂、皮革厂、造纸厂、炼油厂等。碱性废水含有机碱或无机碱。碱的质量分数有的高于5%，有的低于1%。酸碱废水中，除含有酸碱外，常含有酸式盐、碱式盐以及其他无机物和有机物。

酸碱废水具有较强的腐蚀性，如不加治理直接排出，会腐蚀管渠和构筑物；排入水体，会改变水体的pH值，干扰并影响水生生物的生长和渔业生产；排入农田，会改变土壤的性质，使土壤酸化或盐碱化，危害农作物；酸碱原料流失也是浪费。所以酸碱废水应尽量回收利用，或经过处理，使废水的pH值处在6～9，才能排入水体。酸碱废水处理的一般原则如下。

① 高浓度酸碱废水，应优先考虑回收利用的废水处理法。根据水质、水量和不同工艺要求，进行厂区或地区性调度，尽量重复使用，如重复使用有困难，或浓度偏低，水量较大，可采用浓缩废水的方法回收酸碱。

② 低浓度酸碱废水，如酸洗槽的清洗水、碱洗槽的漂洗水，应进行中和处理。对于中和处理，应首先考虑以废治废的废水处理原则，如酸、碱废水相互中和；或利用废碱(渣)中和酸性废水，或利用废酸中和碱性废水。在没有这些条件时，可加入中和剂进行废水处理。

(二) 含重金属废水处理措施

含重金属废水处理大致可以分为三大类：化学法、物理处理法、生物处理法。

1. 化学法

化学法主要包括化学沉淀法和电解法，主要适用于含较高浓度重金属离子废水的处理，化学法是目前国内外处理含重金属废水的主要方法。

(1) 化学沉淀法　化学沉淀法的原理是通过化学反应使废水中呈溶解状态的重金属转变为不溶于水的重金属化合物，通过过滤和分离使沉淀物从水溶液中去除，包括中和沉淀法、硫化物沉淀法、铁氧体共沉淀法。由于受沉淀剂和环境条件的影响，沉淀法的出水浓度往往达不到要求，需作进一步处理，产生的沉淀物必须很好地处理与处置，否则会造成二次污染。

（2）电解法　电解法是利用金属电化学性质的一种方法，金属离子在电解时能够从相对高浓度的溶液中分离出来，然后加以利用。电解法主要用于电镀废水的处理，这种方法的缺点是水中的重金属离子浓度不能降得很低。所以，电解法不适于处理较低浓度的含重金属离子的废水。

（3）纳米重金属水处理技术　纳米材料因其比表面积远超普通材料，故同一种物质会显示出不同的物化特性，很多新型的纳米材料都不断地在水处理行业中实验、实践。

纳米重金属水处理技术处理后的出水水质优于国家规定的排放标准且稳定可靠，投资成本和运行成本较低，与水中重金属离子反应快，吸附、处理容量是普通材料的 $10\sim1000$ 倍，而且沉淀的污泥量较传统工艺降低 50% 以上，污泥中杂质也少，有利于后续处理和资源回收。

2. 物理处理法

物理处理法主要包含溶剂萃取分离、离子交换法、膜分离技术及吸附法。

（1）溶剂萃取分离　溶剂萃取法是分离和净化物质常用的方法。由于液液接触，可连续操作，分离效果较好。使用这种方法时，要选择有较高选择性的萃取剂。废水中重金属一般以阳离子或阴离子形式存在，例如在酸性条件下，与萃取剂发生配位反应，从水相被萃取到有机相，然后在碱性条件下被反萃取到水相，使溶剂再生以循环利用，这就要求在萃取操作时注意选择水相酸度。尽管萃取法有较大优越性，但是溶剂在萃取过程中的流失和再生过程中能源消耗大，使这种方法存在一定局限性，应用受到很大的限制。

（2）离子交换法　离子交换法是重金属离子与离子交换剂进行交换，从而去除废水中重金属离子的方法。常用的离子交换剂有阳离子交换树脂、阴离子交换树脂、螯合树脂等。国内外学者就离子交换剂的研制与开发展开了大量的研究工作。随着离子交换剂的不断涌现，在电镀废水深度处理、高价金属盐类的回收等方面，离子交换法越来越展现出其优势。离子交换法是一种重要的电镀废水治理方法，处理容量大，出水水质好，可回收重金属资源，对环境无二次污染，但离子交换剂易氧化失效，再生频繁，操作费用高。

（3）膜分离技术　膜分离技术是利用一种特殊的半透膜，在外界压力的作用下，不改变溶液中化学形态的基础上，将溶剂和溶质进行分离或浓缩的方法，包括电渗析和隔膜电解。电渗析是在直流电场作用下，利用阴阳离子交换膜对溶液阴阳离子的选择透过性使水溶液中重金属离子与水分离的一种物理化学过程。隔膜电解是以膜隔开电解装置阳极和阴极而进行电解的方法，实际上是把电渗析与电解组合起来的一种方法。上述方法在运行中都遇到了电极极化、结垢和腐蚀等问题。

（4）吸附法　吸附法是利用多孔性固态物质吸附去除水中重金属离子的一种有效方法。吸附法的关键技术是吸附剂的选择，传统吸附剂是活性炭。活性炭有很强的吸附能力，去除率高，但活性炭再生效率低，处理水质很难达到回用要求，价格贵，应用受到限制。近年来，逐渐开发出有吸附能力的多种吸附材料。相关研究表明，壳聚糖及其衍生物是重金属离子的良好吸附剂，壳聚糖树脂交联后，可重复使用 10 次，吸附容量没有明显降低。利用改性的海泡石治理重金属废水对 Pb^{2+}、Hg^{2+}、Cd^{2+} 有很好的吸附能力，处理后废水中重金属含量显著低于污水综合排放标准。另有文献报道蒙脱石也是一种性能良好的黏土矿物吸附剂，蒙脱石在酸性条件下对 $Cr(Ⅵ)$ 的去除率达到 99%，出水中 $Cr(Ⅵ)$ 含量低于国家排放标准，具有实际应用前景。

3. 生物处理法

生物处理法是借助微生物或植物的絮凝、吸收、积累、富集等作用去除废水中重金属的方法，包括生物吸附、生物絮凝、植物修复等方法。

（1）生物吸附　生物吸附法是指生物体借助化学作用吸附金属离子的方法。藻类和微生物菌体对重金属有很好的吸附作用，并且具有成本低、选择性好、吸附量大、浓度适用范围广等优点，是一种比较经济的吸附剂。用生物吸附法从废水中去除重金属的研究，美国等国家已初见成效。有研究者预处理假单胞菌的菌胶团后，将其固定在细粒磁铁矿上来吸附工业废水中的 Cu，发现当浓度高至 100mg/L 时，去除率可达 96%，用酸解吸，可以回收 95% 的铜，预处理可以增加吸附容量。但生物吸附法也存在一些不足，例如吸附容量易受环境因素的影响，微生物对重金属的吸附具有选择性，而重金属废水常含有多种有害重金属，影响微生物的作用，应用上受限制等，所以还需进一步研究。

（2）生物絮凝　生物絮凝法是利用微生物或微生物产生的代谢物进行絮凝沉淀的一种除污方法。生物絮凝法的开发虽然不到 20 年，却已经发现 17 种以上的微生物具有较好的絮凝功能，如霉菌、细菌、放线菌和酵母菌等，并且大多数微生物可以用来处理重金属。生物絮凝法具有安全无毒、絮凝效率高、絮凝物易于分离等优点，具有广阔的发展前景。

（3）植物修复　植物修复法是指利用高等植物通过吸收、沉淀、富集等作用降低已污染的土壤或地表水的重金属含量，以达到治理污染、修复环境目的的方法。植物修复法是利用生态工程治理环境的一种有效方法，它是生物技术处理企业废水的一种延伸。利用植物处理重金属，主要由以下三部分组成。

① 利用金属积累植物或超积累植物从废水中吸取、沉淀或富集有毒金属。

② 利用金属积累植物或超积累植物降低有毒金属活性，从而减少重金属被淋滤到地下或通过空气载体扩散。

③ 利用金属积累植物或超积累植物将土壤中或水中的重金属萃取出来，富集并输送到植物根部可收割部分和植物地上枝条部分。通过收获或移去已积累和富集了重金属植物的枝条，降低土壤或水体中的重金属浓度。

在植物修复技术中能利用的植物有藻类植物、草本植物、木本植物等。

（三）含有机物废水处理措施

国内外对难降解有机物废水的处理方法主要有生物法、物化法和化学氧化法等。

1. 生物法

生物法是目前应用最广泛的一种有机废水处理方法，主要包括活性污泥法、生物膜法、好氧-厌氧法等。它主要是利用微生物的新陈代谢，通过微生物的凝聚、吸附、氧化分解等作用来降解污水中的有机物，具有应用范围广、处理量大、成本低等优点。但当废水含有有毒物质或生物难降解的有机物时，生物法的处理效果欠佳，甚至不能处理。针对这类废水，对生物法作了一些改进，使其能应用于这类废水的处理。主要包括以下几个方面。

① 生物强化（bioaugmentation）技术。生物强化技术是通过改善外界环境因素，提高现有工艺对有毒难降解有机的生物降解效率。目前实施的生物强化技术主要有以下途径。

a. 投加有效降解的微生物。它主要是针对所要去除的污染物质，投加专门培养的优势菌种对所要去除的污染物进行有效降解。该法已在美国、德国、日本等国采用，主要用于改善活性污泥法处理效果。但优势菌种在新环境中的适应性和再生问题尚待解决。为了增加优势菌种在生物处理装置内的浓度，提高难降解有机物的处理效率，固定化技术已被用来处理部分难降解有机物。固定化技术是通过化学或物理的手段将优势的游离菌固定，使其不再游离但仍具有生物活性的技术。固定化细胞的制备方法大致可分为结合固定法、包埋固定法和交联固定法。

　　b. 投加营养物和基质类似物。由于大部分有毒有机物的降解是通过共代谢途径进行的，在常规活性污泥系统中可降解目标污染物的微生物数量与活性比较低，添加某些营养物（包括碳源与能源性物质）或提供目标污染物降解过程所需的因子，将有助于降解菌的生长，改善处理系统的运行性能。投加基质类似物是针对代谢酶的可诱导性而提出的，利用目标污染物的降解产物、前体作为酶的诱导物，提高酶活性。

　　c. 投加遗传工程菌、酶。通过基因工程技术构建具有特殊降解功能的菌，形成了酶生物处理技术。酶的固定化技术是目前这一领域研究的热点。

　　② 优化组合的处理工艺。提高难降解物质的去除率，必须延长水力停留时间和增加泥龄，提高微生物有效浓度，增加污染物与微生物的接触时间。目前常用的工艺有以下几种。

　　a. 采用 PACT 工艺（添加粉末活性炭活性污泥工艺），使有机物除被微生物氧化处理外，还被活性炭所吸附。由于活性炭表面的污泥泥龄较长，污染物与微生物接触时间远大于水力停留时间，从而使难降解毒性有机物去除率提高。

　　b. 厌氧-好氧工艺的组合。有时采用单独的好氧或厌氧工艺处理效果都不理想，但采用联合处理工艺后，可能会发挥各工艺的优点，产生协同效应，使处理效果大大提高，如厌氧-缺氧/好氧工艺组合。

　　2. 物化法

　　物化法处理难降解有机污染物的方法主要有吸附法、萃取法、各种膜处理技术等。

　　吸附法主要采用交换吸附、物理吸附或化学吸附等方式，将污染物从废水吸附到吸附剂上，达到去除的目的。吸附效果受到吸附剂结构、性质和污染物结构、性质以及操作工艺等因素的影响，常用的吸附剂有活性炭、树脂、活性炭纤维、硅藻土等。该法的优点是设备投资少、处理效果好、占地面积小。但由于吸附剂的吸附容量有限，吸附后的再生往往能耗很大，废弃后排放对环境易造成二次污染，这些因素限制了该方法的实际应用。

　　萃取法是利用与水互不相溶，但对污染物的溶解能力较强的溶剂，将其与废水充分混合接触，大部分的污染物转移至溶剂相，分离废水和溶剂，使废水得到净化的方法。分离溶剂与污染物，溶剂可以循环利用，废物中的有用物质回收，还可变废为宝。但是目前萃取法仅适用于少数几种有机废水，萃取效果及费用主要取决于所使用的萃取剂。由于萃取剂在水中还有一定的溶解度，处理时难免有少量溶剂流失，使处理后的水质难以达到排放标准，还需结合其他方法作进一步的处理。

　　随着材料技术的进步，超滤法和反渗透法等膜技术也已用于废水的治理研究，它不但可以治理废水，还可从废水中回收有用物质。但此法存在膜通量低，对小分子有机物的截留效率低，膜易污染、专业设备费用高等缺点。

　　3. 化学氧化法

　　化学氧化技术常用于生物处理的前处理，一般是在催化剂的作用下，用化学氧化剂处理有机废水，可提高废水可生化性，或直接氧化降解废水中有机物使之稳定化。常用的氧化剂有 O_3、H_2O_2、$KMnO_4$ 等。随着研究的深入，高级氧化技术（advanced oxidation processes，AOPs）应运而生，且已获得显著的进展。高级氧化技术的基础在于运用光辐照、电、声、催化剂，有时还与氧化剂结合，在反应中产生活性极强的自由基（如·OH），再通过自由基与有机化合物之间的加合、取代、电子转移、断键等，使水体中的大分子、难降解有机物氧化降解成低毒或无毒的小分子物质，甚至直接降解成 CO_2 和 H_2O，接近完全矿化。表 10-22 列出了常见氧化剂的氧化电位，由表可见，·OH 比普通氧化剂（O_3、Cl_2、H_2O_2 等）的氧化电位要高得多。

表 10-22 常见氧化剂的氧化电位

氧化剂	反应式	氧化电位/V
·OH	$·OH + H^+ + e^- = H_2O$	2.80
臭氧	$O_3 + 2H^+ + 2e^- = H_2O + O_2$	2.07
过氧化氢	$H_2O_2 + 2H^+ + 2e^- = 2H_2O$	1.77
高锰酸根	$MnO_4^- + 8H^+ + 5e^- = Mn^{2+} + 4H_2O$	1.51
二氧化氯	$ClO_2 + e^- = Cl^- + O_2$	1.50
氯气	$Cl_2 + 2e^- = 2Cl^-$	1.30

这种以·OH为主要氧化剂的降解技术克服了普通氧化法存在的问题，具有以下特点：①产生的·OH氧化能力极强，与各种有机物质的反应速率相近，具有"广谱性"，能有效地将废水中的有机物彻底降解为CO_2、H_2O和无机盐，无二次污染；②工艺灵活，既可单独处理，又可以与其他处理工艺组合；③作为一种物理-化学处理过程，极易控制，以满足不同处理需要。由于氧化过程可以完全破坏毒性污染物，较之其他方法有其特殊优越性，因而在水处理研究领域引起了广泛的关注和得到了广泛的应用。

三、实例

【例10-3】 某县污水处理厂位于该县城东部某河下游北侧，名称为某县新洁污水处理有限公司，现状正常运行。某县污水处理厂提标改造工程已完成，设计规模$3\times10^4\,m^3/d$，实际处理规模$1.3\times10^4\,m^3/d$，主要收纳县城城区污水、开发区东区企业污水、某县新材料开发有限公司污水、某高新材料科技有限公司污水、某科技有限公司污水和某县纸业包装有限公司污水。某县污水处理厂处理工艺为"预处理＋A^2O＋MBR生物脱氮除磷工艺"（图10-10），处理后废水总氮满足《子牙河流域水污染物排放标准》（DB 13/2796—2018）中的

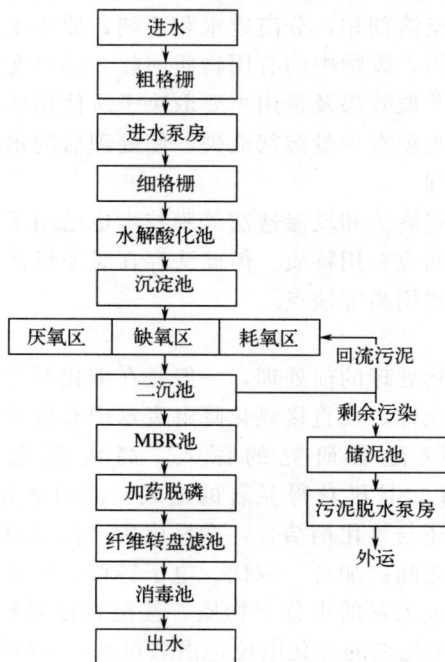

图 10-10 某县污水处理厂提标改造后工艺流程（以生活污水为主）

重点控制区排放限值要求，其他因子满足《地表水环境质量标准》（GB 3838—2002）IV 类水标准，出水排入某河。

第三节　噪声污染防治措施

噪声是发声体做无规则振动时发出的声音，是一类使人烦躁或音量过强而危害人体健康的声音。噪声污染主要来源于交通运输噪声、工业企业噪声、施工噪声、社会噪声等。由于噪声源不同，所采取的噪声防治措施也不同，但都是从噪声源、传播途径、受声者三个方面考虑。

一、交通运输噪声防治措施

（一）针对声源的降噪措施

1. 选用低噪声路面/更新道路建设技术

一般来说，汽车行驶在沥青混凝土路面比行驶在水泥路面噪声要低 1～3dB。其中疏水沥青混凝土路面的降噪效果更为明显，可降噪 2～8dB。因此，使用低噪声路面可有效地降低公路交通噪声污染。加强城市的道路建设，修建多孔隙沥青路面，其测量的噪声结果与传统路面相比，可降噪 3～6dB（A）；在雨天多孔隙路面可降噪 8dB（A），而且可以使渗入路面的雨水迅速排出，提高路面的抗滑能力。

2. 交通管制措施、合理控制机动车的数量和流量

在某时段内禁止大型车辆在敏感路段通行、禁止鸣笛，调整交通信号使交通流顺畅等降噪效果较为明显，也易于采用。机动车的速度是产生交通噪声的主要原因，理论上，车速增加一倍，噪声增加 9dB，车流量增加一倍，噪声增加 3dB，所以严格并且合理控制机动车的速度是降低城市交通噪声的重要途径。

（二）针对噪声传播途径的降噪措施

1. 在公路与受声点之间设置声屏障

声屏障是降低公路噪声的重要设施，也是道路设计者经常采用的降噪措施，对距公路 200m 范围内的受声点有非常好的降噪效果。声屏障对交通的衰减作用主要是通过吸声和隔声来达到的。吸声靠吸声材料实现，而隔声主要靠增加噪声的传播距离达到。一个足够高和长的声屏障可以对处于声影区（见图 10-11）的受声点降噪 5～15dB，从而可以达到利用声屏障降噪的目的。

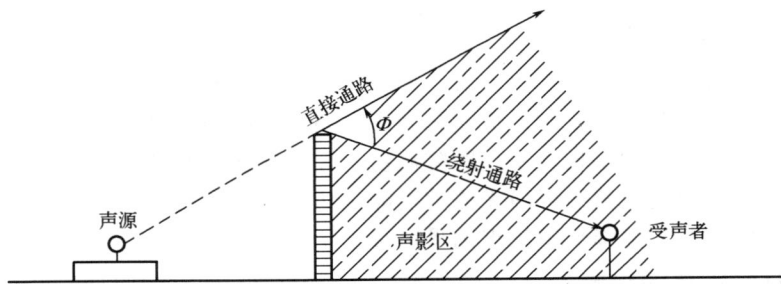

图 10-11　声屏障隔声原理

采用声屏障减少交通车辆噪声干扰，一般沿道路设置 5～6m 高的隔声屏，可达 10～20dB（A）的减噪效果。

2. 在公路受声点之间种植绿化林带

有关资料表明，非常稠密的树林（在声源与受声点之间没有清楚的视线），且树林高度高过视线 4.5m 以上时，树林深入 30m 可降噪 5dB，树林深入 60m 可降噪 10dB，树林的最大降噪值是 10dB。

种植绿化带不但具有降噪作用，还兼有绿化、美化环境的功能，但会大幅度提高公路用地范围，当公路经过荒山丘陵地区时，该方法较为实用。

绿色植物减弱噪声的效果与林带宽度、高度、位置、配置方式及树木种类有密切关系。在城市中，林带宽度最好是 6～15m，郊区为 15～20m。林带的高度大致为声源至声区距离的 2 倍。林带的位置应尽量靠近声源，降噪效果更好。一般林带边缘至声源的距离 6～11m 为宜。林带应以乔木、灌木和草地相结合，形成一个连续、密集的障碍带。树种一般选择树冠矮的乔木，阔叶树的吸声效果比针叶树好，灌木丛的吸声效果更为显著。

利用绿化林带可以降低汽车运输噪声。在表 10-23 中可见绿化带的减噪效果。从表中看出，对低频声频段，即交通运输噪声主要频段，利用绿化带作为防噪措施所达到的降低噪声级平均值为 0.05～0.15dB/m。一般绿化带对中、高频噪声具有较高的减噪效果，而对低频的减噪作用则较差。

表 10-23　树木单位吸声量

树木种类	吸声量/(dB/m)					全频带噪声降低平均值 /(dB/m)
	频率/Hz					
	200～400	400～800	800～1600	1600～3200	3200～6400	
松木(树冠)	0.08～0.11	0.13～0.15	0.14～0.15	0.16	0.19～0.20	0.15
幼年松林	0.10～0.11	0.10	0.10～0.15	0.10	0.14～0.20	0.15
冷杉(树冠)	0.10～0.12	0.14～0.17	0.18	0.14～0.17	0.23～0.30	0.18
茂密阔叶林	0.05	0.05～0.07	0.08～0.10	0.11～0.15	0.17～0.20	0.12～0.17
浓密的绿篱	0.13～0.15	0.17～0.25	0.18～0.35	0.02～0.40	0.30～1.50	0.25～0.35

正确选择树种是提高绿化带防噪效果的重要一环。一般来说，树的高度不小于 7～8m，灌木不小于 1.5～2m，树木栽植的间距为 0.5～3m。

多列树木组成的绿化带较适合在城市采用，因为每列之间可以铺设人行林荫道。利用绿化带降低噪声可以收到很好效果，密植 20～30m 宽的林带能够降低交通噪声 10dB。绿化带宽度为 10～15m 时，降低交通噪声的效果良好。

3. 增大公路与受声点之间的距离

因为噪声强度自声源开始随距离衰减，所以增加噪声源和受声点之间的距离，可以有效地减少噪声的影响。在公路选线时，应充分考虑公路交通噪声污染问题，尤其对执行《声环境质量标准》中 2 类标准的学校教室、医院病房、疗养院住房和特殊宾馆等噪声敏感点，应先估算其噪声级，如通过设置声屏障无法解决噪声污染问题，就需考虑调整线位，增大线位与敏感点之间的距离，从而降低敏感点的噪声级。

（三）针对受声点的降噪措施

通过对敏感建筑物采取一定的措施，也能达到降噪目的，如给山坡上的房屋加高院墙，给朝向公路的窗户安装双层窗等都有明显的降噪效果。敏感建筑物噪声防护方法主要有：设计时合理安排房间的使用功能（如居民住宅在面向道路或轨道一侧设计为厨房、卫生间等非居住用房），以减少交通噪声干扰；噪声敏感建筑物采取如隔声门窗、通风消声窗等被动防护措施。

（四）加强交通管理、加强噪声预测和分析

在交通管理上应加大力度，完善交通法规，加强环保监督力度。通过噪声污染预测，可以预见交通量增大对环境产生的不良影响，从而有针对性地控制、调整噪声源。噪声污染预测是城市规划的依据之一。

（五）实例

【例 10-4】 南京市精细治理交通噪声。

加强道路交通噪声监测。在一些主次干道路边设置道路环境质量自动监测站，自动采样、分析，并将数据传输到环境监测平台。根据监测数据，通过交通疏导、建设隔声屏等措施减少噪声污染。

实行主城区禁鸣。2016 年以来，主城区全部区域禁鸣，并在多个路段设置车辆鸣笛自动曝光系统，采取定点查纠和巡逻纠违等方式重点保障学校、医院、居民区等噪声敏感区域，对违规鸣笛的车辆由交警予以处罚。现在，开车不鸣笛已成为南京驾驶人的习惯。

将噪声检测纳入机动车年检内容。对机动车擅自改装或加装高音喇叭的，先行扣车，待拆除违法装置后，再予以处罚。

突出重点，严格管理渣土车。编制《关于进一步优化全市渣土运输工作的方案》，将治理渣土运输噪声污染纳入南京市年度十件民生实事项目。要求渣土车排队等候时熄火，以免怠速发出噪声；夜间倒车时关闭提示音，由人工指挥；交管部门对夜间渣土车行驶道路进行科学调配，在噪声敏感建筑物集中区有限开禁渣土白天运输。

推广工程技术措施。在道路铺装中，大量使用低噪声沥青，从根本上减少交通噪声。对全市主城区快速路沿线 103 个噪声敏感点，采取新建完善隔声屏、安装隔声窗等方式开展专项治理。南京市政府与中国铁路上海局集团公司签订协议，推动宁芜铁路穿越南京城区段实施电气化复线改造并实行封闭化运营，以降低列车噪声。

二、工业企业噪声防治措施

治理工业企业噪声污染，主要从噪声源、传播途径、受声者（企业职工）这三方面考虑。针对不同的噪声污染情况和特点采取相应的措施，以达到防振降噪的目的。

（一）针对声源的降噪措施

常见工业设备的声级范围见表 10-24。

表 10-24 常见工业设备的声级范围

设备名称	声级范围/dB	设备名称	声级范围/dB	设备名称	声级范围/dB	设备名称	声级范围/dB
织布机	96～106	锻机	89～110	风铲（镐）	88～92	卷扬机	80～90
鼓风机	80～126	冲床	80～85	剪板机	91～95	退火机	91～100
引风机	75～118	车床	75～95	粉碎机	91～105	拉伸机	91～95
空压机	80～85	砂轮	91～105	磨粉机	91～95	细纱机	91～95
破碎机	95～100	冲压机	91～95	冷冻机	91～95	整理机	70～75

续表

设备名称	声级范围/dB	设备名称	声级范围/dB	设备名称	声级范围/dB	设备名称	声级范围/dB
球磨机	90～110	轧机	91～110	抛光机	96～105	木工圆锯	93～101
振动筛	93～130	发电机	71～106	锉锯机	96～100	木工带锯	95～105
蒸汽机	86～113	电动机	75～107	挤压机	96～100	发动机	107～160

注：距声源 1m，现场实测。

① 车间的壁面采用适当的吸声材料，可以减少由于反射产生的混响声，从而降低噪声。吸声材料能把入射在车间壁上的声能吸收掉，较好的吸声材料有玻璃棉、矿渣棉、棉絮、海草、毛毡、泡沫、塑料、木丝板、甘蔗板、吸声砖等。常用吸声材料的吸声系数及相关参数见表 10-25。常用建筑材料的吸声系数见表 10-26。表 10-27 列出了一些常用建筑结构的吸声系数及相关系数。

表 10-25　常用吸声材料的吸声系数及相关参数

材料名称	容重/(kg/m³)	厚度/cm	倍频带中心频率/Hz					
			125	250	500	1000	2000	4000
			吸声系数					
超细玻璃棉	25	2.5	0.02	0.07	0.22	0.59	0.94	0.94
		5	0.05	0.24	0.72	0.97	0.90	0.98
		10	0.11	0.85	0.88	0.83	0.93	0.97
矿棉	240	6	0.25	0.55	0.78	0.75	0.87	0.91
毛毡	370	5	0.11	0.30	0.50	0.50	0.50	0.52
微孔砖	450	4	0.09	0.29	0.64	0.72	0.72	0.86
	620	5.5	0.20	0.40	0.60	0.52	0.65	0.62
膨胀珍珠岩	360	10	0.36	0.39	0.44	0.50	0.55	0.55

表 10-26　常用建筑材料的吸声系数

建筑材料	倍频带中心频率/Hz					
	125	250	500	1000	2000	4000
	吸声系数					
普通砖	0.03	0.03	0.03	0.04	0.05	0.07
涂漆砖	0.01	0.01	0.02	0.02	0.02	0.03
混凝土块	0.36	0.44	0.31	0.29	0.39	0.25
涂漆混凝土块	0.10	0.05	0.06	0.07	0.09	0.08
混凝土	0.01	0.01	0.02	0.02	0.02	0.02
木料	0.15	0.11	0.10	0.07	0.06	0.07
灰泥	0.01	0.02	0.02	0.03	0.04	0.05
大理石	0.01	0.01	0.02	0.02	0.02	0.03
玻璃窗	0.15	0.10	0.08	0.08	0.07	0.05

表 10-27　一些常用建筑结构的吸声系数及相关系数

材料名称	材料厚度/cm	空气层厚度/cm	倍频带中心频率/Hz					
			125	250	500	1000	2000	4000
			吸声系数					
刨花板	2.5	0	0.18	0.14	0.29	0.48	0.74	0.84
		5	0.18	0.18	0.50	0.48	0.58	0.85
三合板	0.3	5	0.21	0.73	0.21	0.19	0.08	0.12
		10	0.59	0.38	0.18	0.05	0.04	0.08
细木丝板	1.6	0	0.04	0.11	0.20	0.21	0.60	0.68
	5	5	0.29	0.77	0.73	0.68	0.81	0.83
甘蔗板	1.3	0	0.06	0.12	0.20	0.21	0.60	0.68
		3	0.28	0.40	0.33	0.32	0.37	0.26
木质纤维板	1.1	0	0.06	0.15	0.20	0.33	0.33	0.31
		5	0.22	0.30	0.34	0.32	0.41	0.42
泡沫水泥	5	0	0.32	0.39	0.48	0.49	0.47	0.54
		5	0.42	0.40	0.43	0.48	0.49	0.55

② 修建隔离间、隔声罩及隔声管道、隔声屏，使操作者与声源隔离。如把鼓风机、空压机、球磨机、发电机等放置在隔声间或隔声机罩内，与操作者隔开；也可以使操作者处在隔声性能良好的控制室或操作室内，与一些发声机器隔开，从而使操作者免受噪声危害。

隔声罩通常用于车间内风机、空压机、柴油机、鼓风机、球磨机等强噪声机械设备的降噪，其降噪量一般为 10～40dB。

各种形式隔声罩 A 声级降噪量为：固定密封型为 30～40dB；活动密封型为 15～30dB；局部开敞型为 10～20dB；带有通风散热消声器的隔声罩为 15～25dB。

各种常用构件的隔声量见表 10-28。常见双层墙的隔声量见表 10-29。

表 10-28　常用构件的隔声量

构件名称	面密度/(kg/m²)	实测倍频程隔声量/dB						测定隔声量/dB	计算隔声量/dB
		125Hz	250Hz	500Hz	1000Hz	2000Hz	4000Hz		
1/4 砖墙,双面粉刷	118	41	41	45	40	40	47	43	40
1/2 砖墙,双面粉刷	225	33	37	38	40	52	53	45	44
1/2 砖墙,双面木筋板条加粉刷	280	—	52	47	57	54	—	50	46
1 砖墙,双面粉刷	457	44	44	45	53	57	56	49	49
1 砖墙,双面粉刷	530	42	45	59	57	64	62	53	50
1 砖墙,双面勾缝	444	37	43	53	63	73	83	58	49
双层 1 砖墙,两层墙间留 150mm 空气层	800	50	51	58	71	78	80	64	76
100mm 厚空心砖墙,双面粉刷	183	19	22	29	35	44	44	31	43
150mm 厚空心砖墙,双面粉刷	197	23	33	30	38	42	39	34	43
1 砖空心墙,双面粉刷	374	21	22	31	33	43	46	31	47

续表

构件名称	面密度 /(kg/m²)	实测倍频程隔声量/dB						测定隔 声量/dB	计算隔 声量/dB
		125Hz	250Hz	500Hz	1000Hz	2000Hz	4000Hz		
空心石膏板 76mm 厚，双面粉刷	95	34	35	36	41	47	—	34	39
100mm 厚矿渣砖砌块，双面粉刷	217	18	23	29	40	45	44	31	44
100mm 厚木筋板条墙，双面粉刷	70	17	22	35	44	49	48	35	37
150mm 厚加气混凝土砌块墙，双面粉刷	175	28	36	39	46	54	55	43	42
4mm 厚双层密闭玻璃窗，留 120mm 空气层	20	20	17	22	35	41	38	29	29
45mm 厚双面三夹板门	10	13	15	15	20	21	24	17	24

表 10-29　常见双层墙的隔声量

材料及结构的厚度/mm	面密度 /(kg/m²)	平均隔声量 /dB
12～15 厚铅丝网抹灰双层中填 50 厚矿毛毡	94.6	44.4
双层 1 厚铝板(中空 70)	5.2	30.0
双层 1 厚铝板涂 3 厚石漆(中空 70)	6.8	34.9
双层 1 厚铝板＋0.35 厚镀锌钢板(中空 70)	10	38.5
双层 1 厚钢板(中空 70)	15.6	41.6
双层 2 厚铝板(中空 70)	10.4	31.2
双层 2 厚铝板填 70 厚超细棉	12	37.3
双层 1.5 厚钢板(中空 70)	23.4	45.7
18 厚塑料贴面压榨板双层墙，钢木龙骨(12＋80 填矿棉＋12)	29	45.3
18 厚塑料贴面压榨板双层墙，钢木龙骨(12×12＋80 填矿棉＋12)	35	41.3
碳化石灰板双层墙(90＋60 中空＋90)	130	48.3
碳化石灰板双层墙(120＋30 中空＋90)	145	47.7
90 碳化石灰板＋80 中空＋12 厚纸面石膏板	80	43.8
90 碳化石灰板＋80 填矿棉＋12 厚纸面石膏板	84	48.3
加气混凝土双层墙(15＋75 中空＋75)	140	54.0
100 厚加气混凝土＋50 中空＋18 厚草纸板	84	47.6
100 厚加气混凝土＋80 中空＋三合板	82.6	43.7
50 厚五合板蜂窝板＋56 中空＋30 厚五合板蜂窝板	19.5	35.5
240 厚砖墙＋80 中空内填矿棉＋6 厚塑料板	500	64.0
240 厚砖墙＋200 中空＋240 厚砖墙	960	70.7
60 厚砖墙(表面粉刷)＋60 中空＋60 厚砖墙(表面粉刷)	258	38.0
双层 80 厚穿孔石膏板条	100	40.0
240 厚砖墙＋150 中空＋240 厚砖墙	800	64.0
双层 75 厚加气混凝土(中空 75，表面粉刷)	140	54.0
双层 40 厚钢筋混凝土(中空 40)	200	52.0

如果生产实际情况不允许对声源做单独隔声罩，又不允许操作人员长时间停留在设备附近的现场，可采用隔声间。隔声间由不同隔声构件（隔声门、隔声窗等）组成，具有良好的隔声性能。表 10-30 列出了门的隔声量，表 10-31 列出了窗的隔声量。

表 10-30　门的隔声量

构　　造	隔声量/dB						
	125Hz	250Hz	500Hz	1000Hz	2000Hz	4000Hz	平均
三合板门，扇厚 45mm	13.4	15.0	15.2	19.7	20.6	24.5	16.8
三合板门，扇厚 45mm，上开一小观察孔，玻璃厚 3mm	13.6	17.0	17.7	21.7	22.2	27.7	18.8
重塑木门，四周用橡胶皮和毛毡密封	30.0	30.0	29.0	25.0	26.0		27.0
分层木门，密封	20.0	28.7	32.7	35.0	32.8	31.0	31.0
分层木门，不密封	25.0	25.0	29.0	29.5	27.0	26.5	27.0
双层木板实拼门，板厚共 100mm	15.4	20.8	27.1	29.4	28.9		29.0
钢板门，厚 6mm	25.1	26.7	31.1	36.4	31.5		35.0

表 10-31　窗的隔声量

构　　造	隔声量/dB						
	125Hz	250Hz	500Hz	1000Hz	2000Hz	4000Hz	平均
单层玻璃窗，玻璃厚 3～6mm	20.7	20.0	23.5	26.4	22.9		22±2
单层固定窗，玻璃厚 6.5mm，四周用橡胶皮密封	17	27	30	34	38	32	29.7
单层固定窗，玻璃厚 15mm，四周用腻子密封	25	28	32	37	40	50	35.5
双层固定窗	20	17	22	35	41	38	28.8
有一层倾斜玻璃双层窗	28	31	29	41	47	40	35.5
三层固定窗	37	45	42	43	47	56	45

③ 对于车间中由于机械设备运转不平衡，引起设备基础和墙体振动形成的噪声，可在设备和基础之间加弹簧和弹性材料制作的减振器或减振垫层以减少能量传递，或在机械设备的基础周围挖设一定深度的沟，隔绝振动的传播。

④ 对于机器设备在设计时由于零件的匹配面、界面和连接点考虑不周、处理不善引起结构激烈的振动，需要在结构的连接处作减振处理。如采用弹性的联轴节、弹性垫或其他装置。使用薄金属板材料做机器设备的罩面或做隔声罩、通风管道等，需在其表面喷涂一层内摩擦阻力大的黏弹性材料，如沥青、软橡胶或其他高分子涂料配成的阻尼浆来减振防噪。

⑤ 消声器是一种使声能衰减而允许气流通过的装置，将其安装在气流通道上便可控制和降低空气动力性噪声。对于风机类的噪声，可采用阻性或以阻性为主的复合消声器；空压机、柴油机则宜使用抗性或以抗性为主的复合式消声器和多级扩容减压等新型消声措施。

⑥ 改进机械设备结构、应用新材料来降噪，效果和潜力很大。如化纤厂的拉捻机噪声很大，将现有齿轮改用尼龙齿轮，可降低噪声 20dB。风机叶片由直片式改成后弯形，可降低噪声 10dB；或者缩短叶片的长度，亦可降低噪声。

旋转机械设备的齿轮传动装置如果改用斜齿轮或螺旋齿轮，可降噪 3～16dB。若用皮带传动代替一般齿轮传动，由于皮带能起到减振阻尼作用，因此可降低噪声 16dB。对于齿轮类的传动装置，通过减小齿轮的线速度、选择合适的传动比，也能降低噪声 6dB。

（二）针对传播途径的降噪措施

① 在城市规划上尽量把高噪声的工厂或车间与居民区分隔开（见表 10-32），防止相互干扰；在一个工厂内部，把噪声强的车间和作业场所与职工生活区分开；工厂车间内部的强噪声设备应该与其他一般生产设备分隔开。

表 10-32　利用城市规划方法控制交通噪声

控制噪声方法	实用效果
居住区远离交通干线和重型车辆通行道路	距离增加 1 倍，噪声降低 4～5dB
按噪声功能区进行合理区域规划	噪声降 5～10dB
利用商店等公共场所做临街建筑，隔离噪声	噪声降 7～15dB
道路两侧采用专门设计的声屏障	噪声降 5～15dB
减少交通流量	流量减少一半，噪声降 3dB
减慢车辆行驶速度	每减少 10km/h，噪声降 2～3dB
减小车流量中重型车辆比例	每减少 10%，噪声降 1～2dB
增加临街建筑的窗户隔声效果	噪声降 5～20dB
临街建筑的房间合理布局	噪声降 10～15dB
禁止汽车使用喇叭	噪声降 2～5dB

② 在厂址的选择上，把噪声级高、污染面积大的工厂、车间或作业场所建立在比较边远的偏僻地区，使噪声最大限度地随距离自然衰减。

③ 可以利用天然地形，如山岗、土坡、树木、草丛或已有的建筑屏障等有利条件，阻断或屏蔽一部分声音的传播，例如在噪声严重的工厂周围设置足够高度的围墙或屏障，可以减弱声音的传播，也可以在噪声严重的工厂或车间周围种植一定密度和宽度的树丛或草坪，同样可引起声衰减。

（三）针对受声者的降噪措施

在声源和传播途径上无法采取措施时，或采取了措施仍不能达到预期效果时，就要对工人进行防护，佩戴防护用品，如耳塞、耳罩、头盔、防声棉等，以使噪声级减小到允许的水平。

（四）企业的管理措施

① 噪声暴露的常规检测和记录。

② 劳动者的听力检测和记录：如发现高频段听力持久性下降并超过了正常波动范围（15～20dB）的劳动者，应及早调离噪声作业岗位。凡有感音性耳聋及明显心血管、神经系统器质性疾病者，不宜安排从事噪声作业。

③ 降噪设备的管理和维护。

④ 对工程控制措施的评测。

⑤ 护耳器的使用和维护制度。

⑥ 噪声环境管理：如张贴告示牌、警示标语、限制进入等。

⑦ 合理安排劳动和休息，安排工人轮流作业，缩短暴露时间。

（五）实例

【例 10-5】 木材工业噪声污染防治措施。

近年来，在国家大力支持以及"一带一路"倡议等的推动下，我国木材工业快速发展。但是木材加工过程中会造成一定程度的噪声污染。在全面协调可持续发展理念推动下，木材加工企业对生态环保方面问题的重视程度较以往有了显著提高，对于如何防范噪声污染也有了新的认识。

然而，经济效益依然是木材加工企业的首要考虑因素。木材加工企业对噪声污染方面的危害认识相对不足。超过 40% 的企业没有制定专门的噪声污染防治措施。这些都增加了噪声污染出现的可能性。因此，一方面，木材加工企业应深刻认识噪声污染的危害性，注重采取针对性措施对噪声污染进行防控，并完善噪声污染防控责任制，将防控责任落到实处，强化对相关责任的追究；另一方面，政府相关部门应对木材加工企业噪声污染防控措施等进行检查，强化督导约束，对于发现的问题及时安排整改，这样才能切实推动木材加工企业噪声污染防治工作的顺利开展。

总体上，应从以下方面对木材加工企业管理方法进行改善。①从安装精度及关键零件制造切入，对机械设备进行更好管理。选择各种新的机械设备、工艺技术等对传统机械设备及工艺进行代替。②在木材加工阶段，提高机床系统刚度。对机床重量及分配做到合理把握，确保机身重量与功率比例恰当。③对于木材加工系统，应提高阻尼能力。④在相关工艺或者技术应用上，在满足基本质量前提下，应尽量控制刀具切削速度。⑤基于噪声防控的复杂性，为减少噪声对一线作业人员的影响，需配发各种防护装置。⑥木材加工企业应鼓励各环节在噪声防控方面进行技术创新，并采取相应鼓励措施。⑦积极学习和引进其他国家或地区先进的木材加工噪声污染防控技术。

三、施工噪声防治措施

施工机械噪声值见表 10-33。

表 10-33 施工机械噪声值　　　　　　　　　　　　　　　　单位：dB

机械名称	距声源 10m		距声源 30m	
	范围	平均	范围	平均
打桩机	95～105	100	84～102	93
混凝土搅拌	80～96	87	72～87	79
地螺钻	68～82	75	57～70	63
铆枪	85～98	91	74～86	80
压缩机	82～98	88	73～86	78
破土机	80～92	85	74～80	76

（一）加强施工管理，提高施工人员环保意识

施工单位应当根据建筑施工噪声污染防治方案，按照建设项目的性质、规模、特点和施工现场条件、施工所用机械、作业时间安排等情况，采取相应的施工噪声污染防治措施，并保持防治设施的正常使用。

①合理制定作业时间。为了有效地控制施工单位夜晚连续作业，应该严格控制作业时间。在居民稠密区进行强噪声施工作业时，夜晚作业时间不超过 22 时，早晨作业时间不早于 6 时，在特殊情况下（如高考期间）缩短或暂停施工作业。昼间尽量将施工作业时间与居

民的休息时间错开，当特殊情况下确需连续施工作业的，应该事先与附近居民协商，并上报工地所在地的环保部门和有关环保行政执法部门。

② 减少人为噪声。文明施工，建立健全现场噪声管理责任制，加强对施工人员的素质培养，尽量减少人为的大声喧哗，增强全体施工人员防噪声扰民的意识。

③ 加强对施工现场的噪声监测。为及时了解施工现场的噪声情况，掌握噪声值，应加强对施工现场环境噪声的长期监测。遵循专人监测、专人管理的原则，凡超过《建筑施工场界环境噪声排放标准》的，要及时对施工现场噪声超标的有关因素进行调整，力争达到施工噪声不扰民的目的。

④ 提倡绿色施工。绿色施工是可持续发展思想在工程施工中应用的主要体现，是绿色施工技术的综合应用。绿色施工涉及生态与环境保护、资源与能源的利用、社会经济的发展等。实施绿色施工遵循减少场地干扰、尊重基地环境、结合气候施工等原则。

（二）合理使用施工机械，改进施工方法

① 合理使用施工机械。施工机械和运输车辆是产生施工噪声的主要原因。为减少施工噪声对周围环境的影响，施工单位在施工过程中应当合理布局和使用施工机械，妥善安排作业时间。施工中应当使用低噪声的施工机械和其他辅助施工设备，对高噪声施工机械采取必要的降噪措施，禁止使用国家明令淘汰的产生噪声污染的落后施工工艺和施工机械设备。

② 积极改进生产技术。生产作业尽量向现场外部发展，减少现场施工作业量或作业内容。对于产生强噪声的成品、半成品机械加工及制作，可以在工厂、车间内完成，减少因施工现场加工制作产生的噪声。如推广商品混凝土，使混凝土搅拌站远离施工现场，减少该作业的噪声源；采用噪声比较小的振动打桩法和钻孔灌桩法等；以焊接代替铆接；用螺栓代替铆钉等；其他建筑材料如木材、钢筋及其他金属材料的加工等，也要尽量实现非现场作业。

③ 积极改进作业技术，采用先进设备与材料，降低作业噪声的产生量。尽量选用低噪声或备有消声器的施工机械，如以液压打桩机取代空气锤打桩机，在距离15m处实测噪声级仅为50dB。施工现场混凝土施工使用低噪声振捣棒，机械刨凿作业使用低噪声的破碎炮和风镐等剔凿机械，空气动力性机械安装消声器和弹性支座等，可有效降低噪声。

（三）尽量阻止噪声传播，减少噪声污染

施工单位应采取各种方法减少噪声污染，诸如隔声（给噪声设备加罩）、隔振（在产生噪声的设备下加弹簧减振器、橡胶皮、栓皮、沥青毡、玻璃纤维毡等）、吸声（在金属板上涂一层阻尼材料，如沥青、软橡胶或其他高分子涂料）等控制措施，可以起到降噪效果。

① 消声降噪法。消声器是一种既能使气流通过，又能有效降低噪声的设备，通常可用消声器降低各种空气动力设备的进出口或沿管道传递的噪声，例如在内燃机、通风机、鼓风机、压缩机、燃气轮机以及各种高压、高气流排放的噪声控制中广泛使用消声器。不同消声器的降噪原理不同，常用的消声技术有阻性消声、抗性消声、损耗型消声、扩散消声等。

② 隔声箱法。使用隔声箱、房子和建筑物，把噪声源隔离在里面，使外部环境的噪声减小到人们可以接受的范围内，把产生噪声的机器设备封闭在一个小的空间，使它与周围环境隔开，以减少噪声对环境的影响，这种做法叫作隔声。隔声屏障和隔声罩是主要的两种设计，其他隔声结构还有隔声室、隔声墙、隔声幕、隔声门等。

③ 消除共振噪声法。对于固体振动产生的噪声采取隔振措施，以减弱噪声的传播。电动调节阀共振时，能量叠加而产生100多分贝的强烈噪声，有的表现为振动强烈，噪声不大，有的振动弱，噪声却非常大，有的振动和噪声都较大。显然，消除共振，噪声自然随之消失。

（四）实例

【例 10-6】 建筑施工现场噪声防治措施，以某中心项目为例。

1. 噪声防治技术措施

① 在靠近住宅区侧施工现场围挡安装高 5m 隔声板，降低噪声对小区住户生活的影响。由于当前施工现场无成熟降噪技术，施工现场参考城市轨道交通、高速公路降噪措施，在施工现场靠近噪声敏感区域设置隔声板，在噪声传播途中降噪，降低场界外噪声。

② 针对混凝土泵车、砂浆搅拌机等主要固定噪声源设置封闭式降噪棚。针对钢筋加工棚安装下垂式降噪屏。通过在噪声源处采取封闭降噪措施，阻碍噪声传播。

③ 在场内施工道路安装吸声板及减速慢行、禁止鸣笛等标志，主要控制机械鸣笛造成的瞬间高分贝噪声。通过消除该噪声源，达到降噪目的。

④ 针对圆盘锯、打磨机、切割机等小型移动型高噪声设备，移动性较强，无法采取针对性降噪措施，可采取室内或封闭作业，避免正对噪声敏感区开放式作业，借用建筑本体阻碍噪声传播。

⑤ 优先采用低噪设备，如低噪混凝土振捣棒。通过采用新工艺、新技术降低声源噪声。

2. 噪声防治管理措施

① 编制噪声防治专项方案，分阶段制定针对性管理措施。根据噪声管理措施落实情况，增加建设阶段噪声防治预算，解决预算不足的问题。

② 调整产生噪声的施工工序，将噪声较大的工序安排在施工时间段完成，避免在夜间产生较大噪声。如圆盘锯、切割机作业，可提前规划，在昼间完成高噪声作业，有效降低夜间施工噪声。

③ 优化现场布置，将钢筋加工区、混凝土泵房等噪声源远离居民区。噪声强度与距离成反比，距离越近噪声越强。通过将噪声源远离噪声敏感区域，降低噪声影响。

④ 对于必须连续作业的工序，如混凝土浇筑等，提前向政府环保部门申请夜间施工许可，并做好公示，做到合法合规施工。

四、社会噪声防治措施

（一）加强营业性饮食服务单位和娱乐场所的管理

① 营业性饮食服务单位和娱乐场所的边界噪声达到国家规定的环境噪声排放标准；娱乐场所不得在可能干扰学校、医院、机关正常学习、工作秩序的地点设立。对于不符合要求的，当地环保部门不得同意其建设，工商行政管理部门不得核发营业执照。

② 已建成的位于城镇人口集中区的营业性饮食、服务单位和娱乐场所的边界噪声必须符合国家环境噪声排放标准；居民区内有噪声排放的单位，必须采取相应的降噪措施，不得超过国家规定的噪声排放标准，并严格限制夜间工作时间；在经营活动中使用空调机、冷却塔等可能产生环境噪声污染的设备、设施的单位应采取措施，使其场所边界噪声不超过国家环境噪声排放标准。

③ 加强对产生社会生活噪声的企事业单位和商业经营者的监管，引导有关企业或单位对空调、冷却塔、水泵、风机等排放噪声的设备设施采取优化布局、集中排放、减振降噪等有效措施，加强维护保养和日常巡查，防止噪声污染。

（二）加强居民区内噪声污染治理

① 禁止任何单位和个人在城市市区噪声敏感建筑物集中区域内使用高音喇叭；禁止在

商业经营活动中使用高音喇叭或其他发出高噪声的方法招揽顾客；禁止在城市市区街道、广场、公园等公共场所组织的娱乐、集会等活动中，使用音量过大、严重干扰周围生活环境的音响器材。

② 在已交付使用的住宅楼进行室内装修活动，严禁施工人员在夜间和午间休息时间进行噪声扰民作业。新建居民住宅区安装的电梯、水泵、变压器等共用设施应符合民用建筑隔声设计相关标准要求。推动房地产开发经营者在销售场所和销售合同中明确住房可能受到的噪声影响以及相应的防治措施。

（三）设置隔声屏障和绿化带

① 在楼房周围可以种植雪松、芙蓉、银杏等具有观赏价值的树种，树下可间种金银花、月季花或耐寒耐旱的草科植物。在挡土墙、楼墙下栽种爬山虎等攀缘类植物。

② 区内街道宜种植高大挺拔的树种，如合欢、白蜡树、侧柏、圆柏等，乔木之下，可种植一些蔷薇科植物，周围种植黑麦草等草科植物。

（四）加强公共服务设施噪声污染防治

规范垃圾中转站、变电站、公交枢纽站、车辆充电场/站等选址、设施设备选型和作业行为，落实减振降噪措施。

（五）实例

【例 10-7】 南充市主城区声环境功能区噪声变化趋势与防治措施。

通过对南充市 2019—2021 年四类功能区连续监测数据初步分析，得出南充市主城区各功能区年达标率以及噪声值日变化规律。

① 南充市主城区声环境功能区声环境质量总体较好，夜间的噪声污染较昼间严重；

② 1 类功能区声环境质量有改善趋势但达标率相对较低，2 类、3 类和 4a 类功能区的声环境质量呈下降趋势；

③ 受城区居民生活、出行和生产的影响，南充市主城区各声环境功能区噪声日变化曲线总体呈"双峰型"，峰值出现在上午 8：00—10：00 和下午 14：00—18：00，谷值出现在凌晨 1：00—4：00 和中午 12：00—13：00。

加强社会噪声控制，开展宣传教育。随着南充市经济不断发展，社会噪声逐渐成为主要噪声污染，是造成 1 类、2 类功能区达标率较低的重要原因。注意对商业经营活动、娱乐活动的监管，尤其加强对餐饮行业、娱乐场所以及广场舞等活动夜间的监管，其噪声值不得超过所在功能区的限定值，并限制其营业时段，减少对居民的干扰；完善居民区周围环境的绿化，必要地区设置声屏障；开展噪声危害的宣传教育，加强民众对噪声污染的重视程度，提升民众环保意识，共创一个全民参与、全民管理、全民监督、共同防治噪声污染的良好环境。

第四节　生态环保措施

对可能具有生态影响的建设项目，应提出生态保护措施，明确施工期、运营期、使用期满后的生态环境保护要求。

一、施工期生态保护措施

施工期对生态环境的影响主要是占用土地、破坏植被、扰动地貌、引起水土流失，一般可采取以下生态保护措施。

（一）临时工程用地设置及恢复措施

预制场、拌和场地以及建材堆放场等临时用地应尽量减少占用耕地，严格控制占用水田，并尽可能地布设在施工用地范围内。对于新开辟的施工便道，必须做好工程防护和排水工程，施工结束后不再利用的，及时进行植被恢复。

取土场取土后，应对取土场进行后期恢复治理的专项设计，提出水土保持方案和景观恢复设计要求，按设计要求进行绿化恢复植被，防止水土流失。弃土场应在下部设置拦渣墙，上部设置拦截水设施，防止弃渣进一步侵蚀，弃土场应因地制宜地加以利用。

（二）工程区内有肥力的表层土保护措施

对于工程区内有肥力的原始表层土，应在工程施工前按照旱田滩涂剥离 25cm、林地剥离 20cm 的要求进行剥离，并运送到附近的取土场、弃渣场集中堆放，以备工程后期取土场及其他临时工程用地土地整治覆土使用。沿线设施和立交范围剥离的表土需就地存放，以备本单元覆土绿化使用。

（三）施工过程中的水土保持

做好施工期防水、排水工作，施工废水、生活污水采取集中设置沉淀池或净水器过滤等方法进行处理，不得排入河道、农田、耕地、饮用水源和灌溉渠道。在隧道洞口等结构物的出水口处集中设置沉淀池，经处理后排入指定地点。在施工期间，妥善处理施工区域、砂石料场，以减少对河道、溪流的侵蚀，防止沉渣进入河道、溪流及池塘；确保施工活动远离生活用水水源，以免生活水源被污染；燃油、颜料等化工材料应保存在安全器中，放置于指定地点，以免外泄；防止工地死水聚积，污染环境。在施工期间保持土壤的良好排水状态，修建足够的泄水断面、临时排水管道，并与永久排水设施相连接，且不得引起淤积和冲刷。

（四）废土废料处理

根据施工现场，在各驻地专辟废料场临时堆放施工中产生的大量废料（如塑料薄膜、钢筋废料、水泥袋等）和生活垃圾，在选定的地点集中堆放，同时与当地环保部门联系清运车并及时处理，运至业主和地方环保部门都同意的地点弃置。当废料无法及时运走时，采用掩盖等临时措施，防止扩散造成污染。有毒废料应报请业主和当地环保部门批准，弃置于永久性废物堆放地点，并加以密封。

（五）植被保护和恢复措施

在施工过程中，控制施工作业面的范围，避免破坏周围植被。在施工过程中，需结合地方生态规划及绿色通道建设要求，对所有因工程开挖的取土场地以及裸露地及时绿化，尽量降低水土流失危害的影响。公路绿化及生态恢复措施应与景观保护紧密结合，通过绿化手段实现与自然的和谐。沿线绿化时，应注意选用适合当地生长的土生植物，防止外来物种入侵造成生态系统破坏。

（六）动物保护措施

对于公路项目，应设置动物通道。在野生动物保护区、自然保护区等经常有野生动物，特别是濒临灭绝的珍稀野生动物生活区，考虑修建动物通道保护动物栖息地，减少公路对动物的阻隔作用，为动物迁徙提供方便。动物通道分为上跨式和下穿式两种，下穿式通道可与涵洞或其他水利设施结合起来。

（七）实例

【例 10-8】 宝汉高速公路秦岭段生态保护措施。

宝汉高速（宝鸡至汉中的高速公路），其中秦岭段穿越了中国陕西省境内的秦岭山脉，这里不仅是重要的生态敏感区，也是许多珍稀野生动植物的栖息地。在宝汉高速秦岭段的建设过程中，为了减少对生态环境的破坏，施工方和环保部门采取了一系列的生态保护措施，包括但不限于：

① 路线优化：在公路设计阶段，通过详细环境影响评估，对线路进行优化，尽可能避开生态敏感区域，减少对自然景观的切割和生态系统的破坏。

② 最小化施工面：在施工时，尽量减少施工面积，保护未受扰动的土地，减少对土壤和植被的破坏。

③ 水土保持措施：采用护坡、排水沟、植被覆盖等手段，防止水土流失，保护水源和水质不受污染。

④ 野生动物通道：设置野生动物过路通道，比如天桥或地道，以减少动物因公路隔离而受到的危害，维护生态廊道的连续性。

⑤ 噪声控制：使用低噪声施工设备，设立隔声墙，减少施工噪声对周边环境和野生动物的影响。

⑥ 植被恢复：施工完成后，对裸露土地进行植被恢复，种植本地物种，加速生态系统恢复。

⑦ 环境监测：建立环境监测系统，定期对水质、空气质量和生态状况进行监测，及时发现并解决潜在的环境问题。

⑧ 公众参与与教育：提高公众对生态保护的意识，邀请当地社区参与生态恢复项目，增强他们对环境保护的责任感。

宝汉高速秦岭段的生态保护实践体现了在公路建设中如何平衡工程需求与环境保护，为未来的公路建设项目提供了宝贵的参考经验。这些措施不仅有助于减少对自然环境的负面影响，还有助于提升项目的社会接受度和可持续性。

二、运营期生态保护措施

（一）污染型项目生态保护措施

以养殖项目为例，介绍污染型项目运营期生态保护措施。

① 养殖项目建设完成后对生态环境的影响主要是土地利用性质、功能以及景观特征等的变化。为减轻项目建设对土地的影响，项目在建设过程中通过厂区内植树、厂区内种植蔬菜等方式增加厂区内的绿化面积，并且对不能种植植物的裸地进行硬化，道路两旁及少部分不可开辟的地块用于菜地、农田或经济林，同时厂区内的菜地、农田或经济林可以完全消纳项目经过沼气池发酵处理后产生的沼液。厂区的绿化不仅美化了环境，同时也使项目的污水有了一个合理的去向。

② 项目每天会产生新鲜的动物粪便，粪便产生后由周边的村民无偿运走，在存贮期间需做到堆放有序，同时定期清理堆粪场。

③ 厂区内产生的其他固体废物和生活垃圾等不得随意丢弃和摆放，须有专门的存放场所，并定期清理。

【例10-9】　绿野牧场生态养殖实践。

绿野牧场是一家位于中国南部的大型肉牛养殖企业，专注于采用生态友好型的养殖方式。牧场在运营过程中采取了一系列生态保护措施，以减少对环境的影响并促进生态平衡。

① 粪便资源化利用：绿野牧场采用厌氧消化技术处理牛粪，将其转化为生物气体，用于发电或供暖，同时剩余的固体残渣作为有机肥料，用于牧场周边农田的施肥，形成闭合的

农业循环体系。

②　水资源循环使用：牧场建立了雨水收集系统和废水回收设施，将清洗牛舍和其他非饮用的废水经过处理后循环使用，减少对新鲜水资源的需求。

③　植被缓冲带和绿化：在牧场周边种植了多种本地植物，形成植被缓冲带，有助于防止土壤侵蚀，减少氮磷等污染物进入水体，同时也为野生动植物提供了栖息地。

④　噪声和气味控制：使用现代化的通风和过滤系统来减少牛舍内部的氨气排放和异味，同时采用隔声材料减少机械噪声对周边环境的影响。

⑤　绿色饲料和兽药：尽可能使用无化学添加的绿色饲料，减少抗生素和化学药物的使用，提高畜产品品质，减少对环境的化学污染。

⑥　能源效率和可再生能源：采用节能照明和加热系统，同时利用太阳能和风能等可再生能源供电，减少化石燃料的消耗。

⑦　生态监测与评估：定期进行环境监测，包括空气质量、水质量和土壤健康状况，以评估生态影响并适时调整管理措施。

⑧　社区参与与教育：牧场与当地社区合作，开展环境教育活动，提高公众对生态养殖重要性的认识，促进社区的环境责任感。

绿野牧场通过上述措施，不仅提高了自身的经济效益，同时也成了生态养殖的典范，展现了养殖业与环境保护之间的和谐共生。这样的实践证明，通过科学管理和技术创新，养殖场可以在保障生产的同时，实现对生态环境的有效保护。

（二）生态型项目生态保护措施

生态影响型建设项目主要包括交通运输、采掘和农林水利三大类别。下面分别以公路项目、矿山开采和水电项目为例，介绍生态型项目运营期生态保护措施。

1. 公路项目生态保护措施

公路项目运营期间应采取以下生态保护措施。

①　严格执行运营期各项水环境保护措施，保护沿线河流水质，从而保护水生生物生境。

②　加强公路运营期公路监测，防止发生水土流失，保护当地生态系统。

③　在野生动物经常出没的地方设置动物通道标志，采用人工监控和保护重要动物廊道、控制交通等措施有效避免对保护区内野生动物的伤害。

④　按照《国务院关于进一步推进全国绿色通道建设的通知》，落实公路两侧绿化带的营建工作。

公路绿化除应满足公路主体工程自身防护、防眩、防噪和改善司乘人员视野环境的主要功能外，还必须满足与自然景观相协调、改善生态平衡、创造符合当地社会经济条件的优美而有生气的环境的要求。

2. 矿山开采项目生态保护措施

①　矿山在开采和运输过程中往往产生较多的弃土、弃石、弃渣、尾矿、废水和其他废弃物质。矿山开采项目常用的工程防护措施有拦渣工程、护坡工程和截排水工程，见表10-34。

表 10-34　矿山开采项目常用工程防护措施

防护措施	形式	形式描述
拦渣工程	拦渣坝	一般有浆砌石坝、干砌石坝、土石混合坝等形式，设计大小由拦渣规模和当地建筑材料决定
	挡渣墙	挡渣墙按结构形式分为重力式[图 10-12(a)]、悬臂式和扶壁式等几种
	拦渣堤	有堤内拦渣与堤外防洪两种功能，故拦渣堤的关键是选线、基础和防洪标准

防护措施	形式	形 式 描 述
护坡工程	干砌石护坡	对坡面较缓,坡下不受水流冲刷的坡面,采用干砌石护坡,见图 10-12(b)
	浆砌石护坡	对坡度在 1∶1～1∶2,坡面可能遭受水流冲刷,且冲击力强的地段,宜采用浆砌石护坡,见图 10-12(c)
截排水工程		主要有蓄水池、截流沟、排水沟、道路集流沟[图 10-12(d)]、排(放)水暗渠、沉砂池等。矿区在选矿厂场地周边、道路两侧或临坡地段都会开挖排水沟,一般情况下,对位于土质含量高或表面为强风化岩石地段的排水沟采用浆砌石

（a）重力式挡渣墙

（b）干砌石护坡

（c）浆砌石护坡

（d）道路集流沟

图 10-12　防护措施示意图

② 地表土保存技术是在矿山施工之前,先取 50cm 左右深的土壤,并将其保存封藏,尽量减少结构的破坏和养分流失,在矿山开采完毕后,把表土重新覆回,使其还原的一种方法。

③ 废渣的淋溶水中镉、汞、铅、砷等剧毒物质的含量均超过国家水质标准的,在进行表土改造之前,应设法灌注黏土泥浆,以便让泥浆包裹废渣表面,然后再铺上一层黏土并压实,造成一个人工隔水层,减少地面水下渗,降低其淋溶水中有毒物质的含量,保障人类和生物的健康。

④ 植被恢复技术利用植物的独特功能与根际微生物协同作用,从而发挥比生物修复更大的功效。它是一种有效和廉价处理某些有害废物的新方法。

⑤ 地表沉陷及破坏的防治对策主要有两方面:一方面是采取措施减少或防止地表沉陷变形与破坏,另一方面是根据受保护对象的性质和特征采取针对性的防护治理措施。

防止或减少地表沉陷与破坏的措施具体如下。

a. 留设不开采保护区。例如煤矿,即在受保护对象下方保留一块比受保护面积还要大的煤柱不采,煤柱的大小应根据有关规程规定的方法按本矿区求得的移动角度进行设计。留设保护柱以损失煤炭资源为代价换取受保护对象的安全,其优点是可以最大限度地减少受保护地表的沉陷与变形,保证受保护对象的安全。

　　b. 填充开采。采用砂石、煤矸石等材料，利用水力、风力作为动力，及时填充采空区，以减少顶板和覆岩的下沉，从而减少地面的沉陷、变形与破坏，一般只适用于重要城市或大型水体下开采。

　　c. 协调开采利用两个或更多的工作面，按预先设计的开采尺寸、超前比例和开采顺序进行开采，使各工作面开采产生的地表变形（如正曲率与负曲率、拉伸变形与压缩变形）相互抵消，从而使地面的实际变形小于单一工作开采引起的变形。

　　⑥ 水环境治理措施。

　　a. 水土流失严重是矿山开采中发生的重大生态问题。处在矿区内的季节性河流，夏季暴雨来临，河水猛涨，携带大量泥沙，不仅给下游河流造成危害，而且直接威胁到两岸矿井和生活小区的安全。为此，采取生物措施与工程治理相结合的方式，进行水土流失的整治，及时填堵地表塌陷裂缝，防止地表水通过采动裂缝漏入地下，同时搞好塌陷地复垦，防止水土流失。

　　b. 从优化矿区水环境出发，抓好矿区的水利工程和水土保持工程，包括打坝淤地、治理小流域、兴建水库、拦洪蓄水，提高地下水位。同时认真贯彻节水措施，加强污水和矿井水的处理和利用。

　　c. 有计划地采取深层水或矿区外远程供水。

3. 水电工程项目生态保护措施

　　水电站运行期间对生态环境的影响主要是对库区、减水河段的生态影响，可采取以下保护措施消除或减缓水电站运行对生态环境的影响。

　　① 电站选址应避开基本农田保护区和自然保护区等，坝轴线及正常蓄水位的选择应尽量减少淹没耕地数量。确实不可避免要淹没的，应按照"占多少，补多少"的原则，开垦与所淹没或占用耕地数量相当的耕地，没有条件开垦的应按照规定缴纳开垦费。

　　② 对于生产移民要科学合理地进行安置，确保他们的生产生活不受影响。同时，对于就近补偿耕地的生产安置移民，要积极引导其科学耕作，合理使用农药化肥，减少库区农业面源污染；对于无法补偿耕地的移民，应鼓励其从事其他行业，如外出打工、搞个体商业等，不得在库区进行陡坡开荒耕作，以减少库区水土流失，确保库区水质不受影响。

　　③ 电站蓄水前应清除库区内的有机物及其他废弃物，蓄水后应协调相关部门，搞好库区各种废水的处理，确保其达标排放，避免影响库区水质；加强库区农业耕作管理，禁止陡坡耕作，搞好库区及上游沿岸的绿化，尽量减少库区水土流失。

　　④ 拦河坝合理地设置水生生物洄游通道，保护区域水生生物，并按照相关规定对库区水生生物进行补偿保护，或采取经相关部门批准的其他补救措施，如建立鱼类保护区、投放相应鱼苗等。

　　⑤ 水电站运行期间必须调节发电引水量，确保一定的下泄流量，保证减水河段正常生态用水。河流生态环境需水量是在特定时间和空间为满足特定服务目标的变量，其是能够在特定水平下满足河流系统诸项功能所需水量的总称。《水电水利建设项目河道生态用水、低温水和过鱼设施环境影响评价技术指南（试行）》《水电水利建设项目水环境与水生生态保护技术政策研讨会会议纪要》对引水式电站坝址下泄流量作出明确规定，维持水生生态系统稳定所需最小水量一般不应小于河道控制断面多年平均流量的10%（当多年平均流量大于$80m^3/s$时取5%）。因此，水电工程建成后，必须按照规定下泄一定的流量，保证下游减水河段的正常生态用水。

　　⑥ 坝下放水用于维持河流生态用水、灌溉或其他用水时，应从不同深度分层放水，最终混合调节到适当温度后进入下游河道或进入灌区，避免低温水对下游河道生态环境或灌区

等产生不利影响。

【例 10-10】 景洪水电站运营期生态环境管理措施。

景洪水电站位于中国云南省西双版纳傣族自治州，是澜沧江流域的重要水电项目之一。该水电站在运营期间采取了一系列生态环境管理措施，以响应生态文明理念和绿色发展理念，确保水电站运营与生态环境保护相协调。以下是部分具体措施：

① 生态流量释放：景洪水电站实施了生态调度运行，确保下游河道有足够水量维持生态功能，保护河流生态系统。

② 鱼类保护：建立鱼道或升鱼机等设施，帮助鱼类迁徙，保护鱼类的繁殖和迁移路径不受大坝阻隔的影响。

③ 水质监测与保护：定期监测水库及下游水域的水质，采取措施防止水体富营养化和污染，保障饮用水安全和生态用水需求。

④ 生物多样性保护：实施植树造林和植被恢复计划，维护库区及周边地区的生物多样性。

⑤ 环境影响评估与适应性管理：定期进行环境影响回顾，评估水电站对环境的实际影响，并根据评估结果调整运营策略，实施适应性管理。

⑥ 社区参与与教育：开展公众教育和社区参与项目，提高周边居民的环保意识，促进社区与水电站的和谐共处。

⑦ 节能减排与能效提升：优化运营模式，减少能源消耗，提高能源利用效率，降低碳排放。

⑧ 应急准备与响应：制定并实施应急预案，以应对突发环境事件，如洪水、泄漏等，减少对生态环境的潜在损害。

景洪水电站通过这些措施，在实现清洁能源生产的同时，也致力于保护和恢复生态环境，体现了水电项目开发中环境、社会、经济和管理的平衡。这不仅是对国家政策的积极响应，也是水电行业走向绿色可持续发展道路的一个典范。

三、使用期满后生态保护措施

以矿山开采项目为例，介绍使用期满后的生态保护措施。

矿山使用期满后，建设单位应以环境、生态、经济、水土保持综合效益充分发挥为目标，对矿区进行综合治理，对受扰动区域采取全面整治、绿化与复垦措施，减少矿区的水土流失和土地功能退化，恢复矿区的自然景观。闭矿期，矿山拟采取以下生态保护措施。

① 土壤基质改良和植被恢复。矿山开采后造成的生态破坏主要是土地退化，即废弃地土壤理化性质变坏、养分丢失及土壤中有毒物质增加，因此，土壤改良是矿山废弃地生态恢复最主要的环节之一。

② 在矿山废弃地恢复过程中，通常添加有效物质，使土壤的物理化学性质得到改良，从而缩短植被演替的进程，加快矿山废弃地的生态重建。

③ 拆除工业场地内地面建筑，清理平整地面，覆盖土壤，选择当地适宜生长的树木和草种，采用乔、灌、草相结合的方式，植树种草，进行生态恢复。

④ 对矿石临时堆场进行清理平整，覆盖土壤，以灌、草相结合的方式进行绿化。对运矿道路进行清理平整、覆盖土壤，撒播草籽或种植适宜树种，采用乔、灌、草相结合的方式，恢复生态环境。

⑤ 在岩石移动区周围设立警示牌，拉刺网。警示牌注明范围及内容，防止无关人员和放牧进入错动区发生危害。警示牌应鲜明、牢固，避免被推倒或破坏，刺网用水泥桩固定。

在塌陷、裂隙区周围应设截水沟或挡水围堤，塌陷稳定后封填裂缝、恢复地貌和植被。

⑥ 对废弃井巷采取封堵措施，并在井口设立警示标志，说明该井口深度、直径、原功能、封闭时间、注意事项等内容。井口采用钢筋板覆盖，周围用水泥浆抹面，以防止降水自井口渗入导致塌陷。

【例 10-11】 绿金湖矿山地质环境生态修复项目。

绿金湖矿山地质环境生态修复项目位于安徽省淮北市，原本是一处因长期煤炭开采而形成的沉陷区。在开采过程中，地下结构遭到破坏，导致地面下沉，形成了深度不一的积水区，严重影响了周边居民的生活环境和安全，成为城市中的一处"黑伤疤"。生态修复工程主要包括以下几个方面：

① 地形重塑：治理沉陷地，填平塌陷区域，重塑地形地貌，确保地面稳定。

② 水体治理：对污染的水体进行清理，改善水质，形成连片的湖面，增加水域面积。

③ 植被恢复：种植本地适宜的植物，重建生态系统，提高生物多样性。

④ 基础设施建设：修建道路、桥梁等基础设施，方便居民出行，同时建设公园设施，如步道、观景台等，提供休闲娱乐空间。

⑤ 环境保护与监测：设立监测系统，持续监控环境质量，确保生态修复成果得以维持。

⑥ 社区参与与教育：促进当地社区参与，增强公众环保意识，通过教育活动普及生态保护知识。

⑦ 经济转型与可持续发展：探索市场化运作模式，吸引社会资本参与，推动区域经济向绿色可持续方向转型。

经过治理，绿金湖从一个脏乱差的沉陷地转变为一座美丽的城市中央公园，不仅改善了当地的生态环境，还提升了城市形象，吸引了游客，促进了旅游业的发展。此外，该项目还展示了如何将废弃矿山转化为生态资产，为其他地区提供了可借鉴的经验。该项目的成功实施得到了国家相关部门的认可，并被列入中国生态修复典型案例。

第五节 风险防范措施

一、火灾防范措施

我国《建筑设计防火规范（2018 年版）》中将能够燃烧的固体分成甲、乙、丙、丁四类，比照危险货物的分类方法，可将甲类固体划入极易燃烧固体，乙类固体划入易燃固体，丙类固体划入可燃固体，丁类固体划入难燃固体。

（一）堆放易燃品仓库的火灾防范措施

① 仓库的电气装置必须符合国家现行的有关电气设计和施工安装验收标准规范的规定。

② 甲、乙类库房要求使用防爆灯，并安装感烟火灾探测器和自动喷水灭火系统。

③ 贮存丙类固体物品的库房，不准使用碘钨灯和 60W 以上的白炽灯等高温照明灯具。

④ 库房内不准设置移动式照明灯具。照明灯具下方不准堆放物品，其垂直下方与贮存物品水平间距离不得小于 0.5m。

⑤ 库房内敷设的配电线路，需穿金属管或用非燃硬塑料管保护，并定期进行电气安全检查。

⑥ 库区的每个库房应当在库房外单独安装开关箱，保管人员离库时，必须拉闸断电。禁止使用不合规格的保险装置。

⑦ 库房内不准使用电炉、电烙铁、电熨斗等电热器具和电视机、电冰箱等家用电器。

⑧ 仓库电器设备的周围和架空线路的下方严禁堆放物品。对提升、码垛等机械设备易产生火花的部位，要设置防护罩。

⑨ 仓库必须按照国家有关防雷设计安装规范的规定，设置防雷装置，并定期检测，保证有效。

⑩ 仓库的电气设备，必须由持合格证的电工进行安装、检查和维修保养。电工应当严格遵守各项操作规程。

⑪ 易燃物品的运输、存放、领用必须严格履行审批登记手续，符合安全管理规定要求。

(二) 油罐火灾风险防范措施

① 对职工进行安全防火教育，全面提高职工的操作技能、安全防火意识及专、兼职消防人员灭火技能。落实责任追究制，通过强化管理、分级负责、承包考核等，有效提高消防水平，减少各类火灾隐患。

② 配备必要的消防器材，并严格检查标签、日期、有效期。重点部位应有醒目的警示牌。坚持定期检查制度，使消防器材设备时刻处于良好状态，无火警不许动用，为预防突发火灾提供可靠的物质保证。厂区偏角、无人值班室等人为巡查有困难的地方应装置自动火灾报警器，报警器要坚持定期检查、校验，使报警器材时刻保持良好性能。

③ 油罐区等重点部位严禁明火、铁器碰撞和摩擦，防止静电引发的火灾爆炸事故。

【例 10-12】 以天津市大港油田东二站原油储罐为例，一旦发生火灾事故，将对距储罐200～500m 范围内无防护人群造成中毒危害。为减少原油储罐发生火灾事故所产生的风险，采取如下预防及应急措施：a. 容器、管线防静电接地装置和设备、构筑物防雷接地均采用热镀锌扁钢进行等电位连接；b. 原油储罐区配用防爆电机和防爆电气设备，严格按照《原油和天然气工程设计防火规范》（已废止）进行平面布置；c. 在原油储罐区设置可燃气体探测器，在控制室进行声光报警，并将信号传入控制系统；d. 储罐周围设置环形消防通道，储罐周围设防火堤及隔堤，防止火灾蔓延。

二、爆炸防范措施

在涉及爆炸性物质的各种生产过程中，为防止爆炸事故发生，可采取的防范措施措施主要包括：①防止跑、冒、滴、漏；②紧急情况下停车处理；③防止爆炸性混合物的形成。

(一) 防止跑、冒、滴、漏

生产、输送、贮存易燃物料过程中的跑、冒、滴、漏往往导致可燃气体或液体在环境中扩散，是造成爆炸事故的重要原因之一。造成跑、冒、滴、漏一般有以下三种情况：

① 操作不精心或误操作，如收料过程中的槽满跑料，分离器液面控制不稳，开错排污阀等；

② 设备管线和机泵的结合面不严密；

③ 设备管线被腐蚀，未及时检修更换。

(二) 紧急情况下停车处理

当发生停电、停汽、停水等紧急情况时，应当迅速对装置进行紧急停车处理，此时若处理不当，极有可能造成损失或事故。

① 停电。为防止因突然停电而导致的事故，生产过程中危险性较大的工厂、装置应实行双电源环路供电，同时关键设备一般应具备双电源联锁自投装置。在发生停电情况时，应特别注意加热设备和重点反应设备，注意温度和压力的变化，保持必要的物料流通，并准备停产。对某些设备可临时采用手动搅拌、紧急排空和放料等措施。

② 停水。在水压降低或供水减少时，应注意水压变化情况，同时也应注意锅炉和使用冷却水部位的温度和压力变化情况。一般情况下，可以采取减量生产的措施维持生产。如果水压为零，停止供水，这时要立即停止进料，确保所有用水来降温的设备未超温、超压。若发现压力过高，应立即采取放空卸压措施。要密切注意锅炉运行情况，采取紧急措施，动用后备水源，保证锅炉安全。

③ 停汽。停汽后，加热装置温度下降，汽动设备停运。一些在常温下呈固态而在操作温度下呈液态的物料，应根据温度变化进行妥善处理，例如启用紧急加热系统以防止液态物料因降温凝结为固态。此外，还应及时关闭蒸气与物料系统相连通的阀门，以防物料倒流入蒸气管线系统。

（三）防止爆炸性混合物的形成

在生产过程中，应根据可燃易燃物质的燃烧爆炸特性，以及生产工艺和设备的条件，采取有效的措施，预防在设备和系统里或在其周围形成爆炸性混合物。这类措施主要有设备密闭、厂房通风、惰性介质保护、以不燃溶剂代替可燃溶剂等。

1. 设备密闭

充装可燃易燃介质的设备和管路，如果气密性不好，就会由于介质的流动和扩散性，而造成跑、冒、滴、漏现象。逸出的可燃易燃物质，可使设备和管道周围空间形成爆炸性混合物。同理，当设备或系统处于负压状态时，空气就会渗入，使设备和系统内部形成爆炸性混合物。

容易发生可燃易燃物质泄漏的部位主要有设备的转轴与壳体或墙体的密封处，设备的各种孔、盖及封头盖与主体的连接处，以及设备与管路、管件的各个连接处等。

2. 厂房通风

要使设备达到绝对密闭较难实现，可燃气体、蒸气或粉尘不可避免地从生产工艺设备管道系统中泄漏出来，而且生产过程中某些生产工艺（如喷漆）有时也会挥发出可燃性物质。因此，必须用加强通风的方法使可燃气体、蒸气或粉尘的浓度保持安全浓度，一般应控制在爆炸下限的 1/5 以下。

在设计通风系统时，应考虑到气体的相对密度。某些相对密度比空气大的可燃气体或蒸气，即使少量物质，如果在地沟等低洼地带积聚，也可能达到爆炸极限，此时车间或库房的下部亦应设通风口将可燃易爆物质及时吹走。从车间中排出含有可燃物质的空气时，应设置防爆的通风系统，鼓风机的叶片应采用碰击时不会发生火花的材料制造，通风管内应设有防火遮板，一处失火时便能迅速遮断管路，避免波及他处。

3. 惰性介质保护

在可燃易爆气体、蒸气或粉尘与空气混合物中，加入惰性介质（生产中常用的惰性气体有氮气、二氧化碳、水蒸气等），可以降低爆炸性混合物的氧含量，并降低混合物中的可燃易爆物质的百分比，降至爆炸极限下限以下的范围。当厂房内充满可燃性物质而具有爆炸危险时（如发生事故使车间、库房充满有爆炸危险的气体或蒸气时），应向这一地区输送大量惰性气体加以冲淡；在生产条件允许的情况下，可燃混合物在处理过程中亦应加入惰性介质保护；还要用惰性介质充填非防爆电气设备、仪表；在停产检修或开工生产前，用惰性气体置换设备及管道系统内的可燃物质等。总之，合理利用惰性介质，对防火与防爆有很大的实际作用。如果烟道气体为惰性气体，应经过冷却，并除去氧及残余的可燃组分。氮气等惰性气体在使用时应经过气体分析，其中含氧量不得超过 2%。

一些可燃混合物不发生爆炸时的最大允许氧含量见表 10-35。

表 10-35　可燃混合物不发生爆炸时的最大允许氧含量

可燃物质	最大允许氧含量/%	
	CO$_2$作稀释剂	N$_2$作稀释剂
甲烷	14.6	12.1
乙烷	13.4	11.0
丙烷	14.3	11.4
丁烷	14.5	12.1
戊烷	14.4	12.1
己烷	14.5	11.9
汽油	14.4	11.6
乙烯	11.7	10.6
丙烯	14.1	11.5
乙醚	10.5	—
甲醇	11.0	8.0
硬脂酸钙	—	11.5
丁二烯	13.9	10.4
氢	5.9	5.0
一氧化碳	5.9	5.6
丙酮	15.0	13.5
苯	13.9	11.2
煤粉	16.0	14.0
麦粉	12.0	—
硬橡胶粉	13.0	—
硫	11.0	—
乙醇	10.5	8.5
铝粉	—	7.0
锌粉	—	8.0

4. 以不燃溶剂代替可燃溶剂

以不燃或难燃材料代替可燃或易燃材料，是防止爆炸的根本措施。因此，在满足生产工艺要求的条件下，应当尽可能地用不燃溶剂或爆炸危险性较小的物质代替易燃溶剂或爆炸危险性较大的物质，这样可有效预防爆炸性混合物的形成，为生产创造更为安全的条件。常用的不燃溶剂主要有甲烷和乙烷的氯衍生物，如四氯化碳、三氯甲烷和三氯乙烷等。使用汽油、丙酮、乙醇等易燃溶剂的生产可以用四氯化碳、三氯甲烷和三氯乙烷或丁醇、氯苯等不燃溶剂或危险性较低的溶剂代替。同时，四氯化碳可用来代替溶解脂肪、沥青、橡胶等所采用的易燃溶剂。但这类不燃溶剂具有毒性，因此应采取相应的安全措施。例如，为避免泄漏必须保证设备的气密性，严格控制室内的蒸气浓度，使之不得超过卫生标准规定的浓度等。

饱和蒸气压和沸点是决定生产中所使用溶剂爆炸危险性的重要参数。饱和蒸气压越大，蒸发速度越快，闪点越低，则爆炸危险性越大；沸点较高（例如沸点在 110℃以上）的液体，在常温（18～200℃）时所挥发出来的蒸气是不会达到爆炸危险浓度的。危险性较小的物质的沸点和蒸气压见表 10-36。

表 10-36　危险性较小的物质的沸点及蒸气压

物质名称	沸点/℃	200℃时的蒸气压/Pa
戊醇	130	267
丁醇	114	534
醋酸戊酯	130	800
乙二醇	126	1067
氯苯	130	1200
二甲萘	135	1333

【例 10-13】　某化工企业生产合成材料和精细化工产品，其生产过程中使用了大量的易燃溶剂，如甲苯和二甲苯等，不仅具有高挥发性和易燃性，而且存在潜在的安全风险。为了提高安全性和减少对环境的影响，该企业首先评估使用不燃或难燃溶剂替代易燃溶剂的可行性，并确定替换方案对环境、安全和生产效率的影响，随即转用难燃或不燃溶剂。例如，用碳酸酯类溶剂替代原有的易燃溶剂，项目实施后对企业的安全、环境和经济的综合效益均有效提升。

三、中毒防范措施

1. 普及防范知识

对可能产生有毒有害物质的企业定期组织全面的安全教育和演练，针对各种有毒有害物质中毒的危害进行安全培训，确保企业管理者、安全人员、从业人员都能识别有毒有害物质并知晓相应的防护措施。

2. 落实责任主体

生产经营单位是安全生产的责任主体，生产经营主要负责人应对本单位的安全生产工作全面负责，建立责任追究机制，确保安全生产责任得到具体落实。

① 生产经营单位要认真宣传贯彻《安全生产法》、《职业病防治法》和《使用有毒物品作业场所劳动保护条例》，加强作业场所劳动保护工作，改善安全生产条件，保证安全生产的投入，落实安全生产责任。

② 生产经营单位应如实告知从业人员作业场所和工作岗位存在的危险因素、防范措施以及事故应急措施，上岗前和在岗期间要实行安全叮嘱，提示安全措施并指导从业人员正确使用职业防护设备和用品。

③ 生产经营活动有可能产生有毒气体的场所，必须为从业人员配备气体检测仪器、呼吸器、救护带等安全设备，配备有毒有害气体报警仪、医疗救护设备和药品。防毒器具要定期检查、维护，确保整洁完好。

3. 完善管理制度

① 进入密闭空间作业应由生产经营单位实施安全作业许可，细化作业规程。凡进入坑、池、罐、釜、沟以及井下、管道等存在有毒气体场区作业的，生产经营单位应制定作业方案、进入许可程序、作业规程和相应的安全措施，明确作业负责人、进入作业劳动者和外部监护者的职责，并实施安全作业许可。

作业负责人应确认作业者、监护者的职业安全卫生培训及上岗条件，确认作业环境、作业程序和防范设施及用品符合进入要求；同时检查、验证应急救援服务、呼叫方法的效果；

在作业完成后，要确认作业者及所携带的设备和物品均已撤离。

作业者应接受本单位职业安全卫生培训，持证上岗；遵守密闭空间作业安全操作规程；正确使用密闭空间作业安全设施与个体防护用品；应与监护者进行有效的安全、报警、撤离等双向沟通。

监护者应接受本单位职业安全卫生培训，持证上岗；在作业者作业期间保证在密闭空间外持续监护；适时与作业者进行必要有效的安全、报警、撤离等沟通；在紧急情况时向作业者发出撤离警告，必要时立即呼叫应急救援服务，并在密闭空间外实施应急救援工作；监护者在履行监测和保护职责时，必须坚守岗位，履行职责；对未经许可欲进入者予以警告并劝离。

作业人员作业前，要戴好防毒面具，系好救护带，现场必须落实专人监护。各项安全措施落实后，方可批准作业。

② 建立健全有毒有害物质中毒事故的应急救援预案。可能产生有毒有害物质中毒的行业、企业应建立健全有毒有害物质中毒事故应急救援预案，根据作业要求，落实应急救援组织、救援人员、救援器材，落实各项安全设施、处置流程。企业应根据需要对制定的应急预案加以完善并定期演练。

③ 厂区内设置防护站，对厂区内有害物质及危险性作业进行监测防护，负责全厂防护器材的保管、发放、维护及检修，对厂区中毒等事故进行现场急救。

4. 严格作业准入

① 生产经营单位要切实执行有关规定，不得将阴沟疏通、河道挖掘、污物清理等项目发包给不具备安全生产条件的单位和个人，严禁安排未经专业培训、未取得上岗证的人员上岗作业。各单位在签订项目合同时，同时应签订安全生产协议，规定各自的管理职责。发包单位应对承包单位统一协调、管理。

② 切实加强对中小企业的监管，严格作业准入，尤其要将可能产生有毒有害物质中毒的企业列为重点监管对象，强制性规定相关企业配置防毒设施、设备和器具，制定作业规范，提高小企业的安全生产水平。

5. 坚持按章作业

生产经营单位应制定并严格实施密闭空间作业进入许可程序和安全作业规程，各级管理人员和作业人员应认真学习，熟记与作业相关的规定并认真执行。要强化安全意识，杜绝违章作业、违章指挥的现象，防止有毒有害物质中毒事故的发生。

6. 加强现场管理

① 要在高危场所设置警示标志，并在有专人监护且配备有效个人防护的条件下进行作业。禁止在未采用任何防护措施的情况下私自清理下水道。

② 当有人发生有毒气体中毒时，救援者应佩戴专业防护面具实施救援，制止不具备条件的盲目施救，避免出现更多的伤亡，并及时寻求专业救护。

③ 在安排工作时，必须安排现场专人监护，检查上岗人员的上岗资格，提出安全生产要求，监督安全措施的落实，对作业中可能发生的不安全问题及时告知，发现不符合安全生产规定的情况立即制止，确保安全生产落实到全过程。

④ 要制定详细的作业方案，填报《中毒、窒息等危险作业票》，经所在单位安全生产部门审核和单位负责人批准后方可实施作业。

⑤ 对于生产化学品（如烃类、苯类）的工厂，其事故风险值较高，要求该片区要满足相关行业的卫生防护距离要求，禁设居民区等人员常住区域，周围设置绿化防护带，满足环境保护距离要求。

7. 现场急救处理

制定详细的中毒事故应急响应计划，包括快速撤离、现场急救和紧急医疗救援等步骤。

① 迅速脱离中毒现场至空气新鲜处，有条件时给予吸氧，保持呼吸道通畅。保持安静、卧床休息，注意保暖，严密观察病情变化。

② 对呼吸、心跳骤停者，立即进行心肺复苏。对休克者应让其取平卧位，头稍低；对昏迷者应及时清除口腔内异物，保持呼吸道通畅，迅速送往医院抢救。

③ 有眼部损伤者，应尽快用清水反复冲洗，迅速送往医院进一步处理。

④ 救援人员必须佩戴个人防护器进入中毒环境，并留有危险区外监护人员，做好一切救护准备，以尽可能地减少人员中毒或伤亡。

【例 10-14】 上海某制药公司针对人员中毒事件制定了全面的防范措施预案。该公司成立了专门的医疗救护组，负责提供紧急救治和必要的急救培训，如心肺复苏和人工呼吸。在发生中毒时，员工会迅速响应，将中毒者转移到空气新鲜处，并根据化学品材料安全数据表进行初步处理。公司重视应急预案的培训和演练，确保每位员工了解应急流程，提高整体的应急处置能力。该现场处置预案的设立具备有效性和实用性，在实际中毒事件中可展现出高效的应急响应，有效控制事故影响。

四、泄漏防范措施

1. 泄漏源控制

立即采取行动关闭相关阀门，停止作业，并通过物料走副线、局部停车、打循环或减负荷运行等措施控制泄漏源。

容器发生泄漏后，根据泄漏点的危险程度、泄漏孔的尺寸、泄漏点处实际的或潜在的压力、泄漏物质的特性，采取措施修补和堵塞裂口，制止进一步泄漏。对于贮罐区发生液体泄漏时，要立即关闭罐区雨水阀，将泄漏物限制在围堰内，如果没有围堰，采用泥沙等物质设立临时围堰。

2. 泄漏物处置

泄漏被控制后，迅速采取有效措施，如将现场泄漏物进行覆盖、收容、稀释，使泄漏物得到安全可靠的处置，防止二次事故的发生。泄漏物处置主要有以下方法：

① 围堤堵截。如果化学品为液体，泄漏到地面上时会四处蔓延扩散，难以收集处理。为此，需要筑堤堵截或者引流到安全地点。贮罐区发生液体泄漏时，要及时关闭雨污水阀，防止物料沿明、暗沟外流。

② 稀释与覆盖。为减少大气污染，通常采用水枪或消防水带以泄漏点为中心，在贮罐、容器的四周设置水幕或喷雾状水进行稀释降毒，使用雾状射流形成水幕墙，防止泄漏物向重要目标或危险源扩散，但不宜使用直流水。在使用这一技术时，将产生大量的被污染水，因此应疏通污水排放系统。对于可燃物，也可以在现场施放大量水蒸气，破坏燃烧条件。对于液体泄漏，为降低物料向大气中的蒸发速率，可用泡沫或其他覆盖物品覆盖外泄的物料，在其表面形成覆盖层，抑制其挥发。

③ 倒罐转移。贮罐、容器壁发生泄漏，无法堵漏时，可采取倒罐技术倒入其他容器罐。利用罐内压力差倒罐，即液面高、压力大的罐向他罐导流，用开启泵倒罐，输转到其他罐，倒罐不能使用压缩机。压缩机会使泄漏容器压力增加，加剧泄漏。采取倒罐措施，须与企业负责人、技术人员共同论证研究，在确认安全、有效的前提下组织实施。

④ 收容。对于大型泄漏，可选择用隔膜泵将泄漏出的物料抽入容器内或槽车内。当泄

漏量小时，可用沙子、吸附材料、中和材料等吸附中和。

⑤ 废弃。可选择用隔膜泵将泄漏物运至废物处理场所处置。用消防水冲洗剩下的少量物料，冲洗水排入应急事故污水系统。

【例 10-15】 在云南省文山路远商贸有限公司建设 1 万吨沥青储存库建设项目中，沥青和柴油在储存过程中有发生泄漏、火灾的可能，可能对周围大气、地表水、地下水环境造成影响。因此，应当对可能泄漏污染物的污染区和装置进行防渗处理，并及时地将泄漏、渗漏的污染物收集起来进行处理，罐区作防渗处理，厂区配置泄漏回收机械泵，及时回收堤内的泄漏物质，并将事故控制在厂区内，罐区周围按照《石油库设计规范》（GB 50074—2014）设围堰或防火堤。同时，对易发生泄漏的部位实行定期的巡检制度，及时发现问题，尽快解决。

第六节　地下水保护措施

一、基本要求

① 地下水环境保护措施与对策应符合《中华人民共和国水污染防治法》和《中华人民共和国环境影响评价法》的相关规定，按照"源头控制、分区防控、污染监控、应急响应"，重点突出饮用水水质安全的原则确定。

② 地下水环境保护措施应基于建设项目特点、调查评价区和场地环境水文地质条件，在建设项目可行性研究提出的污染防控对策的基础上，根据环境影响预测与评价结果，提出需要增加或完善的地下水环境保护措施和对策。

③ 根据《地下水保护利用管理办法》，加强地下水资源的保护和合理利用，确保保护措施能够维持地下水资源的可持续性。

④ 改、扩建项目应针对现有工程引起的地下水污染问题，提出"以新带老"的对策和措施，有效减轻污染程度或控制污染范围，防止地下水污染加剧。

⑤ 给出各项地下水环境保护措施与对策的实施效果，列表给出各措施的初步投资概算，并分析其技术、经济可行性。

⑥ 提出合理、可行、操作性强的地下水污染防控的环境管理体系，包括地下水环境跟踪监测方案和定期信息公开等。

二、建设项目污染防控对策

（一）源头控制措施

源头控制措施包括：提出各类废物循环利用的具体方案，减少污染物的排放量；优化工艺流程，提出工艺、管道、设备、污水贮存及处理构筑物应采取的污染控制措施，将污染物跑、冒、滴、漏降到最低限度，以减少污染物排放，并通过定期检查确保措施得到执行。

（二）分区防控措施

① 结合地下水环境影响评价结果，对工程设计或可行性研究报告提出的地下水污染防控方案提出优化调整的建议，给出不同分区的具体防渗技术要求。

一般情况下，应以水平防渗为主，防控措施应满足以下要求。

a. 已颁布污染控制国家标准或防渗技术规范的行业，水平防渗技术要按照相应标准或规范执行,如 GB 16889、GB 18597、GB 18598、GB 18599、GB/T 50934 等。

b. 未颁布相关标准的行业,根据预测结果和场地包气带特征及防污性能,提出防渗技术要求;或根据建设项目场地天然包气带防污性能、污染控制难易程度和污染物特性,参照表 10-37 提出防渗技术要求。其中污染控制难易程度分级和天然包气带防污性能分级分别参照表 10-38 和表 10-39 进行相关等级的确定。

表 10-37 地下水污染防渗分区参照表

防渗分区	天然包气带防污性能	污染控制难易程度	污染物类型	防渗技术要求
重点防渗区	弱	难	重金属、持久性有机污染物	等效黏土防渗层 Mb≥6.0m,$K \leqslant 1 \times 10^{-7}$ cm/s;或参照 GB 18598 执行
	中—强	难		
	强	易		
一般防渗区	弱	易—难	其他类型	等效黏土防渗层 Mb≥1.5m,$K \leqslant 1 \times 10^{-7}$ cm/s;或参照 GB 16889 执行
	中—强	难		
	中	易	重金属、持久性有机污染物	
	强	易		
简单防渗区	中—强	易	其他类型	一般地面硬化

注:Mb 为岩(土)层单层厚度;K 为渗透系数。

表 10-38 污染控制难易程度分级参照表

污染控制难易程度	主 要 特 征
难	对地下水环境有污染的物料或污染物泄漏后,不能及时发现和处理
易	对地下水环境有污染的物料或污染物泄漏后,可及时发现和处理

表 10-39 天然包气带防污性能分级参照表

分级	包气带岩土的渗透性能
强	岩(土)层单层厚度 Mb≥1.0m,渗透系数 $K \leqslant 1 \times 10^{-6}$ cm/s,且分布连续、稳定
中	岩(土)层单层厚度 0.5m≤Mb<1.0m,渗透系数 $K \leqslant 1 \times 10^{-6}$ cm/s,且分布连续、稳定
	岩(土)层单层厚度 Mb≥1.0m,渗透系数 1×10^{-6} cm/s<$K \leqslant 1 \times 10^{-4}$ cm/s,且分布连续、稳定
弱	岩(土)层不满足上述"强"和"中"条件

② 对难以采取水平防渗的场地,可采用垂向防渗为主、局部水平防渗为辅的防控措施。

③ 根据非正常状况下的预测评价结果,在建设项目服务年限内个别评价因子超标范围超出厂界时,应提出优化总图布置的建议或地基处理方案。

【例 10-16】 某新建污水处理站项目工程内容主要包括格栅井、调节池、A²O 生化池、MBR 池、污泥储池等,大部分为地下设置,对区域地下水环境存在潜在风险。由于属于新建项目,正常状况下厂区对地下水造成的影响很小。但是在非正常状况下会不可避免地对地下水环境产生污染,需采取合理的主动防控与被动防渗等地下水防治措施,使得地下水污染风险降到最低。在源头控制方面,对于接入系统的生活污水必须严格执行污水接管标准,接管范围内严格按照接管要求进行管理;使用先进、成熟、可靠的工艺技术,良好合格的防渗材料,尽可能从源头上减少污染物产生;防止污染物的跑、冒、滴、漏,将污染物泄漏的环境风险事故降到最低限度。在分区防治方面,结合项目的生产设备、管线、贮存与运输装置、污染物贮存与处理装置等的布局，根据可能进入地下水环境的各类污染物的性质、排放量，划分污染防治区，提出不同区域的地面防渗方案，采用不同的防渗材料及防渗标准要求，建立防渗设施的检漏系统。

第七节　固体废物污染防治措施

固体废物的成分、性质和危险性存在着较大的差异，因此必须针对不同的固体废物制定不同的污染防治措施。《中华人民共和国固体废物污染环境防治法》把固体废物分为工业固废、生活垃圾和危险废物等，下面主要介绍这三类固体废物的污染防治措施。

一、一般工业固体废物污染防治措施

工业固体废物的特点是种类多、排放量大、分布广、常年排放，但是大部分工业固体废物具有回收利用的价值，因此工业固体废物的资源化问题很重要。目前综合利用是实现工业固体废物资源化和减量化、解决环境污染、减轻环境负担和危害的重要途径，对环境保护和工业生产都有着重大的意义。工业固体废物管理应遵循减量化、无害化和资源化原则，优先考虑废物的再利用和回收。

根据上述固体废物处理的基本原则，对于工业固体废物，常用的处理方法有固化处理、焚烧和热解技术、生物处理。

1. 固化处理

固化处理是向废弃物中添加固化基材，使有害固体废物固定或包容在惰性固化基材中的一种无害化处理过程。经过处理的固化产物应具有良好的抗渗透性，良好的机械特性，以及抗浸出、抗干湿、抗冻融特性。这样的固化产物可直接在安全土地填埋场处置，也可用作建筑的基础材料或道路的路基材料。固化处理根据固化基材的不同可以分为水泥固化、沥青固化、玻璃固化、自胶结固化等。

2. 焚烧和热解技术

焚烧法是固体废物高温分解和深度氧化的综合处理过程。好处是把大量有害的废料分解而变成无害的物质。由于固体废物中可燃物的比例逐渐增加，采用焚烧方法处理固体废物，利用其热能已成为必然的发展趋势。以此种方法处理固体废物，占地少，处理量大，在保护环境、提供能源等方面可取得良好的效果。焚烧过程获得的热能可以用于发电。利用焚烧炉发生的热量，可以供居民取暖，用于维持温室室温等。目前日本及瑞士每年把超过 65% 的都市废料焚烧而使能源再生。但是焚烧法也有缺点，如投资较大、焚烧过程排烟造成二次污染、设备锈蚀现象严重等。此外，焚烧过程中应注意能源的高效利用和有毒有害气体的排放，如二噁英和氮氧化物等。

热解是将有机物在无氧或缺氧条件下高温（500～1000℃）加热，使之分解为气、液、固三类产物。与焚烧法相比，热解法则是更有前途的处理方法，其最显著优点是基建投资少。

3. 生物处理

生物处理是利用微生物对有机固体废物的分解作用使其无害化，可以使有机固体废物转化为能源、食品、饲料和肥料，还可以用来从废品和废渣中提取金属，是固体废物资源化的有效技术方法。这一过程主要依赖于微生物的分解作用，旨在实现废物的无害化和资源化。目前应用比较广泛的有：堆肥化、沼气化、废纤维素糖化、废纤维饲料化、生物浸出等。

① 高温堆肥过程中垃圾经微生物发酵作用温度升高，将其病原菌杀死，垃圾可分解成为优质肥料，如畜禽养殖业、畜牧业、农产品加工、食品加工、种植业、餐饮业产生的固体废物都可以采取该方式处置，堆肥产品可以直接回用于农业生产。

② 综合利用是根据工业固废的主要成分和特性，经过回收和简单的加工，作为其他行业的原材料，实现二次利用。综合利用策略不仅减少废物堆积，还可促进资源的循环利用。

目前我国主要的工业固体废物有煤矸石、锅炉渣、粉煤灰、高炉渣、钢渣、尘泥等，多以 SiO_2、Al_2O_3、CaO、MgO、Fe_2O_3 为主要成分。这些废弃物只要进行适当的调制、加工，即可制成不同标号的水泥和其他建筑材料。

表 10-40 列出了可作建筑材料的若干种工业废渣。

表 10-40　可作建筑材料的若干种工业废渣

工业废渣	用　　途
高炉渣、粉煤灰、煤渣、煤矸石、钢渣、电石渣、尾矿粉、赤泥、镍渣、铅渣、硫铁矿渣、铬渣、废石膏、水泥、窑灰等	制造水泥原料或混凝土材料； 制造墙体材料； 制造道路材料、地基垫层填料
高炉渣、气冷渣、粒化渣、膨胀矿渣、膨珠、粉煤灰（陶料）、煤矸石（膨胀煤矸石）、煤渣、赤泥、陶粒、钢渣和镍渣（烧胀钢渣和镍渣等）	作为混凝土骨料和轻质骨料
高炉渣、钢渣、镍渣、铬渣、粉煤灰、煤矸石等	制造热铸制品
高炉渣（渣棉、水渣）、粉煤灰、煤渣等	制造保温材料

二、生活垃圾污染防治措施

《生活垃圾处理技术指南》要求因地制宜地选择先进适用、符合节约集约用地要求的无害化生活垃圾处理技术。

土地资源紧缺、人口密度高、生活垃圾热值满足要求的城市要优先采用焚烧处理技术。生活垃圾管理水平较高、分类回收可降解有机垃圾的城市可采用生物处理技术。土地资源较丰富和污染控制条件较好的城市可采用卫生填埋处理技术。

【例 10-17】 垃圾废热作为一种可再利用能源，符合国家的产业政策，垃圾发电的发展，既有利于节约能源、改善环境质量，又可优化当地电源结构，缓解当地电力供应状况，其环境效益和社会效益十分显著。2022 年，拟建德化县生活垃圾焚烧发电项目生活垃圾处理规模为 400 吨每天，该项目投产运营后，能实现年处理生活垃圾量 14.6 万吨，很大程度上能提高德化县生活垃圾处理能力，完善德化县垃圾处理体系。生活垃圾焚烧产生的热能还能转化为电能，实现资源利用的同时还能保障电力供应。

三、危险废物污染防治措施

（一）基本原则

① 对于有毒有害废物，应尽量通过焚烧或化学处理转化为无害后再处置。

② 对于无法无害化的有毒有害废物，必须放在具有长期稳定性的容器和设施内，处置系统应能防止雨水淋溶和地下水浸泡，在任何时候有害有毒物质的迁移不会污染水体水质。

③ 对于放射性废物，必须事先进行固定、包装，并放置在具有一定工程屏障的设施中，处置系统能防止雨水淋溶和地下水浸泡，并在放射性水平衰变到接近环境本底以前能阻滞放射性核素的迁移，使释入环境的放射性核素量达到人类可以接受的水平。

（二）危险废物的处置方法

危险废物的处置方法主要有焚烧法、热解法、安全填埋法，依据具体情况和危险废物特性进行选择。

1. 焚烧法

焚烧包括富氧焚烧和催化焚烧，利用高温使危险废物中可燃成分分解氧化，产生最终产物 CO_2 和 H_2O。危险废物的有害成分在高温下被氧化、热解，以达到解毒除害的目的，重金属成分被浓缩并转移到稳定的灰渣和飞灰中。同时焚烧产生的热量在余热锅炉中被回收利用，用来发电或供热。因此，焚烧法是一种可以同时实现危险废物处理减量化、无害化和资源化的技术。经过焚烧，固体废物的体积可减少 $80\%\sim90\%$，新型的焚烧装置可使焚烧后的废物体积只有原来体积的 5% 甚至更少。

2. 热解法

热解法是在炉内无氧的条件下，加热危险废物，并控制温度在 $100\sim600℃$ 的方法。危险废物中的有机物质和挥发物被热解，产生可燃气体排出热解炉。热解/气化技术相比于焚烧技术的优点是更有利于能源的高效再利用，对环境更加友好。

3. 安全填埋法

危险废物安全填埋是一种把危险废物放置或贮存在环境中，使其与环境隔绝的处置方法。为此，国家环保总局制定了《危险废物安全填埋处置工程建设技术要求》（环发〔2004〕75号），规范了危险废物安全填埋处置工程建设要求。

危险废物安全填埋场的建设规模应根据填埋场服务范围内的危险废物种类、可填埋量、分布情况、发展规划以及变化趋势等因素综合考虑确定。填埋场根据场地特征可分为平地型填埋场和山谷型填埋场，根据填埋坑基底标高又可分为地上填埋场和凹坑填埋场。应根据当地特点，优先选择渗滤液可以根据天然坡度排出、填埋量足够大的填埋场类型。

危险废物安全填埋场应主要以省为服务区域，根据当地危险废物填埋量的情况，采取一步到位或分期建设的方式集中建设。

危险废物安全填埋场应包括接收与贮存系统、分析与鉴别系统、预处理系统、防渗系统、渗滤液控制系统、填埋气体控制系统、监测系统、应急系统及其他公用工程等。

禁止填埋的废物有医疗废物、与衬层不相容的废物。

（三）医疗废物焚烧处理法

在国际上应用的诸多医疗废物处理法中，只有高温焚烧处理法具备对医疗废物适应范围广，处理后的医疗废物难以辨认，消毒杀菌彻底，使废物中的有机物转化成无机物，减容减量效果显著，有关的标准规范齐全，技术成熟等多方面优点。

焚烧所产生的污染物经过先进的去除污染设备，可以控制在国家的标准范围内。焚烧后的飞灰必须按照危险废物进行安全填埋，因此焚烧法是首推的医疗废物处理方法。

【例10-18】 珠海市西部固废处理中心医疗废物处置厂建设项目，该项目属于医疗废物焚烧项目，拟采用热解气化焚烧工艺处理医疗废物，焚烧和热解气化均是医疗废物中有机物的热分解和氧化过程，两者的区别在于氧化进行的程度不同。热解气化是指在无氧或缺氧的条件下，垃圾中有机组分的大分子发生断裂，产生小分子气体、焦油和残渣的过程，可实现垃圾无害化、减量化和资源化。焚烧处置方法是一种高温热处理技术，即以一定的过剩空气与被处置的危险废物在焚烧炉内进行氧化燃烧反应，废物中的有毒、有害物质在高温下氧化、分解而被破坏。焚烧处置的特点是它可同时实现废物的无害化、减量化、资源化。焚烧法不但可以处置固态废物，还可以处置液态或气态废物，并且通过残渣熔融使重金属元素稳定化。

四、固体废物处置、焚烧或填埋方式的选址要求

（一）有害有毒和放射性废物的处置场场址要求

① 场址地质稳定，场址必须避开断层、褶皱、地震或火山活动等地质作用对废物处置有显著影响的区域；

② 地形稳定性良好，必须避开崩塌、冲蚀、滑坡等地表作用的区域；

③ 场址岩性能有效地阻滞有毒有害物质和放射性核素的迁移；

④ 场址应避开地下水可能侵入的地区及可能受洪水危害或局部大雨造成水灾的地区；

⑤ 场址应避开高压缩性淤泥软土地层。

（二）生活垃圾焚烧场选址要求

① 生活垃圾焚烧场选址应符合当地城乡建设总体规划要求，应与当地大气污染防治、水资源保护、自然保护相一致；

② 生活垃圾焚烧场应设在当地夏季主导风向的下风向；

③ 在人畜居栖点 500m 以外，不得在自然保护区、风景名胜区、生活饮用水源地等处设置。

【例 10-19】 为解决福建省泉州市德化县日益紧迫的垃圾处置需要，2021 年 7 月德化生活垃圾焚烧发电项目列出长期专项规划，加快德化县垃圾处理产业化进程，逐步实现垃圾处理减量化、无害化、资源化。该项目选址位于德化县龙门滩镇硕儒村茅仔格，德化县自然资源局出具了用地预审与选址意见书，项目建设符合国土空间用途管制要求，同时项目红线范围用地在《德化县龙门滩镇硕儒村村庄规划（2021 —2035）》被列为公共管理与公共服务用地内，符合村庄规划。项目大气环境防护距离内无规划建设居住区、医院、学校等大气敏感项目。

（三）危险废物焚烧厂选址要求

① 各类焚烧厂不允许建设在地表水环境质量Ⅰ类、Ⅱ类功能区和环境空气质量一类功能区；

② 集中式危险废物焚烧厂不允许建设在人口密集的居住区、商业区和文化区；

③ 各类焚烧厂不允许建设在居民区主导风向的上风向地区；

④ 厂址选择还需要考虑经济技术条件。

【例 10-20】 仙居县危废焚烧处置中心项目周边敏感点与项目厂址距离均在 900m 以上，评价范围内无风景名胜区、自然保护区、生态功能保护区和生活饮用水水源地保护区等环境敏感区。项目所在地环境空气属于《环境空气质量标准》（GB 3095—2012）二类功能区，周边水体为《地表水环境质量标准》（GB 3838—2002）中Ⅲ类功能区，符合焚烧厂选址原则。

（四）危险废物安全填埋场场址要求

① 应符合总体规划要求，场址应处于一个相对稳定的区域。

② 应进行环境影响评价，并经环境保护行政主管部门批准。

③ 不应选在城市工农业发展规划区、农业保护区、自然保护区、风景名胜区等和其他需要特别保护的区域内。

④ 填埋场距飞机场、军事基地的距离应在 3000m 以上。

⑤ 填埋场场界应位于居民区 800m 以外，并保证当地气象条件下对附近居民区大气环

境不产生影响。

⑥ 填埋场场址必须位于百年一遇的洪水标高线以上，并在长远规划中的水库等人工蓄水淹没区和保护区之外。

⑦ 填埋场场址距地表水域的距离不应小于 150m。

⑧ 填埋场场址的地质条件应符合以下要求：充分满足填埋场基础层的要求；现场或其附近有充足的黏土资源以满足构筑防渗层的需要；位于地下水饮用水水源地主要补给区范围之外，且下游无集中供水井；地下水位应在不透水层 3m 以下，否则必须提高防渗设计标准并进行环境影响评价，取得主管部门同意；天然地层岩性相对均匀、渗透率低；地质结构相对简单、稳定，没有断层。

⑨ 填埋场场址选择应避开下列区域：破坏性地震及活动构造区；海啸及涌浪影响区；湿地和低洼汇水处；地应力高度集中，地面抬升或沉降速率快的地区；石灰岩溶洞发育带；废弃矿区或塌陷区；崩塌、岩堆、滑坡区；山洪、泥石流地区；活动沙丘区；尚未稳定的冲积扇及冲沟地区；高压缩性淤泥、泥炭及软土区以及其他可能危及填埋场安全的区域。

⑩ 填埋场场址必须有足够大的可使用面积，以保证填埋场建成后具有 10 年或更长的使用期，在使用期内能充分接纳所产生的危险废物。

⑪ 填埋场场址应选在交通方便、运输距离较短，建造和运行费用低，能保证填埋场正常运行的地区。

（五）医疗废物集中焚烧厂厂址选择

① 符合《全国危险废物和医疗废物处置设施建设规划》及当地城乡总体发展规划，符合当地大气污染防治、水资源保护和自然生态保护的要求；

② 满足工程地质条件和水文地质条件，考虑交通、运输距离、土地利用现状及基础设施状况等。

【例 10-21】 承德市某医疗废物处置有限公司拟在承德县三沟镇建设"承德市医疗废物集中处置工程"——年处理医疗废物 3500 吨的焚烧系统、烟气处理系统及配套辅助设施，该项目选址 800 米范围内无居民区等环境敏感点，该医疗废物处理处置中心项目建成后符合我国医疗废物管理要求，解决了承德市原有医废处理不足的问题。

第八节　土壤污染防治措施

土壤污染防治对保障人类健康、生态系统平衡和农业可持续发展具有至关重要的意义。

一、基本要求

① 土壤环境保护措施与对策应包括保护的对象、目标，措施的内容、设施的规模及工艺、实施部位和时间、实施的保证措施、预期效果的分析等，在此基础上估算（概算）环境保护投资，并编制环境保护措施布置图。

② 在建设项目可行性研究提出的影响防控对策基础上，结合建设项目特点、调查评价范围内的土壤环境质量现状，根据环境影响预测与评价结果，提出合理、可行、操作性强的土壤环境影响防控措施。

③ 改、扩建项目应针对现有工程引起的土壤环境影响问题，提出"以新带老"措施，有效减轻影响程度或控制影响范围，防止土壤环境影响加剧。

④ 涉及取土的建设项目，所取土壤应满足占地范围对应的土壤环境相关标准要求，并说明其来源；弃土应按照固体废物相关规定进行处理处置，确保不产生二次污染。

土壤污染防治的总体目标是保护土壤环境质量，保障生态安全与公众健康，实现污染物减排和风险控制。

二、建设项目环境保护措施

（一）土壤环境质量现状保障措施

建设项目占地范围内的土壤环境质量存在点位超标的，应依据土壤污染防治相关管理办法、规定和标准，采取有关土壤污染防治措施。

为了保障土壤环境质量现状，应加强污染源监控与管理，严格控制废水、废气及固体废物排放。定期开展土壤监测，及时掌握污染情况。实施土壤保护工程，防止退化。建立公众参与机制，提高土壤保护意识，确保环境质量持续改善。

（二）源头控制措施

生态影响型建设项目应结合项目的生态影响特征，按照生态系统功能优化的理念，坚持高效适用的原则提出源头防控措施。污染影响型建设项目应针对关键污染源、污染物的迁移途径提出源头控制措施，并与 HJ 2.2、HJ 2.3、HJ 19、HJ 169、HJ 610 等标准要求相协调。

源头控制措施包括改进生产工艺，减少污染物产生，推广清洁生产技术。加强对工业企业的废水、废气和固体废物排放的监管，确保达标排放。实施污染防治设施的建设与升级，减少污染物的排放量。推动资源循环利用，减少废弃物的产生。加强企业环境管理，提高环保意识，确保从源头上有效控制土壤污染。

（三）过程防控措施

建设项目根据行业特点与占地范围内的土壤特性，按照相关技术要求采取过程阻断、污染物削减和分区防控措施。

生态影响型：①涉及酸化、碱化影响的，可采取相应措施调节土壤 pH 值，以减轻土壤酸化、碱化的程度；②涉及盐化影响的，可采取排水排盐或降低地下水位等措施，以减轻土壤盐化的程度。

污染影响型：①涉及大气沉降影响的，占地范围内应采取绿化措施，以种植具有较强吸附能力的植物为主；②涉及地面漫流影响的，应根据建设项目所在地的地形特点优化地面布局，必要时设置地面硬化、围堰或围墙，以防止土壤环境污染；③涉及入渗途径影响的，应根据相关标准规范要求，对设备设施采取相应的防渗措施，以防止土壤环境污染。

过程防控措施包括严格执行生产过程中的环保标准，加强设备维护和检修，防止污染物泄漏。采用密闭生产和负压操作，减少污染物逸散。加强工艺管理，优化工艺参数，减少副产污染物的产生。建立实时监控系统，对废水、废气和固体废物的排放进行实时监测，及时发现并处理异常情况，确保生产过程中污染物的有效控制。

三、跟踪监测

土壤环境跟踪监测措施包括制定跟踪监测计划、建立跟踪监测制度，使用先进的监测技术和设备，实时监控土壤环境质量。建立数据管理系统，记录和分析监测数据，及时发布监测报告，以便及时发现问题，采取措施。

土壤环境跟踪监测计划应明确监测点位、监测指标、监测频次以及执行标准等。其中监测点位应布设在重点影响区和土壤环境敏感目标附近，监测指标应选择建设项目特征因子。评价工作等级为一级的建设项目一般每 3 年内开展 1 次监测工作，二级的每 5 年内开展 1

次，三级的必要时可开展跟踪监测。生态影响型建设项目跟踪监测应尽量在农作物收割后开展。针对监测结果，评估防治措施的效果，必要时调整措施，确保土壤环境质量的持续改善。

监测计划应包括向社会公开的信息内容。

【例 10-22】 中国石油新疆油田分公司准东采油厂拟对彩 31 天然气处理站和彩 31 集气站进行改造，并新部署煤岩气井，主要产品包括天然气和液烃。油品可能渗入土壤孔隙，使土壤透气性和呼吸作用减弱，影响土壤中的微生物生存，破坏土壤结构，增加土壤中石油类污染物，造成土地肥力下降，改变土壤的理化性质，影响土壤正常的结构和功能，进而影响荒漠植被的生长，并可影响局部的生态环境。

针对土壤污染需采取的防治措施包括以下几方面。①乙二醇再生装置废水排至彩南集中处理站采出水处理系统处理；井下作业时带罐作业，井下作业废液（压裂返排液、酸化返排液和废洗井液）排至罐内，由罐车拉运至彩南集中处理站采出水处理系统处理，出水水质满足《碎屑岩油藏注水水质指标技术要求及分析方法》（SY/T 5329—2022）中的相关要求后回注地层；危险废物废滤料和废润滑油集中收集后交由有相应危险废物处理资质的单位回收处置；产生的各类废物均可得到妥善处置，从源头减少了污染物的产生。②防渗措施：设立重点防渗区和一般防渗区，重点防渗区防渗性能不应低于 6m 厚渗透系数为 1.0×10^{-7} cm/s 的黏土层的防渗性能，一般防渗区防渗性能不应低于 1.5m 厚渗透系数为 1.0×10^{-7} cm/s 的黏土层的防渗性能。

思 考 题

1. 简述锅炉脱硫以及锅炉除尘的措施。
2. 工艺废气应怎么处理？
3. 无组织废气的处理措施有哪些？
4. 简述常见的污水处理厂的处理过程。
5. A^2/O 工艺、SBR 工艺以及氧化沟工艺三者的区别是什么？
6. 简述废水的处理方法。
7. 含有机物废水的处理措施有哪些？
8. 噪声的防治措施有哪些？
9. 简述施工期、运营期、使用期满后的生态环境保护措施。
10. 泄漏物处置方法有哪些？
11. 建设项目的地下水污染防控对策有哪些？
12. 一般工业固体废物的特点及处理的基本原则有哪些？
13. 危险废物的处置方法有哪些？
14. 生活垃圾焚烧场的选址需注意什么？
15. 在易燃物品仓库中应采取哪些基本的火灾防范措施？
16. 建设项目在土壤污染防治方面应采取哪些措施？

参考文献

［1］刘天齐，黄小林，邢连壁，等．三废处理工程技术手册［M］．北京：化学工业出版社，1999．

［2］金醉宝．化验室酸性废气治理现状［J］．矿冶，1998，7（3）：98-102．

［3］何争光．大气污染控制工程及应用实例［M］．北京：化学工业出版社，2004．

［4］严易明，张敏，孙秀敏．治理酸雾的环保措施［J］．石油化工环境保护，2000，1：26-28．

［5］冯莉萍．钢丝绳厂劳动卫生学调查［J］．职业与健康，2001，17（12）：14-15.

［6］Swenberg J A，Beauchamp R O J. A review of the chronic toxicity，carcinogencity，and possible mechanisms of action of inorganic acid mists in animals［J］. Crit Rev Toxicol，1997，27（3）：253-259.

［7］郭玉文，孙翠玲，宋菲．酸性沉降与日本森林衰退［J］．世界林业研究，1997（1）：52-56.

［8］Anu W，Alan C，Lucy J S. Fine structure of acid mist treated sitka spruce needles：open-top chamber and field experiments［J］. Annals of Botany Company，1996（77）：1-10.

［9］边归国，马荣．大气环境污染对文物古迹的影响［J］．环境科学研究，1998，11（5）：22-25.

［10］沈继东，李超．玻璃钢活动板式静电除雾器应用开发［J］．辽宁城乡环境科技，1999，19（6）：71-73.

［11］沈继东，李超．玻璃钢活动板式静电除雾器应用开发［J］．辽宁城乡环境科技，1999，19（6）：74-75.

［12］钟晓勇．强酸酸雾的污染治理［J］．东方电机，2001，1：52-54.

［13］刘后启，林宏．电收尘器——理论设计使用［M］．北京：中国建筑工业出版社，1987.

［14］蒋基洪，戎司旦. 2030冷轧酸洗机组酸雾泄漏的综合治理［J］．宝钢技术，1996（6）：15-18.

［15］李超，王洪利．应用立塔式静电除雾器净化宝钢冷轧厂酸洗工艺段酸雾的实践［J］．环境污染治理技术与设备，2002，3（7）：84-86.

［16］郝德山，高小荣．蜂窝式导电玻璃钢电除雾器的试验总结［J］．硫酸工业，2000（4）：23-28.

［17］李向阳，王贤林．多管塑料电除雾器在硫酸工艺中的应用［J］．建筑热能通风空调，2002（1）：59-61.

［18］牛玉超，战旗．静电捕集器用于铬酸雾捕集的探讨［J］．电镀与精饰，1997，19（4）：29-30.

［19］刘福生，扈国军，王晟．无酸雾污染的硫酸酸洗技术［J］．化工时刊，1996（10）：21-23.

［20］龚敏，张远声，陈刚晟．不锈钢在高温盐酸中的酸洗缓蚀抑雾剂［J］．四川轻化工学院学报，1997，10（3）：10-12.

［21］刘芙燕，陈玉璞，马兰瑞．碱性无氰镀锌工艺试验研究［J］．沈阳师范学院学报：自然科学版，1999，2：32-36.

［22］丁真真．难降解有机物废水的处理方法研究现状［J］．甘肃科技，2006，22（2）：113-115.

［23］李娟．城市污水处理厂工艺设计研究［D］．西安：西安建筑科技大学，2008.

［24］毕馨升，寇世伟，暴丽媛，等．地埋式生活污水处理技术的应用与研究进展［J］．北方环境，2011，23（Z1）：121-122.

［25］龚啸，赵昌清，胡冰．高速公路施工期生态环境影响与保护措施分析［J］．湖南交通科技，2012，38（4）：35-36.

［26］杨俊野．公路建设项目生态影响评价研究与案例分析［D］．成都：西南交通大学，2013.

［27］朱彬，刘贤才，庞继忠．矿山开采的生态环境保护及治理［J］．广西大学学报：自然科学版，2009，34（增刊）：338-340.

［28］陈鑫，牟长波．山区小水电工程建设主要生态环境影响及生态环保措施［J］．广西轻工业，2010（5）：73-74.

［29］程旭扬．噪声污染及其防治［J］．科技风，2022（25）：151-153.

［30］高伟．土壤环境保护与污染防治对策分析［J］．清洗世界，2023（39）：89-91.

［31］贺震．南京何以成为全国最安静的城市？［J］．中国生态文明，2021（3）：73-74.

第十一章
清洁生产与碳排放评价

第一节　清洁生产评价

一、清洁生产标准

清洁生产标准是资源节约与综合利用标准化工作的重要组成部分。为贯彻实施《中华人民共和国环境保护法》和《中华人民共和国清洁生产促进法》，保护环境，指导企业实施清洁生产和推动环境管理部门的清洁生产监督工作，生态环境部已经颁布了三批、共70多项清洁生产标准。清洁生产标准见表2-7。

二、清洁生产评价方法

（一）标准对比法

适用于已经颁布清洁生产标准的建设项目。清洁生产评价方法采用我国已颁布的清洁生产标准，分析评价项目的清洁生产水平。将项目的生产工艺、资源、产品、污染物等各项指标与清洁生产标准逐一比对，进而评定项目的清洁生产水平等级。

清洁生产水平分为以下三级：

一级代表国际清洁生产先进水平；

二级代表国内清洁生产先进水平；

三级代表国内清洁生产普通水平。

（二）类比法

类比法是环境影响报告书（表）中清洁生产水平分析的主要方法之一，适用于那些没有行业清洁生产标准或者与现行清洁生产标准适用范围存在较大差异的项目。要论证项目 A 是否具有国际或者国内清洁生产先进水平，此时遵循以下逻辑规则：A≥B。其中，B 为已经过确认的具有国际或者国内清洁生产先进水平的企业。

通过生产工艺与装备要求、资源能源利用指标、产品指标、污染物产生指标（末端处理前）、废物回收利用指标、环境管理要求六个方面的分项比较，若上述不等式成立，则 A 相应地也具有国际或者国内清洁生产先进水平。

三、清洁生产评价指标

依据生命周期分析的原则，环境影响评价中的清洁生产指标可分为六大类：生产工艺与装备要求、资源能源利用指标、产品指标、污染物产生指标、废物回收利用指标和环境管理要求。六类指标既有定性指标也有定量指标，资源能源利用指标、污染物产生指标在清洁生产中是非常重要的两类指标，因此，必须有定量指标，其余四类指标属于定性指标或者半定量指标。

①生产工艺与装备要求。选用清洁工艺，淘汰有毒有害原材料和落后的设备，是推行清洁生产的前提，因此在清洁生产分析专题中，首先要对工艺技术来源和技术特点进行分析，说明其在同类技术中所占地位以及选用设备的先进性。从装置规模、工艺技术、设备等方面分析其在节能、减污、降耗等方面达到的清洁生产水平。

②资源能源利用指标。从清洁生产的角度看，资源、能源指标的高低也反映一个建设项目的生产过程在宏观上对生态系统的影响程度，因为在同等条件下，资源能源消耗量越高，对环境的影响越大。清洁生产评价资源能源利用指标包括新水用量指标、单位产品的能耗、单位产品的物耗、原辅材料选取等。

③产品指标。指影响污染物种类和数量的产品性能、种类和包装，以及反映产品贮存、运输、使用和废弃后可能造成的环境影响的指标。

④污染物产生指标。除资源能源利用指标外，另一类能反映生产过程状况的指标便是污染物产生指标，污染物产生指标较高，说明工艺相对比较落后，管理水平较低。考虑到一般的污染问题，污染物产生指标可分为三类，即废水产生指标、废气产生指标和固体废物产生指标。

⑤废物回收利用指标。废物回收利用是清洁生产的重要组成部分，在现阶段，生产过程不可能完全避免产生废水、废料、废渣、废气、废热，然而这些"废物"只是相对的概念，对于生产企业应尽可能地回收和利用，而且应该是高等级的利用，逐步降级使用，然后再考虑末端治理。

⑥环境管理要求。指对企业所制定和实施的各类环境管理相关规章、制度和措施的要求，包括执行环保法规情况、企业生产过程管理、环境管理、清洁生产审核、相关方环境管理。

下面以石油炼制业清洁生产标准为例，说明清洁生产评价指标的类别及级别，见表11-1。

表11-1　石油炼制业清洁生产标准

清洁生产指标等级	一级	二级	三级
一、生产工艺与装备要求	① 年加工原油能力大于 2.5×10^6 t/a; ② 排水系统划分正确，未受污染的雨水和工业废水全部进入假定净化水系统; ③ 特殊水质的高浓度污水(如含硫污水、含碱污水等)有独立的排水系统和预处理设施; ④ 轻油(原油、汽油、柴油、石脑油)贮存使用浮顶罐; ⑤ 设有硫回收设施; ⑥ 废碱渣回收酚或环烷酸; ⑦ 废催化剂全部得到有效处置		
二、资源能源利用指标			
1. 综合能耗(标油/原油)/(kg/t)	≤80	≤85	≤95
2. 取水量(水/原油)/(t/t)	≤1.0	≤1.5	≤2.0
3. 净化水回用率/%	≥65	≥60	≥50

续表

清洁生产指标等级	一级	二级	三级
三、产品指标			
1. 汽油	产量的 50% 达到《世界燃油规范》Ⅱ类标准	符合 GB 17930—2016 产品技术规范	
2. 轻柴油	产量的 30% 达到《世界燃油规范》Ⅱ类标准	符合 GB 19147—2016 产品技术规范	
四、污染物产生指标			
1. 石油类/(kg/t)	≤0.025	≤0.2	≤0.45
2. 硫化物/(kg/t)	≤0.005	≤0.02	≤0.045
3. 挥发酚/(kg/t)	≤0.01	≤0.04	≤0.09
4. COD/(kg/t)	≤0.2	≤0.5	≤0.9
5. 工业废水产生量/(t/t)	≤0.5	≤1.0	≤1.5
五、环境管理要求			
1. 环境法律法规标准	符合国家和地方有关环境法律、法规,污染物排放达到国家和地方排放标准、总量控制和排污许可证管理要求		
2. 组织机构	设专门环境管理机构和专职管理人员		
3. 环境审核		按照各企业清洁生产审核指南的要求进行审核;环境管理制度健全,原始记录及统计数据齐全有效	
4. 废物处理		用符合国家规定的废物处置方法处置废物;严格执行国家或地方规定的废物转移制度;对危险废物要建立危险废物管理制度,并进行无害化处理	
5. 生产过程环境管理	按照各企业清洁生产审核指南的要求进行审核;按照 ISO 14001(或相应的 HSE)建立并运行环境管理体系,环境管理手册、程序文件及作业文件齐备	① 每个生产装置要有操作规程,对重点岗位要有作业指导书;易造成污染的设备和废物产生部位要有警示牌;对生产装置进行分级考核;② 建立环境管理制度,其中包括:开停工及停工检修时的环境管理程序;新、改、扩建项目环境管理及验收程序;贮运系统油污染控制制度;环境监测管理制度;污染事故的应急程序;环境管理记录和台账	① 每个生产装置要有操作规程,对重点岗位要有作业指导书;对生产装置进行分级考核;② 建立环境管理制度,其中包括:开停工及停工检修时的环境管理程序;新、改、扩建项目环境管理及验收程序;环境监测管理制度;污染事故的应急程序
6. 相关方环境管理		原材料供应方的环境管理;协作方、服务方的环境管理程序	原材料供应方的环境管理程序

四、清洁生产评价结果表达

需要给出建设项目清洁生产状况（物料投入、生产过程、产品的产生和废物的产生）的评价结论，并与国内外先进水平相比较，提出清洁生产建议。

如果清洁生产评价全部指标达到二级，说明该项目在清洁生产方面达到国内清洁生产先进水平，该项目在清洁生产方面是可行的。

如果清洁生产评价全部或部分指标未达到二级，说明该项目在清洁生产方面需要继续改进。针对这种情况，必须提出清洁生产的建议。

五、实例

【例 11-1】　大型炼化一体化项目清洁生产评价。

项目基本情况介绍：本项目包括 1.0×10^7 t/a 炼油工程和 1.0×10^6 t/a 乙烯工程，炼油部分为乙烯部分提供优质的裂解原料，而且通过优化炼油和乙烯工程之间的物料利用，实现了炼油化工一体化的整体优化。

炼油部分采用"常压蒸馏＋重整加氢＋催化裂化"的加工方案，生产汽、煤、柴油等油品。同时炼油工程为乙烯工程提供的裂解原料包括富含乙烷的异构化干气、饱和液化气、轻石脑油、加氢焦化石脑油、加氢尾油等。

乙烯部分采用前脱丙烷前加氢分离技术。以乙烯装置裂解出的乙烯和丙烯为原料，生产聚乙烯、聚丙烯、环氧乙烷、乙二醇、丁辛醇、苯酚、丙酮、丁二烯、甲基叔丁基醚（MTBE）等产品。

【答】

1. 评价指标体系的建立

根据行业基本生产特征，并参考石油化工类的清洁生产评价实例，通过资料分析、专家咨询等方法确立本项目的清洁生产评价指标体系。

2. 评价内容与结果

① 定性分析。本项目属于国内特大型装置，工艺装置的大型化既节省投资，又可降低物耗和能耗，提高生产效率和经济效益。项目采用国内和国际成熟工艺和设备，自动化控制水平达到了国内同行业领先水平。项目产品指标处于国内先进水平。本项目配有硫黄回收装置等，环保措施合理。项目经济效益良好，环保投资合理。

② 定量分析。定量指标收集国内 2009 年投产的某 1.5×10^7 t/a 炼油、1.0×10^6 t/a 乙烯项目的原油加工损失率、综合能耗、新鲜水能耗、水重复利用率、污染物排放等指标作为国内先进水平的基准值。

③ 指标权重及计算结果。清洁生产评价指标权重、基准值和项目的取值见表 11-2。

定性指标原材料的计算过程：从表 11-2 可知，本项目的原材料毒性、生态影响、可回收利用性以及能源强度分别为较小、较小、一般和较低，S_i 取值分别为 0.6、0.7、0.5 和 0.7。按类别评价指数公式 $F_j = \sqrt{\dfrac{(\overline{S}_j)^2 + S_{\min}^2}{2}}$ 计算得 F_j 为 0.57，其中 $\overline{S}_j = \dfrac{\sum\limits_{i=1}^{n} S_i}{n}$。

表 11-2　清洁生产评价指标权重和基准值

一级指标	权重/%	二级指标	基准值	本项目取值
原材料	5	毒性	较小	较小
		生态影响	较小	较小
		可回收利用性	一般	一般
		能源强度	较低	较低

续表

一级指标	权重/%	二级指标	基准值	本项目取值
生产工艺与设备	25	规模/(10^4t/a)	≥1000(炼油),≥80(乙烯)	1000(炼油),100(乙烯)
		工艺成熟稳定	采用国内和国际成熟工艺和设备	采用国内和国际成熟工艺和设备
		环保措施	环保措施经济技术可行	环保措施经济技术可行
		系统控制	自动化控制	实现管控一体化,自动化控制水平高
资源能源利用	25	综合能耗(标油)/(kg/t)	57.54	69.81
		新鲜水单耗/(t/t)	0.43	0.48
		水重复利用率/%	98.3	97.7
		原材料加工损失率/%	0.50	0.13
污染物	25	污水单排(水)/(t/t)	0.11	0.34
		SO_2排放指标/(kg/t)	0.652	0.199
		COD排放指标/(kg/t)	7.14×10^{-3}	2.16×10^{-2}
		排放达标率/%	100	100
产品	5	产品指标	汽油和柴油达到国Ⅳ标准	汽油和柴油达到国Ⅳ标准
环境管理	10	组织机构	设有HSE机构和专职管理人员	达到要求
		环境管理体系	环境体系完善,环境管理手册、程序文件及作业文件齐备	达到要求
经济效益	5	投资收益率/%	12.00	13.25
		投资回收期/a	11	8
		环保投资比例/%	10.00	5.45

定量指标资源能源利用的计算过程:从表11-2可知,本项目综合能耗69.81,基准值为57.54,按公式 $S_i=\dfrac{D_i}{C_i}$ 计算得 S_i 为0.82;水重复利用率98.3,基准值为97.7,按公式 $S_i=\dfrac{D_i}{C_i}$ 计算得 S_i 为0.99;同理,新鲜水单耗和原材料加工损失率的 S_i 值分别为0.9和3.85。按公式 $F_j=\sqrt{\dfrac{(\overline{S_j})^2+S_{\min}^2}{2}}$ 计算得 F_j 为1.30。

以此类推,其他定性和定量指标计算结果见表11-3。

表11-3 清洁生产评价指标计算结果

一级指标	二级指标	单项评价指数(S_i)	类别评价指数(F_j)
原材料	毒性	0.6	0.57
	生态影响	0.7	
	可回收利用性	0.5	
	能源强度	0.7	

续表

一级指标	二级指标	单项评价指数(S_i)	类别评价指数(F_j)
生产工艺和设备	规模	0.6	0.67
	工艺成熟稳定	0.8	
	环保措施	0.6	
	系统控制	0.9	
资源能源利用	综合能耗	0.82	1.30
	新鲜水单耗	0.90	
	水重复利用率	0.99	
	原料加工损失率	3.85	
污染物	污水单排	0.32	0.95
	SO_2排放指标	3.82	
	COD排放指标	0.33	
	排放达标率	1.00	
产品	产品指标	0.9	0.90
环境管理	组织机构	0.6	0.60
	环境管理体系	0.6	
经济效益	投资收益率	1.10	0.81
	投资回收期	1.38	
	环保投资比例	0.55	

将表 11-3 的 F_j 值和表 11-2 的权重值（K_j）相对应代入公式 $P = \sum_{j=i}^{m} F_j K_j$，计算得本项目综合评分值 P 为 90.4，根据表 11-4 清洁生产综合评价等级划分，本项目达到较清洁生产水平，可推广应用。

表 11-4 清洁生产综合评价等级划分

清洁生产等级	综合评价分值（P）	结论
清洁	＞95	可作为行业示范项目
较清洁	85～95	可推广应用
一般	75～85	达标
较差	65～75	可保留生产,但需改进
差	＜65	淘汰项目

【例 11-2】 M 汽车制造有限公司搬迁改造项目清洁生产评价。

项目基本情况介绍：M 汽车制造有限公司搬迁改造项目概况见表 11-5，主要生产工艺流程见图 11-1，本项目实施后，污染物排放量见表 11-6。

表 11-5 M 汽车制造有限公司搬迁改造项目基本概况一览表

序号	项目	内 容
1	项目名称	M 汽车制造有限公司搬迁改造项目
2	建设地点	×县龙冈经济开发区南北主干道 N3 路以西、邢左路以南、东侯兰村东

续表

序号	项目	内　容
3	建设单位	M 汽车制造有限公司
4	建设性质	搬迁改造
5	项目投资	总投资 53710 万元,其中环保投资 260 万元,占总投资的比例为 0.48%
6	行业类别	C37 交通运输设备制造业
7	建设周期	建设周期计划 11 个月,2014 年 8 月份开始筹建,2015 年 6 月正式生产
8	建设内容	主要建设联合厂房、仓库、试验楼等生产及辅助设施,购置数控三面冲孔机床、立式加工中心、机器人等离子切割机、减速器装配线、驱动桥装配线、发动机分装线、车桥涂装线、总装配线、检测线等设备 101 台(套)
9	建设规模及产品方案	年生产 T815 重型汽车(含底盘)3000 辆,车桥 9000 台。车辆符合国Ⅳ标准要求
10	占地面积及平面布置	占地面积 600 亩,总建筑面积 173092m²
11	劳动定员及工作制度	劳动定员 2000 人,其中生产工人 1600 人,技术管理人员 400 人;年工作天数为 251 天,工作制度采用两班制,每班工作时间 8 小时

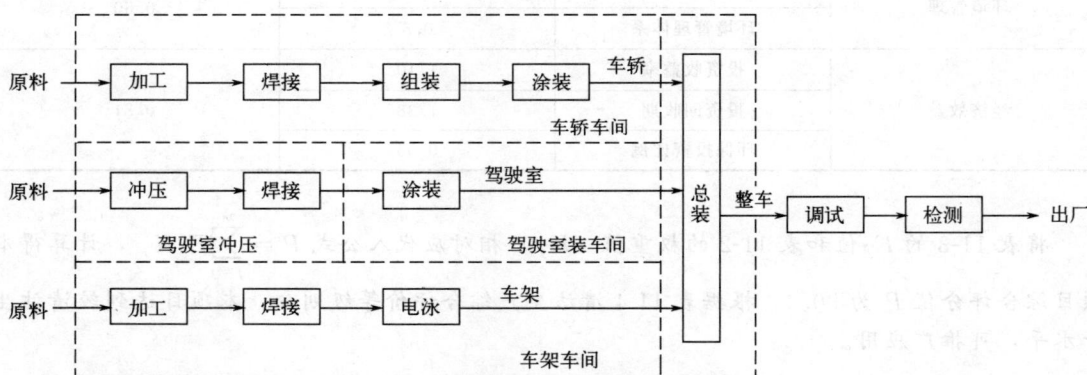

图 11-1　生产工艺流程简图

表 11-6　本项目实施后污染物排放量一览表

单位:t/a

类别	废气						废水		固体废物
	SO₂	NOₓ	颗粒物	二甲苯	非甲烷总烃	VOCs	COD	氨氮	
排放量	1.652	11.679	35.173	3.996	7.264	8.412	11.130	1.104	0

【答】　1. 清洁生产分析

《中华人民共和国清洁生产促进法》第十八条要求:"新建、改建和扩建项目应当进行环境影响评价,对原料使用、资源消耗、资源综合利用以及污染物产生与处置等进行分析论证,优先采用资源利用率高以及污染物产生量少的清洁生产技术、工艺和设备。"本评价根据该规定,并结合国家产业政策和项目本身特点,从生产工艺及技术装备水平、资源综合利用水平、节能降耗效果、污染控制水平等方面对本项目进行分析,判断其是否符合清洁生产要求,对其不符合清洁生产要求的提出改进或替代方案。

(1) 生产工艺及装备水平先进性分析

① 焊接采用 CO_2 保护焊接。以 CO_2 作保护气体,依靠焊丝与焊件之间的电弧来熔化金

属的气体保护焊的方法称 CO_2 保护焊。这种焊接法采用焊丝自动送丝，敷化金属量大、生产效率高、质量稳定，在我国的造船、机车、汽车制造、石油化工、工程机械、农业机械中获得广泛应用。与其他电弧焊相比 CO_2 保护焊具有以下特点。

a. 焊接成本低： CO_2 气体来源广，价格便宜，而且电能消耗少，故使焊接成本降低。通常 CO_2 焊的成本只有埋弧焊或焊条电弧焊的 $40\%\sim50\%$。

b. 生产效率高：由于焊接电流密度较大，电弧热量利用率较高，以及焊后不需要清渣，因此提高了生产率。 CO_2 焊的生产率比普通的焊条电弧焊高 $2\sim4$ 倍。

c. 消耗能量低： CO_2 电弧焊和药皮焊条手工焊相比，3mm 厚钢板对接焊缝每米焊缝的用电降低 30%。

d. 使用范围宽：不论何种位置都可以进行焊接，薄板可焊到 1mm，最厚几乎不受限制（采用多层焊），而且焊接速度快。

e. 对铁锈敏感性小，焊缝含烃量少，抗裂性能好。

f. 焊后变形较少：由于电弧加热集中，焊件受热面积小，同时 CO_2 气流有较强的冷却作用，所以焊接变形小，特别适宜于薄板焊接。

g. 焊接飞溅小：采用超低碳合金焊丝或药芯焊丝，或在 CO_2 中加入 Ar，都可以降低焊接飞溅。

h. 操作简便：焊后不需要清渣，引弧操作便于监视和控制，有利于实现焊接过程的机械化和自动化。

本项目焊接全部采用 CO_2 气体保护焊接，不仅可提高工艺水平和生产效率，同时可节约电能。与手工电弧焊工艺相比，在完成相同工作量的条件下，每台 CO_2 半自动焊机每年可节电 5000kW·h，本项目采用 CO_2 气体保护焊机每年可节电 60×10^4 kW·h。

② 总装工艺。工艺设计进行工艺优化，选用优质高效的电动、气动工具，提高劳动生产率，减少在线的其他设备辅助运行消耗的能源。

③ 其他生产工艺。项目采用目前国内较先进的生产工艺，对专用车各部分部件进行最优化配置。镀锌板材直线下料采用剪板机剪切；形状尺寸较复杂的零部件采用数控切割机下料；折边类零件采用板料折边机制作，从工艺制造上都有较好的质量控制，从而保证了整车的技术性能。

综合以上分析，本项目工艺装备水平达到国内同类企业较先进水平。

（2）节能降耗分析　本项目采用的节能措施如下。

① 新增设备均选用国家推荐的高效、节能产品；

② 采用先进工艺及设备，提高生产效率，从而减少设备数量、缩短加工周期，节约能源；

③ 烘干室壁板和外部风管均采用岩棉材料保温，减少热损失；

④ 本工程总装车间工艺设计进行工艺优化，选用优质高效的电动、气动工具，提高劳动生产率，减少在线的其他设备辅助运行消耗的能源；

⑤ 通过对建筑物能量消耗、室内物理环境进行分析，加强节能技术、建筑材料的选用及保温隔热等设计，厂房围护结构的屋面及墙面采用金属夹芯板，降低传热系数；

⑥ 应根据市场推出的节能新设备，加速更新时间长、节能效果差的设备，从而在工艺过程中提高能源利用率，不断获得较好节能效益。

（3）涂装工序指标分析　本评价将搬迁改造项目涂装工序主要技术指标与《清洁生产标准　汽车制造业（涂装）》（HJ/T 293—2006）（已废止）进行对比，结果见表11-7。

表 11-7　清洁生产指标对比一览表

指标		《清洁生产标准　汽车制造业(涂装)》(HJ/T 293—2006)			本项目	等级
		一级	二级	三级		
一、生产工艺与装备						
1. 基本要求		① 禁止使用"淘汰落后的生产能力、工艺和产品目录"规定的内容;② 优先采用《国家重点行业清洁生产技术导向目录》规定的内容;③ 禁止使用火焰法除旧漆,严格限制使用干喷砂除锈			无淘汰落后内容,无火焰法除旧漆、干喷砂除锈,采用密闭抛丸除锈法进行除锈	符合
2.涂装前处理	脱脂设施	有脱脂液维护与调整设施			有脱脂液维护与调整设施	一级
	磷化设施	有磷化液维护与调整设施			有磷化液维护与调整设施	一级
	温度控制	有自动控温系统			采用自动控温系统	一级
	工艺安全	符合 GB 7692(已废止)涂漆前处理工艺安全			符合	一级
3.底漆	电泳漆加料	有自动补加装置		人工调输漆	采用自动补加装置	一级
	温度控制	有自动控温系统			采用自动控温系统	一级
	电泳漆回收	有三级回收、反渗透(RO)装置,全封闭冲洗(无废水排放)	有二级电泳漆回收装置	有一级电泳漆回收装置	采用二级电泳漆回收装置	二级
4. 中涂	漆雾处理	有自动漆雾处理装置		有漆雾处理装置	搬迁改造项目不涉及中涂工序	—
	喷漆室	采用节能型设施,废溶剂有效回收;符合 GB 14443 喷漆室安全技术规定				—
	烘干室	有脱臭装置,符合 GB 14443 涂层烘干室安全技术规定		符合 GB 14443		—
5. 面漆	漆雾处理	有自动漆雾处理装置		有漆雾处理装置	有自动漆雾处理装置	一级
	喷漆室	采用节能设施,符合《涂装作业安全规程　喷漆室安全技术规定》(GB 14444)要求			采用分段送风节能设施,符合 GB 14444 要求	一级
	烘干室	有脱臭装置,符合《涂装作业安全规程　涂层烘干室安全技术规定》(GB 14443)要求		符合 GB 14443	有脱臭装置,符合 GB 14443 要求	一级
二、原材料指标						
1.基本要求		① 禁止使用含苯的涂料、稀释剂和溶剂,禁止使用含铅的涂料、含红丹的涂料以及含苯、汞、砷、铅、镉、锑和铬酸盐的底漆;② 严禁在前处理中使用苯,禁止在大面积除油和除旧漆中使用甲苯、二甲苯和汽油;③ 限制使用含二氯乙烷的清洗液,限制使用含铬酸盐的清洗液			不使用禁止使用的物质	符合
2.涂装前处理	脱脂剂	采用无磷、低温或生物分解性脱脂剂	采用低磷、低温型脱脂剂	采用高效、中温型脱脂剂	不采用	一级
	磷化剂	① 不含亚硝酸盐;② 不含第一类金属污染物;③ 采用低温、低锌、低渣磷化液	采用低温、低锌、低渣磷化液		不采用	一级

续表

指标	《清洁生产标准 汽车制造业（涂装）》(HJ/T 293—2006)			本项目	等级
	一级	二级	三级		
3. 底漆	① 水性漆；② 无铅、无锡，节能型阴极电泳漆；③ 节能型粉末涂料		① 水性漆；② 阴极电泳漆；③ 粉末涂料	无铅、无锡的节能型阴极电泳漆	一级
4. 面漆	① 涂料固体分大于 75%；② 水性涂料；③ 节能型粉末涂料；④ 紫外线固化涂料	① 涂料固体分大于 70%；② 水性涂料；③ 节能型粉末涂料；④ 紫外线固化涂料	① 涂料固体分大于 60%；② 水性涂料；③ 节能型粉末涂料；④ 紫外线固化涂料	涂料固体分大于 70%	二级
三、资源能源利用指标					
1. 新鲜水耗量 /(m³/m²)	≤0.1	≤0.2	≤0.3	0.103	二级
2. 水循环利用率/%	≥85	≥70	≥60	项目生产用水重复利用率 89.7%	一级
3. 耗电量 /(kW·h/m²)	≤20	≤23	≤27	20.338	二级
四、污染物产生指标					
1. 废水/(m³/m²)	≤0.09	≤0.18	≤0.27	0.133	二级
2. COD 产生量 /(g/m²)	≤100	≤150	≤200	31.441	一级
3. 总磷产生量 /(g/m²)	≤5	≤10	≤20	0.031	一级
4. 有机废气（VOCs）产生量 /(g/m²)	≤40	≤60	≤80	18.958	一级
5. 废渣产生量 /(g/m²)	≤20	≤50	≤80	0	一级

由表 11-7 分析可知，对于不分级的四项指标，本项目均能符合指标要求；对于分级的各项指标均能满足二级以上标准。综合分析，本项目涂装工序清洁生产水平达到国内先进水平。

2. 结论

综上所述，本项目符合国家产业政策；采用了清洁的原料、先进的生产工艺和设备；采用了多项节能降耗措施，节能效果明显；涂装工序清洁生产水平达到国内先进水平。综合分析，本项目清洁生产水平达到了国内先进水平。

第二节 碳排放评价

一、碳排放政策符合性分析

碳排放政策符合性分析是分析建设项目碳排放与国家、地方和行业碳达峰行动方案、生态环境分区管控方案和生态环境准入清单，相关法律、法规、政策，相关规划和规划环境影响评价等的相符性。

下面以某地火电协同污泥资源化利用项目为例，说明碳排放政策符合性分析的具体情况，见表 11-8。

表 11-8 与碳排放相关政策符合性对比结果一览表

文件名称	具体要求	本项目情况	符合性
《中共中央 国务院关于完整准确全面贯彻新发展理念做好碳达峰碳中和工作的意见》	严格控制化石能源消费。统筹煤电发展和保供调峰，严控煤电装机规模，加快现役煤电机组节能升级和灵活性改造	本项目为火电协同污泥资源化利用项目，技改后减少了煤炭的用量	符合
《国务院关于印发 2030 年前碳达峰行动方案的通知》(国发〔2021〕23 号)	推进煤炭消费替代和转型升级。严格控制新增煤电项目，新建机组煤耗标准达到国际先进水平，有序淘汰煤电落后产能，加快现役机组节能升级和灵活性改造，积极推进供热改造，推动煤电向基础保障性和系统调节性电源并重转型	本项目为火电协同污泥资源化利用项目，技改后减少了煤炭的用量	符合
《关于统筹和加强应对气候变化与生态环境保护相关工作的指导意见》(环综合〔2021〕4 号)	推动实现减污降碳协同效应。优先选择化石能源替代、原料工艺优化、产业结构升级等源头治理措施，严格控制高耗能、高排放项目建设	本项目为火电协同污泥资源化利用项目，技改后减少了煤炭的用量	符合
《关于加强高耗能、高排放建设项目生态环境源头防控的指导意见》(环环评〔2021〕45 号)	严把建设项目环境准入关。新建、改建、扩建"两高"项目须符合生态环境保护法律法规和相关法定规划，满足重点污染物排放总量控制、碳排放达峰目标、生态环境准入清单、相关规划环评和相应行业建设项目环境准入条件、环评文件审批原则要求	项目符合相关法律法规、法定规划要求；项目满足重点污染物排放总量控制要求；满足火电建设项目环境影响评价文件审批原则要求	符合
	落实区域削减要求。新建"两高"项目应按照《关于加强重点行业建设项目区域削减措施监督管理的通知》要求，依据区域环境质量改善目标，制定配套区域污染物削减方案，采取有效的污染物区域削减措施，腾出足够的环境容量。国家大气污染防治重点区域(以下称重点区域)内新建耗煤项目还应严格按规定采取煤炭消费减量替代措施，不得使用高污染燃料作为煤炭减量替代措施	项目满足《关于加强重点行业建设项目区域削减措施监督管理的通知》要求	符合

文件名称	具体要求	本项目情况	符合性
《关于加强高耗能、高排放建设项目生态环境源头防控的指导意见》(环环评〔2021〕45 号)	提升清洁生产和污染防治水平。新建、扩建"两高"项目应采用先进适用的工艺技术和装备，单位产品物耗、能耗、水耗等达到清洁生产先进水平，依法制定并严格落实防治土壤与地下水污染的措施。国家或地方已出台超低排放要求的"两高"行业建设项目应满足超低排放要求。鼓励使用清洁燃料，重点区域建设项目原则上不新建燃煤自备锅炉	本项目在机组不变的情况下，增加污泥减少燃料煤，采用先进的工艺装备，对照《电力行业(燃煤发电企业)清洁生产评价指标体系》，项目清洁生产水平为Ⅰ级(国际清洁生产领先水平)。项目锅炉污染物排放满足河北省地方标准《燃煤电厂大气污染物排放标准》(DB 13/2209—2015)表 1 燃煤发电锅炉大气污染物排放浓度限值要求，同时满足《河北省钢铁、焦化、燃煤电厂深度减排攻坚方案》(冀气领办〔2018〕156 号)中附件 3 河北省燃煤电厂深度减排验收参照标准要求	符合
	将碳排放影响评价纳入环境影响评价体系。在环评工作中，统筹开展污染物和碳排放的源项识别、源强核算、减污降碳措施可行性论证及方案比选，提出协同控制最优方案。鼓励有条件的地区、企业探索实施减污降碳协同治理和碳捕集、封存、综合利用工程试点、示范	本评价已将碳排放纳入环境影响评价体系，并按照文件要求进行源项识别、源强核算、减污降碳措施可行性论证，并提出了项目碳减排建议。项目采取了较完善的减污降碳措施，吨煤排放强度相对较低	符合

二、碳排放影响因素分析

碳排放影响因素分析是指全面分析建设项目二氧化碳产排节点，在工艺流程图中增加二氧化碳产生、排放情况（包括正常工况、开停工及维修等非正常工况）和排放形式。明确建设项目化石燃料燃烧源中的燃料种类、消费量、含碳量、低位发热量和燃烧效率等，涉及碳排放的工业生产环节原料、辅料及其他物料种类、使用量和含碳量，烧焦过程中的烧焦量、烧焦效率、残渣量及烧焦时间等，火炬燃烧环节火炬气流量、组成及碳氧化率等参数，以及净购入电力和热力量等数据。说明二氧化碳源头防控、过程控制、末端治理、回收利用等减排措施状况。

下面同样以某地火电协同污泥资源化利用项目为例，说明碳排放影响因素如何分析。

（1）生产工艺流程碳排放节点　根据《企业温室气体排放核算与报告指南　发电设施》（环办气候函〔2022〕485 号）和《温室气体排放核算与报告要求　第 1 部分：发电企业》（GB/T 32151.1—2015）对发电企业温室气体排放核算边界的相关规定，本项目二氧化碳排放节点主要为煤粉锅炉燃烧化石燃料产生的二氧化碳，二氧化碳通过 210m 高空排气筒排放，开停工、维修等非正常工况，因煤粉燃烧不充分、碳氧化率较低，会减少瞬时二氧化碳的排放。本次评价按照正常工况进行评价分析。

（2）二氧化碳减排措施　本项目从源头防控、过程控制、末端治理等方面针对性对二氧化碳的产生和排放采取了全过程减排措施，主要措施如下：

① 运输环节措施。污泥进厂后直接进入封闭煤场，煤场在货行大门附近，污泥进入煤

场后，直接与燃煤一同制备煤粉后送入锅炉，当日来的污泥当日进行掺烧，避免污泥的重复装卸和搬运。在非正常工况，不满足掺烧工艺条件时，污泥需在污泥仓内暂存。

② 工艺环节降耗。项目采用的背压式热电联产发电机组，可使本电厂以热定电，在能耗方面更加节能，可降低发电煤耗、供电煤耗量。锅炉启动前投入邻炉热风、底部加热，提高炉温、水温，同时，由运行炉给输粉，保持较高粉位，做到整个启动中不需启动制粉系统，避免制粉系统冷态启动造成炉温下降和燃烧不稳，减少锅炉启动时间，降低耗油、耗煤、耗电。定期监测阀门、管道、设备保温外表温度，及时更换超标部分，减少散热损失，降低化石燃料使用量。

③ 用电设施降耗。按照《建筑照明设计标准》（GB/T 50034—2024）及使用要求，合理设计及考虑各个场所的照度值及照明功率密度值，尽量采用天然采光，减少人工照明。负载变化较大的风机、泵类采用变频器调速控制，进一步降低能耗。各种电力设备根据需要选用能效等级为1级的节能产品，实际功率和负荷相适应，达到降低能耗，提高工作效率的目的。根据项目用电性质、用电容量等选择合理的供电电压和供电方式，有效减少电能损耗。

三、二氧化碳源强核算

碳排放是指二氧化碳（CO_2）、甲烷（CH_4）、氧化亚氮（N_2O）、氢氟碳化物（HFCs）、全氟化碳（PFCs）、六氟化硫（SF_6）和三氟化氮（NF_3）等7种温室气体排放，排放量折合为二氧化碳当量计算。

核算依据有：《工业其他行业企业温室气体排放核算与报告指南（试行）》《中国电网企业温室气体排放核算与报告指南（试行）》《企业温室气体排放核算与报告指南　发电设施》《重点行业建设项目碳排放环境影响评价试点技术指南（试行）》，以及各省、自治区和直辖市的相关技术文件。

根据二氧化碳产生环节、产生方式和治理措施，可参照上述技术文件中二氧化碳排放量核算方法，开展钢铁、水泥、煤制合成气等建设项目工艺过程生产运行阶段二氧化碳产生和排放量的核算。

改扩建及异地搬迁建设项目还应包括现有项目的二氧化碳产生量、排放量和碳减排潜力分析等内容。对改扩建项目碳排放量的核算，应分别按现有、在建、改扩建项目实施后等几种情形汇总二氧化碳产生量、排放量及变化量，核算改扩建项目建成后最终碳排放量，鼓励有条件的改扩建及异地搬迁建设项目核算非正常工况及无组织二氧化碳产生和排放量。

四、实例

【例11-3】　某火电厂计划接收和掺烧城镇生活污水处理厂污泥，以提高污泥资源化水平。本项目二氧化碳排放节点主要为煤粉锅炉燃烧化石燃料产生的二氧化碳，二氧化碳通过210m高空排气筒排放，开停工、维修等非正常工况时，因煤粉燃烧不充分、碳氧化率较低，会减少瞬时二氧化碳的排放。碳排放核算边界为化石燃料燃烧、脱硫过程、购入电力环节。

问：① 二氧化碳排放是否包含污泥燃烧产生的二氧化碳？

② 二氧化碳排放源中哪些属于直接排放？哪些属于间接排放？

③ 本项目二氧化碳源强核算所涉及的报告指南有哪些？

【答】　① 本项目建成后全厂核算边界无变化，仅包括化石燃料燃烧产生的二氧化碳排放，不包括污泥燃烧产生的二氧化碳排放。

② 本项目中化石燃料燃烧、脱硫过程排放的二氧化碳属于直接排放类型，电力购入环节产生的二氧化碳属于间接排放类型。

③ 本项目二氧化碳源强核算根据《企业温室气体排放核算与报告指南　发电设施》（环办气候函〔2022〕485 号）和《温室气体排放核算与报告要求　第 1 部分：发电企业》（GB/T 32151.1—2015）要求，对现有工程燃煤锅炉和本项目进行二氧化碳源强核算。

【例 11-4】 某生活垃圾焚烧发电项目用电为自产，主要能源为柴油，不使用其他燃料。柴油年用量 50t。

问：① 本项目二氧化碳排放源是什么？

② 温室气体排放总量如何计算？

【答】 ① 本项目二氧化碳排放源主要为柴油燃烧。

② 温室气体排放总量按下式计算：

$$E_{GHG} = E_{CO_2燃烧} + E_{CO_2碳酸盐} + (E_{CH_4废水} - R_{CH_4回收销毁}) \times GWP_{CH_4} - R_{CO_2回收} + E_{CO_2净电} + E_{CO_2净热}$$

式中，E_{GHG} 为温室气体排放总量，以二氧化碳当量计，t；$E_{CO_2燃烧}$ 为化石燃料燃烧 CO_2 排放，t；$E_{CO_2碳酸盐}$ 为碳酸盐使用过程分解产生的 CO_2 排放，t；$E_{CH_4废水}$ 为废水厌氧处理产生的 CH_4 排放，t；$R_{CH_4回收销毁}$ 为 CH_4 回收与销毁量，t；GWP_{CH_4} 为 CH_4 相比 CO_2 的全球变暖潜势（GWP）值，根据政府间气候变化专门委员会（IPCC）第二次评估报告，100 年时间尺度内 1t CH_4 相当于 21t CO_2 的增温能力，因此 GWP 等于 21；$R_{CO_2回收}$ 为 CO_2 回收利用量，t；$E_{CO_2净电}$ 为净购入电力隐含的 CO_2 排放，t；$E_{CO_2净热}$ 为净购入热力隐含的 CO_2 排放，t。

思 考 题

1. 用指标对比法时清洁生产评价的工作内容包括哪些？
2. 葡萄酒制造过程产生废水、皮渣及发酵渣等，表征其清洁生产水平的指标有哪些？
3. 炼油企业产品升级改造项目环境影响评价中，清洁生产分析的指标有哪些？
4. 清洁生产评价方法有哪些？分别适用于哪种行业？
5. 清洁生产评价指标有哪些？
6. 我国哪些行业有清洁生产标准？

参 考 文 献

［1］马萌. 环境影响评价中的清洁生产评述［J］. 中国科技，2010（12）：1671-2064.

［2］李雄飞. 论类比法在环境影响评价中的应用［J］. 环保科技，2014，02：21-23，48.

［3］聂志丹，梅桂友，周浩. 大型炼化一体化项目清洁生产评价实例研究［J］. 环境科学与技术，2011，08：185-188.

［4］史菲菲，但智钢，方琳，等. 电解锰行业清洁生产评价指标体系研究与应用［J］. 环境工程技术学报，2024，14（02）：710-718.

［5］殷金桥，钱进，王康，等. 火电行业清洁生产评价体系提级优化研究［J］. 环境污染与防治，2024，46（01）：134-138，144.

［6］李嘉旭，徐娇，张建君，等. 氟化工清洁生产评价指标体系的构建与探索［J］. 有机氟工业，2023（04）：54-58.

［7］孙南屏. 废盐制工业纯碱联产氯乙烯清洁生产新工艺［J］. 纯碱工业，2023（06）：3-5.

［8］郭婧. 清洁生产技术在化工生产中的应用［J］. 化学工程与装备，2023（11）：30-32.

［9］贾锋，于德琪，张莹，等. 河北省啤酒行业清洁生产水平分析［J］. 价值工程，2023，42（33）：25-27.

［10］罗斌，黄杰，刘方，等. 四川省水泥行业清洁生产水平评价及建议［J］. 四川环境，2023，42（05）：252-257.

第十二章
防护距离计算

一、大气环境防护距离

大气环境防护距离是为保护人群健康，减少正常排放条件下大气污染物对居住区的环境影响，在项目厂界以外设置的环境防护距离。在大气环境防护距离内不应有长期居住的人群。大气环境防护距离采用生态环境主管部门推荐的环境模型进行计算，主要用于确定项目整体作为污染源对厂界外主要污染物的短期贡献浓度分布是否超标及超标范围。

（一）计算方法

1. 大气环境防护距离定义

对于项目厂界满足大气污染物厂界浓度限值，但厂界外大气污染物短期贡献浓度超过环境质量浓度限值的，可以自厂界向外设置一定范围的大气环境防护区域。厂界外大气污染物短期贡献浓度超过环境质量浓度限值的最远距离即为大气环境防护距离。对于项目厂界浓度超过大气污染物厂界浓度限值的，应要求削减排放源强或调整项目布局，待满足厂界浓度限值后，再核算大气环境防护距离。

根据《环境影响评价技术导则　大气环境》（HJ 2.2—2018），当项目的大气环境影响评价等级为一级时，应采用进一步预测模型开展大气环境影响预测与评价，大气环境防护距离为一级评价项目应进行的预测内容之一。

2. 大气环境防护距离确定方法

① 采用进一步预测模型模拟评价基准年内，本项目所有污染源（改建、扩建项目应包括全厂现有污染源）对厂界外主要污染物的短期贡献浓度分布（评价时段≤24h 的平均质量浓度）。

② 厂界外预测网格分辨率不应超过 50m。

③ 在底图上标注从厂界起所有超过环境质量短期浓度标准值的网格区域，以自厂界起至超标区域的最远垂直距离作为大气环境防护距离。

3. 大气环境防护距离结果表达

① 大气环境防护区域图。在项目基本信息图上沿出现超标的厂界外延大气环境防护所包括的范围，作为本项目的大气环境防护区域，大气环境防护区域应包含自厂界起连续的超标范围。

② 大气环境防护距离结论。根据大气环境防护距离计算结果，并结合厂区平面布置图，确定项目大气环境防护区域。若大气环境防护区域内存在长期居住的人群，应给出相应优化调整项目选址、布局或搬迁的建议。

（二）计算软件

"大气环境防护距离"计算可采用生态环境主管部门推荐的环境模型进行计算，包括估算模型 AERSCREEN 和进一步预测模型 AERMOD、ADMS、AUSTAL2000、EDMS/AEDT、CALPUFF 以及 CMAQ 等光化学模型。应根据项目实际情况选取合适的计算模型进行大气环境防护距离计算。

二、卫生防护距离

卫生防护距离是指产生有害因素的生产单元（车间或工段）的边界至居住区边界的最小距离，其作用是为企业无组织排放的气载污染物提供一段稀释距离，使污染气体到达居民区的浓度符合国家标准。卫生防护距离的确定关系到厂址的选择、厂区平面布置等，是环境影响评价中的一个重要内容。卫生防护距离按国家颁布的各行业卫生防护距离标准执行，行业未规定卫生防护距离标准的，则按《制定地方大气污染物排放标准的技术方法》（GB/T 3840—91）推荐的方法计算。

对于现行国家标准中尚有效的各行业卫生防护距离标准，应首先执行该卫生防护距离标准。我国原有卫生防护距离标准见表 12-1，这类标准中确定的防护距离较公式法计算结果更接近于实际情况，国家标准委于 2017 年 3 月 23 日发布公告将该类标准转化为推荐性国家标准，不再强制执行。

表 12-1　我国原有卫生防护距离标准

标准名称	标准号	实施日期
水泥厂卫生防护标准	GB 18068—2000	2001 年 01 月 01 日
硫化碱厂卫生防护距离标准	GB 18069—2000	2001 年 01 月 01 日
油漆厂卫生防护距离标准	GB 18070—2000	2001 年 01 月 01 日
氯碱厂（电解法制碱）卫生防护距离标准	GB 18071—2000	2001 年 01 月 01 日
塑料厂卫生防护距离标准	GB 18072—2000	2001 年 01 月 01 日
炭素厂卫生防护距离标准	GB 18073—2000	2001 年 01 月 01 日
内燃机厂卫生防护距离标准	GB 18074—2000	2001 年 01 月 01 日
汽车制造厂卫生防护距离标准	GB 18075—2000	2001 年 01 月 01 日
石灰厂卫生防护距离标准	GB 18076—2000	2001 年 01 月 01 日
石棉制品厂卫生防护距离标准	GB 18077—2000	2001 年 01 月 01 日
肉类联合加工厂卫生防护距离标准	GB 18078—2000	2001 年 01 月 01 日
制胶厂卫生防护距离标准	GB 18079—2000	2001 年 01 月 01 日
缫丝厂卫生防护距离标准	GB 18080—2000	2001 年 01 月 01 日
火葬场卫生防护距离标准	GB 18081—2000	2001 年 01 月 01 日
制革厂卫生防护距离标准	GB 18082—2000	2001 年 01 月 01 日
硫酸盐造纸厂卫生防护距离标准	GB 11654—89	1990 年 06 月 01 日
氯丁橡胶厂卫生防护距离标准	GB 11655—89	1990 年 06 月 01 日
黄磷厂卫生防护距离标准	GB 11656—89	1990 年 06 月 01 日
铜冶炼厂（密闭鼓风炉型）卫生防护距离标准	GB 11657—89	1990 年 06 月 01 日
聚氯乙烯树脂厂卫生防护距离标准	GB 11658—89	1990 年 06 月 01 日

标准名称	标准号	实施日期
铅蓄电池厂卫生防护距离标准	GB 11659—89	1990 年 06 月 01 日
炼铁厂卫生防护距离标准	GB 11660—89	1990 年 06 月 01 日
焦化厂卫生防护距离标准	GB 11661—89	1990 年 06 月 01 日
烧结厂卫生防护距离标准	GB 11662—89	1990 年 06 月 01 日
硫酸厂卫生防护距离标准	GB 11663—89	1990 年 06 月 01 日
钙镁磷肥厂卫生防护距离标准	GB 11664—89	1990 年 06 月 01 日
普通过磷酸钙厂卫生防护距离标准	GB 11665—89	1990 年 06 月 01 日
小型氮肥厂卫生防护距离标准	GB 11666—89	1990 年 06 月 01 日
以噪声污染为主的工业企业卫生防护距离标准	GB 18083—2000	2001 年 01 月 01 日

2018 年，国家卫生健康委启动了卫生防护距离系列标准整合修订工作，将包括《农副食品加工业卫生防护距离　第 1 部分：屠宰及肉类加工业》（GB/T 18078.1—2012）在内的 29 项卫生防护距离标准整合修订为《大气有害物质无组织排放卫生防护距离推导技术导则》（GB/T 39499—2020），标准规定了产生大气有害物质无组织排放的各行业建设项目的卫生防护距离计算方法及确定依据，从 2021 年 6 月 1 日起实施。该标准明确为技术导则类推荐标准，由卫生健康委提出并归口。

（一）有毒有害大气污染物

主要有毒有害大气污染物见表 12-2。

表 12-2　有毒有害大气污染物名录

序号	污染物名称	序号	污染物名称
1	二氯甲烷	7	镉及其化合物
2	甲醛	8	铬及其化合物
3	三氯甲烷	9	汞及其化合物
4	三氯乙烯	10	铅及其化合物
5	四氯乙烯	11	砷及其化合物
6	乙醛		

（二）基本概念

1. 无组织排放（fugitive emission）

不通过排气筒或通过 15m 高度以下排气筒排放的有害气体排放。

2. 卫生防护距离（health protection zone）

为了防控通过无组织排放的大气污染物的健康危害，产生大气有害物质的生产单元（生产车间或作业场所）的边界至敏感区边界的最小距离。

3. 特征大气有害物质（characteristic atmospheric harmful substances）

有关行业企业在正常生产时通过无组织排放形式扩散到周边的有毒有害大气污染物。

4. 无组织排放量（fugitive emission volume）

生产单元在生产管理与设备维护处于正常状态时，通过无组织排放途径的特征大气有害物质的排放量。

5. 等标排放量（equivalent standard emission volume）

单一大气污染物的单位时间无组织排放量与污染物环境空气质量标准限值的比值。

6. 卫生防护距离初值（raw data of health protection zone）

依据目标企业的特征大气有害物质的属性，采用统一的计算公式推算得出的卫生防护距离具体数值。

7. 卫生防护距离终值（final data of health protection zone）

依据目标企业的特征大气有害物质的属性，基于推算得出的卫生防护距离初值，参照统一的级差规定，进一步处理得到的数值。

8. 级差（range）

两个相邻卫生防护距离终值数据之间的差值。

9. 敏感区（sensitive area）

居民区、学校、医院等对大气污染比较敏感的区域。

10. 复杂地形（complicated landform）

除简单地形以外的其他地形。当距污染源中心点 5km 内的地形高度（不含建筑物）低于排气筒高度时可视为简单地形。常见的复杂地形有山区、丘陵、沿海等。

11. 行业主要特征大气有害物质

不同行业及生产工艺产生无组织排放的特征大气有害物质差别较大。在选取特征大气有害物质时，应首先考虑其对人体健康损害毒性特点，并根据目标行业企业的产品产量及原辅材料、工艺特征、中间产物、产排污特点等具体情况，确定单个大气有害物质的无组织排放量及等标排放量（Q_c/C_m），最终确定卫生防护距离相关的主要特征大气有害物质 1~2 种。

当目标企业无组织排放存在多种有毒有害污染物时，基于单个污染物的等标排放量计算结果，优先选择等标排放量最大的污染物作为企业无组织排放的主要特征大气有害物质。当前两种污染物的等标排放量相差在 10% 以内时，需要同时选择这两种特征大气有害物质分别计算卫生防护距离初值。

12. 多种特征大气有害物质终值的确定

当企业某生产单元的无组织排放存在多种特征大气有害物质时，如果分别推导出的卫生防护距离初值在同一级别，则该企业的卫生防护距离终值应提高一级，卫生防护距离初值不在同一级别的，以卫生防护距离终值较大者为准。

13. 生产单元边界发生变化后终值的确定

当新、改、扩建项目生产单元边界发生变化后，需重新计算卫生防护距离初值，经级差处理后，确定新的卫生防护距离终值。

14. 不确定性

GB/T 39499—2020 对于卫生防护距离初值的推导方法主要针对平原地区。实际应用中，当地的地形地貌、气象因素、特征大气有害物质无组织排放量等的变异程度均会造成评估结果的不确定性。当企业通过自身减排、增加防护措施等方法切实降低了生产单元大气有害物质的无组织排放量，可适当降低其卫生防护距离终值。

（三）计算方法

1. 相关计算参数的确定

（1）无组织排放量 Q_c　常用的无组织排放量的计算方法有：物料衡算法、通量法、地面浓度反推法、实测法、产排污系数法。具体确定方法见 GB/T 39499—2020 附录 A、附录

B、附录 C。恶臭的无组织排放量确定方法见 GB/T 14675。

（2）标准限值 C_m 当特征大气有害物质在 GB 3095 中有规定的二级标准日均值时，C_m 一般可取其二级标准日均值的三倍，但对于致癌物质、毒性可累积的物质（如苯、汞、铅等），则直接取其二级标准日均值。当特征大气有害物质在 GB 3095 中无规定时，可按照 HJ 2.2 中规定的 1h 平均标准值，恶臭类污染物取 GB 14554 中规定的臭气浓度一级标准值。

（3）等效半径 r 收集企业生产单元占地面积 $S(m^2)$ 数据，根据式（12-1）计算。

$$r = \sqrt{S/\pi} \tag{12-1}$$

（4）卫生防护距离初值计算系数 收集企业所在地区 5 年平均风速（m/s），根据相关标准确定 A、B、C、D 值（表 12-3）。

表 12-3 卫生防护距离初值计算系数

卫生防护距离初值计算系数	工业企业所在地区近 5 年平均风速 /(m/s)	卫生防护距离 L/m								
		$L \leqslant 1000$			$1000 < L \leqslant 2000$			$L > 2000$		
		工业企业大气污染源构成类型								
		Ⅰ	Ⅱ	Ⅲ	Ⅰ	Ⅱ	Ⅲ	Ⅰ	Ⅱ	Ⅲ
A	<2	400	400	400	400	400	400	400	80	80
	2~4	700	470	350	700	470	350	380	250	190
	>4	530	350	260	530	350	260	290	190	110
B	<2	0.010			0.015			0.015		
	>2	0.021			0.036			0.036		
C	<2	1.85			1.79			1.79		
	>2	1.85			1.77			1.77		
D	<2	0.78			0.78			0.57		
	>2	0.84			0.84			0.76		

注：Ⅰ类为与无组织排放源共存的排放同种有害气体的排气筒的排放量,大于或等于标准规定的允许排放量的 1/3 者。Ⅱ类为与无组织排放源共存的排放同种有害气体的排气筒的排放量,小于标准规定的允许排放量的 1/3,或虽无排放同种大气污染物的排气筒共存,但无组织排放的有害物质的容许浓度指标是按急性反应指标确定者。Ⅲ类为无排放同种有害物质的排气筒与无组织排放源共存,但无组织排放的有害物质的容许浓度是按慢性反应指标确定者。

2. 行业卫生防护距离初值计算

采用 GB/T 3840—91 中 7.4 推荐的估算方法进行计算，具体计算公式见式（12-2）：

$$\frac{Q_c}{C_m} = \frac{1}{A}(BL^C + 0.25r^2)^{0.50}L^D \tag{12-2}$$

式中 Q_c——大气有害物质的无组织排放量，kg/h；

C_m——大气有害物质环境空气质量的标准限值，mg/m³；

L——大气有害物质卫生防护距离初值，m；

r——大气有害物质无组织排放源所在生产单元的等效半径，m；

A、B、C、D——卫生防护距离初值计算系数，无量纲。

3. 卫生防护距离终值的确定

卫生防护距离初值小于 50m 时，级差为 50m，如计算初值小于 50m，卫生防护距离终值取 50m。

卫生防护距离初值大于或等于 50m，但小于 100m 时，级差为 50m，如计算初值大于或等于 50m 并小于 100m，卫生防护距离终值取 100m。

卫生防护距离初值大于或等于 100m，但小于 1000m 时，级差为 100m。如计算初值为 208m，卫生防护距离终值取 300m；如计算初值为 488m，卫生防护距离终值为 500m。

卫生防护距离初值大于或等于 1000m 时，级差为 200m。如计算初值为 1055m，卫生防护距离终值取 1200m；如计算初值为 1165m，卫生防护距离终值取 1200m；如计算初值为 1388m，卫生防护距离终值取 1400m。

卫生防护距离终值级差见表 12-4。

表 12-4 卫生防护距离终值级差范围表

卫生防护距离计算初值 L/m	级差/m	卫生防护距离计算初值 L/m	级差/m
0≤L<50	50	100≤L<1000	100
50≤L<100	50	L≥1000	200

三、实例

【例 12-1】 某地火电协同污泥资源化利用项目。

本项目采用焚烧法对污泥进行处理，属于固体废物治理类项目，焚烧设施依托厂区现有的 2 台 11353 超临界强制循环直流锅炉，不再新增焚烧设施，项目建设地点、名称和处置规模不变，改建完成后发电量、供热量保持不变，不新增发电量、供热量。热电厂燃料煤年均燃烧原煤 221.54×10⁴t，本项目污泥掺烧量为 28570t/a，占燃料煤的 1.30%。为确保锅炉平稳运行，建设单位一般将耦合比例控制在 6% 以内，按照本项目掺烧方案，掺烧比例为 1.30%。

污泥的热值比燃煤低，在原煤中掺烧 1.30% 的污泥，虽整体平均热值下降，但掺烧后的原煤与污泥总的热量增加，掺烧污泥后为保持原有发电量不变，掺烧干化污泥后需要减少煤量。全年掺烧 28570t 干化污泥对应热量为 28570t×(8.328MJ/kg)/(19.31MJ/kg)=12322t 原煤，项目技改前后供热及发电规模不发生改变。

① 依据《环境影响评价技术导则 大气环境》（HJ 2.2—2018）中"B.6.3.2"，对于有多个污染源的可取污染物等标排放量 P_0 最大的污染源坐标作为各污染源位置，污染物等标排放量 P_0 计算公式：

$$P_0 = \frac{Q}{C_0}$$

式中 P_0——污染物等标排放量，m^3/a；

Q——污染源排放污染物的年排放量，t/a；

C_0——污染物的环境空气质量浓度标准，$\mu g/m^3$。

根据评价等级判定结果，本次大气环境评价等级为一级。因此，按《环境影响评价技术导则 大气环境》（HJ 2.2—2018）要求，应采用进一步预测模型开展大气环境影响预测与评价。根据导则表 3 推荐模型适用范围，满足拟建项目进一步预测的模型有 AERMOD、ADMS、CALPUFF，同时根据自动监测站评价基准年气象统计结果，该区域 2022 年出现风速≤0.5m/s 的持续时间为 18h（小于 72h），另结合现场踏勘情况，项目 3km 范围内无大型水体，不会发生熏烟现象，因此本次评价不需要采用 CALPUFF 模型进行进一步预测。

根据以上模型比选结果，本次大气环境影响评价中 SO_2、NO_x、TSP、PM_{10}、$PM_{2.5}$、氨、H_2S、HCl、HF、Pb、Hg、As、Cd、Mn、二噁英等因子均采取《环境影响评价技术导则 大气环境》（HJ 2.2—2018）所推荐采用的 AERMOD 模型进行预测计算。

② 按照《环境影响评价技术导则 大气环境》（HJ 2.2—2018）的要求计算大气环境防护距离，采用进一步预测模型模拟评价基准年内本项目所有污染源对厂界外主要污染物的短期贡献浓度分布，厂界外预测网格分辨率为 50m。对于项目厂界浓度满足大气污染物厂界浓度限值，但厂界外大气污染物短期贡献浓度超过环境质量浓度限值的，自厂界向外设置一定范围的大气环境防护区域，见表12-5。

表 12-5 大气防护距离计算结果

| 序号 | 因子 | 短期浓度 | 坐标/m | | | 出现时刻 | 最大落地浓度/($\mu g/m^3$) | 标准值/($\mu g/m^3$) | 最大落地浓度占标率/% | 备注 |
			X	Y	Z					
1	SO_2	1h平均	−1283.17	−1453.67	578.8	2022-04-20 20:00:00	196.31	500	39.26	无超标点
		24h平均	−1283.17	−1453.67	578.8	2022-04-20	8.23	150	5.49	无超标点
2	NO_2	1h平均	−1283.17	−1453.67	578.8	2022-04-20 20:00:00	96.99	200	48.50	无超标点
		24h平均	2616.83	−2603.67	572.8	2022-01-12	4.22	80	5.27	无超标点
3	PM_{10}	24h平均	−433.17	46.33	303	2022-08-19	34.63	150	23.09	无超标点
4	$PM_{2.5}$	24h平均	−433.17	46.33	303	2022-08-19	17.31	75	23.09	无超标点
5	TSP	24h平均	−433.17	46.33	303	2022-08-19	43.28	300	14.43	无超标点
6	HCl	1h平均	−1283.17	−1653.67	578.8	2022-03-26 18:00:00	23.02	50	46.04	无超标点
		24h平均	−1283.17	−1653.67	578.8	2022-03-26	0.98	15	6.53	无超标点
7	HF	1h平均	−1283.17	−1653.67	578.8	2022-03-26 18:00:00	0.064	20	0.32	无超标点
		24h平均	516.83	−303.67	273.2	2022-11-20	0.003	7	0.04	无超标点
8	锰	24h平均	516.83	−303.67	273.2	2022-11-20	0.00034	10	0.0034	无超标点
9	氨	1h平均	−1283.17	−1453.67	578.8	2022-04-20 20:00:00	19.93	200	9.97	无超标点
10	硫化氢	1h平均	66.83	−403.67	285.7	2022-12-19 4:00:00	0.11	10	1.1	无超标点

预测结果表明，本项目实施后，全厂 SO_2、NO_2、PM_{10}、$PM_{2.5}$、TSP、HCl、HF、锰、氨、硫化氢短期浓度贡献值（厂界外）占标率均小于 100%，无超标点。因此，本项目实施后，无须设置大气防护距离。

③ 卫生防护距离。根据 NH_3、H_2S 的厂界达标预测及大气估算，本项目 NH_3、H_2S 均满足标准要求，本次技改项目卫生防护距离为 50m，即干污泥储存仓外 50m 卫生防护距离内不得建设居民点、学校等环境敏感点。

【例 12-2】某科技有限公司 500t/a 三氯蔗糖项目。

某科技有限公司新建 500t/a 三氯蔗糖项目。厂址位于 S 县东部的 A 镇和 B 乡交界处，西北距S县城约20km，园区北边界紧邻H路，西边界紧邻M路。拟建项目厂址西北距D村1230m，东北距E村2400m，东南距F村2800m，西距G村2450m。本项目新建500t/a三氯蔗糖生产装置1套，并配套公用及辅助装置，主要包括酯化和氯化工段生产装置、精制工段生产装置、制备工段生产装置及仓库、罐区等，并配套10kV变电室、循环水站、冷冻站及环保处理设施等，供水、蒸汽等均依托园区集中供给。项目占地面积为19898.5m²，总建筑面积21320m²。

该项目主要的生产原材料见表12-6。拟建项目无组织废气主要为储罐区、设备、管道的跑冒滴漏等造成的无组织挥发。根据本项目所用原辅料、储存方式和工艺装置分析，无组织排放的大气污染物主要为甲醇、氯化氢和非甲烷总烃。

表 12-6 三氯蔗糖生产原材料用量表

序号	原料名称	单耗/(t/t)	年用量/t	重复利用率/%	类别
1	蔗糖	1.229	614.5	—	原料
2	原乙酸三甲酯	0.405	202.5	—	
3	氯化亚砜	4.511	2255.5	—	
4	甲醇	0.081	40.5（自产）	—	
5	30%液碱	3.683	1841.5	—	
6	液氨	1.053	526.5	—	
7	叔丁胺	0.15	75	—	
8	对甲苯磺酸	0.03	15	—	
9	三氯乙烷	17.79	8895	99.3	辅料
10	DMF	3	1500	96.3	
11	乙酸乙酯	6.75	3375	98.6	
12	乙酸丁酯	0.3	150	92.3	
13	环己烷	0.3	150	90	
14	活性炭	0.03	15	—	
15	硅藻土	0.03	15	—	

【答】

1. 大气环境防护距离

本项目采用《环境影响评价技术导则　大气环境》（HJ 2.2—2018）推荐模型中的大气环境防护距离模型计算各排放源的大气环境防护距离，评价区域内没有超标点，因此，拟建项目不设定大气环境防护距离。

2. 卫生防护距离

有害气体氯化氢、甲醇、非甲烷总烃无组织排放源所在生产单元（车间）与周围环境之间的卫生防护距离按GB/T 3840—91规定的公式计算。各种无组织排放有害气体计算参数见表12-7。

根据卫生防护距离取值规定，卫生防护距离在100m以内时，级差为50m；超过100m，但小于或等于1000m时级差为100m，计算的L值在两级之间时，取偏宽的一级。当按两种或两种以上有害气体的Q_c/C_m值计算的卫生防护距离在同一级别时，该类工业企业的卫生防护距离级别应高一级。根据上述规定，本项目污染物排放要求生产车间与周围居民区应有100m卫生防护距离。

表 12-7 卫生防护距离计算源强参数

参数	C_m/(mg/m³)	Q_c/(kg/h)	r/m	A	B	C	D
HCl	0.05	0.028	12				
甲醇	3.00	0.027	12	400	0.01	1.79	0.78
非甲烷总烃	2.00	0.220	12				

思 考 题

1. 确定大气环境防护距离的目的有哪些？
2. 简述大气环境防护距离确定的方法和步骤。
3. 大气环境防护距离选择的参数有哪些？
4. 卫生防护距离的概念以及卫生防护距离的作用有哪些？

参 考 文 献

［1］孙文全. 大气环境防护距离和卫生防护距离的案例分析［J］. 科技传播，2010，24：64-65.

［2］信晶，郎延红，伏亚萍，等. 大气环境防护距离和卫生防护距离区别及应用的探讨［J］. 环境保护科学，2010，36（3）：105-108.